U0181818

印刷碳纳米管薄膜
晶体管技术与应用

Technologies and Applications of Printed Carbon Nanotube Thin Film Transistors

赵建文 崔铮 著

高等教育出版社·北京

内容提要

本书系统介绍了碳纳米管的结构、性质、分离和纯化，碳纳米管的固定、定向排列技术和相应的表征技术，以及薄膜晶体管的结构和基本原理等；重点介绍了半导体型碳纳米管墨水、导电墨水和介电墨水的制备技术、各种印刷技术、印刷碳纳米管薄膜晶体管及其电路构建和性能优化技术，包括溶液法与传统微纳加工技术相结合的碳纳米管薄膜晶体管及其电路构建等，以及碳纳米管薄膜晶体管在平板显示驱动、各类传感器、柔性逻辑电路、可穿戴电子及类神经元电子器件方面的相关应用；并讨论了目前印刷碳纳米管薄膜晶体管面临的挑战和未来发展的机遇。

全书涵盖了大量经作者科研团队实践证明的研究方法、经验与体会，并辅以大量图表和实例加以说明，对从事碳基电子器件、印刷电子以及光电子器件等领域的科研人员以及大专院校和科研院所相关专业的师生具有重要的参考价值和指导意义。

图书在版编目（ＣＩＰ）数据

印刷碳纳米管薄膜晶体管技术与应用 / 赵建文，崔铮著 . -- 北京：高等教育出版社，2020.8
ISBN 978-7-04-054248-6

Ⅰ.①印… Ⅱ.①赵… ②崔… Ⅲ.①碳 - 纳米材料 - 应用 - 印刷电路板（材料）- 薄膜晶体管 Ⅳ.① TM215

中国版本图书馆 CIP 数据核字（2020）第 106184 号

| 策划编辑 | 刘占伟 | 责任编辑 | 刘占伟 | 任辛欣 | 特约编辑 | 柳淑霞 | 封面设计 | 杨立新 |
| 版式设计 | 童 丹 | 插图绘制 | 黄云燕 | | 责任校对 | 陈 杨 | 责任印制 | 尤 静 |

出版发行	高等教育出版社	咨询电话	400-810-0598
社　　址	北京市西城区德外大街4号	网　　址	http://www.hep.edu.cn
邮政编码	100120		http://www.hep.com.cn
印　　刷	涿州市星河印刷有限公司	网上订购	http://www.hepmall.com.cn
开　　本	787mm×1092mm　1/16		http://www.hepmall.com
印　　张	24.25		http://www.hepmall.cn
字　　数	420 千字	版　　次	2020 年 8 月第 1 版
插　　页	16	印　　次	2020 年 8 月第 1 次印刷
购书热线	010-58581118	定　　价	129.00 元

前　言

　　印刷电子技术是采用印刷工艺和相关技术制造电子产品的一种新型增材制造技术，由于其具有面积大、柔性化、成本低、环保等优点，受到产业界和学术界的广泛关注，特别是近年来无机纳米材料被引入到印刷电子领域中以及在政府的大力支持下，使得印刷电子技术得到蓬勃发展，并成为一门多学科交叉的新型学科和一门新兴产业。

　　印刷薄膜晶体管是印刷电子领域中最重要的组成单元之一，在新型显示技术、传感技术和可穿戴电子技术等领域有广泛的应用前景。尽管印刷薄膜晶体管器件性能与介电层、电极以及印刷工艺等有密切关系，但在很大程度上是由半导体材料本身特性所决定的。可用于构建薄膜晶体管的半导体材料很多，如有机半导体材料、氧化物、多晶硅、非晶硅、新型二维材料和碳纳米管等，且这些材料都有其优点和缺点。自 1991 年 Iijima 发现碳纳米管以来，其独特的结构和优越的性能引起了全世界科学家们的极大关注与兴趣。理论计算和实验研究表明，碳纳米管具有尺寸小、电子和空穴迁移率高、机械性能好、物理和化学性质稳定以及电子元件发热量少和工作频率高等优点，因此被认为是延续摩尔定律首选的半导体材料之一。碳纳米管由于电学性能优越、容易墨水化、物理和化学性质稳定、柔展性好和后处理温度低，被认为是构建高性能印刷薄膜晶体管最理想的半导体材料之一。无论在器件性能和稳定性方面，还是制作工艺上，印刷碳纳米管薄膜晶体管都凸显出了独特的优势。与印刷相结合使碳纳米管焕发出新的生机与活力，在短短几年内使印刷碳基电子得到飞速发展，如半导体型碳纳米管分离纯化技术取得了质的飞跃，印刷碳纳米管薄膜晶体管器件和电路性能得到了大幅度提升。印刷碳纳米管薄膜晶体管研究内容涵盖了物理、化学、材料、机械、电子信息、生物医学等多门学科。从事印刷 (碳纳米管) 薄膜晶体管研究的科研工作者大多只有化学或材料或物理或电子信息的知识背景，要全方位了解和掌握材料、墨水、印刷工艺、器件物理、电路和应用等，极具挑战性，这一点我们深有体会。我们从 2008 年就开始开发半导体型碳纳米管分离和高性能碳纳米管薄膜晶体管器件的构建技术。由于当时受材料、仪器设备和制作工艺等多方面的制约，很难构建出开关比高于 10^5 的器件。经过 10 多年的研究，半导体型碳纳米管墨水的纯度、稳定性以及印刷薄膜晶体管器件和电路性能都取得了质的飞跃。如半导体型碳纳米管的纯度可达到 99.9% 以上，且实现了批量化制备；印刷薄膜晶体管器件的开关比和迁移率分别能达到 10^7 $cm^2 \cdot V^{-1} \cdot s^{-1}$ 和 20 $cm^2 \cdot V^{-1} \cdot s^{-1}$ 以上。在材料制备、印刷工艺、器件和电路构建以及应用等方面积累了丰富的经验，希望与大家分享我们在印刷碳纳米管薄膜晶体管的一些经验和体会。2016 年印刷薄膜晶体管材料与器件国家重大研究计划启动后，印刷薄膜晶体管技术受到了科研院所、高校和企业的关注。在当前形势下，迫切需要出版发行一些相关的著作以推动印刷薄膜晶体管技术的发展。因此，我们认为是时候撰写一本印刷碳纳米管薄膜晶体管方面的著作了。

　　本书最大特色是紧紧围绕"碳纳米管""印刷"和"薄膜晶体管"这 3 个中心来展开。本书总共包括 9 章，第 1 章绪论：讲述印刷电子、印刷薄膜晶体管和碳纳米管场效应晶体管发展历程；第 2 章碳纳米管基础知识：主要讲述碳纳米管的结构、性能、制备和表征方法，重点讲述碳纳米管的表征方法，包括显微镜表征技术、拉曼光谱、紫外-可见-近红外吸收光谱和光致发光激发光谱等；第 3 章印刷薄膜晶体管基础：介绍薄膜晶体管基本原理、器件结构、基本参数等；第 4 章印刷半导体型碳纳米管墨水、导电墨水和介电墨水：详细介绍了半导体型碳纳米管的分离技术、介电墨水和导电墨水等；第 5 章印刷碳纳米管薄膜晶体管构建技术：主要介绍薄膜晶体管各个组成部分常用材料、制作方法以及全印刷碳纳米管薄膜晶体管进展，其中重点介绍了碳纳米管定向排列技术、电极制备方法和技术等；第 6 章印刷碳纳米管薄膜晶体管性能优化：介绍碳纳米管固定方法、后处理技术、器件结构以及器件极性转换方法等；第 7 章印刷碳纳米管薄膜晶体管应用：介绍其在 OLED 驱动电路、化学和生物传感、逻辑电路、可穿戴电子以及类神经元电子器件方面的应用；第 8 章非溶液加工的碳纳米管薄膜晶体管和应用：介绍单根碳纳米管器件和电路、CVD 生长的定向排列和无规则网络薄膜器件以及在逻辑电路等方面的应用；第 9 章展望：主要讲述印刷碳纳米管薄膜晶体管的发展趋势。

　　本书可以帮助相关科研工作者了解碳纳米管、印刷电子学、印刷碳纳米管薄膜晶体管的基本概念和最新进展，也可作为印刷薄膜晶体管的专业工作人员的应用手册。如能对培养我国印刷电子领域人才、推动我国印刷电子学的发展起到一些作用，我们将不胜欣慰。由于时间仓促，书中难免会有不足之处，欢迎广大读者提出宝贵意见和建议。最后感谢罗慢慢、魏苗苗、邵琳、肖洪山、梁坤、邢真、刘停停、许启启、徐文亚、周春山、吴馨洲等在此书出版过程中所付出的劳动。在本书撰写过程中得到了高等教育出版社刘占伟老师、任辛欣老师和刘剑波老师的大力支持，在此一并感谢。

赵建文　崔　铮

于苏州

2019 年 9 月 20 日

目　　录

第 1 章　绪论 ·· 1
　1.1　印刷电子技术简介 ···································· 2
　1.2　印刷薄膜晶体管发展简介 ····························· 5
　1.3　碳纳米管场效应晶体管发展简介 ···················· 9
　参考文献 ··· 13

第 2 章　碳纳米管基础知识 17
　2.1　碳纳米管的结构 ······································· 18
　　　2.1.1　手性矢量 C_h ······························· 20
　　　2.1.2　平移矢量 T ································ 21
　2.2　碳纳米管的性质及应用 ································ 22
　　　2.2.1　力学性质及应用 ······························ 22
　　　2.2.2　电学性质及应用 ······························ 24
　　　2.2.3　传热性能 ···································· 24
　　　2.2.4　光学性能 ···································· 26
　　　2.2.5　碳纳米管的其他性质及应用 ···················· 27
　2.3　碳纳米管的制备 ······································· 28
　　　2.3.1　石墨电弧放电法 ······························ 29
　　　2.3.2　激光蒸发法 ·································· 30
　　　2.3.3　化学气相沉积法 ······························ 31
　　　2.3.4　浮动催化裂解法 ······························ 31
　　　2.3.5　单手性碳纳米管生长 ·························· 33
　　　2.3.6　定向可控生长碳纳米管 ························· 42
　2.4　碳纳米管表征方法 ···································· 44
　　　2.4.1　显微镜表征 ·································· 45
　　　2.4.2　拉曼光谱 ···································· 52
　　　2.4.3　紫外–可见–近红外吸收光谱 (UV–Vis–NIR) ········· 61

2.4.4 光致发光激发光谱 ………………………………… 63

2.5 小结 ……………………………………………………… 66

参考文献 ……………………………………………………… 66

第 3 章 印刷薄膜晶体管基础 …………………………… **71**

3.1 晶体管分类 ……………………………………………… 73

3.2 晶体管基本原理 ………………………………………… 75

3.3 印刷薄膜晶体管主要参数 ……………………………… 78

3.3.1 载流子种类和载流子迁移率 ………………… 79

3.3.2 印刷薄膜晶体管的重要参数 ………………… 80

3.4 印刷薄膜晶体管结构与特点 …………………………… 97

3.4.1 印刷薄膜晶体管结构 ………………………… 97

3.4.2 印刷薄膜晶体管的特点 ……………………… 99

3.5 小结 ……………………………………………………… 101

参考文献 ……………………………………………………… 101

第 4 章 印刷半导体型碳纳米管墨水、导电墨水和介电墨水 ……… **103**

4.1 半导体型碳纳米管分离及墨水制备 …………………… 104

4.1.1 分离方法 ……………………………………… 105

4.1.2 半导体型碳纳米管纯度表征 ………………… 127

4.1.3 各种分离纯化技术评价 ……………………… 130

4.1.4 可印刷半导体型碳纳米管墨水 ……………… 130

4.2 导电墨水 ………………………………………………… 131

4.2.1 金属导电墨水 ………………………………… 132

4.2.2 非金属导电墨水 ……………………………… 140

4.2.3 复合导电墨水 ………………………………… 140

4.3 介电墨水 ………………………………………………… 141

4.3.1 介电层参数 …………………………………… 141

4.3.2 介电墨水制备 ………………………………… 142

4.3.3 印刷介电层的应用 …………………………… 146

4.4 小结 ……………………………………………………… 151

参考文献 ……………………………………………………… 152

第 5 章　印刷碳纳米管薄膜晶体管构建技术 ································· **157**

　　5.1　印刷技术和常用印刷设备简介 ································· 158

　　　　5.1.1　凹版印刷 ··· 158

　　　　5.1.2　凸版印刷 ··· 159

　　　　5.1.3　丝网印刷 ··· 159

　　　　5.1.4　喷墨打印 ··· 161

　　　　5.1.5　气流喷印 ··· 164

　　　　5.1.6　纳米材料沉积喷墨打印系统 ··················· 165

　　　　5.1.7　电流体动力学喷印 ·································· 166

　　5.2　印刷碳纳米管薄膜晶体管器件构建技术 ··············· 166

　　　　5.2.1　电极构建技术 ··· 167

　　　　5.2.2　有源层构建技术 ······································ 190

　　　　5.2.3　介电层的制备技术 ·································· 206

　　　　5.2.4　全印刷晶体管的制造技术 ······················· 213

　　5.3　小结 ·· 221

　　参考文献 ·· 222

第 6 章　印刷碳纳米管薄膜晶体管性能优化 ························· **227**

　　6.1　对碳纳米管墨水的要求 ····································· 228

　　6.2　碳纳米管的固定方法 ·· 229

　　　　6.2.1　自组装法 ··· 229

　　　　6.2.2　表面羟基化 ··· 238

　　6.3　后处理 ·· 241

　　　　6.3.1　溶剂清洗和浸泡 ······································ 241

　　　　6.3.2　退火 ··· 242

　　　　6.3.3　可降解聚合物 ··· 242

　　　　6.3.4　封装 ··· 247

　　6.4　器件结构 ·· 249

　　　　6.4.1　鳍式结构 ··· 250

　　　　6.4.2　环绕栅结构 ··· 251

　　6.5　极性可控转换 ··· 252

　　6.6　小结 ·· 264

　　参考文献 ·· 264

第 7 章 印刷碳纳米管薄膜晶体管应用 ·································· **269**

7.1 OLED 驱动单元及电路 ·································· 270

7.2 反相器与逻辑电路 ·································· 288

7.2.1 反相器 ·································· 288

7.2.2 逻辑电路 ·································· 302

7.3 印刷碳纳米管类神经元器件 ·································· 303

7.3.1 工作原理 ·································· 303

7.3.2 应用 ·································· 304

7.4 气体传感器 ·································· 309

7.4.1 氨气传感器 ·································· 310

7.4.2 二氧化氮传感器 ·································· 313

7.5 碳纳米管射频器件 ·································· 314

7.6 小结 ·································· 323

参考文献 ·································· 324

第 8 章 非溶液加工碳纳米管薄膜晶体管及其应用 ·································· **329**

8.1 单根碳纳米管场效应晶体管及其应用 ·································· 331

8.1.1 单根碳纳米管场效应晶体管器件特性 ·································· 331

8.1.2 单根碳纳米管场效应晶体管性能优化 ·································· 332

8.1.3 单根碳纳米管场效应晶体管的应用 ·································· 341

8.1.4 单根碳纳米管场效应晶体管存在的挑战 ·································· 349

8.2 随机网络碳纳米管薄膜晶体管及其应用 ·································· 350

8.3 定向排列碳纳米管薄膜晶体管及其应用 ·································· 355

8.4 小结 ·································· 365

参考文献 ·································· 366

第 9 章 展望 ·································· **369**

索引 ·································· **373**

绪论

第 **1** 章

- 1.1 印刷电子技术简介 (2)
- 1.2 印刷薄膜晶体管发展简介 (5)
- 1.3 碳纳米管场效应晶体管发展简介 (9)
- 参考文献 (13)

1.1 印刷电子技术简介

传统的主流电子元器件和产品 (如硅基集成电路与传统印刷电路板等) 的制造过程存在工艺过程复杂、原材料和能耗大、制造设备投资巨大以及对环境污染等问题。另一方面, 电子产品不断向轻薄化、柔性化、个性化、高性能、高密度和多功能集成的趋势快速发展。在这种大环境下, 一种新型的电子制造技术, 即印刷电子技术应运而生。印刷电子 (printed electronics) 是采用印刷技术和其他相关技术制造电子产品的一种新型增材制造技术。即将电子功能材料 (半导体材料、绝缘材料、导电材料等) 配制成可印刷的 "功能墨水" 或 "油墨" 或 "浆料", 通过现代印刷技术在承印物的特定区域以图形化方式沉积功能墨水, 再通过适当的后处理工艺和封装技术等, 最终构建出性能稳定、可靠的电子元器件, 并集成出可实现一定功能的系统。印刷电子涉及功能材料制备、功能材料墨水化、器件的构建和集成、印刷工艺、印刷器件的结构, 印刷电子器件的应用领域涵盖显示、生物、化学传感、远程监测、电子皮肤、人工智能和可穿戴电子等, 因此印刷电子的研究范畴包括物理、化学、材料、机械、电子信息和生物医学等领域, 是一门多领域交叉的新兴学科[1]。

印刷电子起源于有机电子, 但有机电子学的发展并没有使印刷电子学或印刷电子技术得到蓬勃发展, 这与有机材料的物理和化学特性以及有机电子器件的特性有密切关系。众所周知, 硅基和 III、V 族等无机半导体电子器件性能异常强大, 已广泛应用于超大规模集成电路和高频、大功率电子器件, 太阳能电池, 显示等领域。有机电子学发展初期, 科学家们就开始尝试采用溶液法构建晶体管电子器件, 希望能够通过简单的加工技术得到性能良好的电子器件来展示有机电子自身的魅力。然而在过去 30 多年里, 有机电子并没有推动印刷电子技术的快速发展, 其根本原因在于通过溶液法得到的薄膜电子器件性能无法与真空蒸镀的电子器件性能相比。加上有机电子器件性能不如无机电子器件性能, 且大多有机电子器件的环境稳定性、器件性能一致性与制备可重复性都存在巨大挑战。过去 10 年, 印刷电子产业迎来爆发式的增长和发展实际上得益于无机纳米材料技术的发展。无机纳米材料如纳米颗粒、纳米线、纳米管、纳米片和纳米棒可以配制成墨水或油墨 (银纳米线墨水、银纳米颗粒墨水、碳纳米管墨水和铜墨水等), 然后通过印刷方式构建成图形化电子器件[1,2]。由于这些纳米材料本身已经具有优越的电荷传输性能, 通过印刷制备的无机电子器件往往也表现出优于印刷的有机电子器件的性能, 真正体现出印刷电子技术作为一种低成本电子制造技术的优势。

据 IDTechex 公司[3] 预测 (如图 1.1 所示), 到 2036 年各类非硅基电子产品的市场规模将达到近 3 000 亿美元, 其中 83% 的产品将基于印刷制造技术, 75% 的电子产品将会集成在 PET (聚对苯二甲酸乙二醇酯)、PI (聚酰亚胺) 或 PEN (聚萘二甲酸乙二醇酯) 等柔性基材上。这些新型印刷电子器件和系统主要包括印刷 O(Q)LED (有机发光二极管)、太阳能电池 (有机太阳能电池、钙钛矿等)、各种功能印刷油墨、电子纸、纸电池、印刷电路 (如射频识别标签、简单逻辑电路和杂化电路等)、印刷传感器 (生物和化学传感器、压力传感器、光电传感器等)、可穿戴电子器件和系统等。其中印刷薄膜晶体管, 尤其是印刷柔性薄膜晶体管电路及相关印刷电子产品如显示背板驱动电路将超过 200 亿美元。大面积、高性能可印刷柔性薄膜晶体管的构建及其在印刷显示技术领域中的应用已成为科学界和产业界关注的焦点之一。

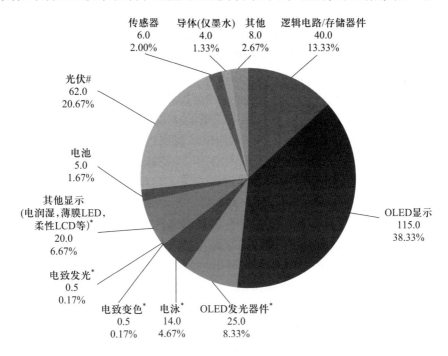

图 1.1   IDTechex 预测 2036 年印刷电子市场分布图

英国、芬兰、荷兰、加拿大、美国、澳大利亚、中国 (包括台湾地区)、韩国、日本、新加坡等许多国家和地区纷纷制定聚焦于印刷电子技术的战略性科技计划, 建立印刷电子研究中心与技术联盟, 以推动印刷电子研发及产业化发展。如从 2005 年起台湾把柔性印刷电子产业定为未来三大重点发展的新科技之一。其中以卷对卷的制造设备为基础, 重点开发柔性印刷式无线射频识别标签和柔性电子显示器。2008 年 3 月, 德国 PolyIC、巴斯夫、赢创工业和西门子等企业与德国联邦教育研究部共同投资 230 万欧元开发下一代可印刷的无线射频识别标签。2010 年, 欧盟委员会宣布在第 7 框架计划下重点发展基于柔性或纸基有机晶体管的便捷诊断传感器以及开发一系列低成本油墨等。日本政府投入 43 亿日元启动了 "基于卷对卷方式的高生产–连续–高精度层叠技术与相关材料技术的开发" 项目。这些项目大多由国际知名的大企业如可乐丽、柯尼卡美能达、住友化学、住友电木、大日本油墨化学工业、大日本印刷、东亚化成、东丽、凸版印刷、日本电气、日立化成工业、夏普和日立显示器等牵头或参与。2011 年日本启动了名为 "下一代印刷电子材料和制造过程的基础工艺开发" 五年计划, 主要用于开发制造低能耗低成本的显示器、传感器、电池等柔性设备和印刷设备。韩国以国家印刷电子技术中心为支撑, 启动了印刷电子领域研究开发计划以及下一代显示器的合作计划, 同时推动工业界与学术界的合作研究与开发, 在 2012—2018 年间投资 1 725 亿韩元 (约合 10 亿人民币) 用于印刷电子前沿核心设备和基础设施的建设。英国也成立国家印刷电子中心以推动研究成果商业化, 该中心已获得 4 300 万英镑的资金支持, 用于研发印刷电子的设计、开发和样机研究等。芬兰的 PrintoCenter 是国家印刷电子制造平台, 具备最先进的卷对卷印刷与测量成套设备。2008 年 7 月, 美国显示器联盟宣布更名为柔性技术联盟, 主要致力于推动北美柔性印刷电子和显示器行业的发展。同时, 柔性技术联盟也与亚利桑那州立大学柔性显示器中心, 以及由亚利桑那州立大学和宾汉姆顿大学 (纽约) 领导的高级微电子制造中心在印刷电子领域展开紧密合作。2007 年, 墨尔本大学、莫纳什大学、澳大利亚联邦科学与工业研究组织博思格钢铁公司和英诺薄膜等公司在澳大利亚成立维多利亚有机太阳能电池联盟, 目标是开发出可以用印刷工艺制造的低成本、高效率的柔性聚合物太阳能电池。

我国在印刷电子领域起步相对较晚, 2010 年中国科学院苏州纳米技术与纳米仿生研究所建立了国内首个致力于印刷电子技术研究的中心。之后北京印刷学院、天津大学、华南理工大学、华南师范大学、福州大学、中山大学、中南大学、武汉大学以及中国计量学院、重庆文理学院等相继成立了印刷电子研究中心或从事印刷电子领域方面研究的研究室和科研小组。国内一些大的面板企业如京东方、TCL 和昆山平板研究院等也相继建立了印刷电子研究中心, 研发印刷 OLED、QLED 和 TFT 等。随着 2016 年印刷 OLED 材料、量子点、电子纸、印刷 TFT 材料与器件等国家重大研究计划印刷显示专项的启动, 新型信息材料与技术 (包括印刷显示技术) 列入国家重点发展领域, 印刷电子已成为国家战略性新兴产业重要方向之一。

1.2 印刷薄膜晶体管发展简介

与传统的硅基晶体管或场效应晶体管 (field effect transistor, FET) 一样, 薄膜晶体管 (thin film transistor, TFT) 也包括源 (source)、漏 (drain)、栅 (gate) 电极, 有源层 (active layer) 和介电层 (dielectric) 这 5 部分, 是一种三端口 (即源、漏和栅) 有源器件, 其两个端口 (源、漏电极) 之间的电阻由第三端 (栅极) 控制, 同样具有放大、开关、振荡、混频和频率变换等作用。尽管传统的硅基电子集成密度非常高, 器件和系统的性能都非常优越, 但很难满足大面积、柔性化和个性化等方面的需求。一类集成度相对不高、可个性化设计制造、可丢弃、大面积和低功耗 (低电压) 的印刷电路技术也在快速发展。由于在柔性电子、可穿戴电子、柔性显示技术、电子皮肤、化学和生物传感等领域广泛的应用前景, 印刷薄膜晶体管已成为印刷电子领域中最重要的组成部分之一[4-7]。印刷薄膜晶体管的发展历程与印刷电子的经历非常类似。印刷薄膜晶体管起源于有机薄膜晶体管。有机半导体材料的发展历程, 在很大程度上反映了印刷薄膜晶体管的发展历程。科学家对有机半导体材料感兴趣, 不仅仅是因为有机半导体材料种类繁多, 性能可设计、调控, 更重要的是有机半导体材料通过改性后可得到相应的"墨水", 最终可实现大批量、低成本地制造电子器件和系统, 加上其柔性性好, 可构建轻薄柔性可穿戴电子器件以及其他新型功能系统。早在 1994 年科技界就已经开始制作可印刷的全有机薄膜晶体管器件[8]。然而到目前为止, 印刷技术并没有成为制作有机薄膜晶体管的主流技术, 这主要是由于印刷有机薄膜晶体管器件的性能, 尤其器件的迁移率和稳定性, 仍然不如传统真空蒸发沉积技术制作的有机薄膜晶体管的性能。印刷薄膜晶体管在最近 10 年得到了快速发展, 主要是因为无机纳米材料引入到印刷电子领域中, 使印刷薄膜晶体管的各方面性能得到了大幅度提高。

基于有机与无机半导体材料的印刷薄膜晶体管的发展演变如表 1.1 所示。该表列举出了基于一些重要的半导体材料如有机聚合物、无机纳晶、氧化物、多晶硅、碳纳米管等所构建出的第一个印刷薄膜晶体管器件的相关信息, 包括时间、器件性能等。

表 1.1   第一个有机聚合物、无机纳晶、氧化物、多晶硅、碳纳米管等印刷晶体管相关信息

时间和期刊	作者	材料	迁移率/(cm²·V⁻¹·s⁻¹)	开关比	稳定性	制作工艺
1994 *Science*[8]	F. Garnier	全聚合物	0.07	~ 10	好	简单
1999 *Science*[9]	B. A. Ridley	无机纳晶	1	10^4	差	需高温退火
2000 *Science*[10]	H.Sirringhaus	聚合物	0.02	10^5	良好	简单
2006 *Nature*[11]	T. Shimoda	多晶硅	6.5	10^4	差	复杂
2007 *Adv Mater*[12]	D. Hee	氧化物	7	10^5	良好	需高温退火
2007[13]	X. Han	碳纳米管	差	100	好	简单

从表 1.1 可以看出, 最早的印刷薄膜晶体管是印刷有机薄膜晶体管。1994年, Francis Garnier 等首次报道了采用印刷技术制备出的全聚合物薄膜晶体管器件, 该工作发表在国际顶级期刊 *Science* 上 [8]。Francis Garnier 采用滴涂的方法来制备全聚合物薄膜晶体管器件, 构建的器件开关比只有 10。很明显这种薄膜晶体管还不是严格意义上的印刷薄膜晶体管器件, 但该工作提出了一种有机薄膜晶体管的全新制备工艺, 即溶液法工艺, 这为后来印刷薄膜晶体管或印刷电子的发展奠定了基础。直到 2000 年, 剑桥大学卡文迪什实验室 Sirringhaus 组才通过喷墨打印技术得到了真正意义的印刷全聚合物薄膜晶体管, 器件的开关比达到 10^5 以上, 迁移率为 $0.02\ \mathrm{cm^2 \cdot V^{-1} \cdot s^{-1}}$[10]。到 2005 年, 印刷有机薄膜晶体管的迁移率已达到了 $0.15\ \mathrm{cm^2 \cdot V^{-1} \cdot s^{-1}}$。随着印刷技术的发展和新材料的出现, 2009 年, Yan 等通过凹版印刷技术得到了高性能的 N 型薄膜晶体管器件, 其迁移率和开关比分别达到 $0.85\ \mathrm{cm^2 \cdot V^{-1} \cdot s^{-1}}$ 和 10^7[14]。2011 年, Minemawari 采用喷墨印刷技术, 通过控制沟道的结构

和溶剂的挥发速度等来控制有机晶体的生长, 最终形成高度有序的单晶结构, 使印刷有机单晶晶体管的迁移率达到 $31.3\ cm^2 \cdot V^{-1} \cdot s^{-1}$, 开关比超过 10^7[15]。

印刷无机纳米材料的薄膜晶体管器件早在 1999 年就已有相关报道。1999 年, B. A. Ridley 在 *Science* 上报道用硒化镉、硫化镉等无机纳米晶体材料印刷制备出性能良好的薄膜晶体管器件, 其迁移率为 $1\ cm^2 \cdot V^{-1} \cdot s^{-1}$, 开关比达到 10^4 左右[9]。但其稳定性较差, 需要在氮气氛围下才能测量出器件性能。2006 年人们开始尝试制备多晶硅墨水, 并印刷制备出性能良好的硅基薄膜晶体管器件。尽管印刷多晶硅薄膜晶体管的迁移率可以达到 $6.5\ cm^2 \cdot V^{-1} \cdot s^{-1}$ 左右, 开关比也高达 10^4, 但器件制作工艺非常苛刻, 器件的稳定性也不好[11]。显然这些苛刻的条件与印刷电子低成本等要求不吻合, 所以印刷硅基器件方面的报道就越来越少了。

磁控溅射的氧化物薄膜晶体管关态电流非常低 (10^{-14} A), 开关比可达到 10^9 以上, 通过调整氧化物薄膜的成分可使器件的迁移率高达 $50\ cm^2 \cdot V^{-1} \cdot s^{-1}$, 亚阈值摆幅等在 $200\ mV/dec$ 左右, 另外器件的稳定性也非常好, 因此氧化物薄膜晶体管在均匀性、迁移率、稳定性、关态电流以及开关比等方面都有着明显的优势, 在显示领域有巨大的应用前景。由于氧化物薄膜晶体管具有优越的电性能, 溶液法或印刷氧化物薄膜晶体管也成为印刷薄膜晶体管研究领域中的研究重点之一。2007 年, D. Hee 在 Adv Mater 发表了第一篇印刷氧化物薄膜晶体管的研究论文[12]。印刷 IGZO TFT 经过 300°C 以上的温度退火后迁移率和开关比分别达到 $7\ cm^2 \cdot V^{-1} \cdot s^{-1}$ 和 10^5, 且在空气有较好的稳定性。2011 年, Myung-Gil Kim 等在 *Nature materials* 报道采用自燃烧法的低温工艺, 只需经过 200°C 处理其饱和迁移率可达到 $6\ cm^2 \cdot V^{-1} \cdot s^{-1}$, 开关比在 10^3 左右, 但其重复性不太理想[16]。2012 年 Yong-Hoon Kim 等在 *Nature* 报道了室温条件以及深紫外光照射下, 在柔性衬底上得到性能优越的氧化物薄膜晶体管器件, 其最高迁移率达到 $7\ cm^2 \cdot V^{-1} \cdot s^{-1}$, 开关比为 10^8, 亚阈值振幅在 $100\ mV/dec$, 阈值电压在 3 V 左右[17]。新型低温印刷工艺构建的性能优越的氧化物薄膜晶体管已成为当今印刷氧化物薄膜晶体管领域研究的热点。

碳纳米管在水和大多数溶剂中的溶解性非常差, 但在超声和表面活性剂 (共轭有机化合物等) 辅助下, 很容易得到稳定的碳纳米管墨水, 加之其物理和化学性质稳定、迁移率高、后处理温度低以及优越的机械性能, 使得碳纳米管成为构建印刷薄膜晶体管, 尤其是印刷柔性薄膜晶体管最理想的半导体材料之一。2007 年, X. Han 首次报道全印刷碳纳米管薄膜晶体管[13]。由于所用的碳纳米管没有经过分离、纯化处理, 墨水中含有大量金属型碳纳米管以及其他非晶态碳等, 加上印刷的碳纳米管薄膜中残存有大量的表面活性剂, 导致印刷碳纳米管薄膜晶体管器件的开关比只有 100 左右, 迁移率也不高。随着碳纳米管纯化技术的快速发展以及印刷工艺和后处理工艺不断改进, 印刷碳纳米管薄膜晶体管的各方面性能已有大幅度提升, 迁移率已经达到 $30 \, \mathrm{cm^2 \cdot V^{-1} \cdot s^{-1}}$, 开关比在 10^6 以上。此外, 有许多研究组已证明印刷或溶液法制备的碳纳米管薄膜晶体管可构建出性能良好的多阶环形振荡器、与非门、或非门以及其他逻辑电路等。作者所在的科研团队一直专注于大管径和单手性半导体型碳纳米管选择性分离、半导体型碳纳米管墨水以及其他半导体墨水、介电墨水和导电墨水的批量化制备和应用研究。已在刚性和柔性衬底上构建出性能优越的印刷 P 型和 N 型薄膜晶体管器件和互补金属氧化物半导体 (CMOS) 反相器、或非门以及环形振荡器、驱动电路和二极管–晶体管混合电路、OLED 驱动电路以及其他新型电子器件和系统[18-22]。

可用于制备可印刷半导体墨水的材料很多, 如非晶硅、多晶硅、金属氧化物、有机半导体材料、新型二维材料、无机纳晶和碳纳米管半导体材料。构建印刷薄膜晶体管时, 每种半导体材料都有各自的优势和不足。为了更好地了解各自的优缺点, 更好地发挥各自优势, 表 1.2 总结了这些常用的半导体材料制备可印刷墨水、器件制备工艺、器件特点以及后处理工艺等特点 (包括其迁移率、柔展性、稳定性、后处理温度以及墨水化难易程度等)。

表 1.2   可构建印刷薄膜晶体管的常用半导体材料优缺点对比

半导体材料	迁移率/$(\mathrm{cm^2 \cdot V^{-1} \cdot s^{-1}})$	柔展性	是否可大面积	稳定性	溶液化难易程度	后处理温度	材料价格
多晶硅	30~200	差	可以	好	差	高	高
非晶硅	0.5~1	中等	可以	好	差	低	高
氧化物	1~10	良好	中等	好	好	高	中等
有机材料	0.01~10	好	好	良好	好	低	中等
二维材料	1~200	良好	中等	差	良好	高	高
无机纳米晶体 (量子点)	1~10	良好	差	差	好	高	高
碳纳米管	1~1000	好	好	好	好	低	中等

从表 1.2 不难看出, 碳纳米管相对于其他材料而言具有稳定性好 (包括物理和化学性质)、容易墨水化、迁移率高、后处理温度低、柔展性好、原材料易得、价格适中等特点, 且构建的器件表现出良好的电性能。随着其他高性能新材料的出现、新型印刷设备的不断更新、印刷工艺的不断优化以及印刷器件结构和界面特性不断改善, 相信每一种半导体材料都会在印刷电子领域发挥出各自的优势。下面将重点介绍碳纳米管薄膜晶体管方面的工作。

1.3　碳纳米管场效应晶体管发展简介

图 1.2 和图 1.3 描述了碳纳米管 (carbon nanotube, CNT) 从发现到实现中等规模碳纳米管电路以及将来应用的前景。自 1991 年 Iijima 发现碳纳米管以来, 碳纳米管的独特结构吸引了全世界科学家们的极大关注和兴趣, 在短短的几年内, 科学家们通过理论计算和实验研究揭示碳纳米管具有优越的力学、电学、热学等性质。更为有趣的是, 碳纳米管中既有金属型的, 也有半导体型的, 而且随着各自的手性不同, 其物理、化学以及电性能也有显著差异。如半导体型碳纳米管的能带间隙随着碳纳米管管径的增加而逐渐变小, 化学活性显著下降。另外碳纳米管的空穴和电子迁移率都非常高, 据预测, 载流子在碳纳米管中可实现弹道传输, 其电子和空穴的迁移率可达到 $10^5 \mathrm{~cm}^2 \cdot \mathrm{V}^{-1} \cdot \mathrm{s}^{-1}$。因此理论上碳纳米管场效应晶体管 (CNTFET) 应该展现出完美的双极性特性, 然而在大多数情况下, 它们往往表现为 P 型特性。1998年, Sander J. Tans 等用金属铂做源漏电极, 二氧化硅做介电层, 单根半导体

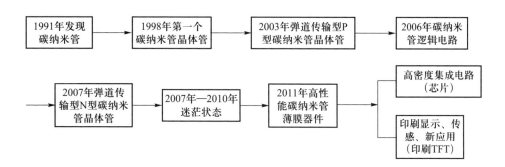

图 1.2　碳纳米管晶体管的发展路线图

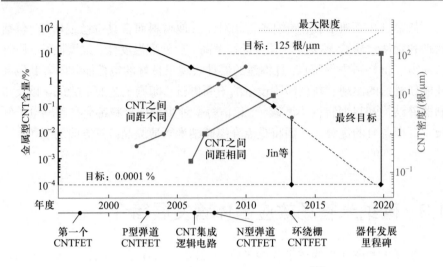

图 1.3   碳纳米管晶体管发展历程图[30]

型碳纳米管为有源层, 制作出第一个单根碳纳米管晶体管①, 且器件表现为 P 型特性[23]。由于碳纳米管与金属铂的接触不理想, 加上器件的加工工艺还不够完善, 器件性能远远低于理论预期值。

2003 年, 碳纳米管晶体管性能取得了重大突破。戴宏杰研究组 Ali Javey 博士采用金属钯为源漏电极, 实现与碳纳米管价带的欧姆接触, 使器件性能接近理论极限的弹道 P 型晶体管器件[24]。2006 年, IBM 的 Chen Zhihong 等在 *Science* 上报道了用单根碳纳米管构建出由 CMOS 反相器组成的 5-阶环形振荡器[25]。由于当时 N 型器件性能较差, 使得 CMOS 反相器的增益只有 1, 导致环形振荡器各方面的性能都不太理想。但用实验证明了碳纳米管可以构建出较为复杂的电路。当时 N 型器件主要是通过化学掺杂的方法得到, 器件的可控性和稳定性非常差。2007 年,N 型单根碳纳米管器件也取得了重大突破, 北京大学彭练矛教授研究组开发出一种无掺杂技术实现 N 型器件的构建。他们发现低功函数金属 Sc 可以与碳纳米管的导带形成完美的欧姆接触, 并得到了性能接近理论极限的弹道 N 型晶体管器件[26]。该课题组一直专注于碳基纳米电子器件的研究, 已构建出一系列的性能优越的碳基逻辑电路、太阳能电池等, 在 *Science* 和 *Nature* 子刊等刊物上发表了一系列的高水平研究论文, 并确立了他们在碳基电子领域的国际领先地位。

---

① 无论是基于单根半导体型碳纳米管, 还是基于碳纳米管薄膜 (无规则网络薄膜和定向排列薄膜) 构筑的碳纳米管晶体管, 都可称为碳纳米管场效应晶体管; 而由碳纳米管薄膜构筑的碳纳米管晶体管, 又可称为碳纳米管薄膜晶体管。在本书中, 如无特殊说明, 碳纳米管晶体管均指碳纳米管场效应晶体管。

2007 年—2010 年这 4 年是碳基电子发展最缓慢、最困难的时期, 也是最迷茫的时期, 导致这种局面主要有两方面的原因。

(1) 碳基纳米电子器件和薄膜电子器件性能没有取得重大突破。单根碳纳米管电子器件的制作和加工虽然一直是碳基电子研究领域的热点, 但其加工难度高, 器件制作非常困难, 只有少数的实验室从事相关方面的研究。人们一直对碳纳米管薄膜晶体管寄予厚望。虽然当时已有许多分离纯化半导体型碳纳米管的方法, 如密度梯度超高速离心法 (DGU)、DNA 包覆、环加成反应、自由基加成反应和聚合物包覆法, 但用这些方法得到的半导体型碳纳米管制作的薄膜晶体管器件的迁移率和开关比都不太理想, 或根本无法得到薄膜晶体管器件。尽管 2009 年 *Science* 有篇文章报道通过含氟烯烃物质与碳纳米管在高温环境下通过环加成反应能够选择性去除金属型碳纳米管, 同时将含氟的拉电子基团固定到碳纳米管表面, 这些操作有助于提高载流子的传输, 使器件的迁移率和开关比分别达到 $100\ \mathrm{cm^2 \cdot V^{-1} \cdot s^{-1}}$ 和 $10^{6[27]}$。由于其反应条件比较苛刻, 导致重复性或可控性都不理想, 后来再也没有相关工作报道和发表。

(2) 石墨烯和二维材料的兴起。刚好在这一段时间里, 掀起了一股研究石墨烯的热潮, 大部分从事碳纳米管研究的科研人员以及大量研究经费开始转移到石墨烯领域, 希望通过石墨烯的能带工程来调节石墨烯的能带, 得到高迁移率和高开关比的石墨烯薄膜晶体管器件。但经过近 10 年的研究, 最终证明石墨烯虽然在储能、触摸屏、传感等领域有广泛的应用前景, 但作为有源层构建高性能薄膜晶体管器件没有任何优势。后来很多团队又转移到新型二维半导体材料和钙钛矿等新材料的研究热潮之中, 探索新型半导体材料在未来集成电路等领域中应用的可能性。

直到 2011 年碳纳米管薄膜晶体管器件才取得了重大突破。2011 年斯坦福大学鲍哲南研究组在 *Nature Communication* 上报道, 用带隙较小的聚合物 rr-P3DDT 从商业化的 HiPCO 中分离纯化出纯度高达 99% 以上的半导体型碳纳米管[28]。然后通过简单的浸泡法 (8 h 以上) 就能构建出开关比高于 10^6、迁移率在 $10\ \mathrm{cm^2 \cdot V^{-1} \cdot s^{-1}}$ 左右的薄膜晶体管器件。其实早在 2006 年就有一些研究小组开始研究用聚合物包覆法来分离纯化半导体型碳纳米管, 并能得到稳定性好、纯度高和单一手性的半导体型碳纳米管溶液。但分离出来的半导体型碳纳米管溶液并没有构建出薄膜晶体管器件, 其主要原因在于聚合物的带隙太大, 且分离纯化的都是管径相对较小的半导体型碳纳米管。这些导致碳纳米管与碳纳米管之间的接触电阻太大, 载流子无法在碳纳米管网络中传输, 因而很难得到性能良好的碳纳米管薄膜晶体管器件, 甚至根本无法得到碳纳米管薄膜晶体管器件。为了解决这一难题, 作者所在的科研团队从 2011 年起开始聚焦于大管径半导体型碳纳米管墨水的制备。首次采用商业化的聚合物以及新型共轭化合物从商业化的电弧放电方法制备的碳纳米管中分离出高纯的大管径半导体型碳纳米管, 并通过简单的滴涂、旋涂、浸泡、打印等多种技术在不同衬底上制备出性能优越的碳纳米管薄膜晶体管器件, 其开关比达到 10^7, 迁移率超过 $20\ cm^2 \cdot V^{-1} \cdot s^{-1}$。制作工艺比较简单, 所需要的仪器设备包括高速离心机、超声分散仪、打印机、紫外灯或氧等离子体清洗仪等常规实验室设备, 为印刷碳纳米管薄膜晶体管在可穿戴电子、传感、简单逻辑电路、背板驱动电路以及其他新型电子器件 (如人造神经态电子器件)[29] 等领域的推广应用开辟了新路径。

另一方面, 由 IBM 主导的将碳纳米管应用于后摩尔时代大规模集成电路的研究也一直没有间断。2014 年 7 月, IBM 对外发布消息, 称将投资 30 亿美元开展 7 nm 集成电路芯片的研究, 其中碳纳米管是首选材料。随着一系列的难题如碳纳米管与电极之间的接触问题等相继被攻破, 为碳纳米管集成芯片的开发奠定了坚实的基础。但真正要实现碳纳米管薄膜晶体管在大规模集成电路中的应用, 无论材料本身还有器件的构建工艺和性能等都还存在巨大挑战。据杜克大学富兰克林教授预测, 用于大规模集成电路所需的半导体型碳纳米管纯度需要达到 99.999 9% 以上, 而且碳纳米管的密度要求高达 125 根/μm[30]。如何才能够得到如此高纯度的半导体型碳纳米管以及如何表征碳纳米管的纯度, 目前还没有任何有效的办法。碳纳米管作为一种比表面积非常大的纳米材料极容易吸附水、氧和其他杂质, 使得碳纳米管的掺杂不能像传统的硅基电子器件一样具有可控性, 这给器件的性能调控带来了巨大挑战。另外碳纳米管薄膜晶体管的加工技术与传统的硅基微纳加工技术也存在很大差异, 还需要发展一套适合碳基电子器件的微纳加工工艺。

本书重点介绍碳纳米管的分离纯化、半导体型碳纳米管墨水的制备、薄膜晶体管的基本理论、印刷碳纳米管薄膜晶体管及其电路的构建技术等。内容包括了碳纳米管的制备; 碳纳米管的物理、化学性质; 印刷碳纳米管薄膜晶体管的特性、重要参数、印刷工艺、器件结构和性能优化; 影响器件性能的影响分析等。对印刷碳纳米管薄膜晶体管在逻辑电路、显示驱动电路、化学生物传感器、类神经元器件和系统等新兴领域中的应用等也将一一介绍。

参考文献

[1] 崔铮. 印刷电子学: 材料、技术及其应用 [M]. 北京: 高等教育出版社, 2012.

[2] 李路海, 周忠, 曹梅娟, 等. 印刷电子的前世今生 [M]. 第 1 版. 北京: 北京艺术与科学电子出版社, 2016.

[3] IDTechEx 公司. https://www.idtechex.com.

[4] Park J S, Kim T W, Stryakhilev D, et al. Flexible full color organic light-emitting diode display on polyimide plastic substrate driven by amorphous indium gallium zinc oxide thin-film transistors [J]. Applied Physics Letters, 2009, 95:13503.

[5] Tripathi A K, Smits E C P, van der Putten, J B P H, et al. Low-voltage gallium-indium-zinc-oxide thin film transistors based logic circuits on thin plastic foil: Building blocks for radio frequency identification application [J]. Applied Physics Letters, 2011, 98:162102.

[6] Salvatore G A, Munzenrieder N, Kinkeldei T, et al. Wafer-scale design of lightweight and transparent electronics that wraps around hairs [J]. Nature Communication, 2014, 5:2982.

[7] Karnaushenko D, Munzenrieder N, Karnaushenko D D, et al. Biomimetic micro-electronics for regenerative neuronal cuff implants [J]. Advanced Materials, 2015, 27:6797-6805.

[8] Garnier F, Hajlaoui R, Yassar A, et al. All−polymer field-effect transistor realized by printing techniques [J]. Science, 1994, 265:1684-1686.

[9] Ridley B A, Nivi B, Jacobson J M. All-inorganic field effect transistors fabricated by printing [J]. Science, 1999, 286(5440):746-749.

[10] Sirringhaus H, Kawase T, Friend R H, et al. High-resolution inkjet printing of all-polymer transistor circuits [J]. Science, 2000, 290:2123-2126.

[11] Shimoda T, Matsuki Y, Furusawa M, et al. Solution-processed silicon films and transistors[J]. Nature, 2006, 440(7085):783.

[12] Lee D H, Chang Y J, Herman G S, et al. A general route to printable high-mobility transparent amorphous oxide semiconductors [J]. Advanced Materials, 2007, 19:843-847.

[13] Han X, Janzen D C, Vaillancourt J, et al. Printable high-speed thin-film transistor on flexible substrate using carbon nanotube solution [J]. Micro & Nano Letters, 2007, 2:96-98.

[14] Yan H, Chen Z, Zheng Y, et al. A high-mobility electron-transporting polymer for printed transistors [J]. Nature, 2009, 457:679-686.

[15] Minemawari H, Yamada T, Matsui H, et al. Inkjet printing of single-crystal films [J]. Nature, 2011, 475:364-367.

[16] Kim M G, Kanatzidis M G, Facchetti A, et al. Low-temperature fabrication of high-performance metal oxide thin-film electronics via combustion processing [J]. Nature Materials, 2011, 10:382-388.

[17] Kim Y H, Heo J S, Kim T H, et al. Flexible metal-oxide devices made by room-temperature photochemical activation of sol-gel films [J]. Nature, 2012, 489:128-133.

[18] Xing Z, Zhao J, Shao L, et al. Highly flexible printed carbon nanotube thin film transistors using cross-linked poly(4-vinylphenol) as the gate dielectric and application for photosenstive light-emitting diode circuit [J]. Carbon, 2018, 133:390-397.

[19] Zhang X, Zhao J, Dou J, et al. Flexible CMOS-like circuits based on printed p-type and n-type carbon nanotube thin-film transistors [J]. Small, 2016, 12:5066-5073.

[20] Liu T, Zhao J, Xu W, et al. Flexible integrated diode-transistor logic (DTL) driving circuits based on printed carbon nanotube thin film transistors with low operation voltage [J]. Nanoscale, 2018, 10:614-622.

[21] Gao W, Xu W, Ye J, et al. Selective dispersion of large-diameter semiconducting carbon nanotubes by functionalized conjugated dendritic oligothiophenes for use in printed thin film transistors [J]. Advanced Functional Materials, 2017, 27:1703938.

[22] Xu Q, Zhao J, Pecunia V, et al. Selective conversion from p-type to n-type of printed bottom-gate carbon nanotube thin-film transistors and application in complementary metal-oxide-semiconductor inverters [J]. ACS Applied Materials & Interfaces, 2017, 9:12750-12758.

[23] Tans S J, Verschuenren A R M, Dekker C, Room-temperature transistor based on a single carbon nanotube [J]. Nature, 1998, 393:49-52.

[24] Javey A, Guo J, Wang Q, et al. Ballistic carbon nanotube field-effect transistors [J]. Nature 2003, 424:654-657.

[25] Chen Z, Appenzeller J, Lin Y M, et al. An integrated logic circuit assembled on a single carbon nanotube [J]. Science, 2006, 311:1735.

[26] Liang S, Zhang Z, Pei T, et al. Reliability tests and improvements for Sc-contacted n-type carbon nanotube transistors [J]. Nano Research, 2013, 6:535-545.

[27] Kanungo M, Lu H, Malliaras G, et al. Suppression of metallic conductivity of single-walled carbon nanotubes by cycloaddition reactions [J]. Science, 2009, 323:234-237.

[28] Lee H W, Yoon Y, Park S, et al. Selective dispersion of high purity semiconducting single-walled carbon nanotubes with regioregular poly (3-alkylthiophene)s [J]. Nature Communication, 2011, 2:541.

[29] Shao L, Wang H L, Yang Y, et al. Optoelectronic properties of printed photogating carbon nanotube thin film transistors and their application for light-stimulated neuromorphic devices [J]. ACS Applied Materials & Interfaces, 2019, 11:12161-12169.

[30] Franklin A D, Electronics: The road to carbon nanotube transistors [J]. Nature, 2013, 498:443-444.

碳纳米管基础知识

- 2.1　碳纳米管的结构 (18)
  - ➤ 2.1.1　手性矢量 C_h (20)
  - ➤ 2.1.2　平移矢量 T (21)
- 2.2　碳纳米管的性质及应用 (22)
  - ➤ 2.2.1　力学性质及应用 (22)
  - ➤ 2.2.2　电学性质及应用 (24)
  - ➤ 2.2.3　传热性能 (24)
  - ➤ 2.2.4　光学性能 (26)
  - ➤ 2.2.5　碳纳米管的其他性质及应用 (27)
- 2.3　碳纳米管的制备 (28)
  - ➤ 2.3.1　石墨电弧放电法 (29)
  - ➤ 2.3.2　激光蒸发法 (30)
  - ➤ 2.3.3　化学气相沉积法 (31)
  - ➤ 2.3.4　浮动催化裂解法 (31)
  - ➤ 2.3.5　单手性碳纳米管生长 (33)
  - ➤ 2.3.6　定向可控生长碳纳米管 (42)
- 2.4　碳纳米管表征方法 (44)
  - ➤ 2.4.1　显微镜表征 (45)
  - ➤ 2.4.2　拉曼光谱 (52)
  - ➤ 2.4.3　紫外–可见–近红外吸收光谱(UV–Vis–NIR) (61)
  - ➤ 2.4.4　光致发光激发光谱 (63)
- 2.5　小结 (66)
- 参考文献 (66)

碳纳米材料因其具有的特殊结构和超常规性能, 一直是科学界研究的热点之一。早在 1985 年, Kroto, Smalley 和 Curl 3 位科学家共同发现 C_{60} 并证实其结构, 从而获得 1996 年诺贝尔化学奖。在对 C_{60} 的研究推动下, 1991 年日本 NEC 公司的 Iijima 在电镜下发现了一种更加奇特的管状碳纳米材料, 并把这种管状碳纳米材料命名为碳纳米管。碳纳米管, 又称为巴基管, 是一种管状结构且两端封口的一维碳纳米材料, 其径向 (管径) 尺寸为纳米量级, 而轴向尺寸为微米或毫米甚至米级量级。碳纳米管作为一维碳基纳米材料, 其六边形结构完美、质量轻, 具有优越的力学、电学、热学和化学性能。其实碳纳米管早已被人们发现并制造出来。早在 1890 年人们就发现含碳气体在热的表面上能分解形成丝状碳。1953 年, CO 和 Fe_3O_4 在高温反应时, 也发现了类似碳纳米管的丝状结构。从 20 世纪 50 年代开始, 石油化工厂和冷核反应堆的碳丝堆积问题, 引起了人们的重视。后来人们发现碳丝中含有类似碳纳米管的物质存在。在 20 世纪 70 年代末, 新西兰科学家发现在两个石墨电极间通电产生电火花时, 电极表面生成小纤维簇, 通过电子衍射测定发现其壁是由类石墨排列的碳组成, 实际上已经观察到多壁碳纳米管。但当时还没有认识到它是一种新型、特殊的碳材料而被忽略掉。随着 Iijima 正式命名这种新型一维碳纳米材料为碳纳米管后, 人们对其研究不断深入, 碳纳米管的独特优势在纳米电子器件、印刷薄膜电子器件、化学和生物传感、新型能源以及一些新型领域如人工智能等逐渐展现出来。本章将简单介绍碳纳米管的一些基础知识, 包括碳纳米管的结构、性能 (光、电、热和机械性能等)、合成方法、表征方法等。

2.1　碳纳米管的结构

碳纳米管可以看成是单层石墨烯片通过一定的矢量角度卷起来形成的无缝隙管状结构。其中管径部分是碳原子以 sp^2 杂化形式组成的六边形网格结构, 两端是由碳原子组成的五边形网格结构。碳纳米管根据其管壁层数可以分为单壁碳纳米管 (single-walled carbon nanotube, SWNT)、双壁碳纳米管 (double-walled carbon nanotube, DWNT) 和多壁碳纳米管 (multi-walled carbon nanotube, MWNT) (如图 2.1 所示)。多壁碳纳米管最内层碳纳米管的直径最小约 0.4 nm, 最大可达数百纳米, 典型管径在 2~100 nm 之间。多壁碳纳米管在形成过程中, 层与层之间很容易成为陷阱中心而形成各种缺陷。

多壁碳纳米管通常表现出金属特性, 具有较好的导电性。与多壁碳纳米管相比, 单壁碳纳米管直径尺寸的分布范围小 (0.6~2 nm)、缺陷少、且均一性好。一般来讲, 单壁碳纳米管表面要纯净一些, 因而化学活性较差; 而多壁碳纳米管表面吸附有大量的基团 (如羧基等), 因而化学活性较强。单壁碳纳米管可以分成不同管径和不同手性结构。随着原子结构的不同, 有的表现为金属特性, 有的则为半导体特性。半导体型碳纳米管的带隙也有很大差异, 与手性和管径大小有密切关系。因此真正能在碳基电子器件领域中起主导作用的是单壁碳纳米管, 尤其是具有特定结构 (带隙、管径、手性) 的半导体型碳纳米管。下面简单介绍单壁碳纳米管的原子结构和电子态结构。

 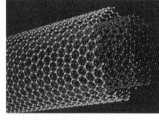 

(a)单壁碳纳米管　　　　　　(b)双壁碳纳米管　　　　　　(c)多壁碳纳米管

图 2.1　单壁、双壁和多壁碳纳米管的结构示意图

　　单壁碳纳米管依其原子结构特征可以分为 3 种类型: 扶手椅型 (armchair) 纳米管、锯齿型 (zigzag) 纳米管和手性型 (chiral) 纳米管。它们可以用手性指数 (n, m) 来表征。当 $n = m$ 时为扶手椅型纳米管, 手性角 (螺旋角) 为 30°; 当 $n > m$ 且 $m = 0$ 时为锯齿型碳纳米管, 其手性角 (螺旋角) 为 0°; 当 $n > m$ 且 $m \neq 0$ 时为手性型碳纳米管。不同手性的碳纳米管其物理和化学性能存在明显差异。有些手性的碳纳米管表现为半导体特性, 有的则表现为金属特性。半导体型碳纳米管中有的带隙较小, 有的带隙较大, 所制备碳纳米管薄膜晶体管器件也会表现出明显性能差异, 尤其在印刷制备薄膜晶体管器件时其差异更加明显。

　　碳纳米管是一种典型的一维材料, 其直径通常小于 2 nm, 长径比在 $10^4 \sim 10^5$。为了更好地理解石墨烯片是如何卷成不同手性的单壁碳纳米管, 图 2.2 展示了卷曲过程中的一些重要参量。其中, OB 和 OA 分别代表手性矢量 $\boldsymbol{C}_\mathrm{h}$ 和位移矢量 $\boldsymbol{T}$; 矩形 $OAA'B$ 代表碳纳米管的一个单胞; $\boldsymbol{R}$ 和 $\boldsymbol{a}_1$、$\boldsymbol{a}_2$ 分别为对称矢量和六角密堆的晶格矢量; θ 为手性角, 即 $\boldsymbol{C}_\mathrm{h}$ 与锯齿型轴的夹角。单壁碳纳米管的碳原子结构随着参量 $\boldsymbol{C}_\mathrm{h}$、$\boldsymbol{T}$ 和 $\boldsymbol{R}$ 的改变而变化, 下面来具体解释这些参量。

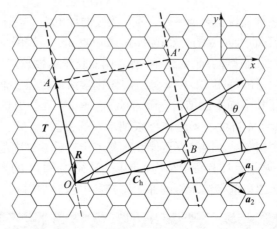

图 2.2　石墨烯按一定矢量角度卷曲成特定手性的碳纳米管

2.1.1　手性矢量 C_h

手性矢量 (C_h) 可表示为

$$C_h = na_1 + ma_2 = (n, m), \ 其中 \ (|n| \geqslant |m|) \tag{2.1}$$

式中, a_1 和 a_2 是石墨烯晶格的单位矢量; n 和 m 为整数, 通常称 (n, m) 为碳纳米管的结构指数, 即代表不同手性的碳纳米管。当 $m = 0$ 时, 即 $(n, 0)$ 为锯齿型结构; $n = m$ 时, 即 (n, n) 为扶手椅型结构。$(n, 0)$ 和 (n, n) 有更高的对称性, 垂直于管轴方向有镜面对称性。所有其他矢量 (n, m) 为手性碳纳米管。其 3 种结构示意图如图 2.3 和图 2.4 所示。根据螺旋不同又可分为右螺旋和左螺旋, 因此这些手性的碳纳米管可能沿轴传播右旋或左旋偏振光。大量的统计结果证明, 当 n 和 m 差值为 3 的整数倍时, 单壁碳纳米管为金属型, 否则为半导体型。而扶手椅型均为金属型单壁碳纳米管, 结构也比较稳定。表 2.1 列出了单壁碳纳米管的结构。

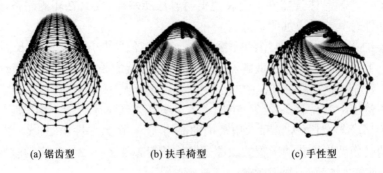

(a) 锯齿型　　　　　　(b) 扶手椅型　　　　　　(c) 手性型

图 2.3　不同手性单壁碳纳米管的结构

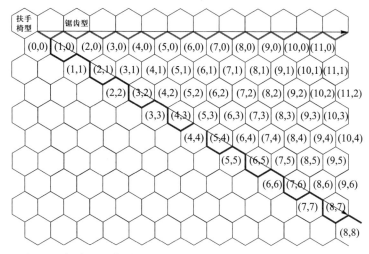

图 2.4　锯齿型、扶手椅型碳纳米管以及不同手性碳纳米管分布图

表 2.1　单壁碳纳米管的结构分类

类型	矢量角	手性矢量	结构类型
锯齿型	$0°$	$(n,0)$	反式
扶手椅型	$30°$	(n,n)	顺式
手性型	$30° \geqslant \lvert\theta\rvert \geqslant 0°$	(n,m)	右旋或左旋

假设碳纳米管的周长为 C, 则碳纳米管的直径 d 可表示为

$$d = C/\pi = a(m^2 + n^2 + mn)/\pi \tag{2.2}$$

式中, a 为相邻碳原子之间的碳碳键距离 (石墨中碳碳键距离为 $1.421\,\text{Å}$ [1])。相应的手性角为

$$\cos\theta = \frac{\boldsymbol{C}_{\mathrm{h}} \times \boldsymbol{a}_1}{\lvert\boldsymbol{C}_{\mathrm{h}}\rvert\lvert\boldsymbol{a}_1\rvert} = \frac{2n+m}{2\sqrt{n^2 + mn + m^2}} \tag{2.3}$$

根据式 (2.3), 给定一特定手性的碳纳米管, 就可以求出其手性角。对于锯齿型碳纳米管, 手性角为 $0°$; 扶手椅型碳纳米管的手性角为 $30°$; 而其他手性的碳纳米管的手性角在 $0° \sim 30°$ 之间。

2.1.2　平移矢量 $\boldsymbol{T}$

平移矢量为碳纳米管的单位矢量, 它平行于碳纳米管管轴, 垂直于卷曲之前的蜂窝晶格的手性矢量 $\boldsymbol{C}_{\mathrm{h}}$, $\boldsymbol{T}$ 可表示为

---

[1] 长度单位, 埃。$1\,\text{Å} = 0.1\,\text{nm}$, 余同。

$$T = t_1 a_1 + t_2 a_2 = (t_1, t_2) \tag{2.4}$$

式中, t_1、t_2 为互质的整数。利用 T 垂直于 C_h, 得到

$$C_h T = n t_1 a^2 + m t_2 a^2 + (n t_2 + m t_1) a_1 a_2 = 0 \tag{2.5}$$

最后得到 $(2n+m)t_1 + (2m+n)t_2 = 0$。设 $(2n+m)$ 和 $(2m+n)$ 的最大公约数为 R, 则如下表达式满足以上条件

$$t_1 = (2m+n)/R, t_2 = -(2n+m)/R \tag{2.6}$$

则碳纳米管的平移矢量 T 的长度为

$$|T| = \sqrt{a^2 t_1^2 + a^2 t_2^2 + t_1 t_2 |a_1||a_2|} = \frac{\sqrt{3}}{R} a \sqrt{n^2 + m^2 + mn} = \frac{\sqrt{3}}{R} C \tag{2.7}$$

式中, C 为碳纳米管的周长。

此外对于特定手性的碳纳米管, 可以通过 $d = (n^2 + m^2 + nm)^{1/2} \times 0.078\,3$ 近似计算出其管径大小。

2.2 碳纳米管的性质及应用

碳纳米管被发现后, 大量实验和模拟计算证明碳纳米管具有优越的光、电和机械性能, 如具有极高的电子和空穴载流子迁移率, 极高的导电性和导热性, 机械强度和柔展性好, 因此碳纳米管在高密度集成电路、印刷电子、传感、能源、可穿戴电子等领域有广泛的应用前景。碳纳米管的潜在应用极大地促进了碳纳米管合成技术的发展, 同时推进了碳纳米管在相关领域中的应用研究。高质量碳纳米管合成方法主要包括: 化学气相沉积法、石墨电弧放电法、激光蒸发法和浮动催化裂解法等。目前碳纳米管可实现吨量级生产, 尤其是高纯度的单壁碳纳米管的产量已经达到了克量级, 足以满足人们当前对碳纳米管的需求。首先简单介绍碳纳米管的物理、化学性质以及在相关领域中的应用。

2.2.1 力学性质及应用

碳纳米管中的碳原子主要以 sp^2 碳碳键的形式存在, 轨道中 s 轨道占据的比例较大, 所以具有较高的机械强度和拉伸度。Treacy 等利用扫描电镜

对多壁碳纳米管的弹性模量进行了测量, 得到 11 个样品的平均弹性模量为 1.8 TPa[1]。Wong 等利用原子力显微镜对多壁碳纳米管的抗弯曲强度进行了测试, 得到样品的平均抗弯强度为 14.2 GPa[2]。Walters 等将单壁碳纳米管绕成一条管束, 然后用原子力显微镜进行测试, 结果显示碳纳米管束的弹性模量为 45 GPa[3]。碳纳米管不仅具有极高的弹性模量、弹性形变和机械强度, 而且具有良好的导热导电性、耐高温耐腐蚀性、柔韧性以及易加工型, 使其在各个领域都具有广泛的应用。例如碳纳米管可以制备纳米秤和探针, 纳米秤可以用来衡量或测量生物大分子和生物颗粒的质量; 碳纳米管探针可以在不损坏生物体的前提下, 检测疾病和生物结构。在金属中掺入一定量的碳纳米管, 可以提高金属的硬度、强度、耐腐蚀性等。

近年来, 人们对碳纳米管复合材料的力学特性研究主要转移到高分子与碳纳米管的复合材料上。如 Qian 等在聚苯乙烯材料中加入 1% 的碳纳米管得到了碳纳米管/聚苯乙烯复合材料, 其弹性应变提高了 36%~42%, 拉伸强度提高了 25% (如图 2.5 所示)[4]。Wagner 等对多壁碳纳米管/聚合物薄膜进

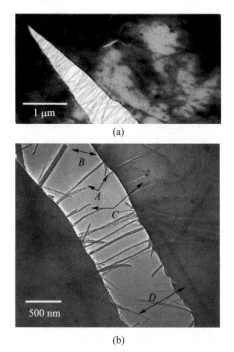

(a)

(b)

图 2.5　通过透射电子显微镜在线观察多壁碳纳米管和聚苯乙烯形成的复合物薄膜在热应力作用下的裂缝形成及其扩大过程。研究表面碳纳米管密度较低区域更容易形成裂痕。多壁碳纳米管趋向于排列在缝隙的易破裂处, 之后脱离碳纳米管的阵列[4]

行了抗压强度测试。当复合薄膜的厚度约为 200 μm 时, 复合材料的界面剪切压力可以承受 500 MPa 或者更高[5]。Cooper 等在环氧树脂中掺杂少量的碳纳米管制得的碳纳米管/高分子复合材料, 其应力达到了 1 TPa[6]。碳纳米管复合材料因其优异的力学性能而被广泛应用到航天和军事领域。

2.2.2 电学性质及应用

在碳纳米管内, 碳原子以 sp^2 的形式存在着两种化合键, 即 σ 键和 π 键。σ 键沿着碳纳米管管壁并形成了六边形的网格结构,π 键在碳纳米管间相互影响, 形成大范围的离域 π 健。σ 键与 σ 反键之间的能量由于达不到费米能级, 因此它对碳纳米管的电学性质没有任何作用; 而 π 键与 π 反键之间的能量由于达到了费米能级, 所以 π 键决定了碳纳米管的电学性质。由于碳纳米管的直径和手性角不同, 加上碳纳米管能够呈现出金属性或半导体性特性 (金属型和半导体型碳纳米管的能带间隙图详见图 2.42), 因此碳纳米管具有独特的电学性能。如碳纳米管的电子和空穴迁移率极高 (理论预测可达到10^5 $cm^2 \cdot V^{-1} \cdot s^{-1}$), 远高于目前的硅基电子的迁移率。通过控制电极的功函数或采用特殊的掺杂技术可选择性得到高性能的 P 型和 N 型碳纳米管场效应晶体管, 并能得到性能优越的 CMOS 反相器, 在此基础上还能集成出性能良好的逻辑电路。碳纳米管的电学性能以及碳纳米管晶体管的性能、结构和构建等是本书的重点, 相关内容将在后面一一讲述。

由于碳纳米管具有纳米尺寸的直径、完整的结构、电导率高以及化学稳定性好等优点, 使其成为理想的场致发射电极材料。和传统的场致发射材料相比, 碳纳米管场致发射材料具有更低的发射阈值, 而且电流承载能力和发射的稳定性都比较高。如图 2.6 所示, 定向生长的碳纳米管两端施加一定电压可把碳纳米管烧断, 得到纳米级的缺口, 即两电极之间的距离。如图 2.6(a)和 (b) 所示, 其距离分别为 80 nm 和 300 nm。研究表明碳纳米管之间的缺口距离越小, 观察到场发射所需要的电压也就越小。如电极之间的距离为80 nm 时, 施加 35 V 电压就能够观察到场发射现象, 而电极之间的距离达到300 nm 时, 则需要加到 120 V 左右才能观察到这一现象[7]。

2.2.3 传热性能

碳纳米管具有非常大的长径比, 其热导率约为 6 000W/(M·K), 其热导率为金属铜的 5 倍, 所以碳纳米管是一种良好的传热材料。由于碳纳米管沿着长度方向的热交换性能很高, 因此用碳纳米管可以制备出各向异性高的热

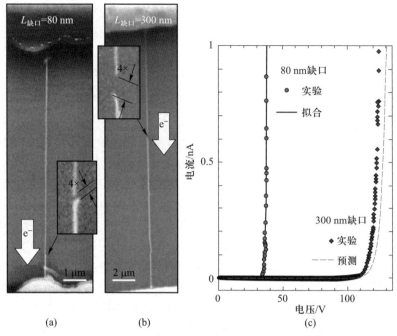

图 2.6　(a)、(b) 分别为缺口为 80 nm 和 300 nm 的单根碳纳米管扫描电子显微镜图, 其中插图是缺口的放大图; (c) 为在真空下的电流-电压特性曲线图, 实线和虚线分别代表碳纳米管之间的距离 80 nm 时拟合场发射特性和距离为 300 nm 时理想场发射特性图[7]

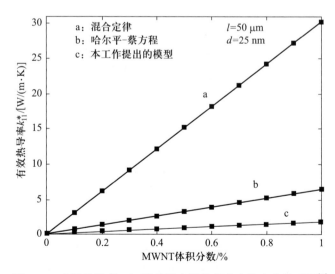

图 2.7　有效热导率 k_{11}^* 随碳纳米管体积分率的变化关系图[8]

传导材料。将高热导率的碳纳米管添加到其他的工程材料中就能显著提高复合材料的热导率。如图 2.7 所示, 复合材料的热导率随复合材料中的碳纳米管体积百分比浓度的增加而显著增大[8]。

2.2.4　光学性能

碳纳米管的光学特性可以通过物理或化学修饰进行调控。研究结果表明, 可溶性单分散的半导体型碳纳米管具有明显的光致发光现象, 不同的半导体型碳纳米管不仅能够吸收特定频谱的光波, 还能稳定地发散特定波长的光波。在后面的章节会详细讲述碳纳米管的光致发光特性。利用碳纳米管的光致发光光谱可以用来判断碳纳米管的手性。不同的激发波长可导致不同的发光且覆盖整个光谱范围, 发光量子效率可达 0.1。这意味着可溶性碳纳米管在发光与显示材料方面存在着潜在的应用前景。Star 等研究了间聚苯撑乙烯 [poly(metaphenylenevinylene), PmPV] 与 SWNT 之间的相互作用。研究结果表明, SWNT 表面覆盖着一层 PmPV, 在悬浮液中 SWNT 束的直径随着聚合物 PmPV 含量的增大而减小[9]。研究发现, 当该材料每吸收一个光子就可以产生 1 000 个以上的电流子, 具有光放大功能 (如图 2.8 所示)。这些研究表明, 功能化的碳纳米管在光电器件等领域有广阔的应用前景。

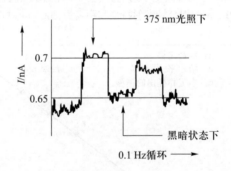

图 2.8　在 10 K 下测量 PmPV 包覆的单壁碳纳米管构建光伏电池性能图。其中激发波长为 375 nm, 偏压为 +0.025 V 的偏压。室温下施加一个 +0.005 V 的偏压, 会产生类似的响应[9]

经过物理方法分离纯化的呈单分散的单手性半导体型碳纳米管具有极强的光致发光特性, 即在一激发光波的作用下, 半导体型碳纳米管会发出极强的荧光。利用这一特性, 单分散的单手性半导体型碳纳米管已开始应用于生物医学成像等领域。2016 年日本 AIST 公司 Kataura 教授研究组利用色谱柱分离的单分散 (9,4) 半导体型碳纳米管作为荧光标记, 并应用于某些疾病的检测[10]。Kataura 教授研究组比较了 3 种碳纳米管在生物医学成像领域应用时其可发出的荧光强度 (未经过任何分离纯化的碳纳米管、经过分离纯化但含有多种半导体型碳纳米管和单手性半导体型碳纳米管)。从图 2.9 可以看出,在相同条件下,单手性半导体型碳纳米管所发出的荧光明显强于其他种类的碳纳米管。加上碳纳米管的毒性低、物理化学性质稳定、荧光强,因此单手性碳纳米管在医学成像领域中有广泛的应用前景。

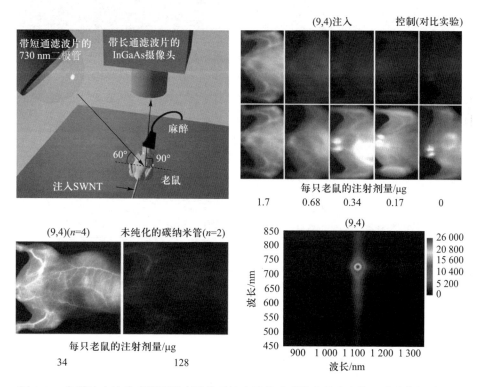

图 2.9 色谱柱方法分离得到的高纯单手性半导体型碳纳米管在生物医学成像领域中的应用[10]

2.2.5 碳纳米管的其他性质及应用

碳纳米管除了具有极好的导热性、导电性和优越的光学性能以外,它还有许多其他优越的性能。如碳纳米管的表面积比较大,是一种良好的储氢材料;碳纳米管是一维纳米结构,能够吸收范围较宽的电磁波能量,是一种优异的吸波材料;碳纳米管特有的光学性质和较高的化学稳定性,使其在光伏材料领域也具有较好的应用前景。碳纳米管在空气中主要表现为 P 型特性, CVD 方法生长的碳纳米管薄膜或溶液法得到的碳纳米管薄膜与 N 型硅可以构建出性能良好的 P–N 异质结太阳能电池。如图 2.10 所示, 碳纳米管薄膜通过硝酸处理后, 由碳纳米管薄膜与 N 型硅构建的 P–N 异质结太阳能电池的效率得到了大幅度提高[11]。

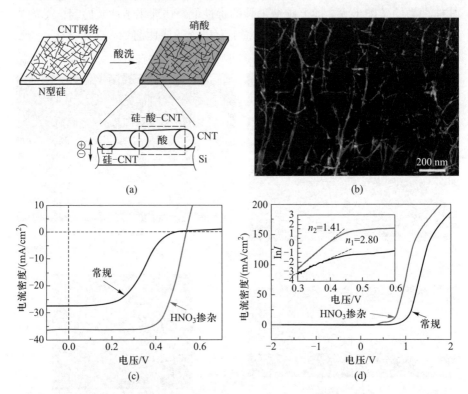

图 2.10   硝酸掺杂能够显著提高硅–碳纳米管异质结太阳能电池的效率。(a) 碳纳米管薄膜与 N 型硅构建的异质结太阳能电池经过硝酸掺杂前后碳纳米管与硅之间的界面形成的异质结示意图; (b) 碳纳米管薄膜扫描电镜图像; (c) 太阳能电池经过稀硝酸处理前后的电流密度–电压特性曲线; (d) 黑暗状态下太阳能电池电流密度–电压曲线[11]

2.3   碳纳米管的制备

为了获得管径分布均匀、纯度高、结构缺陷少、杂质含量低、产量高、成本低的制备方法, 人们对碳纳米管制备工艺做了很多研究。目前用于制备碳纳米管的方法主要有: 电弧放电法、激光蒸发法、化学气相沉积法 (碳氢气体热解法)、固相热解法、气体燃烧法、高密度定向生长法、克隆生长法、浮动催化裂解法、单手性高纯碳纳米管生长新方法以及聚合反应合成法等。目前商业化生产碳纳米管的主要方法有电弧放电法、激光蒸发法、化学气相沉积法、浮动催化裂解法、单手性高纯碳纳米管生长新方法以及衬底上可控生长等方法。但是这些方法都存在杂质高、产率低等缺点, 这些成为制约碳纳米管应用的关键因素。因此如何得到高纯度、单手性的半导体型碳纳米管是目前碳基电子领域研究的热点。除了通过直接生长来控制碳纳米管的结构以外, 后处理方法包括碳纳米管分离等技术也是目前常见的得到单手性或半导体型碳纳米管的方法, 这些方法也是本书的重点。下面先介绍碳纳米管的制备方法。

2.3.1　石墨电弧放电法

石墨电弧放电法又称直流电弧 (electrical arc discharge) 法, 是最早制备碳纳米管的工艺方法。图 2.11 为石墨电弧放电法实验装置示意图。该方法原理是在真空反应室内充满一定压力的惰性气体, 采用掺有催化剂的石墨棒作为电极, 在电弧放电的过程中, 阳极石墨不断被消耗, 而阴极石墨棒上沉积出碳纳米管。该方法简单快速、原料易得、成本低廉, 且制备的碳纳米管管径大、结晶度高、产物易于保存运输。

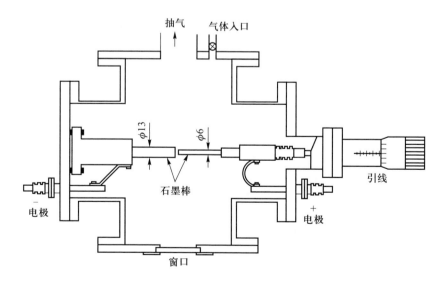

图 2.11　石墨电弧放电法实验装置示意图

因此这种方法是目前商业化制备单壁碳纳米管最常用且最重要的方法。这种方法得到的碳纳米管管径在 1.3~1.6 nm, 且管径分布比较窄, 这种类型的碳纳米管适合制备印刷半导体电子器件所需要的碳基墨水。目前有一些公司可提供这种高质量的碳纳米管, 如美国的 Carbon Solutions 公司可提供大量的电弧放电方法得到的大管径碳纳米管, 且碳纳米管的价格已有大幅度下降。但该方法制备的碳纳米管也存在着一些缺陷, 如操作条件不易掌控、得到的碳纳米管容易与副产物杂质烧结成一体, 不利于随后的分离和纯化。通过 DGU 分离和共轭有机化合物包覆法可从这种碳纳米管中分离出高纯的半导体型碳纳米管。这些碳纳米管溶液通过喷墨打印、旋涂、滴涂和浸泡等方式非常容易构建出性能优越的碳纳米管薄膜晶体管器件和简单电路。因此电弧放电法制备的碳纳米管被认为是目前制备印刷薄膜晶体管最理想的碳纳米管原材料。

2.3.2　激光蒸发法

激光蒸发法, 又称激光烧蚀 (laser ablation) 法, 利用激光蒸发石墨和过渡金属催化剂的复合材料来制备碳纳米管。1996 年 Smalley 等首先使用激光蒸发法批量制备了单壁碳纳米管[12]。激光蒸发法的原理与电弧法类似, 都是利用固体碳源在高温下蒸发来获得碳纳米管 (如图 2.12 所示)。该方法优势是易于连续生产, 劣势是制备出的碳纳米管纯度低, 且易于缠结。目前加拿大 Raymor nanotech 公司通过技术改进, 利用该技术可大批量生产高质量的单壁碳纳米管, 这种方法制备的碳纳米管的吸收光谱与电弧放电法制备的碳纳米管非常类似, 只是管径略小于电弧放电法制备的碳纳米管。Raymor nanotech 和 Nanointergris 采用聚合物包覆法从这种碳纳米管中分离出纯度

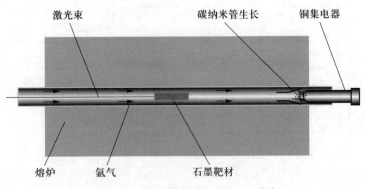

图 2.12　激光蒸发法装置示意图[12]

高于 99.9% 的半导体型碳纳米管, 并构建出性能非常优越的碳纳米管薄膜晶体管器件。

2.3.3　化学气相沉积法

化学气相沉积 (chemical vapor deposition, CVD) 法, 又称催化裂解法, 其基本原理为含碳气体在高温下流经催化剂 (如 Fe、Co、Ni) 表面分解沉积生成碳纳米管 (如图 2.13 所示)。这种方法的优点是设备简单、制备条件可控、操作方便、成本低廉、容易批量化生产。化学气相沉积法因其设备简单和最可能实现工业化生产, 成为目前研究最广泛的碳纳米管合成方法。在生成碳纳米管的过程中, 催化剂呈现不同的形态, 有的催化剂被固定在衬底上, 而有的催化剂则漂浮在空气中。但是化学气相沉积法生长温度低, 生成的碳纳米管存在较多缺陷。商业化的 HiPCO 碳纳米管以及由美国 Southwest Nanotechnologies 公司生产的 CG200 和 100、CoMocat 76 和 65 等碳纳米管均为 CVD 生成的碳纳米管。相对于电弧放电法和激光蒸发法, CVD 法在碳纳米管结构的精细控制、定向生长和批量化制备等具有独特优势。后面将要讲述的单手性碳纳米管生长方法和技术归属于 CVD 生长方法。北京大学张锦和李彦、悉尼大学陈元以及南加州大学周崇武等课题组在 CVD 法碳纳米管批量化制备、定向排列、手性可控生长等方面做了大量工作, 并取得了重大突破。相关内容会在 2.3.5 节和相关章节作详细介绍。

图 2.13　化学气相沉积法原理示意图

2.3.4　浮动催化裂解法

浮动催化裂解法是一种简单且有希望构建出大面积性能优越的碳纳米管透明电极和碳纳米管薄膜晶体管器件的一种碳纳米管生长方法。如图 2.14 所示, 催化剂前聚体 (有机金属化合物如二茂铁或五羰基铁) 先溶入碳氢溶液中, 催化剂前聚体随碳氢溶液一同进入立式高温反应器, 在高温下碳源和有机金属化合物分解, 悬浮的催化剂纳米颗粒催化生长出单壁碳纳米管。由于催化剂颗粒在碳纳米管形成过程中是悬浮在载气 (如氢气) 中的, 故可以在反应器下端收集碳纳米管产物, 实现碳纳米管制备的连续化。生成的碳纳米管可以纺成丝, 也可直接沉积在柔性衬底上。早在 20 世纪 80 年代, Endo 教授就用这种方法来制备碳纤维[13]。后来芬兰阿尔托大学应用物理系 Kauppinen 教授研究组用这种技术批量化制备单壁和多壁碳纳米管, 该方法的主要特点在于催化剂纳米颗粒的制备。通过控制反应温度、催化剂前聚体浓度等可调节催化剂颗粒的大小, 从而可以控制碳纳米管的管径和手性等。通过浮动催化裂解法合成的单壁碳纳米管中含有金属催化剂、金属碳纳米管、无定形碳和其他碳杂质, 这种方法得到的碳纳米管薄膜在触摸传感器、显示器、柔性和透明电极等领域有广泛的应用前景。目前中国科学院金属研究所成会明院士研究组和芬兰 Kauppinen 教授研究组在这方面已做了大量的工作。最近成会明院士研究组报道通过控制催化剂能够提高碳纳米管薄膜中的半导体型碳纳米管的含量, 得到的碳纳米管薄膜可以直接构建出性能良好的薄膜晶体管器件。如果利用浮动催化裂解法能够进一步提高半导体型碳纳米管的含量, 有望连续制备出大面积高质量的半导体型碳纳米管薄膜, 将有助于推进碳基电子向产业化方向发展。浮动催化裂解法构建的碳纳米管薄膜、薄膜晶体管器件和电路以及面临的挑战等会在后面作详细介绍。

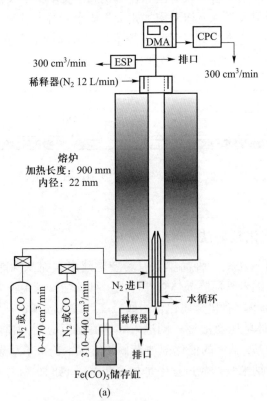

(a)

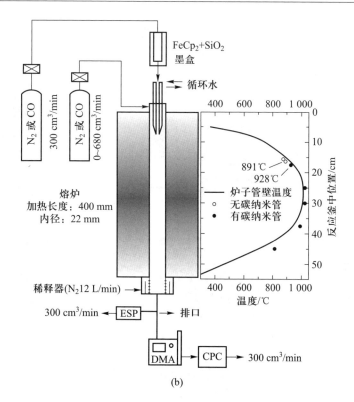

(b)

图 2.14　浮动催化裂解法制备碳纳米管薄膜的实验装置。(a) 五羰基铁和 (b) 二茂铁为
催化剂前聚体[13]

2.3.5　单手性碳纳米管生长

2.3.5.1　克隆生长

克隆生长是指用特定手性的碳纳米管作为晶种或生长模板通过 CVD 方法对碳纳米管进行二次生长, 并得到与模板电子结构相同的单手性碳纳米管, 它是一种可克隆单一手性碳纳米管的新型生长技术。图 2.15 是在衬底上克隆单一手性碳纳米管的实验过程示意图和通过克隆技术得到的碳纳米管原子力显微镜照片图以及拉曼特性[14,15]。如图 2.15(g) 所示, 先在衬底上沉积单一手性的碳纳米管, 然后通过电子束或其他技术把碳纳米管切割成更短的碳纳米管单元, 再把催化剂固定到碳纳米管的两端, 在高温条件下, 以原来碳纳米管为模板, 使碳纳米管沿两端不断向外生长, 得到更长的、单一手性的碳纳米管。通过原子力显微镜、扫描电子显微镜和径向呼吸模式表征手段表

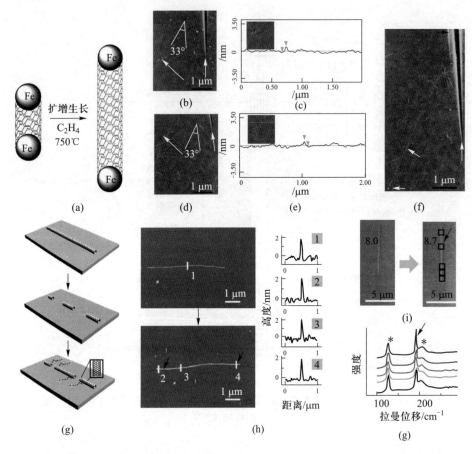

图 2.15   用较短的碳纳米管作为生长模板通过传统的气液固生长机制克隆特定手性的碳
纳米管。(a) 气液固生长机制制备单壁碳纳米管的生长过程示意图; (b)~(f) 单壁碳纳米
管扩增之前 [(b)、(c)] 和扩增之后 [(d)~(f)] 的原子力显微镜图; (g) 单壁碳纳米管的克隆
过程示意图, 其中采用电子束方法得到多节碳纳米管, 并作为生长模板; (h) 单壁碳纳米管
在克隆过程前后的原子力显微镜图像和高度分布; (i) 单根碳纳米管克隆前后的扫描电子
显微镜对比图; (j) 克隆后的碳纳米管在不同区域的径向呼吸模式光谱。从图可以看出单
壁碳纳米管在 192.8 cm^{-1} 的峰没有发生任何变化, 说明重新生长出来的碳纳米管与模板
碳纳米管的手性一样, 标记为 * 的峰来自石英衬底[14,15] (参见书后彩图)

明, 通过这种方法可在衬底上克隆生长出单一手性的单壁碳纳米管。

南加州大学周崇武教授研究组 2012 年在 *Nature Communications* 上报
道了一种新型克隆技术, 即用 DNA 选择性分离的单手性碳纳米管作为克隆
种子 (或模板), 利用气相外延生长技术在特定衬底上克隆出相应手性的单壁

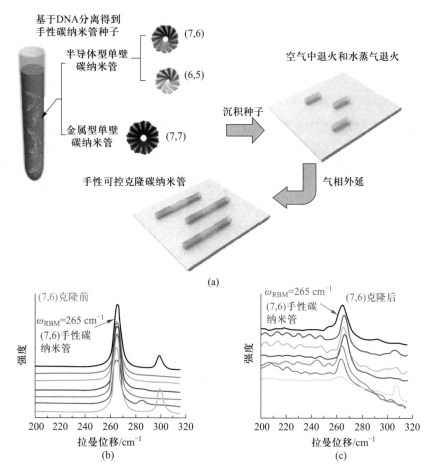

图 2.16 使用 VPE 方法合成手性可控的单壁碳纳米管。(a) 采用 VPE 技术实现对单手性单壁碳纳米管克隆过程示意图; (b)、(c) (7,6) 手性碳纳米管 VPE 生长前 (b) 和生长后 (c) 径向呼吸模式拉曼光谱图[16] (参见书后彩图)

碳纳米管[16]。方法如图 2.16(a) 和 (b) 所示, 先用 DNA 包覆方法从商业化碳纳米管中选择性分离出单手性的 (7,6)、(6,5) 和 (7,7) 碳纳米管, 然后把这些单手性的碳纳米管转移到衬底表面。为了克隆出高质量的单壁碳纳米管, 克隆模板或种子碳纳米管先在空气和水蒸气环境下经过退火处理, 再利用外延生长技术得到了相应手性碳纳米管。从图 2.16(b) 和 (c) 可以看出, 克隆前后碳纳米管的径向呼吸模式拉曼光谱只发生了微弱偏移, 从而可以证明利用这种技术可以克隆出相应的半导体型碳纳米管。通过用克隆的半导体型碳纳米管构建出性能较好的场效应晶体管器件, 进一步证明了克隆的碳纳米管为半导体型碳纳米管。随着单手性碳纳米管分离技术和碳纳米管克隆技术的不断发展, 相信克隆技术能可控制备出高密度、单手性的半导体型碳纳米管阵列, 从而实现高密度、高性能碳纳米管薄膜晶体管器件的制备, 推进碳基电子器件的发展。

2.3.5.2   CVD 生长法

前面讲到的克隆技术是以碳纳米管作为模板, 通过外延生长技术得到相应的碳纳米管。通过控制催化剂组分和其他特性也能得到单一手性的碳纳米管。即在 CVD 生长过程中, 通过控制催化剂种类、颗粒大小和晶格等可控得到单手性碳纳米管的生长技术, 我们把这种技术称为 CVD 生长法。CVD 生长技术相对于克隆技术而言具有大批量制备高质量、单一手性碳纳米管的优势, 因此这一技术的开发有望解决高性能碳基电子器件和电路所面临的材料难题。近年来由于石墨烯和新型二维半导体材料的兴起, 许多从事碳纳米管研究的研究团队已把研究兴趣转移到二维材料, 还坚守在这个领域的研究小组已经屈指可数了。在这个领域里最有名的研究组有悉尼大学陈元教授研究组、北京大学张锦教授研究组和李彦教授研究组。他们在催化剂的筛选、单手性碳纳米管的生长机理和批量化制备工艺等方面做了大量工作, 并取得了一些突破性进展。下面分别介绍这 3 个小组做的部分工作。陈元教授研究组在 2006 年就开始从事单手性半导体 (9,8) 碳纳米管的可控生长和批量化制备等方面的研究。该方法采用硫酸钴作为催化剂, 二氧化硅颗粒作为催化剂载体, 通过控制前处理温度、反应温度等能够选择性地生长出单手性的 (9,8) 碳纳米管。CVD 方法制备碳纳米管通常采用钴钼合金 (CoMoCat 碳纳米管) 或铁为催化剂 (HiPCO 碳纳米管), 用这些方法已实现大批量碳纳米管的制备, 并已实现商业化销售。但这些方法得到的碳纳米管的手性分布比较广, 如包含有 (7,6)、(8,4)、(7,5)、(6,5) 和 (8,3) 等多种手性的碳纳米管, 如图 2.17(a) 所示。[17,18] 如用钴钼纳米粒子作为催化剂时, 主要由于钴纳米粒子与衬底氧化镁的晶格不匹配, 导致碳纳米管的手性分布较广, 如图 2.17(b) 和 (c) 所示。陈元教授研究组采用 $CoSO_4/SiO_2$ 作为催化剂时, 通过控制反应条件可选择性得到单手性的 (9,8) 碳纳米管。如图 2.17(d) 和 (e) 所示, 从碳纳米管的吸收光谱和丰度统计图可以看出合成的碳纳米管主要以 (9,8) 为主, 其含量可以达到 80% 以上。(9,8) 碳纳米管的直径在 1.2 nm 左右, 能带在 0.65 eV 左右。这种类型的半导体型碳纳米管中其他碳纳米管的含量非常低, 加上能带间隙适中, 适合构建高性能印刷碳纳米管薄膜晶体管器件。如果能够快速、高效、大批量从合成的 (9,8) 碳纳米管粉末中选择性分离或分散 (9,8) 碳纳米管, 得到高纯的 (9,8) 碳纳米管墨水, 这将为高性能印刷碳纳米管薄膜晶体管器件的构建和应用奠定良好的基础。

北京大学张锦教授研究组在碳纳米管可控生长方面做了许多的工作。他们采用钼纳米粒子作为催化剂,通过调节生长时间等参数来控制碳纳米管的直径[19]。通过这种方法可使碳纳米管的直接控制在 0.81 nm 左右。用不同波长的拉曼光谱 (633 nm 和 514 nm) 以及吸收光谱得出合成的碳纳米管主要包含有 (8, 4)、(8, 5) 和 (7, 6) 手性的碳纳米管。图 2.18(a) 表示碳纳米管生长过程示意图, 图 2.18(b)~(e) 分别表示碳纳米管的扫描电子显微镜图像、原子力显微镜图像、管径分布图以及透射电子显微镜图像。从扫描电子显微镜图像、原子力显微镜图像和透射电子显微镜图像可以看出, 这种方法可以定向生长出直径在 0.8 nm 左右的碳纳米管阵列。

北京大学李彦教授研究组用在高温条件下 (如 1 030 ℃) 制备的 W_6Co_7 固态合金作催化剂, 在高温条件下生长出手性可控的单壁碳纳米管如 (12, 6) 和 (16, 0) 碳纳米管[20,21]。图 2.19 (a) 为 W_6Co_7 纳米催化剂在高温条件下的制备过程示意图, 以及以它们为模板生长出 (16, 0) 和 (12, 6) 手性的金属

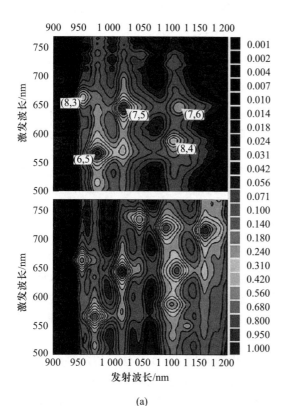

(a)

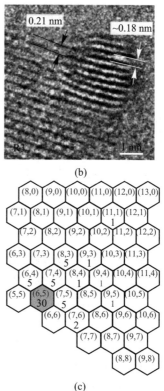

(b)

(c)

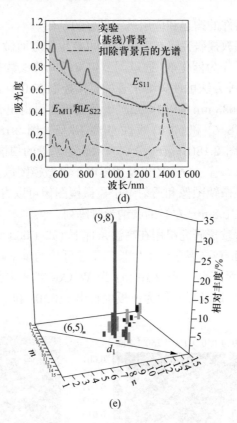

图 2.17　通过控制催化剂实现单一手性碳纳米管的可控制备。(a) CoMoCat (上面) 和 HiPCO (下面) 样品相对的碳纳米管样品荧光强度对比图; (b) 从高分辨透射显微镜可以看出钴纳米粒子与氧化镁衬底的晶格不匹配; (c) 用 $Co_xMg_{1-x}O$ 作为催化剂得到的碳纳米管手性分布图, 从 57 根碳纳米管样品中统计电子衍射分析得到的统计数据; (d) 用硫酸钴作为催化剂通过 CVD 方法得到的碳纳米管吸收光谱; (e) 在同一催化剂下, 用 PL (蓝色)、拉曼 (红色) 和吸收光谱 (黄色)3 种方法标定碳纳米管的相对丰度对比图。[17,18]
(参见书后彩图)

型碳纳米管。通过控制碳纳米管的生长温度可得到不同手性的碳纳米管。在生长温度为 1 030 ℃ 下生长的单壁碳纳米管为 (12, 6), 而当生长温度控制在 1 050 ℃ 时, 则得到的碳纳米管则主要是 (16, 0) 手性的金属型碳纳米管, 如图 2.19 (b) ∼ (g) 所示。

尽管用 W_6Co_7 纳米粒子作为催化剂通过 CVD 方法可以实现单手性碳纳米管的制备, 但得到的碳纳米管均为金属型碳纳米管。后来在此基础上该研究组利用水蒸气来调节催化剂 W_6Co_7 纳米粒子的晶面结构, 经过水蒸气

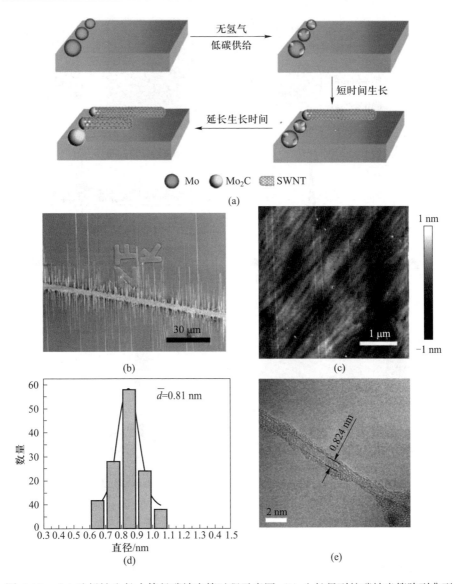

图 2.18 (a) 选择性生长小管径碳纳米管过程示意图; (b) 生长得到的碳纳米管阵列典型 SEM 图; (c) 在石英衬底上得到的碳纳米管原子力显微镜照片图, 碳纳米管的管径基本相同, 均没有超过 1 nm; (d) 碳纳米管管径分布图; (e) CVD 方法生长的单根碳纳米管透射电子显微镜照片图[19]

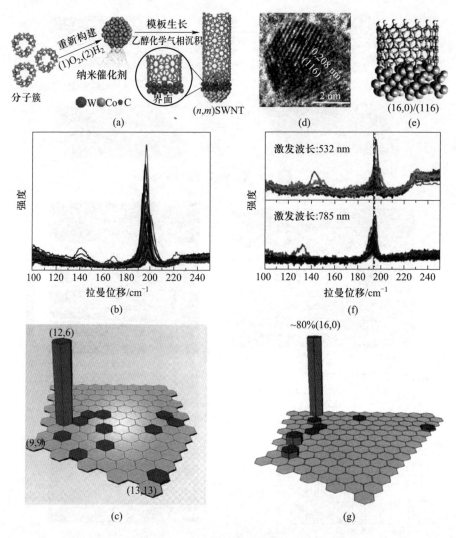

图 2.19   利用 W_6Co_7 固态合金催化剂生长手性可控的单壁碳纳米管。(a)W_6Co_7 纳米催化剂的制备过程及模板生长特定手性结构的单壁碳纳米管; (b) 在 1 030 ℃ 下生长的单壁碳纳米管在径向呼吸模式区域的拉曼光谱图; (c) 利用拉曼光谱测量了 3 300 个碳纳米管, 得到了不同手性单壁碳纳米管在手性图中表示的相对丰度图; (d) 在 1 050 ℃ 下制备的 W_6Co_7 催化剂纳米粒子的高分辨透射电子显微镜图像; (e) W_6Co_7 催化剂的 (116) 平面和 (16,0) 碳纳米管的界面示意图; (f) 在 1 050 ℃ 下生长的单壁碳纳米管在径向呼吸模式区拉曼光谱图; (g) 从 361 个径向呼吸模式图谱中得到不同手性单壁碳纳米管在手性图表示的相对丰度[20,21]

处理后使 (1010) 晶面得到显著提高, 利用这种构型的催化剂可使半导体型碳纳米管的含量提高到 99%, 其中直径为 1.29 nm 的 (14,4) 碳纳米管的含量达到 97% (如图 2.20 所示)。[22] 此外用水蒸气能够选择性刻蚀金属型碳纳米管使半导体型碳纳米管的纯度提高到 99.8%, 而 (14,4) 手性碳纳米管的含量达到 98.6%(如图 2.21 所示)。为了进一步验证合成的碳纳米管的特性, 他们用这些碳纳米管构建出窄沟道碳纳米管薄膜晶体管器件, 不管是单根碳纳米管晶体管还是多根碳纳米管薄膜晶体管都表现出高的开关比 (单根碳纳米管开关比在 10^5 以上, 而多根碳纳米管的开关比在 10^3 左右, 如图 2.22 所示)。如果这种方法能够实现对单手性半导体型碳纳米管批量化制备, 那么这一技术也将会推动碳基电子的快速发展。

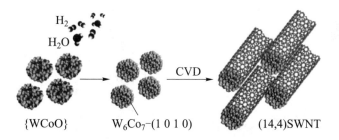

图 2.20　水蒸气辅助下调节 W_6Co_7 晶结构示意图以及 CVD 生长得到的 (14,4) 手性碳纳米管[22]

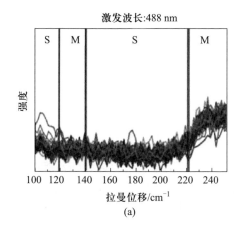

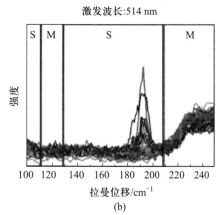

(a)　　　　　　　　　　(b)

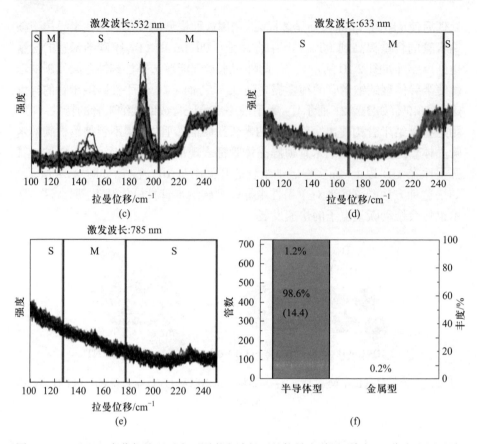

图 2.21   (a)～(e) 水蒸气处理后在不同激发波长下的拉曼光谱图, 其中 M 代表金属型碳纳米管, S 代表半导体型碳纳米管; (f) 通过水蒸气处理后的碳纳米管用径向呼吸模式光谱得到 (14,4) 手性碳纳米管的丰度分布图[22]

2.3.6   定向可控生长碳纳米管

在衬底上引入适当的催化剂或碳纳米管 "种子" 可在衬底表面得到特定结构或有序排列的单壁碳纳米管。生长得到的碳纳米管可直接构建薄膜晶体管器件, 省去了复杂的后处理工序 (如碳纳米管的纯化、分散、沉积等), 大大简化了器件的制备工艺, 同时避免了在后处理中对碳纳米管结构的破坏以及杂质的引入。为了得到高性能的碳基电子器件和高集成度的电路, 衬底上生长的碳纳米管需要满足: ① 半导体型碳纳米管纯度高; ② 结构和性质可控; ③ 碳纳米管的取向、密度、长度、直径等都需要可控。通过控制气流方向和速度以及添加剂、衬底种类、催化种类和密度等可以得到定向排列、密度高的单壁碳纳米管阵列。如图 2.23 所示, 利用 Fe 作为催化剂, 甲醇和乙醇为碳源, 通过控制添加剂 (噻吩) 的浓度可以在石英衬底上得到不同密度的定向排列碳纳米管阵列[23]。然而这种方法得到碳纳米管中不可避免存在一定量的金属型碳纳米管、无定形碳或金属催化剂等杂质, 使得构建的器件开关比往往不高, 这样在很大程度上限制了这种方法向产业化推进的可能性。因此如何得到高密度、高度有序排列的单手性、高纯半导体型碳纳米管阵列是推进碳基电子向高密度集成电路最关键的因素。

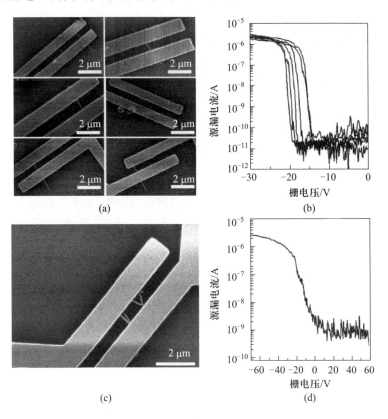

图 2.22   (a) 单根碳纳米管晶体管器件扫描电子显微镜照片图, 其中沟道长度为 1 μm; (b) 单根碳纳米管晶体管 I–V 曲线; (c) 多根碳纳米管组成的晶体管扫描电子显微镜照片图, 其中沟道长度为 1 μm; (d) 由多根碳纳米管组成的晶体管 I–V 曲线[22]

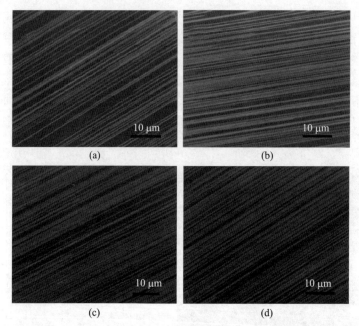

图 2.23　通过控制添加剂噻吩的浓度可控制石英衬底上碳纳米管密度, 其中铁为催化剂,
甲醇和乙醇混合液为碳源, 噻吩的质量分数分别为: (a) 0%; (b) 0.01%; (c) 0.03%;
(d) 0.05%[23]

2.4　碳纳米管表征方法

　　碳纳米管的结构、表面缺陷、掺杂类型、管径大小、手性、形貌和功函数等对印刷碳纳米管薄膜晶体管的性能有很大影响, 为了了解和研究碳纳米管的这些特性与器件性能之间的关系, 需要对碳纳米管的这些特性进行表征。目前可用于表征和分析碳纳米管的手段和技术有扫描电子显微镜、原子力显微镜、拉曼光谱、透射电子显微镜、光致发光激发光谱、紫外–可见–近红外吸收光谱等。利用这些技术可以检测碳纳米管的结构完整性、碳纳米管的管径大小、手性、功函数、表面缺陷、掺杂类型、表面功能化程度和取向性等。其中最常用且最有效的表征可印刷碳纳米管墨水和碳纳米管薄膜的方法主要包括拉曼光谱、光致发光激发光谱、紫外–可见–近红外吸收光谱、紫外光电子能谱和原子力显微镜、开尔文探针力显微镜等。下面简单介绍这些表征技术。

2.4.1 显微镜表征

显微镜技术种类众多, 在印刷碳纳米管薄膜晶体管领域中主要会用到扫描隧道显微镜、原子力显微镜、开尔文探针力显微镜以及普通显微镜技术等。这里简单介绍可用于表征碳纳米管形貌和结构等的显微技术。

2.4.1.1 扫描隧道显微镜

扫描隧道显微镜 (scanning tunneling microscope, STM) 的工作原理是通过探测探针与样品间的隧道电流来分析判断样品的表面形貌。由于探针与样品之间的距离与隧道电流呈指数关系, 即样品表面即使只有原子大小的微小变化, 其引起的隧道电流也会发生巨大改变, 这使得 STM 具有极高的分辨率。但该技术要求样品必须导电, 如果在介电层上构成器件时, 很难检测到碳纳米管的信号。之前该技术主要用于碳纳米管的结构、缺陷和手性等方面的表征。由于 STM 对样品的要求非常高、操作难度比较大, 在印刷碳纳米管薄膜晶体管领域中很少用 STM 来表征半导体型碳纳米管的结构、缺陷和手性等, 这些特性可以通过一些简单常用的设备如紫外–可见–近红外吸收光谱、拉曼光谱、荧光光谱等进行表征。该技术能够检测到碳纳米管表面上的原子级变化, 因此该技术可用于研究碳纳米管表面功能化修饰对器件性能的影响以及碳纳米管选择性分离机理等。

2.4.1.2 原子力显微镜

相对于 STM 而言, 原子力显微镜 (atomic force microscope, AFM) 对样品的导电性没有要求, 其分辨率同样能够达到原子级别, 即 0.1 nm 左右。因此 AFM 可用于表征印刷碳纳米管薄膜晶体管沟道中的碳纳米管的形貌、管径大小和碳纳米管单位密度等。图 2.24 是印刷碳纳米管薄膜晶体管沟道中不同位置下的随机测量的碳纳米管形貌。从图 2.24 可以看出, 尽管碳纳米管薄膜中还存在少量的碳纳米管束和其他杂质, 但是整体而言, 碳纳米管薄膜均匀性较好, 碳纳米管的密度在 30~40 根/μm。用 AFM 技术表征印刷碳纳米管薄膜时还有一些挑战需要克服。尽管构建印刷碳纳米管薄膜晶体管所用到的半导体型碳纳米管墨水纯度可以达到 99.9% 以上, 但半导体型碳纳米管表面吸附了大量的表面活性剂、聚合物以及其他杂质, 用 AFM 测量得到的碳纳米管管径大小与实际大小偏差比较大, 而且这些杂质对 AFM 的探针损伤较大, 另外用 AFM 技术表征大面积碳纳米管薄膜时耗时长, 效率偏低。相对而言, 用扫描电子显微镜来表征碳纳米管的形貌和大面积薄膜的均匀性相对会更好一些, 但很难对碳纳米管的管径进行表征, 而采用透射电子显微镜技术来表征碳纳米管的管径相对会准确很多。

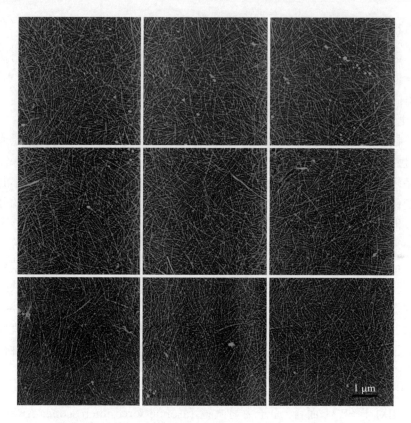

图 2.24   印刷碳纳米管薄膜晶体管沟道中不同区域的碳纳米管薄膜 AFM 照片图

2.4.1.3   开尔文探针力显微镜技术

开尔文探针力显微镜 (Kelvin probe force microscope, KPFM) 是一种原子力显微镜, 该技术于 1991 年问世。KPFM 利用微悬臂感受和放大悬臂上尖细探针与测试样品原子之间的作用力, 从而达到检测的目的, 具有原子级的分辨率。KPFM 技术是指采用两次扫描的方法来获取相关信息。其中在第一次扫描时, 采用轻轻敲击的模式来获取待测物表面形貌。而在第二次扫描时, 先将探针抬高, 再切断驱动探针悬梁臂机械振动的形貌信号, 与此同时向探针施加一个直流和交流偏压, 对待测物表面的电势分布进行扫描, 得到样品表面的电势, 这样就能够测量出材料的功函数 (work function) 或表面势 (surface potential)。根据碳纳米管表面的电势不同可判断或区分碳纳米管为金属型碳纳米管还是半导体型碳纳米管。当碳纳米管密度比较高时, 其优势就很难显示出来。印刷碳纳米管薄膜晶体管器件沟道中的碳纳米管的密度非常高, 通常在 30~50 根/μm 以上。此时, KPFM 根本无法发挥其作用。加上半导体型碳纳米管墨水事先已经过分离纯化, 里面的金属型碳纳米管束的量已经非常少。KPFM 在印刷碳纳米管薄膜晶体管中的应用就非常局限了。

2.4.1.4 介电力显微术

介电力显微术 (dielectric force microscopy, DFM) 是由中国科学院苏州纳米研究所的陈立桅研究员课题组开发的一种新型显微技术, 即通过检测扫描力探针针尖与样品间静电相互作用的二倍频信号, 实现了用传统方法极难测量的纳米材料介电响应的表征, 进而可以在无需制备纳米电极的情况下对纳米材料 (如单壁碳纳米管、纳米线等) 的介电常数、载流子类型、电导率等载流子性能实现无损、快速、高灵敏和高通量的半定量检测和表征。该技术为研究纳米材料的电学性质以及便捷预测纳米器件性能提供了强有力的工具手段。半导体和金属材料对于外部电场介电响应的主要贡献来自载流子迁移引起的宏观极化。因此, 材料中的载流子浓度及其迁移率取决于该材料的介电响应和它的电导率。这种成像模式无需电极接触即可 "观测" 到纳米材料中的载流子 [图 2.25(a)][24]。以单壁碳纳米管 (直径约 1 nm) 作为研究对象, 用 DFM 成功地实现了对纳米材料介电常数的测量[25]、半导体与金属

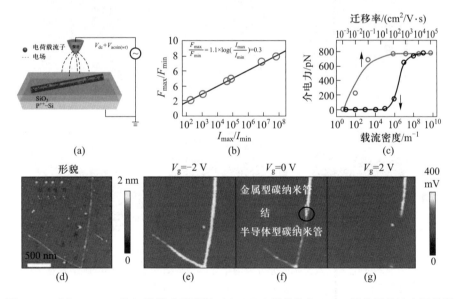

图 2.25 (a) DFM 二次扫描模式示意图; (b) DFM 栅控比与 FET 器件开关比之间的半对数关系图; (c) DFM 信号与载流子浓度和迁移率依赖性的数值模拟结果, DFM 纳米尺度空间分辨率展示; (d) 内部具有金属–半导体结的单壁碳纳米管的形貌图; (e)~(g) 介电响应图像[24]

导电性的分辨[26] 以及半导体材料中载流子类型的判定[24][图 2.25(e)~(g)]。当施加正栅电压时, 碳纳米管呈现出较高的亮度 (即介电力大小); 而当栅电压变为负电压时, 金属型碳纳米管的亮度非常高, 而半导体型碳纳米管则变暗; 根据这一特性可判断 CVD 方法生长的碳纳米管的电性能特性。更为有趣的是, DFM 展现出传统 FET 方法无法实现的约 20 nm 的空间分辨率 [图 2.25(e)~(g)]。

这种技术也可用于判断用溶液法得到的碳纳米管薄膜中的金属型碳纳米管和半导体型碳纳米管。如图 2.26 所示, 通过调节栅电压的正负方向可判断碳纳米管的电性能特性[27]。当栅电压设定为 −2 V 时, 通过 DFM 得到的碳纳米管都表现为亮态; 当栅电压变为 2 V 时, 大部分碳纳米管变为暗态 (半导体型碳纳米管), 而少数碳纳米管仍为亮态, 代表金属型碳纳米管。通过这种方法可以判断共轭化合物分离纯化的半导体型碳纳米管的纯度, 相对于通过构建窄沟道器件方法来分析半导体型碳纳米管的纯度而言, 这种技术效率更高、实用性更强。

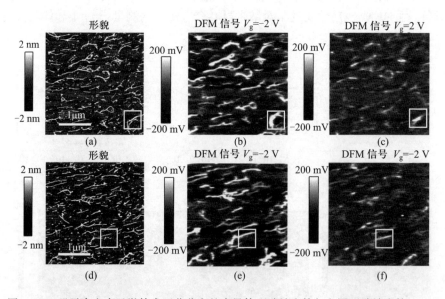

图 2.26　显示介电力显微技术区分分离的半导体型碳纳米管与金属型碳纳米管。(a)、(d) 单壁碳纳米管的 AFM 形貌图; (b)、(e) 用 DFM 在栅电压为 −2 V 时的偏置电压下测量得到的单壁碳纳米管介电响应信号; (c)、(f) 用 DFM 在栅电压为 2 V 时的偏置电压下测量得到的单壁碳纳米管介电响应信号[27]

2.4.1.5 扫描电子显微镜

扫描电子显微镜 (scanning electron Microscope, SEM) 是一种利用电子束扫描样品表面从而获得样品信息的电子显微镜技术。它能得到样品表面的高分辨率图像, SEM 能被用来鉴定样品的表面结构、形貌等相关信息。碳纳米管的导电性较好, SEM 常用来表征碳纳米管形貌、长度等 (如图 2.27)。相对于 AFM 而言, SEM 可实现快速、高效地检测大面积碳纳米管薄膜的均匀性、碳纳米管的形貌和长度等, 但这种技术不能用于表征碳纳米管的管径大小。所以当要大面积表征碳纳米管薄膜的均一性和形貌时, SEM 相对 AFM 而言效率会更高。要检测碳纳米管的管径大小, AFM 会更有优势。通常在表征薄膜的特性与器件性能时需要同时使用 AFM 和 SEM。最近清华大学姜开利教授研究组开发出一种新型技术来区分金属型和半导体型碳纳米管, 同时还可以评估碳纳米管的管径以及带隙分布。研究发现在低压扫描电子显微镜下金属型和半导体型碳纳米管表现出不同的衬度。金属型碳纳米管和半导体型碳纳米管分别呈现亮态和暗态, 可能是金属–半导体接触处形成的肖特基结在低压扫描电子显微镜下表现为一段微米长度的亮的衬度像, 因而可以通过这种方法区分金属型和半导体型碳纳米管 (如图 2.28 所示)[28]。亮的衬

图 2.27 CVD 生长以及溶液法沉积的碳纳米管薄膜 SEM 照片图

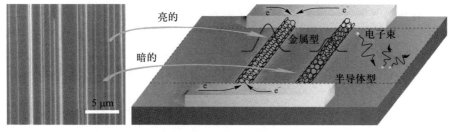

图 2.28 定向生长的金属型碳纳米管和半导体型碳纳米管 SEM 照片图以及可能的作用机理[28]

度像长度正比于碳纳米管的直径, 而半导体型碳纳米管的带隙反比于其直径, 利用这种技术可以快速评估单壁碳纳米管的带隙分布 (如图 2.29 所示)[29]。

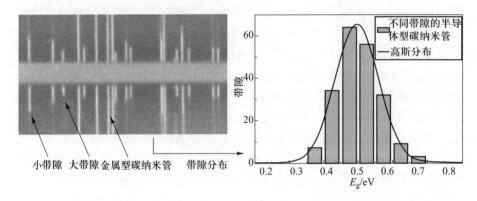

图 2.29   金属型碳纳米管和不同带隙的半导体型碳纳米管 SEM 照片图以及带隙
分布图[29]

2.4.1.6   暗场光学显微镜法

光学显微镜法是最近几年才发展起来的一种观察碳纳米管的新型技术, 即通过普通的光学显微镜就能清晰地观察到纳米级的碳纳米管。通常情况下, 普通显微镜是观察不到纳米级的碳纳米管的, 然而碳纳米管表面能够充当特定种子, 让一些特定的物质吸附在碳纳米管表面得到可用普通光学显微镜检测到的纳晶或纳米颗粒等。早在 2014 年清华大学姜开利教授研究组就报道了这一技术。非常有意思, 当碳纳米管表面喷涂一层水蒸气后, 在暗场光学显微镜下能清楚地观察到碳纳米管的轮廓。如图 2.30 所示, 超饱和的水汽在碳纳米管表面形成纳米级的水滴, 随后纳米级的水滴逐渐变大, 并能够散射出更多光线, 这时就能在暗场显微镜下观察到碳纳米管的轮廓[30]。研究发现这种技术与衬底的种类和衬底的亲疏水特性没有关系。如图 2.30 所示, 在亲水衬底表面也能清晰地观察到碳纳米管的轮廓。图 2.30(d) 代表在显微镜下观察到的整个过程。水蒸气喷涂上去后, 隔 0.2 s 就观察到了碳纳米管的轮廓, 在 0.4~0.6 s, 轮廓最清晰, 随后慢慢变暗, 1 s 后就观察不到碳纳米管的轮廓。在此过程中, 采用的试剂为水, 对碳纳米管材料不会产生污染, 同时这种技术可以与拉曼光谱、SEM 和 AFM 等联用, 因此在纳米材料表征和其他方面会有较大的应用前景。

冷凝水蒸气辅助观察的时间非常短 (小于 1 s), 因为吸附在碳纳米管薄膜的水滴很快挥发。研究发现还有其他一些物质 (对硝基苯甲酸和 2,4−二氯苯氧乙酸等) 也有类似的性质。通过热蒸发对硝基苯甲酸并沉积在碳纳米管

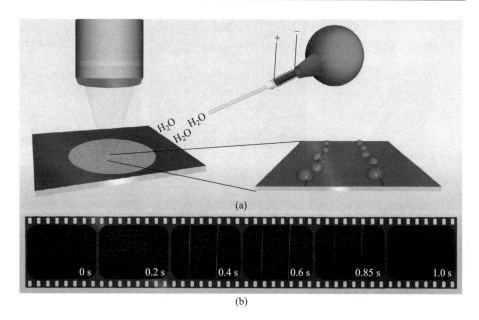

图 2.30   在冷凝水蒸气辅助下用光学显微镜直接观察超长碳纳米管。(a) 实验装置示意图, 用自制设备把温水蒸气吹到并吸附在样品表面, 水蒸气冷凝后在碳纳米管表面形成水滴, 在暗场光学显微镜下能够观察到碳纳米管的轮廓; (b) 从录像中截屏得到不同时期观察到的图像来说明整个观察过程[30]

表面, 冷却后在碳纳米管表面形成对硝基苯甲酸晶体, 随着晶体慢慢长大, 在暗场显微镜下就能够观察到碳纳米管的轮廓[31]。如图 2.31(b)、(c) 和 (f) 分别为在 CVD 生长的碳纳米管和溶液法得到的碳纳米管光学照片图。很明显, 无论是 CVD 直接生长的碳纳米管还是溶液法得到的碳纳米管都能用这种方法观察到。AFM 观察进一步表明确实在碳纳米管表面形成了对硝基苯甲酸晶体 [如图 2.31(d) 所示]。另外图 2.32 比较了对硝基苯甲酸修饰的碳纳米管暗场光学显微照片图与 SEM 照片, 可以看出, 它们的照片没有明显区别。从而可以证明, 用暗场光学显微镜能表征碳纳米管。另外研究发现, 对硝基苯甲酸能够调节碳纳米管薄膜晶体管器件的阈值, 即使吸附在碳纳米管薄膜表面的硝基苯酸完全挥发后, 器件性能也能够维持原有的性能。这一技术有可能用于表征印刷碳纳米管薄膜和调控薄膜晶体管器件性能。

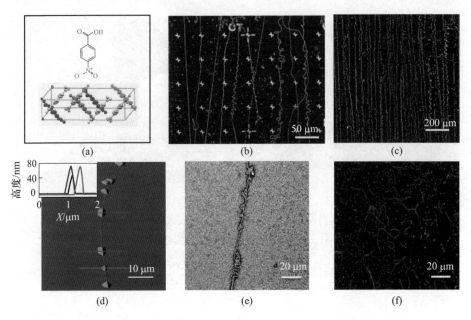

图 2.31   (a) 顶部表示对硝基苯甲酸的化学结构示意图, 底部为从 XRD 数据分析得到的对硝基苯甲酸单斜晶胞晶体结构示意图; (b)、(c) 暗场光学显微镜下观察到吸附有对硝基苯甲酸的碳纳米管轮廓图; (d) 表示吸附有少量对硝基苯甲酸单晶的碳纳米管 AFM 图, 插图为表示 3 个不同区域的高度图; (e) 在碳纳米管表面沉积大量对硝基苯甲酸后的暗场光学显微镜照片图; (f) 溶液法得到的碳纳米管薄膜沉积对硝基苯甲酸的暗场光学显微镜照片图[31]。(参见书后彩图)

2.4.2   拉曼光谱

拉曼光谱 (Raman spectrum) 是一种光的散射光谱, 拉曼效应起源于物质的分子振动与转动, 因此通过拉曼光谱可以得知物质的分子振动能级与转动能级结构等相关信息。当光照射到物质上时会发生弹性散射和非弹性散射。弹性散射是指散射光与激发光的波长相同, 而非弹性散射则激发光与散射光的波长不同, 即可以比较激发光波的波长, 通常把非弹性散射统称为拉曼效应, 得到的光谱称为拉曼光谱。随着拉曼技术的不断发展, 拉曼光谱仪也取得了很大的进步。20 世纪 60 年代出现的第一代激光拉曼光谱仪采用 He−Ne 激光器作为激发光源, 并采用双单色器和配有光子计数器的接收系统。当今的第二代激光拉曼仪器, 通常采用具有高的连续波功率的氢离子激光器作为激发光源, 同时还配备有高量子效率和整个光谱区域响应恒定的光电倍增管作为接收装置。此外以全息光栅代替刻线光栅作为单色器, 这样除了狭缝外

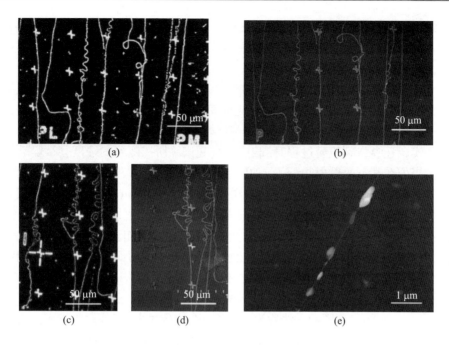

图 2.32 比较不同暗场光学样品的显微照片图与 SEM 照片图[31]

就不再需要其他附加的零部件。最近发展起来的拉曼成像技术是新一代快速、高精度、面扫描激光拉曼技术, 它将共聚焦显微镜技术与激光拉曼光谱技术完美结合, 作为第三代拉曼技术, 具备高速、极高分辨率成像的特点。相对于原来的传统拉曼应用技术而言, 新一代拉曼成像速度是常规拉曼成像的300~600 倍, 一般在几分钟之内即可获取样品高分率的拉曼图像。国际上有一些著名的共聚焦激光拉曼光谱公司如英国的 Renishaw、美国的 Thermo Fisher(Nicolet Almega XR)、美国的 BWTEK、法国的 JY(HR800) 等。目前这些公司的仪器主要用到的激光波长分别为 325 nm、514 nm、532 nm、633 nm和 785 nm, 对应的激光能量分别为 3.81 eV、2.41 eV、2.33 eV、1.96 eV 和1.58 eV。自从 1991 年碳纳米管被发现以来, 拉曼光谱就被用来表征碳纳米管的纯度和物理特性。1997 年人们发现碳纳米管的拉曼光谱与激光的能量有密切关系, 只有当激光能量与特定碳纳米管的一对范霍夫奇点跃迁能匹配时, 才能检测到强的碳纳米管的拉曼信号。1998 年通过拉曼光谱来判断碳纳米管的金属型和半导体型。2001 年利用拉曼技术实现了对单根碳纳米管的观测。后来把一维碳纳米管的独特电子结构和在共振条件下单根碳纳米管强烈的电子–声子耦合结合起来, 通过检测单根碳纳米管的拉曼光谱可以确定碳纳米管的直径和螺旋角, 同时还可以得到碳纳米管的振动和电子性质等更丰富的信息, 如电子掺杂和空穴掺杂等可对碳纳米管的拉曼特征峰向低波数和高波数方向发生位移。

此外由于一维结构中的电子和声子的受限出现了拉曼光谱强度依赖于激光的能量以及斯托克斯和反斯托克斯间的非对称等奇特特性。拉曼光谱是光子与光学支声子相互作用的结果。拉曼散射有一个非常显著的特征就是当一个实跃迁参与到拉曼过程时, 相应的拉曼谱峰所探测到的强度会被显著增强。当处在基态的散射物分子 (如图 2.33 所示) 受到入射光照射时, 基态的电子被激发光激发后, 跃迁到高能级的虚态 (virtual state), 跃迁到虚能级上的电子不稳定, 分子将发射一个光子从高能级的虚态返回到稳定的能级, 通常把这种光称为散射光。即跃迁到低能级态, 同时伴随发光, 激发光与此分子的作用引起的极化可以看作为虚的吸收, 表述为电子跃迁到虚态, 虚能级上的电子立即跃迁到下能级而发光, 即为散射光。设仍回到初始的电子态, 则有如图 2.33 所示的 3 种情况。散射光与入射光频率相同的谱线称为瑞利线, 与入射光频率不同的谱线称为拉曼线。在拉曼线中, 把频率小于入射光频率的谱线称为斯托克斯线, 而把频率大于入射光频率的谱线称为反斯托克斯线。反斯托克斯线的强度远小于斯托克斯线的强度, 相对于斯托克斯线的强度随着波数移动的增加而迅速减弱。通常讨论的拉曼散射是指斯托克斯拉曼散射。不同手性的碳纳米管的声子支数目不一样, 导致不同手性的碳纳米管的拉曼活性振动模式也不一样。如 (10,10) 有 66 个声子支, 如手性为 (n, m) 的单壁碳纳米管的单胞中包含有 $2N$ 个碳原子, 则共有 $6N$ 个声子支, 其中声学模为 3 个, 光学模为 $6N - 3$ 个。已知某一手性的碳纳米管就可以计算出它们的声子支的数量, 由于碳纳米管特殊的对称性, 碳纳米管的拉曼和红外活性振动模远少于理论值。通常单壁碳纳米管有 15 或 16 个振动模式, 加

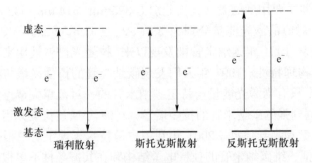

图 2.33   瑞利散射、斯托克斯散射和反斯托克斯散射能级示意图

上某些模式的散射信号偏弱, 很难检测到, 通常只能检测到 6~7 个拉曼振动模式。碳纳米管常见的振动模式如图 2.34 所示, 包括碳纳米管径向呼吸模式 (radial breathing mode, RBM)、D 峰、G 峰和 G′ 峰等。下面就重点介绍 RBM、D 峰和 G 峰在印刷碳纳米管薄膜晶体管中的应用[32]。

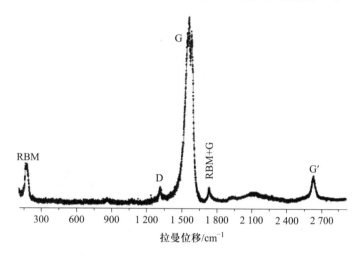

图 2.34　单壁碳纳米管典型的 RBM、D、G 和 G′ 峰

2.4.2.1　RBM

径向呼吸模式即沿碳纳米管径向方向振动模式, 利用共振拉曼光谱可确定单壁碳纳米管的手性、管径等相关参数。在碳纳米管的电子态密度图中在能带边缘有一些分立的极大值点, 称为范霍夫奇点。当外界入射光的能量与待测碳纳米管的范霍夫奇点跃迁能 E_{11} 匹配时, 碳纳米管的拉曼信号就会被极大地放大, 产生共振增强效应。E_{11} 数值与碳纳米管和周围环境之间的相互作用有关, 一般来说相互作用越小, E_{11} 数值越高, 悬空的碳纳米管有较高的 E_{11}。对于每个跃迁能级 E_{11}, 只有当激光能量与 E_{11} 的差别在共振窗口之内时, 才能有显著的共振拉曼信号。不同手性、管径的碳纳米管所对应的 E_{11} 不同, 只有当激光能量与碳纳米管的 E_{11} 的能量差在共振窗口之内时碳纳米管才可能被检测到拉曼光谱。一般来说, RBM 的共振窗口可近似地认为在 ±0.1 eV, 通过此共振条件可确定碳纳米管 E_{11} 的范围。如果有波长可调的激光器, 则可以利用不同波长激发的 RBM 的强度变化来确定准确的 E_{11} 数值以及共振窗口。同时利用 RBM 的峰位置与管径的线性关系可以计算碳纳米管的直径。早期日本 AIST 的科学家 Kataura 研究组在这方面做了大量的工作。经过研究发现, 不同手性的碳纳米管的跃迁能级与碳纳米管

的管径有密切关系, 后来人们把这关系图称为 Kataura 关系图 (如图 2.35 所示)。利用这张图就能大致判断出检测不同手性 (管径大小) 的碳纳米管时需要采用哪种波长的激光作为光源才能检测到相应的拉曼信号。由于 E_{11} 数值以及 $\omega_{\mathrm{RBM}}-d$ 关系和纳米管所处的环境有关, 因此对于只有几个激发波长的单壁碳纳米管手性指认工作, 需要使用合适的碳 Kataura 关系图并结合 G 峰等信息进行综合分析。另外通过 $\omega = 234/d + 14$ 可计算出相应碳纳米管的管径大小, 再利用 $E_{\mathrm{g}} = 2g_0 a_{\mathrm{C-C}}/d \approx 0.78/d$ (eV) 关系式可估算出半导体型碳纳米管的能带带隙大小。

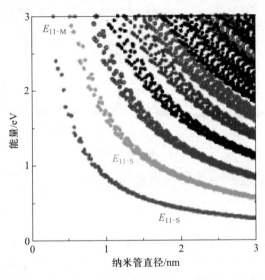

图 2.35   不同手性单壁碳纳米管的范霍夫奇点能量与碳纳米管直径关系图 (Kataura 关系图)。(参见书后彩图)

从 Kataura 关系图可以看出, 商业化的小管径碳纳米管如 CoMoCat 65 (0.82 nm)、 CoMoCat 76 (0.84 nm)、CG 200 (1～1.3 nm) 和 HiPCO (0.8～1.3 nm), 用 514 nm、532 nm 和 633 nm 激光就可以检测出相应碳纳米管中的金属型和半导体型碳纳米管的 RBM 光谱。图 2.36 所示是用 532 nm 激光检测的结果[33]。只需要用这种激光检测分离前后的拉曼光谱就可以评价该分离技术的好坏。而对于更大管径的碳纳米管而言, 如通过电弧放电方法制备的碳纳米管 (管径在 1.3～1.6 nm), 则需要多种波长 (532 nm、633 nm 和 785 nm) 的激光光源才能得到相应的金属型和半导体型碳纳米管 RBM 峰。如图 2.37(a) 所示, 用 532 nm 的激光可以检测到电弧放电方法制备的碳纳米管的 2 个强的半导体型纳米管吸收峰, 经过分离纯化后只能检测到其中

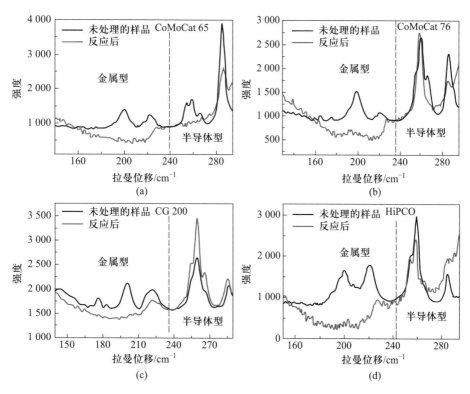

图 2.36　CoMoCAT 65(a)、CoMoCAT 76(b)、CG 200(c) 和 HiPCO(d) 碳纳米管与重氮盐反应前后的 RBM 光谱图。该反应在 2% SDS:SC=1:4 混合表面活性剂溶液中进行，所用激光光源波长 532 nm[33]

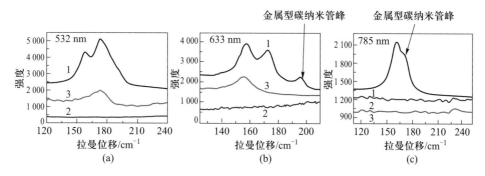

图 2.37　电弧放电方法制备的碳纳米管用聚合物选择性分离前后的 RBM 光谱图。激光波长为 523 nm(a)、633 nm(b) 和 785 nm(c)

的一个峰, 而用 633 nm 的激光所观察到的现象与 532 nm 的激光所观察到的现象比较类似 [图 2.37(b)]。值得注意的是, 用 785 nm 的激光能够检测到电弧放电生长的碳纳米管中的多个金属型碳纳米管峰, 而且这些峰强度非常高 [图 2.37(c)]。785 nm 激光常用来分析和判断电弧放电生产的碳纳米管经过分离纯化后薄膜中是否还存在金属型碳纳米管。

2.4.2.2 G 峰

G 峰为碳纳米管的碳碳键的伸缩振动特征峰。石墨烯的 G 峰位于 1 582 cm^{-1} 附近, 当石墨烯卷成碳纳米管时, 由于周期性边界条件的制约和对称性的限制, G 峰发生分裂, 产生 6 个拉曼活性的振动模式, G 峰的峰位随之发生移动。在简化情况下, 碳纳米管的 G 峰可看作 1 590 cm^{-1} 附近的 G$^+$ 峰 [来自沿碳纳米管轴向的碳碳键伸缩振动, 如图 2.38(a) 和 (b) 所示] 和位于较低波数的 G$^-$ 峰 [来自沿碳纳米管圆周方向的碳碳键伸缩振动, 如图 2.38(a) 和 (b) 所示] 组成。在半导体型碳纳米管中, G$^-$ 峰是对称的洛伦兹峰形, 而金属型碳纳米管的 G$^-$ 峰是由于声子与费米能级附近的电子态耦合而重现出不对称的 Breit-Wagner-Fano (BWF) 峰形。通过 G$^-$ 峰的峰形也可以用来判断单壁碳纳米管的金属型和半导体型。如图 2.38(b) 所示, 分离前 G$^-$ 峰非常宽, 经过分离纯化把里面的金属型碳纳米管去除后, 变得非常尖锐。有文献报道 G$^-$ 峰的位置随碳纳米管的管径减小向低波数移动, 与碳纳米管直径的平方呈线性关系。虽然这种方法可以用来估算单根单壁碳纳米管的管径, 但其精确度远比不上通过 RBM 计算得到的碳纳米管直径准确。对于印刷碳纳米管薄膜晶体管而言, G 峰只用来粗略或辅助判断碳纳米管薄膜中是否含有金属型碳纳米管。

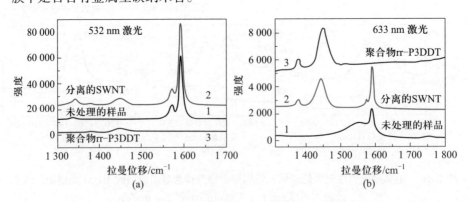

图 2.38   聚合物 rr–P3DDT 分离电弧放电方式生产的碳纳米管拉曼光谱图。激光波长分别为 532 nm(a) 和 633 nm(b)

2.4.2.3 D 峰

位于 $1\,350\,\mathrm{cm^{-1}}$ 附件的 D 峰是一个与缺陷有关的二次散射峰, 之前称为缺陷峰 (defect peak), 其来源于一个声子的非弹性散射和缺陷导致的弹性散射。一般情况下, 碳纳米管表面的缺陷越多, 如 sp^2 碳变成 sp^3 碳或其他缺陷, D 峰也就越高。电弧放电制备的碳纳米管经过强酸处理后, 碳纳米管表面引入大量羧基, 可大大增加碳纳米管在水和乙醇等极性溶剂中的溶解度 (发散性), 但其 D 峰非常明显。另外在碳纳米管分散过程中, 需要大功率超声、球磨等的处理, 这些物理处理都会导致 D 峰的出现。由于碳纳米管表面有缺陷, 导致载流子的散射现象变得非常严重, 会使器件性能如迁移率、开态电流等显著降低。很显然在构建碳纳米管薄膜晶体管器件时, 不希望在碳纳米管表面引入任何缺陷。通过自由基加成方法去除金属型碳纳米管的时候, 那些活性极高的自由基不可避免地也会与半导体型碳纳米管发生反应, 使碳纳米管薄膜中的 D 峰增高。通常通过比较 D 峰和 G 峰的高度的比值来判断碳纳米管的质量。

2.4.2.4 外界环境对拉曼光谱的影响

碳纳米管的拉曼信号受外界环境 (如温度、掺杂和拉伸方向等) 的影响变化比较明显。如当碳纳米管的拉伸量增大时, G^+ 和 G^- 峰均向较低波数方向移动。RBM 峰也与拉伸方向有关。RBM 信号主要来自碳纳米管径向方向的振动, 在轴向方向拉力作用下, RBM 信号不会发生明显变化。但张力可显著改变 RBM 信号的强度, 在某些情况下, 其信号甚至可以超过 G 峰信号强度。温度对碳纳米管的拉曼信号也会产生较大影响。通常随着温度的降低, 对于单根碳纳米管的碳碳键变得更加松弛, G 峰向低波数方向移动。RBM 峰位移与温度也呈现负相关性, 但其变化与碳纳米管的手性有关。而对于分离的碳纳米管构建的网络结构碳纳米管的拉曼信号则刚好完全相反。图 2.39 为用金属型碳纳米管组成的碳纳米管薄膜在不同温度下的拉曼光谱特性[34]。从图 2.39 可以看出, 在 70~350 K 的温度范围下, G 峰随温度降低而逐步向高波数方向发生偏移。另外电子掺杂 (n-doping) 和外界作用力也会引起 G 峰向低波数方向移动。如图 2.40 所示, 聚合物分离的半导体型碳纳米管的 G^+ 峰的位置在 $1\,594\,\mathrm{cm^{-1}}$ 处, 当薄膜表面旋涂一层含有乙醇胺的极性转换溶液后, 半导体型碳纳米管的 G^+ 峰红移到 $1\,592\,\mathrm{cm^{-1}}$, 这归功于乙醇胺中的电子注入碳纳米管的导带, 发生声子软化 (C 原子外层电子增多, 碳碳键伸长) 导致 G^+ 峰红移了 $2\,\mathrm{cm^{-1}}$。经过 $150\,^{\circ}\mathrm{C}$ 退火处理后, 半导体型碳纳米管的 G^+ 峰由 $1\,592\,\mathrm{cm^{-1}}$ 蓝移至 $1\,594\,\mathrm{cm^{-1}}$, 这可能是由于加热使极性转换

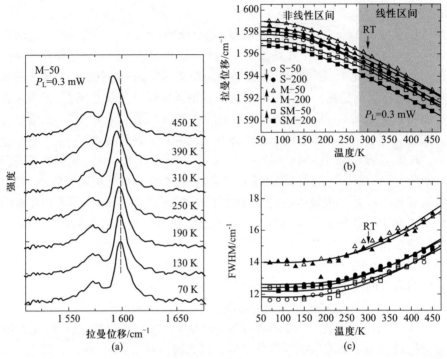

图 2.39   (a) 70~450 K 的温度范围下, 由金属型碳纳米管构建的厚度为 50 nm 的碳纳米管薄膜拉曼光谱图; (b) 比较温度对 G$^+$ 峰位置的影响, 其中箭头方向表示不同厚度时声子移位的方向; (c) G$^+$ 峰的半高宽 (full wide of half maximum, FWHM) (单壁碳纳米管薄膜的数据是在较低的激光功率下 P_L=0.3 mW, RT 代表的是室温)[34]

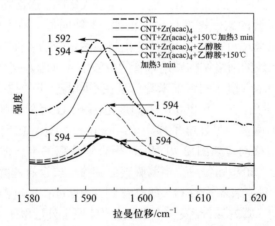

图 2.40   碳纳米管薄膜在电子掺杂情况下的拉曼光谱图 (激光波长为 532 nm)

膜与碳纳米管紧密贴合, 从而对半导体型碳纳米管上的碳碳键产生物理挤压, 导致半导体型碳纳米管的 G^+ 峰发生蓝移。

2.4.3　紫外-可见-近红外吸收光谱 (UV-Vis-NIR)

态密度作为能量的函数, 一般是连续的 (如图 2.41 所示)。一维材料碳纳米管的态密度分布并不连续, 在态密度上有一些奇异性的能量点, 这些点称为范霍夫奇点, 这些点把碳纳米管的能带分割成多个亚带隙 (如图 2.41 所示)。在激光照射下, 基态电子吸收一定的能量后跃迁到高能级上, 得到相应的吸收光谱 (如图 2.42 所示)。对于金属型碳纳米管而言, 吸收一定能量后, 从价带 V_1 跃迁到导带 C_1, 得到碳纳米管的金属吸收峰, 通常用 E_{M11} 表示 (如图 2.42 左图所示)。而半导体型碳纳米管通常会有 3 个强的特征吸收峰, 分别称为 E_{S11}、E_{S22} 和 E_{S33}。电子分别从 V_1 跃迁到导带 C_1、V_2 跃迁到导带 C_2 以及 V_3 跃迁到导带 C_3, 得到相应的 E_{S11}、E_{S22} 和 E_{S33} 的特征吸收峰 (如图 2.42 右图所示)。由于电子从 C_1 跃迁到 V_2 和从 C_2 跃迁到 V_1 存在偶极禁止, 因此这些能级之间的电子转移信号非常弱, 很难检测到。不过在正交偏振光的作用下, 可能检测到相应的信号。因此碳纳米管的吸收峰通常包括金属型碳纳米管的 M11 以及半导体型碳纳米管的 S11、S22 和 S33 峰。前面提到碳纳米管的制备方法很多, 得到的碳纳米管的管径大小不一样, 导致它们的半导体型和金属型碳纳米管的 M11、S11、S22 和 S33 峰位置有明显差异。电弧放电方法制备的碳纳米管的 S33、S22 和 S11 分别在 400~600 nm, 800~1 100 nm 和 1 600~1 800 nm (图 2.43)。而 HiPCO 的 S33、S22 和 S11 分别在 400~600 nm, 600~950nm 和 950~1 300 nm。其他

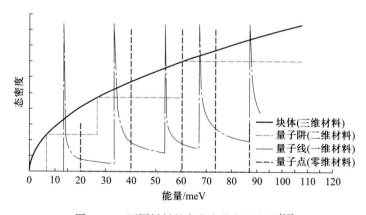

图 2.41　不同材料的态密度分布示意图[35]

类型的碳纳米管如 CoMoCat65、CoMoCat 76 和 CG200 碳纳米管的 S11、S22 和 M11 如图 2.44 所示。对于小管径碳纳米管而言, 它们的 S33 和 M11 往往重叠在一起很难区分开来。因此需要借助于其他手段才能判断对应的峰归属于碳纳米管的 S33 峰还是 M11 峰。

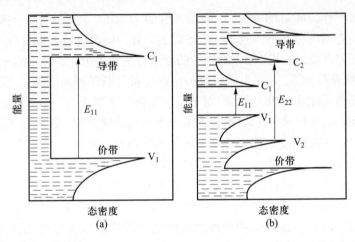

图 2.42   金属型碳纳米管 (a) 和半导体型碳纳米管 (b) 吸收一定能量的光谱后发生电子跃迁得到相应的碳纳米管吸收光谱示意图。V_1—C_1 为 "第一范霍夫奇点" 之间跃迁, 而 V_2—C_2 为 "第二范霍夫奇点" 之间跃迁[36]

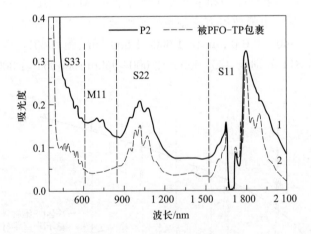

图 2.43   电弧放电方法制备的碳纳米管 (P2) 的吸收光谱图。线 1 为未分离纯化的 P2 的吸收光谱 (S11、M11、S22 和 S33 分别代表半导体型碳纳米管 S11、金属型碳纳米管 M11、半导体型碳纳米管 S22 和 S33 峰区间); 线 2 为用 PFO–TP 选择性分离的半导体型碳纳米管的吸收光谱

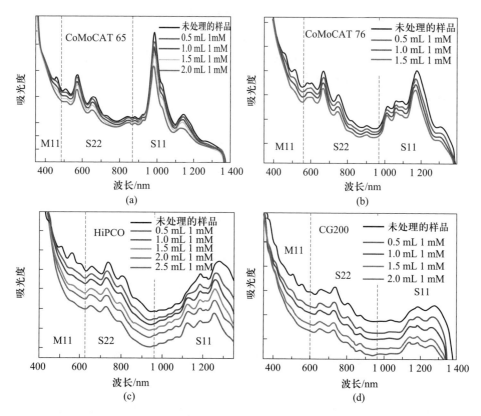

图 2.44 CoMoCAT 65(a)、CoMoCAT 76(b)、HiPCO(c) 和 CG200(d) 碳纳米管与不同量的重氮盐作用后的吸收光谱变化情况[33]。所用的溶液为 2% 的十二烷基硫酸钠 (SDS): 胆酸钠 (SC)=1:4 水溶液。吸收光谱中分别标出了相对应的 S11、S22 和 M11 峰位置。1 mM=1 mmol/L。(参见书后彩图)

2.4.4　光致发光激发光谱

光致发光激发 (photoluminescence excitation, PLE) 光谱常用来表征分离纯化后的半导体型碳纳米管墨水中的碳纳米管手性。碳纳米管吸收一定波长的激发光后, 产生激发态电子, 激发态电子从高能级有多种衰减途径 (如图 2.45 所示)。由于半导体型碳纳米管在费米能级附近有带隙存在, 激发态的电子会迅速弛豫到导带底部, 而空穴则会弛豫到价带顶部, 之后电子与空穴的复合会发射能量为 E_{11} (价带 V_1 与导带 C_1 的能量差) 的荧光。如图 2.45 所示, 当碳纳米管吸收一定能量的激发光发生 S22 转移, 即产生一对电子–空穴对 (激子)。电子和空穴分别跃迁到 C_2 和 V_2, 然后它们分别弛豫到 C_1 (即

C_2-C_1) 和 V_1 (即 V_2-V_1), 最后电子 (C_1) 和空穴 (V_1) 复合发出荧光。管径为 0.7~1.5 nm 的半导体型碳纳米管的 E_{11} 跃迁能级位于 900~1 700 nm 的近红外区。金属型碳纳米管在费米能级附近没有带隙存在, 激发态的电子以非常快的非辐射跃迁形式将能量消耗掉, 因此金属型碳纳米管通常检测不到荧光。

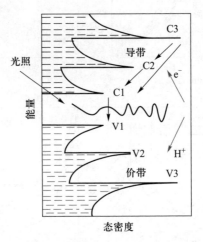

图 2.45　半导体型碳纳米管吸收一定能量的光波后电子和空穴发生能级跃迁以及复合过程示意图

　　碳纳米管的荧光强度与碳纳米管的分散性以及激发光的能量有密切关系。当碳纳米管分散不好, 存在大量碳纳米管束的时候, 很容易产生荧光猝灭, 导致检测不到半导体型碳纳米管的荧光信号。碳纳米管样品只有以单分散的形式存在时才能得到较强的荧光信号。另外激发光的能量需要与 E_{11} 的能级匹配, 才能得到最强的荧光发射。通常在实验室里, 激发光的能量与 E_{22} 匹配。对于任意手性的碳纳米管都会对应一个特定的 E_{22} 激发波长和一个特定的发射波长。这样可以对碳纳米管样品进行二维荧光光谱测量, 根据荧光光谱峰的位置和强度可以确定样品中的碳纳米管手性和相对含量等。荧光光谱在碳纳米管选择性分离和纯化就显得尤为重要。如图 2.46 所示为由聚芴 (PFO) 及其衍生物 PFO–BT、PFO–DPP 和 PFIID 分散或分离纯化后的碳纳米管溶液的 PLE 光谱图。图 2.46(a) 为 PFO 分散的电弧放电碳纳米管 PLE 光谱图。PFO 不能选择性分离半导体型碳纳米管, 这种溶液 (悬浊液) 常用来作为参比溶液。分离前有 (12,10)、(13,9)、(14,7)、(15,5)、(17,4)、(16,6)、(18,2) 等多种手性的半导体型碳纳米管, 经过 PFO–BT、PFO–DPP 和 PFIID 分离纯化后碳纳米管的 PLE 光谱发生了明显变化。如电弧放电生

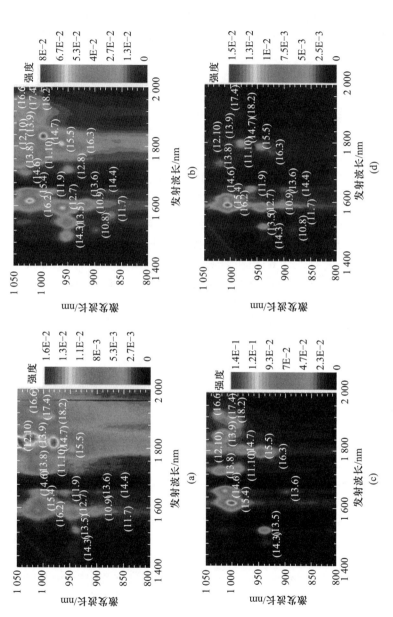

图 2.46　PFO 分散的电弧放电碳纳米管 (a) 以及由 PFO−BT(b)、DPP(c) 和 PFIID(d) 分离纯化的半导体型碳纳米管溶液 PLE 光谱图 [37,38] (参见书后彩图)

长的碳纳米管经过 PFO–BT 和 PFIID 分离纯化后 PLE 光谱图中只观察到一个非常强的 (15,4) 半导体峰, 说明聚合物 PFO–BT 和 PFIID 对 (15,4) 碳纳米管有较好的选择性。而经过 PFO–DPP 分离纯化的半导体型碳纳米管墨水中却能观察到 (14,7)、(15,5)、(12,7) 和 (15,4) 等多种半导体型碳纳米管峰。

2.5　小结

本章简单介绍了碳纳米管的一些基础知识, 如碳纳米管的结构 (如手性矢量和平移矢量)、表征技术 (如扫描隧道显微镜、原子力显微镜、介电力显微术、拉曼光谱、紫外–可见–近红外吸收光谱、光致发光激发光谱等)、合成方法 (如石墨电弧放电法、激光蒸发法、化学气相沉积法和浮动催化裂解法等)、用途 (如晶体管器件、太阳能电池和生物标记等)。掌握和了解碳纳米管的这些基础知识有助于更好地理解和掌握后面章节的知识, 如半导体型碳纳米管的纯化技术和标准、薄膜晶体管器件性能与碳纳米管的手性、管径大小等之间的关系等。

参考文献

[1] Treacy M M J, Ebbesen T W, Gibson J M. Exceptionally high Young's modulus observed for individual carbon nanotubes[J]. Nature, 1996, 381(6584):678-680.

[2] Wong E W, Sheehan P E, Lieber C M. Nanobeam mechanics: elasticity, strength, and toughness of nanorods and nanotubes[J]. Science, 1997, 277(5334):1971-1975.

[3] Walters D A, Ericson L M, Casavant M J, et al. Elastic strain of freely suspended single-wall carbon nanotube ropes[J]. Applied Physics Letters, 1999, 74(25):3803-3805.

[4] Qian D, Dickey E C, Andrews R, et al. Load transfer and deformation mechanisms in carbon nanotube-polystyrene composites[J]. Applied Physics Letters, 2000, 76(20):2868-2870.

[5] Cooper C A, Ravich D, Lips D, et al. Distribution and alignment of carbon nanotubes and nanofibrils in a polymer matrix[J]. Composites Science and Technology, 2002, 62(7-8):1105-1112.

[6] Cooper C A, Young R J, Halsall M. Investigation into the deformation of carbon nanotubes and their composites through the use of Raman spectroscopy[J]. Composites Part A: Applied Science and Manufacturing, 2001, 32(3-4):401-411.

[7] Otsuka K, Inoue T, Shimomura Y, et al. Field emission and anode etching during formation of length-controlled nanogaps in electrical breakdown of horizontally aligned single-walled carbon nanotubes[J]. Nanoscale, 2016, 8(36):16363-16370.

[8] Bagchi A, Nomura S. On the effective thermal conductivity of carbon nanotube reinforced polymer composites[J]. Composites Science and Technology, 2006, 66(11-12):1703-1712.

[9] Star A, Stoddart J F, Steuerman D, et al. Preparation and properties of polymer-wrapped single-walled carbon nanotubes[J]. Angewandte Chemie International Edition, 2001, 40(9):1721-1725.

[10] Yomogida Y, Tanaka T, Zhang M, et al. Industrial-scale separation of high-purity single-chirality single-wall carbon nanotubes for biological imaging[J]. Nature Communications, 2016, 7:12056.

[11] Jia Y, Cao A Y, Bai X, et al. Achieving high efficiency silicon-carbon nanotube heterojunction solar cells by acid doping[J]. Nano Letters, 2011, 11(5):1901-1905.

[12] Thess A, Lee R, Nikolaev P, et al. Crystalline ropes of metallic carbon nanotubes[J]. Science, 1996, 273(5274):483-487.

[13] Morinobu Endo, Grow carbon fibers in the vapor phase [J]. Chemtech 1988:568-576.

[14] Smalley R E, Li Y B, Moore V C, et al. Single wall carbon nanotube amplification: En route to a type-specific growth mechanism[J]. Journal of the American Chemical Society, 2006, 128(49):15824-15829.

[15] Yao Y, Feng C, Zhang J, et al. "Cloning" of single-walled carbon nanotubes via open-end growth mechanism[J]. Nano Letters, 2009, 9(4):1673-1677.

[16] Liu J, Wang C, Tu X, et al. Chirality-controlled synthesis of single-wall carbon nanotubes using vapour-phase epitaxy[J]. Nature Communications, 2012, 3:1199.

[17] Wang H, Wei L, Ren F, et al. Chiral-selective $CoSO_4/SiO_2$ catalyst for (9, 8) single-walled carbon nanotube growth[J]. ACS Nano, 2012,7(1):614-626.

[18] He M, Jiang H, Liu B, et al. Chiral-selective growth of single-walled carbon nanotubes on lattice-mismatched epitaxial cobalt nanoparticles[J]. Scientific Reports, 2013, 3:1460.

[19] Kang L, Deng S, Zhang S, et al. Selective growth of subnanometer diameter single-walled carbon nanotube arrays in hydrogen-free CVD[J]. Journal of the American Chemical Society, 2016, 138(39):12723-12726.

[20] Yang F, Wang X, Zhang D, et al. Chirality-specific growth of single-walled carbon nanotubes on solid alloy catalysts[J]. Nature, 2014, 510(7506):522.

[21] Yang F, Wang X, Zhang D, et al. Growing zigzag (16, 0) carbon nanotubes with structure-defined catalysts[J]. Journal of the American Chemical Society, 2015, 137(27):8688-8691.

[22] Yang F, Wang X, Si J, et al. Water-assisted preparation of high-purity semiconducting (14, 4) carbon nanotubes[J]. ACS Nano, 2016, 11(1):186-193.

[23] McNicholas T P, Ding L, Yuan D, et al. Density enhancement of aligned single-walled carbon nanotube thin films on quartz substrates by sulfur-assisted synthesis[J]. Nano Letters, 2009, 9(10):3646-3650.

[24] Lu W, Zhang J, Li Y S, et al. Contactless characterization of electronic properties of nanomaterials using dielectric force microscopy[J]. The Journal of Physical Chemistry C, 2012, 116(12):7158-7163.

[25] Lu W, Wang D, Chen L. Near-static dielectric polarization of individual carbon nanotubes[J]. Nano Letters, 2007, 7(9):2729-2733.

[26] Lu W, Xiong Y, Hassanien A, et al. A scanning probe microscopy based assay for single-walled carbon nanotube metallicity[J]. Nano Letters, 2009, 9(4):1668-1672.

[27] Wang H, Li Y, Jiménez-Osés G, et al. N-type conjugated polymer-enabled selective dispersion of semiconducting carbon nanotubes for flexible CMOS-like circuits[J]. Advanced Functional Materials, 2015, 25(12):1837-1844.

[28] Li J, He Y, Han Y, et al. Direct identification of metallic and semiconducting single-walled carbon nanotubes in scanning electron microscopy[J]. Nano Letters, 2012, 12(8):4095-4101.

[29] He Y, Zhang J, Li D, et al. Evaluating bandgap distributions of carbon nanotubes via scanning electron microscopy imaging of the Schottky barriers[J]. Nano Letters, 2013, 13(11):5556-5562.

[30] Wang J, Li T, Xia B, et al. Vapor-condensation-assisted optical microscopy for ultralong carbon nanotubes and other nanostructures[J]. Nano Letters, 2014, 14(6):3527-3533.

[31] Zeevi G, Shlafman M, Tabachnik T, et al. Automated circuit fabrication and direct characterization of carbon nanotube vibrations[J]. Nature Communications, 2016, 7:12153.

[32] 安德里亚·卡罗·费拉里. 碳材料的拉曼光谱 [M]. 谭平恒, 译. 北京: 化学工业出版社,2007.

[33] Wang C, Xu W, Zhao J, et al. Selective silencing of the electrical properties of metallic single-walled carbon nanotubes by 4-nitrobenzenediazonium tetrafluoroborate[J]. Journal of Materials Science, 2014, 49(5):2054-2062.

[34] Duzynska A, Swiniarski M, Wroblewska A, et al. Phonon properties in different types of single-walled carbon nanotube thin films probed by Raman spectroscopy[J]. Carbon, 2016, 105:377-386.

[35] Carbon nanotube. 源自维基百科网.

[36] Strano M S, Dyke C A, Usrey M L, et al. Electronic structure control of single-walled carbon nanotube functionalization[J]. Science, 2003, 301(5639):1519-1522.

[37] Zhang X, Zhao J, Dou J, et al. Flexible CMOS-like circuits based on printed p-type and n-type carbon nanotube thin-film transistors[J]. Small, 2016, 12(36):5066-5073.

[38] Zhou C, Zhao J, Ye J, et al. Printed thin-film transistors and NO$_2$ gas sensors based on sorted semiconducting carbon nanotubes by isoindigo-based copolymer[J]. Carbon, 2016, 108:372-380.

印刷薄膜晶体管基础

第 **3** 章

- 3.1 晶体管分类 (73)
- 3.2 晶体管基本原理 (75)
- 3.3 印刷薄膜晶体管主要参数 (78)
  - ➢ 3.3.1 载流子种类和载流子迁移率 (79)
  - ➢ 3.3.2 印刷薄膜晶体管的重要参数 (80)
- 3.4 印刷薄膜晶体管结构与特点 (97)
  - ➢ 3.4.1 印刷薄膜晶体管结构 (97)
  - ➢ 3.4.2 印刷薄膜晶体管的特点 (99)
- 3.5 小结 (101)
- 参考文献 (101)

传统的金属–氧化物–半导体场效应晶体管 (metal–oxide–semiconductor field effect transistors, MOSFET) 即金属–绝缘体–半导体场效应晶体管 (metal–insulator–semiconductor field effect transistors, MISFET) 具有输入阻抗高、噪声小、功耗低等优点, 是微处理器和半导体存储器以及超大规模集成电路的基础器件。1947 年 John Bardeen 和 William Shockley 等发明第一个晶体管以来, 基于无机半导体材料 (尤其是硅基) 的晶体管器件的研制成为电子工业的主流。印刷薄膜晶体管与传统的晶体管一样, 由源 (source)、漏 (drain)、栅 (gate) 电极、有源层 (active layer) 和介电层 (dielectric) 这 5 部分组成, 是一种三端口 (即源、漏和栅) 有源器件, 其源、漏电极两端的电导, 可通过栅电极来控制, 具有放大、开关、振荡、混频和频率变换等作用, 是当今印刷电子领域中的核心电子元器件。与传统硅基晶体管相比, 印刷薄膜晶体管电子的性能目前还无法与硅基晶体管相媲美。印刷薄膜晶体管具有的大面积、柔性化、低成本、可个性化设计和制造等特点是硅基晶体管所不具备的。很显然, 印刷薄膜晶体管与硅基晶体管之间不是相互取代和相互竞争的关系, 而是相互补充, 各有各的市场。印刷薄膜晶体管与硅基晶体管之间的关系如图 3.1 所示。随着各种新型高性能无机和有机半导体材料的出现以及印刷晶体管构建工艺的发展, 各种新型无机和有机薄膜晶体管器件性能将会不断提升, 市场占有比例也会进一步提高。由于新型半导体材料的物理和化学性能相差甚远, 各种新型高性能印刷薄膜晶体管的构建及相关应用研

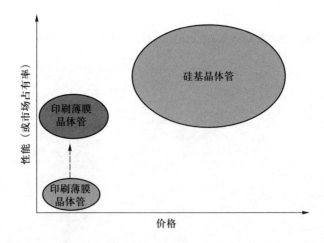

图 3.1   印刷薄膜晶体管与硅基晶体管之间的关系图 (随着印刷工艺不断优化以及印刷墨水性能不断提高, 印刷薄膜晶体管器件的性能将不断提升, 在市场的占有率也将不断提升)

究成为该领域的热点, 包括新型高性能无机和有机半导体材料合成、分离提纯、器件制备新工艺的开发, 印刷薄膜晶体管在印刷显示、可穿戴电子、智能标签、化学和生物传感器、环境监测等领域的应用。为了更好地了解印刷薄膜晶体管, 本章介绍 MOSFET 器件和印刷薄膜晶体管的工作原理、基本参数以及印刷薄膜晶体管的结构、性能和特点等。

3.1 晶体管分类

在半导体中, 参与导电的载流子包括空穴 (hole) 和电子 (electron)。只有一种载流子 (电子或空穴) 参与导电的晶体管器件称为单极晶体管; 而两种载流子同时参与导电的晶体管器件称为双极晶体管。因此按照参与导电的载流子种类不同, 可把晶体管分为 P 型晶体管、N 型晶体管和双极晶体管。图

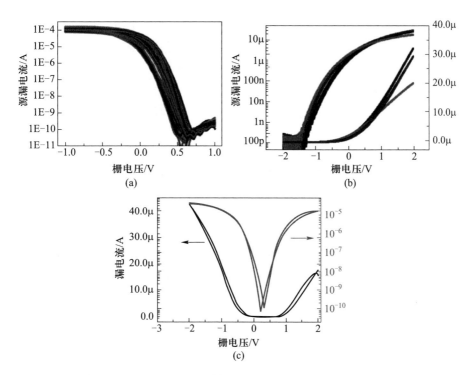

图 3.2 P 型[1] (a)、N 型 (b) 和双极[2] (c) 印刷碳纳米管薄膜晶体管的转移曲线。(参见书后彩图)

3.2 表示 3 种不同类型晶体管的转移曲线, 其中图 3.2(a) 和 (b) 分别为空穴和电子导电的单极晶体管的转移曲线, 即 P 型和 N 型晶体管的转移曲线。图 3.2(c) 是空穴和电子都参与导电的双极晶体管的转移曲线。所谓转移曲线是指对应于某一漏电压下, 源漏电流与栅电压的关系曲线。半导体导电能力随施加栅极电场的变化会发生明显改变, 人们把这种现象称为 "场效应"。如图 3.2 所示, P 型晶体管的输出电流随着栅电压减小而逐渐增大, 而 N 型晶体管的特性刚好相反, 即输出电流随栅电压增加而逐步增加[1,2]。双极晶体管由于有电子和空穴参与导电, 输出电流与栅电压不是单一的递增或减小的关系, 而是分为 2 个区间, 即在负电压区间, 输出电流随栅电压减小而增加, 在正电压区间则随栅电压的增加而增加。因此晶体管是通过电场控制半导体导电能力的有源器件, 可以通过控制晶体管的栅电压来调控晶体管的输出电流。

场效应晶体管分结型和绝缘栅两大类。由于结型场效应晶体管 (junction–field effect transistors, JFET) 有两个 PN 结而得名; 绝缘栅场效应晶体管 (junction–gate field effect transistors, JGFET) 因栅极与源和漏电极完全绝缘而得名。目前绝缘栅场效应晶体管在微电子领域应用最广, 而绝缘栅场效应晶体管中, 应用最为广泛的是金属–氧化物–半导体场效应晶体管 (MOSFET)。大多数印刷薄膜晶体管为绝缘栅场效应晶体管。按半导体材料掺杂形成的沟道 (channel) 的不同, 结型和绝缘栅可分为 N 沟道和 P 沟道两种。若按导电方式来划分, 场效应晶体管又可分成耗尽型场效应晶体管 (depletion mode field effect transistors) 与增强型场效应晶体管 (enhancement mode field effect transistors)。结型场效应晶体管均为耗尽型, 绝缘栅场效应晶体管既有耗尽型的, 也有增强型的。耗尽型场效应晶体管是指栅电压为 0 V 时, 存在导电沟道, 能够导电的晶体管。而增强型场效应晶体管指栅偏压为 0 V 时, 晶体管中不存在导电沟道, 不能导电的晶体管。这两种类型的晶体管各有其特点和用途。一般来说, 增强型场效应晶体管在高速和低功耗电路中更有优势。如图 3.2 所示, P 型和 N 型印刷碳纳米管薄膜晶体管均为耗尽型薄膜晶体管。目前还没有找到很好的方法使印刷碳纳米管薄膜晶体管表现出增强型特性。通过调节介电层种类、界面特性等可使印刷有机和金属氧化物薄膜晶体管表现为增强型特性和耗尽型特性。如图 3.3 所示, 印刷 IGZO 薄膜晶体管和有机薄膜晶体管表现为增强型特性[3,4]。

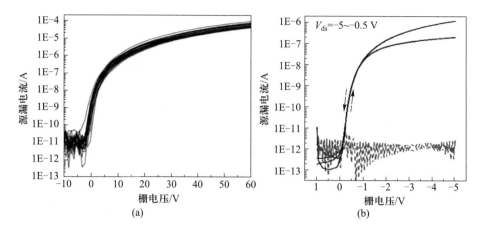

图 3.3 印刷金属氧化物[3] (a) 和有机薄膜晶体管 (b) 典型转移曲线[4]

3.2 晶体管基本原理

场效应是指利用与半导体表面垂直的电场来调制半导体材料的电导率或者器件沟道中的电流大小的现象。图 3.4 为 N 型沟道 MOSFET 的工作原理示意图。其中 S、D、G 分别代表晶体管的源电极 (source)、漏电极 (drain)、栅电极 (gate)。MOSFET 的源电极与漏电极在 P 型衬底上通过掺杂扩散形成两个 N 型杂质区 (图 3.4 中的 N+ 表示该区域)。通过干氧氧化或湿氧氧化的方法在源电极与漏电极之间的衬底上生长一层一定厚度的、致密的二氧化硅介电层。器件的栅电极从介电层上引出或直接用掺杂的多晶硅作为栅电极, 栅电极与源、漏电极之间是绝缘的。在与介电层平面平行的方向上, 处在源、漏电极之间的区域是电流的通道, 称为晶体管的沟道 (channel), 如图 3.4 中表明的 N+ 部分。N 型 MOSFET 的工作原理如下: 当没有施加栅电压时, 源、漏电极被沟道隔开, 两个 N 型掺杂区加上 P 型衬底等效于两个背对背的二极管。无论源、漏电极之间加上正电压或负电压, 沟道内都不会产生电荷, 即沟道不导电, 源、漏电极之间的电流为 0 A [如图 3.4(a) 所示]。当栅电压为小于阈值电压 (或开启电压) 时, 通过栅极和衬底间的电容作用, 将靠近栅电极下方 P 型半导体中的空穴向下排斥, 从而形成一层薄的负离子耗尽层。耗尽层中的少数载流子将向表层运动, 但由于数量非常有限, 不足以形成导电沟道。这时源、漏电极之间即使加一电压, 也不会产生电流, 因而源漏电流为 0 A [如图 3.4(b) 所示]。但当栅极电压大于阈值电压 (或开启电压)

时, 靠近栅电极下方的 P 型区半导体表面聚集了更多的电子, 即介电层下面出现"反型层", 这时 P 型表面变成 N 型, 在半导体表面就形成 N^+–N–N^+结构, 出现了 N 型沟道 [如图 3.4(c) 所示]。如果在源、漏电极之间加一电压, 在电场作用下, 电子就会从源电极经过沟道流向漏电极, 便形成了源漏电流。当 V_{ds} 较小时, V_{ds} 基本均匀降落在 N 型器件的沟道中, 沟道呈斜线分布 [如图 3.4(d) 所示]。当 V_{ds} 进一步增加, 漏极处的沟道逐渐缩短, 当缩短到刚好开启时, 如图 3.4(e) 所示, 这时称为预夹断。随着 V_{ds} 进一步增加, 预夹断区域加长, 逐渐伸向源极。即 V_{ds} 增加的电压基本降落在夹断沟道上, 这时 I_d 不再随 V_{ds} 增加而增加。很明显, 源漏电流大小与沟道厚度有关, 而沟道厚度是受栅电压控制的, 当栅电压加大时, 沟道变厚, 源漏电流增大。源漏电流的大小随栅电压大小而改变, 如在输出端加一负载电阻, 则负载电阻上的输出信号将随栅电压变化而变化, 栅电压很小的变化, 就会引起输出信号很大变化, 从而达到信号放大的作用。

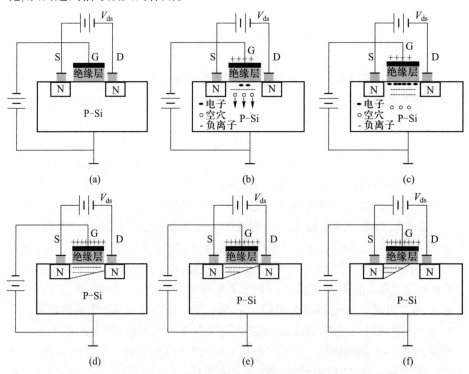

图 3.4 N 型 MOSFET 晶体管工作示意图

薄膜晶体管 (thin film transistor, TFT) 与硅基晶体管的核心区别是, 薄膜晶体管不依赖掺杂的硅衬底作为半导体区或导电沟道区。薄膜晶体管的半导体区是通过沉积方式添加到衬底表面。图 3.5(a) 为薄膜晶体管结构示意图，由源电极、漏电极、栅电极、介电层和半导体层这 5 部分组成。这 5 部分都是通过后期沉积方式加到衬底表面，因此薄膜晶体管不依赖衬底材料的性质，可以在任何衬底材料上制备，包括刚性衬底例如玻璃，柔性衬底例如塑料甚至纸张。薄膜晶体管也是一种场效应器件，它的工作原理是以 MOSFET 为基础，但与 MOSFET 晶体管工作原理不完全相同。当栅电压 (V_g) 为 0 V 时，由于半导体的本征电导率很低，即使在漏电极施加源、漏电压 (V_{ds})，也几乎没有源漏电流 (I_d) 通过，此时薄膜晶体管处在关闭状态，这种状态下晶体管的源漏电流为关态电流 (I_{off})。当栅极施加较小的负电压时，根据电容器效应，源电极端的空穴在栅压作用下会从源电极注入到有源层，并在有源层与介电层的界面累积起来。界面积累的空穴数量随着栅电压的增加会进一逐步增加。此时在源电极与漏电极之间施加一较小的负电压，沟道区积累的空穴就在源漏电压的驱动下漂移运动，形成电流，器件处在开启状态 [如图 3.5(b) 所示]。随着源漏电压的增加并达到一定值时，源漏电流达到最大，此时称为预夹断 [如图 3.5(c) 所示]。当源漏电压进一步增加时，沟道区被夹断，由于夹断区的沟道电阻很大，增加的源漏电压几乎都施加于夹断区，而导电沟道两端的电压基本没有变化，进而沟道电流不再随着源漏电压的增加而增加，沟道电流达到了饱和 [如图 3.5(d) 所示]。很显然薄膜晶体管器件的工作原理与

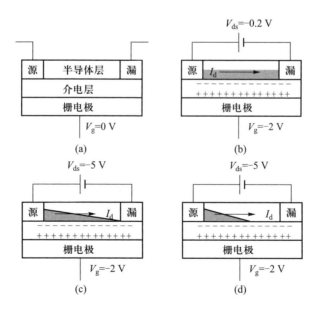

图 3.5 薄膜晶体管结构和工作示意图

前面讲到的 MOSFET 工作原理类似, 但又不完全相同。薄膜晶体管器件的性能与介电层特性、介电层与半导体层之间的界面特性、半导体特性、源漏电极与有源层之间的界面特性等有密切关系。它们之间的关系, 将在后面作详细介绍。用溶液法或印刷方法制备有源层的晶体管称为印刷薄膜晶体管。

3.3　印刷薄膜晶体管主要参数

根据半导体有源层性质的不同, 可把印刷薄膜晶体管分为无机薄膜晶体管和有机薄膜晶体管。有机薄膜晶体管的工作原理与上述原理类似, 但由于有机半导体和无机半导体材料在结构上存在较大的差别, 载流子的传输机制不完全相同。在有机半导体中, 由于有机半导体材料内部分子排列通常是非晶或无定形的, 分子间主要存在的作用力是较弱的范德瓦耳斯力。即使是有机单晶半导体, 由于有机分子体积较大, 分子之间存在一定距离, 电子云很难发生重叠, 有机单晶半导体中不存在传输能带, 因而载流子不能 “自由传输”。而在无机半导体中, 分子的排列高度有序、原子外层的电子相互作用较强, 在无机半导体中形成稳定的能带结构, 即导带和价带, 因而载流子在半导体内部可实现 “近自由的” 的离域传输。由于无机半导体和有机半导体的物质结构形式不同, 导致了它们在载流子传输方式上存在明显差异, 即无机半导体的载流子输运是在离域的能带中进行, 载流子输运受晶格散射的制约, 通常载流子的迁移率较大; 而有机半导体的载流子是在各定域态间跳跃式传输的, 载流子迁移率通常较小。单壁碳纳米管是一维量子线, 载流子在其中传输不会被晶格和杂质中心散射, 呈现无电阻输运状态, 即实现弹道传输。理论预测电子和空穴的迁移率可达到 10^5 cm^2·V^{-1}·s^{-1}。在 2003 年和 2007 年分别构建出性能接近理论极限的弹道 P 型和 N 型碳纳米管晶体管器件。但载流子在碳纳米管薄膜的传输特性与在单根碳纳米管中有明显不同。载流子在碳纳米管薄膜中的输运仍然是在离域的能带中进行, 但从器件的源极到漏极需要经过许多碳纳米管–碳纳米管的结, 从而极大地降低了载流子的迁移率。相对于小管径碳纳米管而言, 管径较大的碳纳米管之间的 sp^2 电子云重叠面积较大 (接触电阻较小), 有利于载流子在碳纳米管薄膜中传输。加上小管径碳纳米管与源漏电极之间无法形成良好的欧姆接触, 导致器件性能进一步恶化。实验表明直径在 1.3~1.5 nm 大管径碳纳米管适合制作印刷碳纳米管薄膜晶体管器件。当采用大管径碳纳米管作为有源层时, 不管是顶接触 (即先印刷碳纳米管, 再制作源漏电极) 还是底接触 (即先沉积电极, 再印刷碳纳米管) 的印刷薄膜晶体管器件都能表现出优越的性能。非晶态氧化物也是一种常用构建高性能印刷薄膜晶体管的半导体材料。与晶态材料相比, 非晶态氧化物半导体材料中金属阳离子球形 s 轨道能形成离散的导带, 同时 s 轨道上的电子云呈现出球对称形的分布, 这种独特的能带结构使得电荷均匀分布, 与邻近金属阳离子是轨道相互重叠, 电子散射被减小到最小。因此, 非晶态的金属氧化物半导体没有晶态薄膜中晶界的存在对迁移率的限制问题, 并且容易大规模制造大面积均匀、高性能、柔性化的薄膜。为了较好的了解印刷薄膜晶体管的特性, 下面就薄膜晶体管的一些重要概念和基本参数等作简单介绍, 其中包括载流子、迁移率、开关比、阈值电压、迟滞、亚阈值摆幅和跨度等。

3.3.1　载流子种类和载流子迁移率

3.3.1.1　载流子种类

在半导体材料中载流子是电子和空穴的统称, 有些半导体材料主要以空穴或电子导电为主, 通常称为 P 型或 N 型材料, 如金属氧化物主要以电子导电为主, 因此属于 N 型材料。还有一些材料电子和空穴都可以参与导电, 称为双极性材料。如硅和碳纳米管的电子和空穴的迁移率都非常高, 通过控制掺杂浓度和种类或源漏电极的功函数等可以控制载流子种类和浓度等, 得到 P 型和 N 型以及双极性的薄膜晶体管器件。无机半导体中的电流大小很大程度上由导带上的电子和价带中的空穴数目决定, 因此载流子的浓度是半导体的一个重要的参数。通常情况下电子和空穴的浓度与状态函数及费米分布函数有关。半导体材料的费米能级不仅与材料本身特性有关, 还与材料的纯度有重要关系。根据晶体中是否含有杂质原子, 可把半导体材料分为本征半导体和非本征半导体。不含有杂质原子的半导体材料称为本征半导体, 在这类半导体中, 导带中的电子浓度值等于价带中的空穴浓度值。而将掺入定量的特定杂质原子, 从而使热平衡状态电子和空穴浓度不同于本征载流子浓度的材料称为非本征半导体。在非本征半导体中, 电子和空穴两者中的一种载流子将占据主导作用。本征半导体的费米能级位于禁带中央附近, 而非本征半导体费米能级随掺入杂质原子而改变。如图 3.6 所示, 当电子浓度高于空穴浓度时, 即 $E_f > E_{fi}$, 为 N 型半导体; 当空穴浓度高于电子浓度时, 即 $E_f < E_{fi}$, 为 P 型半导体[5]。

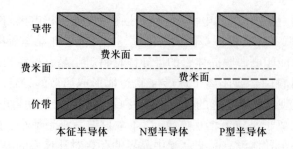

图 3.6   不同半导体材料费米能级示意图[5]

3.3.1.2   载流子迁移率

在半导体中, 电子与空穴的净流动就产生电流, 载流子的这种运动过程叫作输运。载流子输运有 3 种机制: 漂移运动, 即由电场引起的载流子运动; 扩散运动, 即由于浓度梯度引起的载流子流动; 此外, 半导体的温度梯度也能引起载流子运动。电子和空穴的迁移率大小与温度和掺杂浓度等有关。在半导体中载流子的迁移率受到晶格散射 (声子散射) 和电离杂质散射这两种散射机制的影响。印刷薄膜晶体管的半导体墨水中含有杂质, 包括溶剂、分散剂、添加剂、成膜剂等会残留在印刷的有源层中, 加上半导体墨水制备或器件制备过程中产生的一些缺陷, 都会引起载流子的散射, 导致器件性能下降。例如, 在制备半导体型碳纳米管墨水过程中, 超声或微射流、高压等处理碳纳米管溶液时有可能使碳纳米管表面产生一些缺陷, 如形成 sp^3 碳结构等。同时为了分离纯化半导体型碳纳米管, 提高碳纳米管的 "溶解性" 和墨水的稳定性, 需要添加适量聚合物、共轭化合物、表面活性剂和分散剂等, 这些 "杂质" 都会吸附或包覆在碳纳米管表面, 都可能成为载流子的散射中心。碳纳米管表面缺陷和吸附的杂质越多, 载流子散射中心越多, 载流子在有源层中的传输时受到的阻碍越大, 导致器件电性能下降。器件的迁移率不仅与半导体材料本身特性有关外, 还与器件的结构、器件的各个界面特性、电极材料、介电材料、构建工艺等因素有关。

3.3.2   印刷薄膜晶体管的重要参数

通过测量场效应晶体管的特征曲线如转移和输出曲线, 可以得到晶体管的一些基本参数, 以此来衡量场效应晶体管的性能。这些参数包括器件的迁移率、阈值电压即开启电压 V_t (用 V_t 或者 V_{th} 表示)、亚阈值摆幅、工作电压范围、开关比、迟滞大小、跨导 g_m 和器件稳定性等。为了使印刷薄膜晶体管在实际应用过程中发挥其特定的作用, 印刷薄膜晶体管的每一个参数值必需严格控制在某一范围内, 而不是简单的强调器件的迁移率或开关比等。为了更好地掌握印刷薄膜晶体管的特性, 先介绍印刷薄膜晶体管的两种特性曲线, 即输出和转移特性曲线。

3.3.2.1 薄膜晶体管的特性曲线

薄膜晶体管器件结构可以看作是一个平板电容器。栅极作为电容器的一个极板, 介电层实现栅极与有源层间的电绝缘, 源漏电极和与其所接触的有源层作为电容器的另一个极板 [如图 3.4(a) 所示]。当然薄膜晶体管也可以采用多个栅来调节器件性能。如同时有底栅和顶栅两个栅电极的双栅结构。这两个栅可同时调控器件的性能, 但工作效率会有所不同。图 3.7 为薄膜晶体管的两种特性曲线, 即转移特性曲线与输出特性曲线。转移特性曲线 (I_d-V_g) 是指在不同的源漏电压下, 源漏电极之间的电流随着栅电压的变化曲线。输出特性曲线 (I_d-V_{ds}) 则是在不同的栅电压下, 源漏电极之间的电流随着源漏电压的变化曲线, 当器件处于不同的栅电压时, 它可以分为线性区、非线性区和饱和区。下面对这两个特性曲线作详细描述。

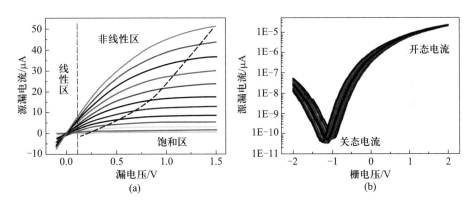

图 3.7 N 型印刷碳纳米管薄膜晶体管输出特性曲线 (a) 和转移特性曲线 (b)

1. 输出特性曲线

印刷薄膜晶体管输出特性曲线指对应于某一定栅电压, 源漏电流与源漏电压关系曲线。图 3.7(a) 显示了不同的 V_g 条件下的 I_d-V_{ds} 曲线。当 V_g 的步距足够小, 原则上可以得到任意 V_{ds} 和 V_g 下的器件电流, 因此输出曲线束可以包含晶体管的所有特性。以 N 型印刷碳纳米管薄膜晶体管为例, 图 3.7(a) 展示的输出特性曲线可分为 3 个区: 线性区、非线性区和饱和区 (恒流区)。

(1) 线性区。当源漏电压很小时, 整个沟道长度范围内的电势都近似为零, 栅电极与沟道之间的电势差在沟道各处近似相等。这时沟道就像一个与源漏电压无关的固定电阻, 故源漏电流与源漏电压成线性关系。当栅电压在某一范围内保持一定值并且源漏电压较小时, 源漏电流与源漏电压呈线性关系 (如图 3.7 所示), 即所谓的线性区。即源漏电极与有源层之间是欧姆接触, 有利于载流子传输。在计算印刷薄膜晶体管器件的迁移率的时候可以选用这一区间的特性曲线计算器件的迁移率, 得到的迁移率为线性区迁移率。因此在计算器件的迁移率的时候, 对应的转移曲线的 V_{ds} 要尽量小, 才能使曲线落在线性区, 这样计算得到的器件迁移率偏差相对较小。

(2) 非线性区。随着源漏电压的增大, 由漏极流向源极的沟道电流也相应增大, 使得沿着沟道由源极到漏极的电势由零逐渐增大。当源漏电压增大时, 漏端电压由于与栅极电压同极性, 部分抵消栅极电场在有源层建立的电荷区厚度, 沟道电阻增大, 而且随源漏电压的增大而增大, 使得源漏电流随源漏电压的增大速率的增大而变慢, 曲线偏离直线而逐渐向下弯曲, 即如图 3.7 中红线上端区间。当源漏电压增大到饱和源漏电压或夹断电压时, 沟道厚度在漏极处减薄到零, 沟道在漏极处消失, 该处只剩下耗尽层, 即沟道被夹断, 这一区域称为过渡区。通常把线性区和过渡区称为非饱和区。

(3) 饱和区 (恒流区)。当源漏电压进一步增大时, 沟道夹断点向漏极方向移动, 在沟道与漏区之间隔着一段耗尽区。当自由电子到达耗尽区边界时, 将立刻被耗尽区内的强电场扫入漏区。这时电子在耗尽区漂移速度达到饱和, 源漏电流几乎不随源漏电压变化而改变, 通常把这段区间称为饱和区。选用饱和区计算得到的迁移率为器件的饱和迁移率。因此在计算器件的饱和迁移率的时候, 对应的转移曲线的 V_{ds} 要尽量大, 这样得到的器件迁移率的误差相对较小。

根据晶体管输出特性曲线随栅电压的变化情况可以判断晶体管的极性。在线性区, 输出电流随栅电压增大而变大, 说明晶体管的载流子为电子, 即为 N 型晶体管 [如图 3.7(a) 所示]; 反之, 当输出电流随栅电压增大而变小, 说明晶体管的载流子为空穴, 即为 P 型晶体管 [图 3.8(a) 所示]。对于双极晶体管, 存在两种情况, 即在线性区 I_{ds}–V_{ds} 曲线斜率随栅电压增大而增大 (N 型晶体管) 和 I_{ds}–V_{ds} 曲线斜率随栅电压增大而减小 (P 型晶体管) 两种情况 [图 3.8(b)]。

2. 转移特性曲线

印刷薄膜晶体管转移特性曲线指对应于某一定漏电压下, 源漏电流与栅电压的关系曲线。图 3.7(b) 所示为 N 型印刷碳纳米管薄膜晶体管转移特性

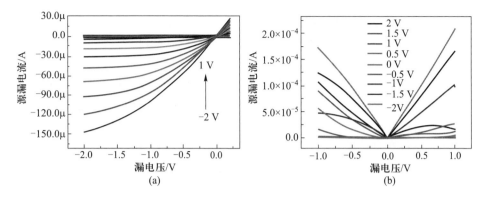

图 3.8　典型印刷碳纳米管薄膜晶体管的输出特性曲线。(a) P 型晶体管; (b) 双极晶体
管。(参见书后彩图)

曲线。在不同 V_{ds} 下得到不同的 $I_d - V_g$ 曲线, 这样就构成印刷薄膜晶体管的
转移曲线束。当 V_{ds} 的步距足够小时, 理论上可以得到任意 V_{ds} 和 V_g 条件下
印刷薄膜晶体管器件的电流, 因此转移曲线束也包含印刷薄膜晶体管的所有
特性。在某一漏电压下, 源漏电流随栅电压的增大没有明显变化, 这段区域称
为晶体管关闭状态; 当栅电压达到某一值时, 源漏电流随栅电压的增大而迅
速增大, 达到某一栅电压下, 源漏电流随栅电压的减小没有明显变化, 此时称
为晶体管开启状态。根据转移曲线也可以判断晶体管器件的极性。如图 3.2
所示的转移曲线, 如果源漏电流随栅电压减小而增大或减小的印刷薄膜晶体
管称为单极晶体管 (P 型或 N 型); 如果源漏电流随源漏电压的变化不是单一
地增大或减小, 而是出现两个区域, 即在部分区间随源漏电压减小而增大, 在
另一区域随着源漏电压的增大而增大, 这样的印刷薄膜晶体管称为双极晶体
管 [如图 3.2(c) 所示]。转移曲线可用半对数 ($\log I_{ds} - V_g$) 和线性 ($I_{ds} - V_g$) 形
式来描述输出电流与栅电压之间的关系。在半对数曲线中更容易得到器件的
开关和亚阈值区等情况, 而在线性关系曲线中容易看到器件的开启情况。从
印刷薄膜晶体管的转移曲线能够得到: ① 参与导电载流子特性, 即载流子是
电子还是空穴或电子和空穴同时参与导电; ② 可以用来计算印刷薄膜晶体管
器件的迁移率、阈值电压、开关比、迟滞、亚阈值摆幅、跨导等 (后面会详
细描述)。

3.3.2.2　印刷薄膜晶体管的重要参数

下面介绍评价印刷薄膜晶体管性能的一些重要参数, 包括器件的迁移率、
工作电压、开关比、阈值电压、亚阈值摆幅、跨导、迟滞和器件的稳定性等。

1. 迁移率计算公式

载流子迁移率是印刷薄膜晶体管的重要的参数之一。载流子迁移率是指在外加电场作用下，沟道有源层中载流子在有源层与介电层之间的界面迁移速率。载流子迁移率 主要取决于有源层中半导体材料的本征物理特性，不同类型的半导体材料如有机和无机半导体材料其迁移率相差很大。由于无机半导体与有机半导体结构上的差异，通常情况下无机半导体材料迁移率比有机半导体材料迁移率高。对于印刷薄膜晶体管器件而言，器件的迁移率不仅与半导体材料本身特性有关，还与有源层厚度、半导体材料在沟道中的排列方式 (如定向排列碳纳米管阵列相对于无序碳纳米管薄膜表现出更高的载流子迁移率)、介电层表面形貌、衬底表面性质 (如粗糙度和表面能等)、介电层的界面性质、电极材料的特性 (表面粗糙度、功函数、稳定性等)、半导体的缺陷以及有源层中的杂质等都有密切关系。因此半导体材料种类以及构建工艺等很多因素都会影响印刷薄膜晶体管器件的迁移率。印刷薄膜晶体管器件的各个界面特性 (如电极、有源层和介电层之间的界面特性)、电极材料的种类以及有源层和介电层的表面性质 (表面能、表面粗糙度等) 等都是印刷薄膜晶体管器件所需要研究的重要课题。

通常情况下通过提取印刷薄膜晶体管转移曲线中的相关参数就能够计算出印刷薄膜晶体管器件的饱和区的迁移率和线性区的迁移率，同时也可以直接测量器件的霍尔迁移率来判断印刷薄膜晶体管电性能，因此霍尔迁移率也是印刷薄膜晶体管电性能的一个重要参考指标。下面简单介绍印刷薄膜晶体管迁移率的计算以及霍尔迁移率的测量。

(1) 印刷薄膜晶体管迁移率计算。通常可用饱和区和线性区的迁移率来评价印刷薄膜晶体管的器件性能。饱和迁移率是指从饱和区的转移曲线中提取相关参数计算得到的器件迁移率，同理，从线性区的转移曲线中提取相关参数计算得到的器件迁移率为线性迁移率。为减小计算带来的误差，计算饱和迁移率时选用 V_{ds} 较大的转移曲线，而计算线性迁移率时，需从 V_{ds} 较小的转移曲线中提取曲线斜率。因此线性区和饱和区对应的迁移率计算公式有所不同。薄膜晶体管的电流–电压关系可以用式 (3.1) 表示。除了器件的迁移率，其他参数为常数或可以从转移曲线中提取出来 [6]

$$I_{ds} = \pm \frac{\mu C_i}{2} \times \frac{W}{L} \times \left[2(V_g - V_t)V_{ds} - V_{ds}^2 \right] \tag{3.1}$$

式中，I_{ds} 是源漏电流；V_g 是栅电压；V_t 是印刷薄膜晶体管的阈值电压；$C_i = \dfrac{\varepsilon_0 \varepsilon_{介电常数}}{d_i}$，是器件的单位面积电容；$\varepsilon_0$ 是真空电容率 (8.85×10^{-14} F/cm)；$\varepsilon_{介电常数}$ 是介电材料的介电常数；d_i 是介电层的厚度；W 是器件的沟道宽度；L 是器件的沟道长度；μ 是沟道中载流子迁移率；V_{ds} 是源漏电压。

通常规定漏电极到源电极的电流方向为电流的正方向, 漏源电压的正负按此规定。这样对于 N 型和 P 型晶体管其上面特性方程式分别取正号和负号。在饱和区时, 迁移率的计算公式为

$$\mu = \left(\frac{\mathrm{d}\sqrt{I_{\mathrm{ds}}}}{\mathrm{d}V_{\mathrm{g}}}\right)^2 \times \frac{2L}{WC_{\mathrm{ox}}} \tag{3.2}$$

式中, I_{ds} 和 V_{g} 分别为源漏电流和栅电压; L 和 W 代表沟道的长度和宽度; C_{ox} 表示栅介电层单位面积电容, 可以通过如下关系式计算

$$C_{\mathrm{ox}} = \varepsilon_0 \varepsilon_{\mathrm{r}} A/d \tag{3.3}$$

式中 ε_{r} 为介电层材料的介电常数; $\varepsilon_0 = 8.85 \times 10^{-12}$; A 为介电层面积; d 为介电层厚度。对于印刷薄膜晶体管而言, 器件的电容通常需要用 LCR 计测量其电容值。另外溶液法得到的介电层存在一定量的电荷或偶极子, 容易产生双电荷层效应。器件的电容值与测试频率有关。在高频时, 电容值变化不大, 但在低频, 尤其当频率小于 10 Hz 或更小时 (0.1 Hz), 其电容值会显著增加, 所以印刷薄膜晶体管器件的电容值和迁移率都需要指出对应的频率。$\mathrm{d}\sqrt{I_{\mathrm{ds}}}/\mathrm{d}V_{\mathrm{g}}$ 可以根据 $I_{\mathrm{ds}}^{1/2} - V_{\mathrm{g}}$ 关系曲线拟合直线斜率获得。

上述这种算法要求器件处在理想状态。当 V_{ds} 较小时 (工作在线性区), 晶体管电流–电压简化方程式与完整方程式符合较好。通过测量相关电流、电压, 以及晶体管的沟道几何尺寸, 代入式 (3.2) 即可以得到相应的载流子迁移率。但印刷薄膜晶体管工作时会产生各种寄生效应, 在饱和区间高源漏电压的作用下, 薄膜晶体管器件会呈现出一些非理想特性, 尤其用非高温制备的介电材料如有机介电材料和有机无机复合材料构建的印刷薄膜晶体管器件。在实际情况下, 印刷薄膜晶体管的迁移率 μ 值直接利用器件在线性区转移曲线的斜率来计算

$$\mu = 10^4 \times \frac{\mathrm{d}I_{\mathrm{ds}}}{\mathrm{d}V_{\mathrm{g}}} \times \frac{L}{W} \times \frac{1}{C_{\mathrm{ox}}V_{\mathrm{ds}}} \tag{3.4}$$

式中, 如果介电层为二氧化硅, 则 $\varepsilon_{\mathrm{r}} = 3.9$; A 为单位面积; d 为二氧化硅薄膜的厚度。当二氧化硅厚度为 300 nm 时, 通过计算就可以得到 C_{ox} 的值约为 1.15×10^{-4} F/m^2。可见对于构建在二氧化硅 (厚度为 300 nm) 与硅衬底表面的底栅型场效应晶体管 (如图 3.4 所示), 场效应晶体管的迁移率 μ 值的计算公式可以进一步简化为

$$\mu = 10^4 \times \frac{\mathrm{d}I_{\mathrm{ds}}}{\mathrm{d}V_{\mathrm{g}}} \times \frac{L}{W} \times \frac{1}{1.15 \times 10^{-4}V_{\mathrm{ds}}} \tag{3.5}$$

所以只要测量转移曲线线性区的斜率, 沟道的长度和宽度以及源漏电极间电压就可以根据上式计算得到相应的迁移率。这种方法相对简单, 因而许多研究小组采用这种方法来计算场效应晶体管器件的迁移率。但实际上测量得到的转移曲线往往不能完全代表沟道区间薄膜的特性。如图 3.9(a) 所示, 载流子不仅可以从沟道中的有源层通过, 同时可以从沟道以外的有源层中传输, 因此实际测得的电流是沟道区间电流和沟道外电流之和, 按上述方法计算得到的迁移率比实际值要大一些, 尤其对于沟道长宽比大的薄膜晶体管器件, 计算出来的数值与实际数值相差更大, 不过用这种方法来定性判断薄膜晶体管器件的电性能还是有重要的参考意义的。随着现代印刷技术的发展, 通过现代印刷技术如喷墨印刷和气溶胶喷墨印刷等可对有源层进行精确定位印刷。如图 3.9(b) 所示, 采用喷墨等印刷技术进行精确定位印刷, 使半导体材料只局限在沟道里, 这样通过转移特性曲线计算得到的薄膜晶体管器件迁移率更能真实反映器件的电性能。

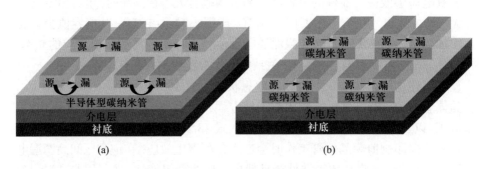

图 3.9　载流子在有源层的传输示意图

对于薄膜晶体管而言, 尤其是通过溶液法制备得到的薄膜晶体管器件, 在薄膜制备过程中, 半导体表面通常会有其他杂质或在表面形成一些缺陷; 另外对于许多薄膜晶体管来说, 组成薄膜的半导体材料之间存在许多连接点 (junction) (如有机半导体多晶体中的晶界或碳纳米管之间的接触点等), 这些都不利于载流子在有源层中的传输, 因此有源层的载流子迁移率不仅与有源层材料本身特性有关, 还与制作工艺有着紧密关系。单根碳纳米管的迁移率可以达到 10^5 $cm^2 \cdot V^{-1} \cdot s^{-1}$, 但网络型碳纳米管薄膜的迁移率通常不高 (低于 100 $cm^2 \cdot V^{-1} \cdot s^{-1}$, 化学气相沉积定向生长碳纳米管阵列迁移率会更高一些)。溶液法得到的无序碳纳米管网络薄膜晶体管的迁移率往往更低。这主要与碳纳米管的排列方式、碳纳米管长度以及表面缺陷和吸附的杂质等都有重要关系。正如前面所描述的, 薄膜晶体管的电性能与薄膜特性有重要联系,同时介电层与有源层间的界面状态、表面形貌、源漏极特性等也会严重影响薄膜晶体管的迁移率。

(2) 霍尔迁移率测量。对于薄膜晶体管来说，迁移率不仅可以通过上述的计算方法得到，同时也可以通过测量薄膜的霍尔迁移率来判断，尤其对于通过旋涂、喷涂和热蒸镀得到的大面积薄膜晶体管器件，测量霍尔迁移率显得尤为必要。下面简单介绍霍尔效应和霍尔迁移率测量等相关内容[5]。

通过测量霍尔效应可以判断半导体材料的导电类型、载流子浓度及载流子迁移率等重要参数。但是测量薄膜霍尔迁移率时，样品需要满足接触点应该在薄膜的边界上、电极 (接触点) 应尽可能小、薄膜连续且厚度应非常均匀。目前有一些霍尔效应测量系统 (如 lake shore 8404, lake shore cryotronics, Inc) 不仅可以测量半导体薄膜的霍尔迁移率，同时可直接测量器件的在不同温度下的霍尔迁移率，这为印刷薄膜晶体管器件的性能研究提供一种新型、有效的方法。

2. 工作电压

印刷薄膜晶体管器件从关闭状态转换到开启状态所需的电压范围称为印刷薄膜晶体管器件的工作电压，它是印刷薄膜晶体管器件的一个重要参数。为了实现低能耗，需要印刷薄膜晶体管器件具有尽可能低的工作电压。工作电压的大小与器件的结构、器件电容大小、介电材料、有源层与半导体层的界面陷阱态密度，以及半导体本身的陷阱态密度有密切关系。器件的有效电容是主要因素，有效电容越大，工作电压通常越小。图 3.10 是印刷碳纳米管薄膜晶体管以 300 nm 二氧化硅和 50 nm 氧化铪衬底为介电层的典型特性转移曲线。可以看出，尽管开关比都可以达到 6 次方，但它们的工作电压却相差近 20 倍。当二氧化硅表面不经过任何处理，沉积在沟道中的碳纳米管薄膜也未经过热溶剂浸泡去除薄膜中过量的聚合物时，工作电压高达 40 V [图 3.10(a)]；当二氧化硅表面经过氧等离子处理，同时碳纳米管薄膜经过热溶剂处理后，工作电压降至 10 V [图 3.10(b)]。采用高介电常数介电材料氧化铪为介电层时，工作电压只有 2 V [图 3.10(c)]。从这个例子可以看出，器件的工作电压与器件电容大小、器件的界面和表面特性有密切关系。此外器件的工作电压与器件的结构也有密切关系。如采用顶栅结构，也可显著降低工作电压。

3. 器件电容

印刷薄膜晶体管的电容大小对器件的性能影响非常大，前面讲到提高器件的电容能够有效地降低器件的工作电压。如果介电层的厚度、介电常数都

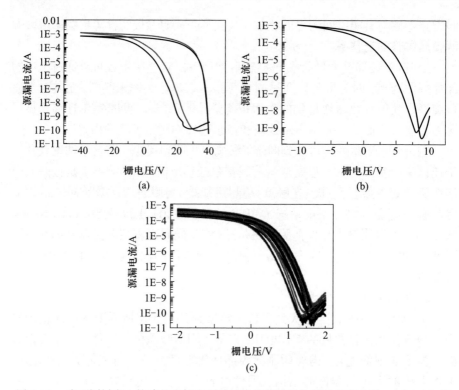

图 3.10   在不同衬底上构建的底栅印刷碳纳米管薄膜晶体管的转移曲线。(a)、(b) 以 300 nm 二氧化硅为介电材料构建的底栅器件: (a) 衬底表面未做任何处理, (b) 衬底表面经过氧等离子体处理同时沟道中的碳纳米管薄膜经过热溶剂浸泡处理; (c) 50 nm 氧化铪为介电层

能够准确测量出来, 那么印刷薄膜晶体管器件的电容可以通过下式计算得到

$$C_i = \frac{\varepsilon_0 \varepsilon_r}{d_i} \tag{3.6}$$

　　显然, 使用高介电常数的介电材料和减小介电层薄膜厚度都可提高器件的电容。目前最常用的方法是通过原子层沉积技术在有源层表面沉积一层很薄的 (约 10~50 nm)、致密的高介电常数介电材料氧化铪 (HfO₂) 或氧化铝 (Al₂O₃) 等来提高器件的电容、降低器件工作电压与电流迟滞, 从而提高印刷薄膜晶体管器件性能。采用高电容离子胶作为介电层也能够显著提高器件的电容, 得到非常低的器件工作电压。基于溶液法构建高电容介电层的方法有交联反应和自组装两种方法。通过这两种方法可以得到高电容超薄聚合物和单层或多层纳米级有机薄膜介电层, 得到低电压的薄膜晶体管器件, 但成功率比较低。由于溶液法或印刷法得到的介电层的致密度、膜的均匀性无法

与原子层沉积法相媲美, 为了提高印刷器件的成品率, 溶液法或印刷的介电层厚度往往需要达到微米级或亚微米级。此外通过光交联和热交联技术也能有效提高介电薄膜的致密性, 降低器件的源漏电流。溶液法得到的介电层如果通过式 (3.6) 计算器件的电容往往误差很大, 通常采用测量法得到器件电容。另外介电材料与碳纳米管的兼容性对构建性能优越的薄膜晶体管器件也至关重要。

图 3.11 为在 SiO_2/Si 衬底表面构建的底栅和顶栅碳纳米管薄膜晶体管器件的 I_d-V_g 曲线[7]。其中顶栅薄膜晶体管采用高电容的离子胶作为介电层。通过测量发现基于底栅和顶栅碳纳米管薄膜晶体管器件的电容分别为 $C_B=1.2\times10^{-8}$ F/cm^2 和 $C_T = 2 \times 10^{-5}$ F/cm^2, 它们的工作电压范围分别为 $+60 \sim -100$ V 和 ±1 V 左右。从而充分证明通过调节薄膜晶体管器件的电容能够有效地调节器件的工作电压。另外, 图 3.11(a) 也显示低电容的晶体管有非常明显的迟滞效应。新型高介电常数或高电容介电材料的制备以及适合现代印刷的高介电常数介电墨水的研制已成为当今印刷晶体管器件研究的一个热点。

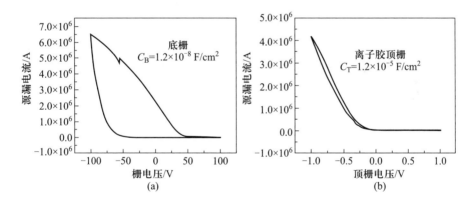

图 3.11 基于底栅和顶栅碳纳米管薄膜晶体管器件的 I_d-V_g 曲线[7]

4. 开启电压 (V_{th})

印刷薄膜晶体管是通过调节栅电压来控制沟道的电导, 从而实现器件的开关态的转换。开启电压又叫阈值电压, 通常用 V_{th} 表示, 指的是印刷薄膜晶体管开态/关态转换时的栅电压。它是印刷薄膜晶体管一个非常重要的参数。对于 P 型器件而言, 沟道电导随栅电压增加而下降, 栅电压小于阈值电压时, 器件处在关启状态; 只有当栅电压大于阈值电压时, 器件才处于关闭状态。如果阈值电压小于 0 V, 该器件为增强型器件; 阈值电压大于 0 V 为耗尽型器件。对于 N 型器件而言, 沟道电导随栅电压增大而增大, 栅电压小于阈值电压时, 器件处在关闭状态; 只有当栅电压大于阈值电压时, 器件才处于开启状态。如果阈值电压大于 0 V, 该器件为增强型器件; 阈值电压小于 0 V 为耗尽型器件。对于增强型的 MOSFET, 必须使栅电压 (V_g) 达到一定值时使衬底中的空穴 (N 沟道) 或电子 (P 沟道) 全部被排斥和耗尽, 绝大多数的自由电子或自由空穴被吸收到表面层, 使表面变成了自由电子或自由空穴为多数载流子的反型层, 反型层使源漏电极连通, 构成了源漏电极之间的导电沟道, 通常把开始形成导电沟道所需的栅电压值称为该器件的开启电压或阈值电压。

一般印刷无机薄膜晶体管的阈值电压在几伏到几十伏之间。阈值电压反映了印刷薄膜晶体管器件在零栅电压下的状态。无论 P 型还是 N 型器件, 如果在栅电压为 0 V 时处在开启状态, 该器件为耗尽型器件。用耗尽型晶体管构建电路和系统时功耗会比较大。而用增强型晶体管构建印刷电路时功耗相对较小。由于碳纳米管表面容易吸附水氧和其他杂质, 印刷碳纳米管薄膜晶体管往往表现为耗尽型 P 型器件特性。通过电子掺杂等技术可以变为耗尽型 N 型器件。无论 P 型还是 N 型印刷碳纳米管薄膜晶体管器件往往都表现为耗尽型特性, 这种耗尽型器件往往很难构建出性能非常优越的电路和系统。因此如何调节印刷碳纳米管薄膜晶体管的阈值电压, 使之变为增强型是该领域的研究重点和难点。

薄膜晶体管工作的阈值电压 V_T 可以用式 (3.7) 表示

$$V_{th} = V_s + V_{ms} - \frac{Q_{ss} + Q_B}{C_i} \tag{3.7}$$

式中, C_i 为栅介电层单位面积电容; V_s 为有源层薄膜表面能带弯曲的表面势; V_{ms} 为源漏电极与有源层之间的接触电势差; Q_{ss} 是由介电层中的固定电荷、可动离子和界面态 (将它们等效为表面态电荷) 所产生的感应电荷密度; Q_B 为耗尽区饱和时有源层表面电荷的面密度。

通过式 (3.7) 可以计算得到印刷薄膜晶体管的阈值电压。可以看出, 阈值电压与介电层的厚度、介电常数、金属–半导体功函数、耗尽区电离杂质电荷面密度、栅介电层中的电荷密度等有着密切关系。

阈值电压除了可以通过上述方法计算得到, 也可以从薄膜晶体管的转移特性曲线中提取得到。方法是在典型的输出曲线 $I_d^{1/2}$–V_g 的线性区 [图 3.12(a)], 取直线的斜率延长线在栅电压 V_g 轴上的截距, 即为该器件的阈值电压。对于增强型器件而言, 阈值电压越小, 说明有源层存在的晶界 (如单晶有机半导体)、杂质等以及有源层与介电层界面陷阱密度越少, 器件性能越好[8]。碳纳米管薄膜晶体管的阈值电压可以从输出曲线 I_d–V_g 的线性区中提

取 [图 3.12(b)], 该直线的斜率延长线在栅电压 V_g 轴上的截距即为该器件的阀值电压。从 I_d-V_g 的线性区中提取的阈值电压相对于 $I_d^{1/2}-V_g$ 曲线中提取的阈值电压要小 (这两种方法都可用于提取器件阈值电压, 通常碳纳米管薄膜晶体管的阈值电压从线性区提取)。对于印刷碳纳米管薄膜晶体管器件而言, 其阀值电压主要受沟道中的半导体型碳纳米管的性质 (带隙、表面吸附杂质特性)、碳纳米管与源漏电极的接触特性、碳纳米管与介电层界面陷阱密度、绝缘层的厚度和介电常数等有关。不同介电层材料构建的器件其阈值电压也就不同, 介电常数大的介电层材料阈值电压一般较小, 在保证电阻率足够大的前提下, 介电层厚度越薄, 器件阈值电压越小。

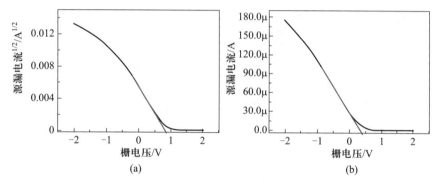

图 3.12 分别从印刷碳纳米管薄膜晶体管器件的 $I_d^{1/2}-V_g$ 和 I_d-V_g 曲线中提取得到的器件阈值电压 (曲线延长线与栅电压 V_g 轴上的截距为阈值电压, 即从 $I_d^{1/2}-V_g$ 和 I_d-V_g 曲线中得到的阈值电压分别为 0.85 V 和 0.4 V)

5. 亚阈值摆幅

印刷薄膜晶体管表面处于弱反型状态的情况就称为亚阈区。亚阈区在 MOSFET 的低压低功率应用中, 以及在数字电路中用作开关或者存储器时, 有很重要的意义。亚阈值摆幅 (subthreshold swing, SS) 也是评价印刷碳纳米管薄膜晶体管器件性能的一个非常重要的指标。亚阈区转移特性的半对数斜率称为亚阈区栅源电压摆幅 [见式 (3.8)] 或称为亚阈值摆幅。亚阈值摆幅是在一定的漏源电压下 (在亚阈区), 漏源电流增加一个数量级所需要的栅电压增量。用来描述印刷薄膜晶体管的关断速度, 其单位一般用 mV/dec 来表示。SS 的大小反映了有源层与介电层的界面状况, 与有源层中的杂质浓度和栅介电层厚度有关。有源层中的杂质浓度越高、栅介电层厚度越大, 则 SS 越大。

$$SS = \frac{dV_g}{d(\log I_{ds})} \tag{3.8}$$

研究表明对于 CVD 生长的碳纳米管薄膜晶体管器件而言, SS 数值越大, 器件的开关比越小, 这可能是碳纳米管薄膜中的金属型碳纳米管产生的寄生效应所致[9]。对于印刷薄膜晶体管器件而言, 当碳纳米管墨水中的半导体型碳纳米管含量非常高时, SS 主要与栅介电层的厚度、介电常数、碳纳米管薄膜中的聚合物或表面活性剂等杂质的含量以及碳纳米管薄膜与栅介电层的界面特性有关。图 3.13 中印刷碳纳米管薄膜晶体管的 SS 分别为 90~160 mV/dec 和 300 mV/dec。显然, 高电容器件的 SS 小于低电容器件的 SS。

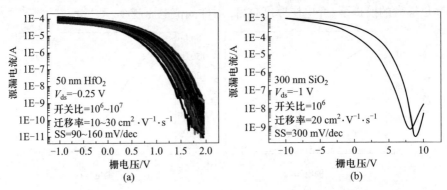

图 3.13　印刷碳纳米管薄膜晶体管器件的转移曲线。(a) 介电层为 50 nm 氧化铪;
(b) 介电层为 300 nm 二氧化硅

根据计算的 SS, 可以估算出有源层和介电层界面附近的界面电荷密度:

$$N_{SS}^{max} = \left(\frac{SS \log(e)}{kT/q} - 1 \right) \frac{C}{q} \tag{3.9}$$

式中, k 是玻尔兹曼常量; T 是绝对温度; q 是电子的电量; C 是栅介电层的单位面积电容。介电层表面功能化修饰能有效消除界面的电荷密度, 因此表面修饰也是一种常用来降低 SS 的重要方法。从式 (3.9) 可以看出, 亚阈值摆幅与温度成正比。在室温下, 亚阈值摆幅的理论极限值为 60 mV/dec。只有当单位面积栅电容值非常大, 或者说栅调控效率极高的时候, 器件的亚阈值摆幅才有可能接近这个值。通常器件的亚阈值摆幅要比 60 mV/dec 高, 但具有量子隧穿效应的晶体管的亚阈值摆幅可以小于这一值。

6. 开关电流比

开关电流比为固定源漏电压的情况下, 工作在饱和状态时的源漏电流 (开态电流) 与栅电压为 0 V 时的源漏电流 (关态电流) 之比, 反映的是器件对电流的调制能力。

当器件工作在线性区时, 开态电流 I_{on} 为

$$I_{\mathrm{on}} = \frac{WC_{\mathrm{i}}}{2L}\mu\left(V_{\mathrm{g}} - V_{\mathrm{T}} - \frac{V_{\mathrm{ds}}}{2}\right)\cdot V_{\mathrm{ds}} \tag{3.10}$$

当器件工作在饱和区时, 开态电流 I_{on} 为

$$I_{\mathrm{on}} = \frac{WC_{\mathrm{i}}}{2L}\mu(V_{\mathrm{g}} - V_{\mathrm{T}})^2 \tag{3.11}$$

当器件工作在夹断区即关态时, 关态电流 I_{off} 为

$$I_{\mathrm{off}} = q(n\mu_{\mathrm{e}} + p\mu_{\mathrm{p}})\frac{Wd}{L}V_{\mathrm{ds}} \tag{3.12}$$

式中, q、n、μ_{e}、p、μ_{p}、W、d 和 L 分别代表电荷量、电子密度、电子迁移率、空穴密度、空穴迁移率、沟道宽度、沟道长度和有源层厚度。对于一个性能优越的薄膜晶体管器件, 要求其开得顺畅、关得彻底, 即开态电流尽量大, 关态电流尽量小。开态电流越大, 器件速度也就越快, 关态电流越小 (增强型器件), 器件功耗越低。开关电流比值越高表示器件的切换速度越快, 器件性能越好。在实际应用中, 高的开关电流比是实现有效驱动以及低电压工作必不可少的条件。

7. 迟滞现象

薄膜晶体管器件尤其是通过溶液法得到的薄膜晶体管, 其转移曲线会出现严重的迟滞现象。迟滞现象表现为栅电压反向扫描时, 转移曲线不能与正向扫描的转移曲线重合, 如图 3.14 所示[7]。研究表明迟滞现象主要归结于在器件制备过程中溶剂 (如水等) 以及其他杂质吸附在介电层和有源层里面, 当栅电压反向扫描时, 电荷聚集在有源层内, 从而形成明显的迟滞现象。通过清除或减少有源层和介电层表面中的杂质能够有效消除或减小迟滞问题, 采用顶栅调节方式 (离子胶作为介电层) 也能有效地消除器件的迟滞问题。图 3.14 是通过气溶胶喷墨打印得到的碳纳米管薄膜晶体管器件的转移曲线。当采用底栅调节方式, 器件有较大的迟滞现象; 当用离子胶作为介电层并采用顶栅结构时, 由于离子液能够有效屏蔽碳纳米管薄膜中的表面活性剂, 器件的迟滞问题基本消除, 即正向扫描 I_{d}–V_{g} 曲线与反向扫描时曲线基本重合。另外衬底表面自组装单层功能分子后也能有效消除器件的迟滞现象。

8. 器件稳定性

薄膜晶体管通常对环境的变化如光、电、水和氧等非常敏感, 基于这一原理许多研究小组开发了各种物理、化学和生物传感器。然而在实际应用时, 要求薄膜晶体管器件的电性能越稳定越好。大多数有机薄膜晶体管遇到空气

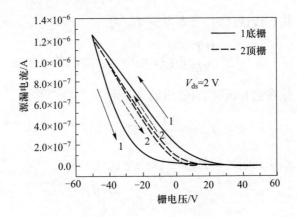

图 3.14   印刷碳纳米管薄膜器件采用底栅和顶栅调节时的转移曲线[7]

中的氧气、水蒸气以及光线时通常都会产生电性能变化。因而有机薄膜晶体管器件在空气中的稳定性通常不好，需要封装等技术处理后，才能保持它们的稳定性。而对于无机薄膜晶体管器件而言，其稳定性一般好于有机薄膜晶体管。氧化锌、氧化铟等金属氧化物薄膜晶体管以及溶液法构建的碳纳米管薄膜晶体管器件在空气中非常稳定。碳纳米管由于比表面积大，分离纯化后的碳纳米管表面包覆有特殊基团的聚合物或共轭化合物，所构建的薄膜晶体管往往会对光或特定的物质有响应。图 3.15 是用靛蓝衍生物分离的半导体型碳纳米管在室温条件下对 NO_2 的响应，由此可构成 NO_2 传感器，具有选择性好、响应速度和恢复速度快等特点[10]。

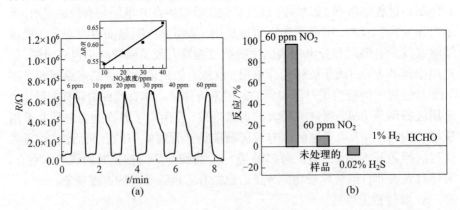

图 3.15   用聚合物分离的半导体型碳纳米管构建的 NO_2 传感器以及其选择性[10]

薄膜晶体管在实际应用时，通常还需要评价其在光照和外加偏压下的

稳定性。例如, 用于显示背板驱动电路的薄膜晶体管需要评价在亮度为
$5\,000\,cd\cdot m^{-2}$ 和特定偏压下的稳定性。实验发现, 印刷碳纳米管底栅薄膜
晶体管在 $5\,000\,cd\cdot m^{-2}$ 白光辐照及 $-20\,V$ 偏压下, 经过 $7\,200\,s$ 后器件的阈
值电压向负方向发生了偏移 (图 3.16)。但随着时间的延长, 器件性能没有发
生明显变化 [图 3.16(a)], 说明在负偏压下, 器件的稳定性较好。然而在正偏
压下 (20 V), 经过 $3\,000\,s$ 后, 器件的开关比已经不到 1 次方 [图 3.16(b)]。说
明正偏压下器件的稳定性差。

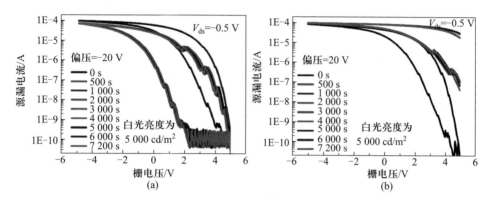

图 3.16　底栅结构的印刷碳纳米管薄膜晶体管在光照和 ±20 V 偏压下稳定性测试实验。
(a) 偏压为 $-20\,V$ 时, 白光强度为 $5\,000\,cd\cdot m^{-2}$; (b) 偏压为 20 V 时, 白光强度为
$5\,000\,cd\cdot m^{-2}$。(参见书后彩图)

9. 跨导 g_m

薄膜晶体管的放大作用或放大能力是器件性能的一个重要参数。印刷薄
膜晶体管也属于场效应晶体管, 即源漏端的电流可通过栅电压来调控。其放
大能力指由栅电压的变化而引起的源漏电流变化大小的能力。跨导是指在
V_{ds} 恒定时, I_{ds} 的微变量与引起 V_g 变化的微变量之比, 它代表在源漏电压为
常数时, 栅电压对沟道电流的调制作用, 其关系为

$$g_m = \frac{\Delta I_{ds}}{\Delta V_g} \tag{3.13}$$

跨导相当于转移特性曲线上工作点处切线的斜率, 单位是西门子 (S), 常
用 mS 表示。g_m 的值一般为 0.1~10 mS。g_m 不是一个恒量, 它与 I_{ds} 的大
小有关, g_m 可按其定义从转移特性曲线上求出。图 3.17(a) 是在 50 nm 的氧
化铪衬底上构建的印刷碳纳米管薄膜晶体管的转移曲线[11]。开关比和迁移
率分别达到 10^7 和 $30\,cm^2\cdot V^{-1}\cdot s^{-1}$。图 3.17(b) 是该晶体管的跨导–栅电压

关系曲线。可以看出，当栅电压小于阈值电压时，器件处于关闭状态，这时跨导为 0; 随着栅电压逐步减小，跨导值逐渐增加，最终达到一个最大值。当栅电压进一步减小时接触电阻的影响占主导地位，跨导随之减小。从图中可以得到器件的最大单位宽度跨导分别为 254 μS/mm 和 340 μS/mm (正负方向扫描时由于迟滞现象导致跨导有明显差异，很显然跨导 254 μS/mm 能够真实反应器件的特性)。对于接触非常好的晶体管 (如硅基 MOSFET), 其接触电阻对于沟道电阻而言几乎可以忽略不计，跨导进入最大区域后，不会随栅电压的变化而减小，即其最大跨导区间非常宽，电路设计的灵活性非常大。如何改善印刷薄膜晶体管的接触电阻也是印刷薄膜晶体管所需要研究的重要课题。通过电路设计可使印刷薄膜晶体管工作在最大跨导区域，因此印刷薄膜晶体管的最大跨导能够反映该器件的最大放大能力。

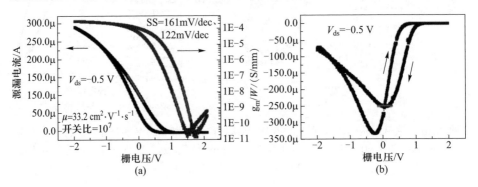

图 3.17　底栅结构的印刷碳纳米管薄膜晶体管的典型转移曲线 (a) 和跨导–栅电压关系曲线图 (b)。50 nm 的氧化铪薄膜作为器件的介电层，沟道长度和宽度分别为 20 μm 和 600 μm[11]

当 V_{ds} 值较小的时候，印刷薄膜晶体管导通且工作于线性区和非饱和区，源漏电流与跨导 g_m 之间的关系可表示为

$$g_m = \frac{\partial I_{ds}}{\partial V_g} = \frac{\mu W C}{L} V_{ds} \tag{3.14}$$

3.4　印刷薄膜晶体管结构与特点

3.4.1　印刷薄膜晶体管结构

薄膜晶体管由源、漏、栅电极, 有源层和介电层 5 部分组成。3 个电极的相对位置因选用不同的工艺程序有所不同, 对应产生不同的器件结构。根据栅电极的特性和位置, 薄膜晶体管可分为底栅 (bottom−gate) 薄膜晶体管、顶栅 (top−gate) 薄膜晶体管、侧栅 (side−gate) 薄膜晶体管以及液栅 (liquid−gate) 薄膜晶体管。根据源漏电极与有源层的相对位置, 薄膜晶体管还可以分为底接触与顶接触结构形式, 如图 3.18 所示。

最常见的薄膜晶体管是底栅薄膜晶体管 [图 3.18(a)], 这主要是因为有些有源层如有机半导体材料的化学和物理性质不稳定, 溶液法制备介电层或者热生长溅射法制备无机介电层时会对有源层的形态和质量产生不良影响, 从而降低器件性能。所以有源层的制备通常在介电层制备之后, 即采用底栅器件构型。通常以具有良好导电性的重掺杂硅衬底作为栅极, 在硅表面通过氧化得到不同厚度的二氧化硅作为介电层。由此制备的底栅薄膜晶体管器件工艺简单, 而且可以直接购买得到已生长了二氧化硅层的硅衬底材料。这类器件对研究晶体管的特性如源漏电极性质、有源层特性以及电子传递特性等也很方便, 因此大多数底栅薄膜晶体管都构建在二氧化硅/硅衬底上。

底接触结构的主要特点是源漏电极构建在介电层之上, 然后在源漏电极上沉积有源层 [图 3.18(b)]。顶接触结构是在衬底表面先沉积有源层, 再在有源层表面构建源漏电极 [图 3.18(c)]。这两种结构的晶体管各有优缺点, 例如, 顶接触结构晶体管的源漏电极与有源层的接触比底结构的要好很多, 而且顶接触结构中有源层受栅极电场影响的面积大于源漏电极在底层的结构, 导致器件具有较高的载流子迁移率。另外顶接触结构中有源层不受源漏电极的影响, 有源层可以在介电层表面上大面积沉积, 同时还可以通过物理或化学方法对介电层表面进行功能化修饰和改性, 来改善有源层薄膜的结构和形貌, 提高薄膜晶体管器件的载流子迁移率, 但是这种结构也有一些缺点, 如在电极沉积过程时, 电极材料会扩散到有源层中, 导致晶体管器件关态电流增大, 开关比下降, 尤其对于窄沟道器件而言, 这种现象更加明显。

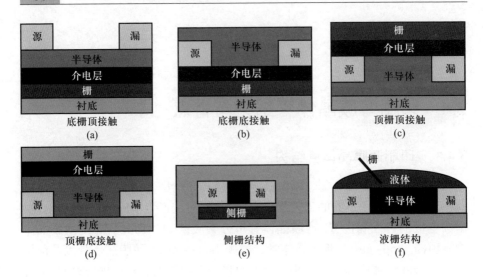

图 3.18   常见薄膜晶体管结构示意图

　　底接触结构晶体管的优点是可以通过光刻的方法同时制备栅电极和源漏电极，工艺大大简化。采用气溶胶打印方法在其表面构建碳纳米管薄膜时，可以边印刷边测量器件电性能，通过控制印刷次数来调节器件电性能。近年来薄膜晶体管在生物和化学传感器方面的应用得到了越来越多的关注，对于薄膜晶体管传感器来说，需要有源层暴露在检测环境中，因此底接触结构晶体管在化学和生物传感方面具有较大的优势。但是在底接触结构中，半导体薄膜的沉积受到电极边界的影响，尤其是有机半导体薄膜受电极边界的影响最大。在电极边界的影响下有机半导体的排列有序度大大降低，晶界显著增多，从而限制了载流子的注入。

　　为了能够控制每个薄膜晶体管以及构建更为复杂的逻辑电路，通常需要把薄膜晶体管做成顶栅型和侧栅型 [如图 3.18(c) 和 (e) 所示]。尽管顶栅薄膜晶体管的工艺相对更加复杂，在介电层的沉积过程中会使有源层中引入杂质或缺陷，从而降低薄膜晶体管的电性能，如低的迁移率和低的开关比等，但顶栅薄膜晶体管有其独特的优势，例如，电流迟滞小、开启电压低以及迁移率高。侧栅薄膜晶体管相对于顶栅和底栅薄膜晶体管的优点是构建的印刷器件导通的概率非常低，此外制备工艺最简单，但栅的调控能力相对较弱。不过当侧栅与顶栅一起作用时，其栅的调控能够会得到大幅度提升。图 3.19 为双侧栅和顶栅印刷碳纳米管薄膜晶体管器件制备流程以及典型转移电性能曲线[12]。侧栅和顶栅可对晶体管多通道调节，实现特定的逻辑功能，如与非门等。

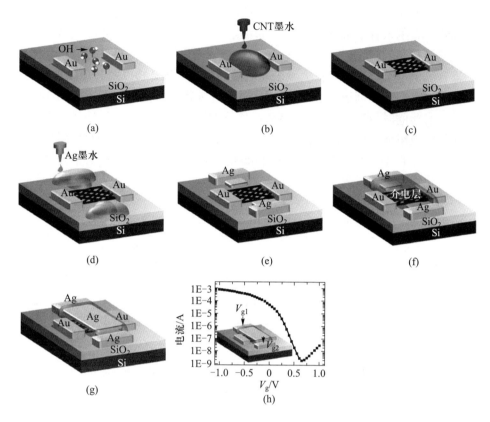

图 3.19 印刷双侧栅和顶栅碳纳米管薄膜晶体管器件构建结构示意图以及转移曲线[12]

除了上面提到的 3 种类型的薄膜晶体管以外, 还有一种比较特殊的薄膜晶体管, 即以液体 (例如水) 作为介电层, 通过电化学方法来调节薄膜晶体管器件的电性能。这种类型的薄膜晶体管器件尤其是以碳纳米管或石墨烯作为半导体层的薄膜晶体管主要应用在化学和生物传感、药物筛选等方面[13,14]。

3.4.2 印刷薄膜晶体管的特点

虽然半导体材料种类比较多, 但真正适合印刷的半导体材料并不多, 目前主要有碳纳米管、氧化物和有机半导体材料。这 3 种材料以及构建的薄膜晶体管器件的特点在第 1 章表 1.2 已作详细说明, 在这里就不再一一赘述。下面主要补充这 3 种材料薄膜晶体管一些其他特点。如表 3.1 所示, 原位生长方法得到的碳纳米管薄膜晶体管的开关比普遍不高, 尤其窄沟道器件性能更差, 不适合制作高性能薄膜晶体管器件。而用磁控溅射的氧化物和用蒸镀方法制备的有机薄膜晶体管器件性能明显优于溶液法制备的薄膜晶体管器件。碳纳米管墨水可以通过多种印刷技术 (卷对卷、气溶胶喷墨打印、压电喷墨打印、刮涂、狭缝涂布、旋涂等技术) 制备出性能良好的薄膜晶体管器件。但由于墨水中存在大量表面活性剂、共轭化合物以及其他添加剂, 这些杂质需要用溶剂清洗去除, 并退火处理才能得到性能良好的薄膜晶体管器件。与此同时, 印刷碳纳米管薄膜晶体管的结构可以是底栅底接触、底栅顶接触、顶栅顶接触、顶栅底接触等。而溶液法制备的氧化物和有机半导体型薄膜晶体管器件的结构则主要是底栅顶接触, 只有这种结构有机半导体材料和氧化物才能与源漏电极形成良好的接触。

表 3.1　碳纳米管、氧化物和有机半导体材料制作薄膜晶体管的方法和特点

材料	非溶液法			溶液法		
	方法	器件结构	特点	沉积方法	器件结构	特点
碳纳米管	原位生长	底栅底接触、底栅顶接触、顶栅顶接触、顶栅底接触	开关比普遍低, 器件沟道长度在 $50\,\mu m$ 以上	喷墨打印、刮涂、滴涂、浸泡、提拉、狭缝涂布、卷对卷等	底栅底接触、底栅顶接触、顶栅顶接触、顶栅底接触	墨水中存在大量表面活性剂或其他分散剂, 需要用溶剂清洗, 并在 $150\,^{\circ}C$ 退火; 迁移率高达 $30\,cm^2\cdot V^{-1}\cdot s^{-1}$, 开关比为 10^6
氧化物	磁控溅射	底栅顶接触、顶栅顶接触	迁移率为 $20\sim50\,cm^2\cdot V^{-1}\cdot s^{-1}$, 开关比为 10^8	喷墨打印、刮涂、旋涂、狭缝涂布等	底栅顶接触	不需要清洗、需要在 $300\,^{\circ}C$ 以上温度退火, 迁移率高达 $10\,cm^2\cdot V^{-1}\cdot s^{-1}$, 开关比为 10^8
有机半导体	蒸镀	底栅顶接触	迁移率为 $1\sim10\,cm^2\cdot V^{-1}\cdot s^{-1}$, 开关比为 10^7	喷墨打印 (单晶)、刮涂、旋涂	底栅顶接触	不需要清洗、退火; 迁移率普遍低于 $10\,cm^2\cdot V^{-1}\cdot s^{-1}$ (除单晶外), 开关比为 10^7

3.5 小结

本章主要介绍了薄膜晶体管的基本原理、主要参数和一些基本概念 (如输出曲线、转移曲线、迁移率、开关比、阈值电压、跨导、迟滞、亚阈值摆幅等) 以及器件结构 (如底栅底接触、底栅顶接触、顶栅顶接触、顶栅底接触等)。掌握这些基本概念后有助于进一步理解印刷薄膜晶体管器件的制备工艺和器件性能评价等。

参考文献

[1] Liu T, Zhao J, Xu W, et al. Flexible integrated diode-transistor logic (DTL) driving circuits based on printed carbon nanotube thin film transistors with low operation voltage [J]. Nanoscale, 2018, 10:614-622.

[2] Xu W,Liu Z , Zhao J, et al. Flexible logic circuits based on top-gate thin film transistors with printed semiconductor carbon nanotubes and top electrodes, Nanoscale, 2014, 6:14891-14897.

[3] Xie M, Wu S, Chen Z, et al. Performance improvement for printed indium gallium zinc oxide thin film transistors with a preheating process [J]. RSC Advance, 2016, 6:41439-41446.

[4] Feng L, Tang W, Zhao J, et al. Unencapsulated air-stable organic field effect transistor by all solution processes for low power vapor sensing[J]. Scientific reports, 2016, 6:20671.

[5] 刘恩科, 朱秉升, 罗晋生, 等. 半导体物理学 [M]. 6 版. 北京: 电子工业出版社, 2006:184-185,373-377.

[6] 陈金松. 模拟集成电路: 原理、设计、应用 [M]. 合肥: 中国科学技术大学出版社, 1997:210-236.

[7] Zhao J W, Lin J, Chen Z, et al. Fabrication and characterization of thin-film transistors based on printable functionalized single-walled carbon nanotubes [C]. NSTI Nanotechnology Conference & Expo-Nanotech, 2011, 1:192-194. Boston, US.

[8] Yamaguchi K, Takamiya S, Minami M, et al. Crystallinity improvement of benzodithiophene-dimer films for organic field-effect transistors [J]. Applied Physics Letters, 2008, 93:043302.

[9] Wong W S, Salleo A. Flexible electronics: materials and applications[M]. Springer Science & Business Media, 2009.

[10] Zhou C, Zhao J, Ye J, et al. Printed thin-film transistors and NO_2 gas sensors based on sorted semiconducting carbon nanotubes by isoindigo-based copolymer [J]. Carbon, 2016, 108:372-380.

[11] Xu W, Dou J, Zhao J, et al. Printed thin film transistors and CMOS inverters based on semiconducting carbon nanotube ink purified by a nonlinear conjugated copolymer[J]. Nanoscale, 2016, 8(8):4588-4598.

[12] Feng P, Xu W W, Yang Y, et al. Printed neuromorphic devices based on printed carbon nanotube Thin-Film Transistors [J]. Advanced Functional Materials, 2017, 27:1604447.

[13] Dong X, Shi Y M, Huang W, et al. Electrical detection of DNA hybridization with single-base specificity using transistors based on CVD-grown graphene sheets [J]. Advanced Materials, 2010, 22:1649-1654.

[14] Pui T S, Sudibya H G, Luan X, et al. Non-invasive detection of cellular bioelectricity based on carbon nanotube devices for high-throughput drug screening [J]. Advanced Materials, 2010, 22:3199-3203.

印刷半导体型碳纳米管墨水、导电墨水和介电墨水

第**4**章

- 4.1　半导体型碳纳米管分离及墨水制备　(104)
  - 4.1.1　分离方法　(105)
  - 4.1.2　半导体型碳纳米管纯度表征　(127)
  - 4.1.3　各种分离纯化技术评价　(130)
  - 4.1.4　可印刷半导体型碳纳米管墨水　(130)
- 4.2　导电墨水　(131)
  - 4.2.1　金属导电墨水　(132)
  - 4.2.2　非金属导电墨水　(140)
  - 4.2.3　复合导电墨水　(140)
- 4.3　介电墨水　(141)
  - 4.3.1　介电层参数　(141)
  - 4.3.2　介电墨水制备　(142)
  - 4.3.3　印刷介电层的应用　(146)
- 4.4　小结　(151)
- 参考文献　(152)

薄膜晶体管由栅电极、源电极、漏电极、有源层和介电层 5 部分组成。要得到印刷碳纳米管薄膜晶体管器件, 首先要得到相应的印刷功能墨水。原材料的选择 (包括其物理和化学性质, 如稳定性、导电性、迁移率、是否容易墨水化)、墨水的制备、墨水的稳定性、印制功能层的性质 (如薄膜厚度、表面粗糙度、薄膜的均一性等) 等都会影响 (全) 印刷薄膜晶体管器件和电路的性能。另外, 为了得到分散均匀、稳定性高的功能墨水, 提高墨水的可印刷性和印刷功能薄膜的质量 (改善薄膜厚度、表面粗糙度等), 消除或减小咖啡环效应等, 墨水中往往需要添加适量的表面活性剂 (或分散剂)、添加剂如流平剂或采用混合溶剂等, 然而这些材料的引入往往会大幅度降低原有材料的物理特性, 如印刷电极的导电性、半导体材料的迁移率, 这使得印刷电子器件的性能普遍不高。为了提高印刷电子器件的性能, 印刷工艺和后处理也同样至关重要 (这部分在后面章节会重点描述)。因此印刷薄膜晶体管器件, 尤其是全印刷薄膜晶体管器件和电路, 是一项系统工程。

本章重点介绍半导体型碳纳米管的分离技术 (由于商业化碳纳米管是金属型和半导体型碳纳米管的混合物) 和可印刷半导体型碳纳米管墨水的制备; 导电墨水的制备, 包括金属纳米颗粒墨水、前驱体墨水、氧化物墨水、碳墨水 (碳纳米管、石墨烯)、有机导电墨水 (PEDOT–PSS); 介电墨水的制备, 包括有机聚合物材料 (PVP、PI、环氧树脂等)、有机与无机杂化或复合材料 (钛酸钡 + 环氧树脂混合物)、无机 sol–gel 墨水、离子胶墨水等。

4.1   半导体型碳纳米管分离及墨水制备

无论是实验室制备的小批量碳纳米管粉末还是商业化大批量制备的碳纳米管, 它们都是由多种组分组成的混合物。碳纳米管粉末中含有适量的催化剂载体 (如二氧化硅) 和金属催化剂 (钴、钼、铁、镍等) 以及在生长过程中引入的无定形碳, 加上采用不同的制备技术和使用不同原材料等也会引入其他杂质。所生成的碳纳米管粉末中总是含有不同手性的金属型碳纳米管和半导体型碳纳米管。很显然用这种粉体不可能构建出性能优越的碳纳米管薄膜晶体管器件, 尤其是窄沟道器件。碳纳米管必须经过选择性分离和纯化, 以得到满足于构建高性能电子器件的高纯半导体型碳纳米管。通常碳纳米管粉末需要经过粗提纯和选择性分离纯化两步。粗提纯指去除粉末中的其他非晶态碳材料 (催化剂载体、催化剂和无定形碳等)。

第一步粗提纯方法包括物理纯化法、化学纯化法。

(1) 物理纯化法。如高速离心法。由于催化剂载体、催化剂、石墨微粒、碳纳米粒子和无定形碳等杂质的粒度比单壁碳纳米管大，在离心分离过程中，离心力使这些大颗粒先沉积下来，而粒度较小的单壁碳纳米管则仍然留在溶液中，从而实现分离，但这种效果往往不太理想。

(2) 化学纯化方法。碳纳米管具有很高的结构稳定性、耐强酸、强碱腐蚀，而其他的杂质，如石墨微粒、碳纳米粒子、富勒烯，它们的稳定性都远不如碳纳米管。可用酸 (如盐酸、氢氟酸等) 去除金属催化剂颗粒，同时利用碳纳米管稳定性高、不易氧化的特性，用氧化剂把其他碳成分除掉。通常采用的氧化方法有气相氧化法和液相氧化法，也称为干法和湿法。

第二步选择性分离纯化是指从实验室制备的或商业化的碳纳米管粉末中选择性得到半导体型碳纳米管或单一手性的半导体型碳纳米管。由于碳纳米管在结构上的差异，导致它们的物理和化学性质相差甚远，如管径、介电常数、化学活性、矢量角等方面。理论上可以对不同手性的金属型和半导体型碳纳米管进行选择性分离、纯化和富集。现有的一些分离技术如密度梯度超高速离心法、色谱柱分离法、两相萃取法、电泳法等已广泛应用于碳纳米管的选择性分离，并得到了高纯的半导体型碳纳米管，其纯度已达到 99% 以上，同时实现单手性碳纳米管制备以及批量化制备。与此同时，也发展出一些新型的分离技术，如自由基反应法、DNA 包覆法和共轭有机化合物包覆法等，也能实现对半导体型碳纳米管的选择性分离、富集以及批量化制备。下面就目前用于分离碳纳米管的方法一一列举出来，简单介绍其作用机理和优缺点等。

4.1.1 分离方法

4.1.1.1 密度梯度超高速离心法

密度梯度超高速离心法 (density gradient ultracentrifugation, DGU)，又称为密度梯度高速区带离心法，是一种广泛用于生物学及医药学的一项技术。其原理是通过高速离心实现不同密度物质分层，进而实现了物质的分离。方法是先将待分离纯化的样品添加在惰性梯度介质中，样品中不同密度的物质在离心力作用下按照其密度富集在梯度介质中各个特定位置上，形成不同密度区带，从而实现分离的目的。这种方法具有以下优点：① 分离效果好，可一次获得纯度较好的单体，例如单手性的半导体型碳纳米管；② 适应范围广；③ 颗粒不会因挤压发生变形或团聚等现象，即能保持很好的分散特性。

但这种方法存在离心时间长 (10 h 以上), 并需要价格比较昂贵的惰性梯度介质溶液, 另外这种方法需要严格按照操作工艺, 否则重复性较差。这一技术已广泛应用于半导体型碳纳米管和单手性碳纳米管的选择分离和批量化制备。

　　DGU 分离碳纳米管的步骤大致分为如下 3 步: ① 碳纳米管粉末在超声或其他机械外力作用下, 如高压均质机、微射流技术和球磨等 [如图 4.1(a) 所示], 均匀分散到含有 DNA 或表面活性剂 [十二烷基硫酸钠 (SDS)、十二烷基苯磺酸钠 (SDBS)、胆酸钠 (SC)、脱氧胆酸钠 (SD), 牛磺酸脱氧胆酸钠 (ST) 等] 的水溶液中; ② 经过高速离心 [如图 4.1(b) 所示] 去除悬浊液中的碳纳米管束和其他颗粒较大的物质, 得到分散均匀的碳纳米管悬浊液; ③ 用碘克沙醇制备梯度密度介质溶液, 将碳纳米管溶液注入具有线性密度梯度的碘克沙醇水溶液中进行超速离心 [水平转子之中, 如图 4.1(c) 所示]。在离心力的作用下, 碳纳米管扩散运动到其对应的等密度线位置得到了很好的分离, 且不会对碳纳米管产生任何物理化学破坏。

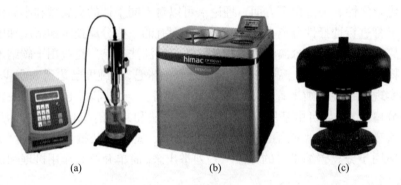

　　　　　　　　(a)　　　　　　　　　　　(b)　　　　　　　　　　(c)

图 4.1　密度梯度离心法制备半导体型 (或单手性) 碳纳米管墨水所需要的主要仪器设备: (a) 超声波分散仪; (b) 超高速离心机如 Hitachi 日立 CP–100WX 高性能超速离心机, 其离心速度可达到 100 000 rpm/min, 最大离心力可达到 800 000g; (c) 超高速离心所需的水平转子 (P100AT2 转头)

　　首次提出用 DGU 分离半导体型碳纳米管的是美国西北大学的 Mark Hersam 研究组。2006 年, Mark Hersam 研究组利用线性 DGU 技术从单链 DNA 分散的碳纳米管溶液中得到了不同管径的碳纳米管[1]。但单链 DNA 价格太贵, 加上包覆在半导体型碳纳米管表面的 DNA 很难去除, 导致用分离纯化的半导体型碳纳米管很难构建出性能良好的碳纳米管薄膜晶体管器件。后来研究发现, 普通的表面活性剂如十二烷基硫酸钠 (SDS)、十二烷基苯磺酸钠 (SDBS) 和胆酸钠 (SC) 等可以充当碳纳米管的分散剂, 得到单分散的碳纳米管溶液, 结合 DGU 技术可以得到单一手性的半导体型和金属型碳纳

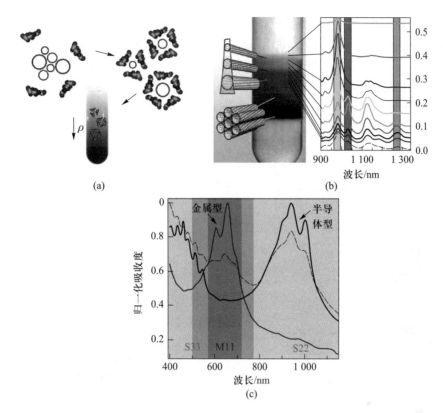

图 4.2 密度梯度超高速离心法选择性分离纯化半导体型和金属型碳纳米管。(a) 表面活性剂胆酸钠分子选择性包覆不同管径碳纳米管示意图; (b) 利用 DGU 从 HiPCO 碳纳米管中分离得到的不同手性的碳纳米管光学照片和对应的吸收光谱图。通常管径小的半导体型碳纳米管在离心管上层, 而管径较大的半导体型碳纳米管在离心管下层; (c) 用 DGU 从电弧放电法制备的碳纳米管中分离出来的金属型和半导体型碳纳米管。其中黑色虚线为 DGU 处理前的碳纳米管溶液吸收光谱, 黑色实线和灰色实线分别为半导体型碳纳米管和金属型碳纳米管吸收光谱[1]

米管。如图 4.2(b) 所示, 经过 DGU 离心分离后可以在离心管中得到不同颜色的碳纳米管区域, 经过光谱表征发现不同区间对应着不同手性的半导体型碳纳米管。电弧放电法制备的碳纳米管经过 DGU 分离后, 从其吸收光谱中可以观察到碳纳米管的吸收峰变得非常尖锐, 说明碳纳米管在溶液中呈单分散状态, 另外在 600~800 nm 波长吸收光谱区间没有观察到任何峰, 说明经过梯度密度离心分离后碳纳米管中的金属型碳纳米管被完全去除 [M_{11}, 如图 4.2(c) 黑色实线所示], 即得到了高纯的半导体型碳纳米管。同样, 通过调整

表面活性剂种类和比例等参数也可以得到高纯的金属型碳纳米管 [图 4.2(c)
中的灰色实线]。2010 年, Weisman 等将之前的线性密度梯度改为非线性密
度梯度, 并结合多种表面活性剂共用技术, 得到了 10 种高纯度的不同手性的
半导体型碳纳米管, 同时实现了对 7 种手性碳纳米管的镜像体的分离 (如图
4.3 所示)[2]。

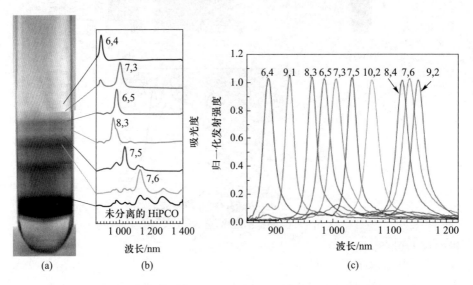

(a)   (b)   (c)

图 4.3   利用非线性密度梯度超高速离心法选择性分离单手性半导体型碳纳米管。(a) 高
速离心后离心管中的碳纳米管溶液光学照片图; (b) 左侧为对应的不同层中的碳纳米管的
光吸收谱图; (c) 在多组最佳实验参数下得到的高纯半导体型碳纳米管墨水的吸收光谱
图[2]。(参见书后彩图)

    Nanointergris 公司是一家专门生产和销售高纯半导体型和金属型碳纳
米管的企业。早在 2008 年用 DGU 方法实现了金属型和半导体型碳纳米管
的批量化制备, 并有高纯的半导体型和金属型碳纳米管产品出售, 包括高纯
半导体型碳纳米管墨水、金属型碳纳米管墨水或碳纳米管薄膜产品 (图 4.4),
但价格非常昂贵, 约 900 美元/mg。详细信息可以浏览 Nanoingergris 公司
网址 (http://www.nanointegris.com/)。虽然 DGU 可以得到高纯的金属型
与半导体型碳纳米管, 以及单手性半导体型碳纳米管, 但是这种方法也有许
多不足之处, 如: 需要昂贵的超高速离心机, 操作繁琐、费时, 实验成本较高,
尤其该方法采用的密度梯度剂价格较高, 而且包覆在碳纳米管表面后很难去
除, 影响了其产业化应用。

(a)　　　　　　　　　　　　(b)

图 4.4　Nanointergris 公司通过 DGU 分离得到的金属型和半导体型碳纳米管墨水以及高纯半导体型碳纳米管薄膜

4.1.1.2　电泳法

电泳法是指带电荷的样品如蛋白质、DNA 等在惰性介质 (如纸、醋酸纤维素、琼脂糖凝胶、聚丙烯酰胺凝胶等) 中, 在外加电场的作用下向对应的电极方向按一定的速度进行泳动, 使其中的某些组分聚集成狭窄的区带, 然后检测、分析并计算电泳区带图谱中相应组分含量的方法。这种方法不需要昂贵的仪器设备, 操作简单, 重复性也较好, 主要用于生物分子的分离和纯化。由于单壁碳纳米管与生物分子尺度维数的相似性, 科研人员可以借用生物研究的电泳方法成功分离半导体型单壁碳纳米管。已知商业化的碳纳米管是由许多金属型和半导体型碳纳米管组成的, 不同碳纳米管的物理性质和电子结构都存在一定的差异, 尤其是半导体型碳纳米管与金属型碳纳米管之间的性质, 如介电常数。金属型碳纳米管的介电常数超过 100, 而半导体型碳纳米管的介电常数小于 10。由于金属型和半导体型碳纳米管的介电常数相差非常大, 在外电场作用下会引起碳纳米管在电场中的反向运动, 悬浮液中的金属型碳纳米管被吸引到微电极阵列表面上, 而半导体型碳纳米管仍然停留在溶液中, 从而实现半导体型和金属型碳纳米管的分离。

最先把电泳技术应用到碳纳米管分离的是 Krupke 研究组。2003 年, 他们采用交流介电电泳技术选择性分离出金属型和半导体型碳纳米管[3]。在直流电场中, 半导体型碳纳米管和金属型碳纳米管都可以诱发产生电偶极子, 其一端积累正电荷, 另一端积累负电荷。但是在高频交变电场下, 金属型碳纳米管极化的速率要远远高于半导体型碳纳米管。极化后的金属型碳纳米管吸附在电极上, 而半导体型碳纳米管留在溶液中, 达到分离的目的 (如图 4.5 所示)。该方法对实验条件要求较高、实验过程较繁琐、加上微电极的吸附空间有限, 导致半导体型碳纳米管的产率相对较低, 很难大规模化生产。

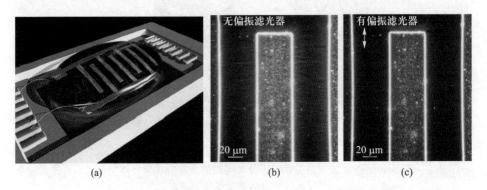

(a)　　　　　　　　　(b)　　　　　　　　　(c)

图 4.5　介电电泳法分离碳纳米管实验装置示意图 (金属型碳纳米管沉积在微电极表面, 而半导体型碳纳米管停留在溶液中)[3]

　　2008 年 Tanak 等在首次报道用琼脂糖凝胶电泳法从 HiPCO 和激光蒸发法制备的碳纳米管中分离出金属型和半导体型碳纳米管[4]。先将 HiPCO 单壁碳纳米管分散在 2 wt.% 的十二烷基磺酸钠 (SDS) 水溶液中, 然后与琼脂糖凝胶充分混合 (如图 4.6 所示)。在外加电场的作用下, 金属型碳纳米管向正极迁移, 而半导体型碳纳米管仍然停留在初始凝胶中, 从而实现对碳纳米管选择性分离。这种方法可以实现对金属型和半导体型的碳纳米管分离, 但不能实现单手性碳纳米管的分离。碳纳米管的分离效果不仅与电场大

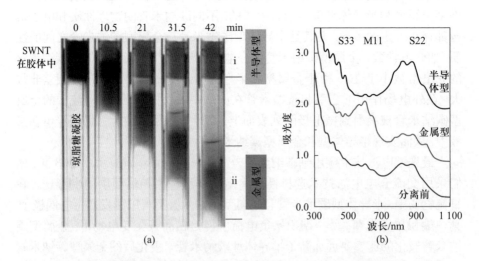

(a)

图 4.6　基于琼脂糖凝胶电泳法分离技术来分离金属型和半导体型碳纳米管。(a) 碳纳米管在凝胶柱中的光学照片图; (b) 相对应的碳纳米管吸收光谱图

小有关, 还与溶液中所用的表面活性剂种类、比例以及凝胶种类等有密切关系。2012 年新加坡南洋理工大学 Mary Chan 研究组发现用软骨素 (CS-A) 取代常用的十二烷基磺酸钠 (SDS), 可从电弧放电方法生产的碳纳米管中分离出大管径半导体型碳纳米管[5], 碳纳米管的纯度由 85% 提高到 95%, 如图 4.7 所示。但进一步提高半导体型碳纳米管的纯度以及批量化制备都存在不小的挑战。后来人们发现碳纳米管与凝胶的混合物在其他外界作用力下 (如离心、挤压) 也能实现半导体型碳纳米管的选择性分离。因此, 通过凝胶法分离碳纳米管, 外加电场已不是碳纳米管分离的必要条件, 表面活性剂种类、凝胶种类才是最关键的因素。在这些工作的基础上, 凝胶色谱法迅速发展起来, 而且在大规模批量化生产高纯半导体型碳纳米管以及单手性碳纳米管方面表现出独特的优势。接下来介绍凝胶色谱法。

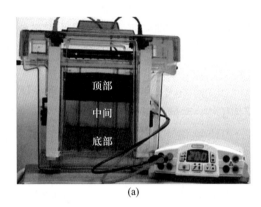

(a)　　　　　　　　　　　　(b)

图 4.7　琼脂糖凝胶电泳法设备装置图 (a) 以及得到的半导体型和金属型碳
纳米管溶液 (b)[5]

4.1.1.3　色谱柱分离法

色谱柱分离法可以分为离子交换色谱法和凝胶色谱法两种。离子交换色谱法 (ion-exchange chromatography, IEC) 是现代仪器分析中最常用的分离纯化技术, 是结合了离子交换和液相色谱分离技术来测定分离和标定离子的分析方法。离子交换色谱中的固定相含有一些带电荷的基团, 这些带电基团能够通过静电相互作用与带相反电荷的离子结合, 然后采用不同离子强度的流动相把结合在色谱柱的离子按一定顺序逐一洗脱下来, 从而实现对特定离子选择性分离。这种技术广泛应用于生物、药物和化学等领域中。后来科研工作者把这一技术应用于碳纳米管的分离和纯化, 并得到了纯度高、单一手性的半导体型碳纳米管。分离原理是单壁碳纳米管被不同结构和不同碱基序列的 DNA 包覆后, 不同手性的碳纳米管表面有不同的静电特性, 这使得不同手性的碳纳米管与阴离子交换树脂之间的静电作用力大小有明显差异。当采用不同离子强度、带有相反电荷的流动相冲洗色谱柱时, 不同手性半导体型碳纳米管在色谱柱上的保留时间不同, 故可以将结合在树脂上的碳纳米管按照一定顺序逐一洗脱下来。然后把不同手性的半导体型碳纳米管收集起来得到单一手性的半导体型碳纳米管, 从而实现对碳纳米管的选择性分离和纯化。

　　2003 年 Zheng Ming 研究组首次采用离子交换色谱法来分离纯化 DNA 包覆的碳纳米管, 得到多种单一手性的半导体型碳纳米管 [7]。研究发现具有特定空间结构的单链 DNA 能够选择性包覆特定手性的碳纳米管。其中 DNA 包覆的金属型碳纳米管的有效电荷密度小于 DNA 包覆的半导体型碳纳米管, 使用合适的离子交换色谱和流动相就可以把金属型和半导体型碳纳米管分开。2007 年, 他们把 DNA 包覆的碳纳米管先经过尺寸排阻色谱柱对碳纳米管进行了长度的筛选, 得到了长度分布较窄的碳纳米管, 这样就排除了长度分布对碳纳米管分离的影响; 在此基础上把筛选后的碳纳米管再经过离子交换色谱进行分离, 实现了 (9,1)、(6,4) 和 (6,5) 手性的半导体型碳纳米管的分离[8]。2009 年, 他们使用了一系列单链 DNA 碱基对序列来包覆碳纳米管, 大幅提高碳纳米管的分离质量和分离效率, 并成功地得到了 (9,1)、(8,3)、(9,1)、(6,5)、(7,5)、(10,2)、(8,4)、(9,4)、(7,6)、(8,6)、(9,5)、(10,6)、(8,7) 单一手性的半导体型碳纳米管 (如图 4.8 所示)[6]。

　　以上方法虽然能够得到纯度非常高的单手性半导体型碳纳米管, 但一种特定碱基对序列的单链 DNA 只能从碳纳米管中分离出一种高纯的单一手性碳纳米管, 而其余分离的产物纯度较低, 且剩余碳纳米管不能用于下一种手性碳纳米管的分离; 想要获得另一种高纯的单手性碳纳米管, 只能改变 DNA 的碱基对序列, 并重复之前的实验步骤。所以这种方法的分离效率非常低, 加上实验中所用的特定结构的单链 DNA 分子用量较大, 导致成本极高。最大的问题是 DNA 与碳纳米管的作用力非常强, 包覆在碳纳米管表面的 DNA 很难从碳纳米管表面去除掉, 用这种碳纳米管墨水很难构建出碳纳米管薄膜晶体管器件。因此, 离子交换色谱法并不是一种适合于大规模产业化的半导体型碳纳米管分离技术, 但其分离技术对后续碳纳米管的分离具有重要的指导意义。

　　凝胶色谱法是 20 世纪 60 年代初发展起来的一种快速、简单的分离分析技术。这种技术所需设备简单且操作方便, 同时可以采用水相或有机相作为流动相, 由于这种技术对高分子物质的分离效率极高, 因此凝胶色谱法又

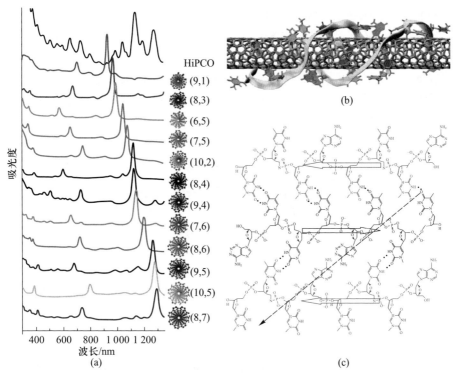

图 4.8　离子交换色谱法并结合空间排阻色谱技术可得到 12 种不同手性的半导体型碳纳米管。(a) 以特定碱基对序列的单链 DNA 作为碳纳米管的分散剂, 经过色谱柱分离出的 12 种单一手性的半导体型碳纳米管的紫外吸收光谱和对应的螺旋手性示意图; (b) 特定碱基对序列的单链 DNA 包覆单壁碳纳米管示意图; (c) 实验中所用的特定碱基对序列的单链 DNA 二维结构示意图[6]。(参见书后彩图)

被称为分子排阻色谱法。凝胶色谱技术是基于试样分子的尺寸大小和形状的不同来实现分离的。该方法采用凝胶作为填充剂, 凝胶的空穴大小与被分离的试样大小相当才能实现有效的分离、纯化和富集。分子较大 (体积较大) 的只能进入孔径较大的那一部分凝胶孔隙内, 而分子较小的可进入较多的凝胶颗粒内, 这样分子较大的在凝胶柱内移动距离较短, 故大分子在色谱柱中的保留时间较短, 随流动相移动而最先分离出来, 而分子较小的移动距离较长, 在色谱柱中的保留时间较长, 从而实现对不同分子大小物质的分离。利用凝胶色谱法对碳纳米管进行结构分离是目前最简单和高效的方法之一, 而且成本较低, 同时具备大规模产业化生产的能力。2009 年 Tanaka 研究组选用琼脂糖凝胶为填充柱原料做成凝胶色谱柱, 然后把分散好的碳纳米管溶液添加到凝胶色谱柱顶部, 在重力的作用下让碳纳米管溶液流过凝胶色谱柱[9], 并用 SDS 作为流动相来洗脱吸附的碳纳米管。实验证明,半导体型碳纳米管与凝胶的作用力较强而被吸附在凝胶上,而金属型碳纳米管则直接从凝胶中洗脱下来,作为回收液体被收集起来,这样就能得到纯度较高的金属型碳纳米管溶液。如图 4.9 所示,随后用脱氧胆酸钠 (DOC) 作为流动相再来洗脱吸附在凝胶上的半导体型碳纳米管,从而实现了金属型和半导体型碳纳米管的选择性分离和富集,其纯度分别可以达到了 90% 和 95%。

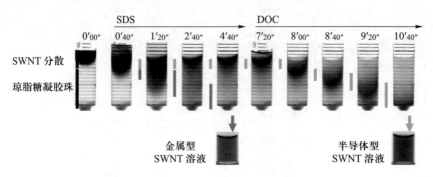

图 4.9　用凝胶色谱柱依次选择性分离金属型和半导体型碳纳米管过程以及得到的碳纳米管溶液光学照片图[9]

　　通过挤压凝胶的方法也可以把吸附在凝胶中的金属型和半导体型碳纳米管快速、批量化分离,其步骤如图 4.10 所示。碳纳米管溶液与琼脂糖混合均匀,然后将其冷冻固化。在解冻过程中用力挤压凝胶,从凝胶中挤出来的溶液为金属型碳纳米管溶液,保留在凝胶中的碳纳米管主要为半导体型碳纳米管。尽管这种方法能够富集金属型和半导体型碳纳米管,但其效率相对较低,另外分离得到的金属型和半导体型碳纳米管的纯度不高[10]。
　　琼脂糖的凝胶色谱法虽然可以对金属型和半导体型碳纳米管的选择性分离,但无法对特定手性的半导体型碳纳米管进行分离。虽然尝试了多种方

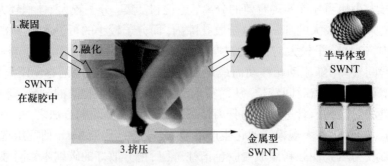

图 4.10　采用挤压凝胶的方法实现对金属型和半导体型碳纳米管的快速分离[10]

法, 如改变流动相组分, 但分离效果一直不太理想。之后, 人们开始研究用其他凝胶对特定手性碳纳米管进行分离。刘华平博士等用葡聚糖作为分离介质, 并将过载和多凝胶柱串联等技术联用, 不但实现了金属型和半导体型碳纳米管的选择性分离, 而且得到了 13 种高纯的单手性半导体型碳纳米管 (如图 4.11 所示)[11]。后来该研究小组通过控制色谱柱温度 (流动相温度), 同样

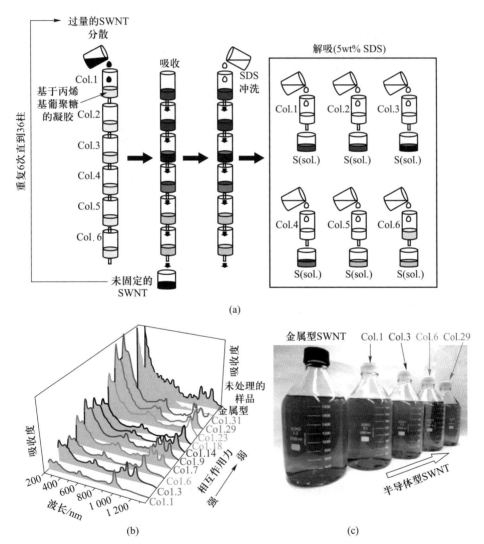

图 4.11 利用葡聚糖凝胶色谱法, 并同时结合过载和多凝胶柱串联技术, 在单一表面活性剂十二烷基磺酸钠的作用下, 对不同结构的碳纳米管进行分离。(a) 分离过程示意图; (b) 得到的 13 种单手性碳纳米管的光吸收谱; (c) 得到的单手性半导体型碳纳米管墨水光学照片图[11]。(参见书后彩图)

可实现对单手性半导体型碳纳米管的分离, 得到了 (6,4)、(6,5)、(7,5)、(8,3)、(7,4)、(8,6) 和 (7,6) 手性碳纳米管 (如图 4.12 所示)[12]。凝胶色谱柱技术不仅可以实现单手性半导体型碳纳米管的分离, 还可以实现对碳纳米管的光学异构体 (左手型和右手型碳纳米管) 选择性分离 (如图 4.13 所示)[13]。

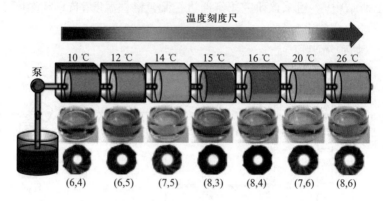

图 4.12　凝胶色谱柱控制调节温度实现单手性半导体型碳纳米管的高效分离[12]。(参见书后彩图)

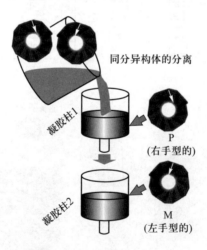

图 4.13　凝胶色谱柱对碳纳米管左手型和右手型碳纳米管的选择性分离[13]

4.1.1.4　两相萃取法

两相萃取法最先由美国标准技术研究院 Zheng Ming 研究组提出来的, 它是近几年发展起来的一种用于分离单手性碳纳米管的新型分离技术。两相是由聚乙二醇 (PEG) 和葡聚糖溶液 (DX) 组成, 如图 4.14(a) 所示, 当聚乙二醇和葡聚糖溶液这两种溶液混合后, 由于它们的亲疏水性不同, 会使混合液产生类似油水混合后的分层现象[14]。不同手性的碳纳米管被表面活性剂大分子包覆后其亲疏水性也随之发生改变, 从而分别溶解在不同层中, 实现碳纳米管的结构分离。两相萃取法分离碳纳米管的步骤大概包括如下几步: 首先在超声和合适的大分子化合物辅助下得到稳定、分散性好的碳纳米管溶液; 然后与事先准备好的两相溶液充分混匀, 静置, 分层。在此过程中疏水性相对较强的碳纳米管/大分子复合物转移到上层的聚乙二醇溶液中, 而亲水强的碳纳米管/大分子复合物则转移至下层的葡聚糖溶液中。将上下两层溶液取出, 再分别多次重复上述步骤, 得到相应的碳纳米管溶液 [如图 4.14(b) 所示][15]。实验发现, 采用十二烷基磺酸钠、胆酸钠和脱氧胆酸钠 3 种表面活性剂时, 能够分离出 10 种单手性碳纳米管 [其中 7 种半导体型碳纳米管和 3 种金属型碳纳米管, 如图 4.14(c) 所示][16]。两相萃取法分离碳纳米管需要调节的参数非常多, 如聚乙二醇与葡聚糖的比例, 以及表面活性剂种类, 大分子分散剂的种类、配比等, 操作繁琐、重复性相对较差。

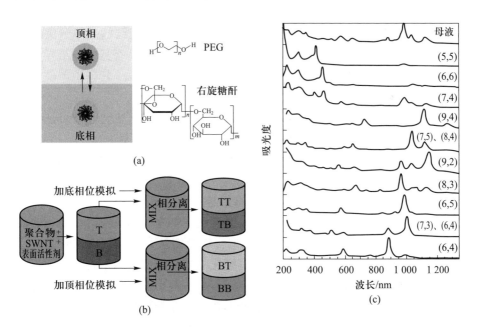

图 4.14 基于两相萃取法选择性分离碳纳米管。(a) 两相萃取法中的两相示意图, 上层为聚乙二醇溶液, 下层为葡聚糖溶液; 左边是聚乙二醇和葡聚糖的化学结构式[14]; (b) 两相萃取法分离碳纳米管过程示意图[15]; (c) 在 3 种表面活性剂体系中 (分别为十二烷基磺酸钠、胆酸钠和脱氧胆酸钠), 通过多次两相萃取得到的 10 种单手性碳纳米管的吸收光谱[16]

4.1.1.5　共轭有机化合物包覆法

　　共轭有机化合物包覆法是目前分离纯化半导体型碳纳米管的最简单且最有效的方法。共轭有机化合物包括共轭聚合物、小分子和大分子等共轭材料。与表面活性剂和生物分子不同的是, 共轭聚合物分散提取碳纳米管的过程十分简单, 通常只需要简单的混合超声或均质操作, 然后通过离心操作就可以实现半导体型单壁碳纳米管的选择性分离或是手性分离, 分离时间很短, 一般不超过 1 h, 且纯度能够达到 99% 以上 (如图 4.15 所示)[17]。

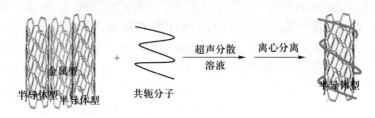

图 4.15　共轭有机化合物选择性分离半导体型碳纳米管过程示意图[17]

　　其分离机理主要是源于共轭聚合物分子本身对不同结构的单壁碳纳米管的选择性包裹或吸附。此外, 由于共轭聚合物本身就具有良好的半导体性能, 分离后不需要将单壁碳纳米管表面的共轭聚合物除去, 其电子器件就可以获得很好的性能。

　　2007 年牛津大学 Nicholas 研究组首次报道了共轭有机化合物可选择性分散半导体型碳纳米管, 利用聚 9, 9–二辛基芴–2, 7–二基 (PFO) 富集得到了 60% 的 (8,6) 管[18,19], 并深入研究了聚合物的结构和溶剂对半导体型碳纳米管的分离效率等方面的影响。同年, 新加坡南洋理工大学 Li lain-jong 教授研究组也利用聚芴衍生物进行了单手性半导体型碳纳米管的选择性分离[20]。此后, 大量共轭聚合物被用于选择性分散单壁碳纳米管的研究。尽管当时就发现聚芴和其衍生物以及其他类型的聚合物都能从商业化碳纳米管中选择性分离半导体型碳纳米管, 但这些分离纯化的半导体型碳纳米管墨水很难制备出性能良好的薄膜晶体管器件, 甚至根本制备不出碳纳米管薄膜晶体管器件。2007~2010 年期间尽管有不少报道分离纯化半导体型碳纳米管的研究工作, 但很少有报道碳纳米管薄膜晶体管器件性能。

　　直到 2010 年底, 美国斯坦福大学鲍哲南教授研究组报道用 rr–P3DDT 从 HiPCO 中分离出高纯的半导体型碳纳米管, 图 4.16 为用于分离碳纳米管的聚合物结构式和分离得到的碳纳米管吸收光谱图。从聚合物的结构式和分离的碳纳米管吸收光谱可以看出, 聚合物上的支链和空间结构对碳纳米管的

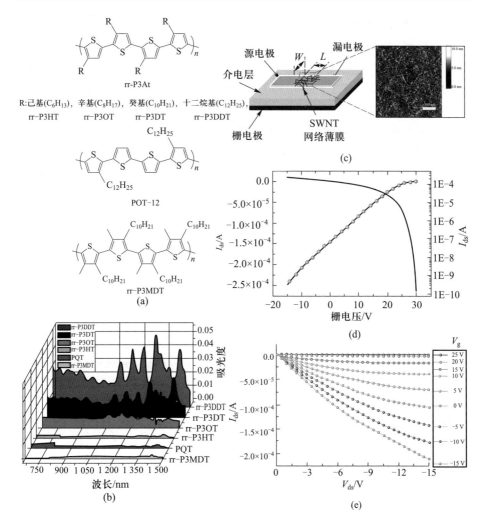

图 4.16 (a) 用于分离半导体型碳纳米管的聚合物结构示意图; (b) 不同聚合物分离的碳纳米管吸收光谱图; (c) 碳纳米管薄膜晶体管结构示意图和沟道中碳纳米管薄膜 AFM 照片; (d) 薄膜晶体管的转移曲线; (e) 薄膜晶体管输出曲线[21]。(参见书后彩图)

分离起至关重要的作用。该研究组利用此半导体型碳纳米管墨水, 通过浸泡的方法在二氧化硅衬底上制备出性能优越的薄膜晶体管器件, 器件的迁移率达到 $12\ cm^2 \cdot V^{-1} \cdot s^{-1}$, 开关比超过 $10^{6[21]}$。后来该研究组又开发了一系列可高效分离半导体型碳纳米管并可降解的新型聚合物, 并构建出 P 型和 N 型薄膜晶体管器件和电路以及可拉伸薄膜晶体管器件和电路等。

作者所在的科研团队自 2011 年以来在半导体型碳纳米管分离纯化和印

刷薄膜晶体管器件和电路方面做了大量原创性的研究工作[22]。团队科研人员研究发现, 聚芴和聚咔唑及其衍生物可以从电弧放电法生产的碳纳米管中分离出高纯的半导体型碳纳米管[23,24]。这些衍生物包括 F8T2、PFO−PHA、PFO−BT、PFO−DBT、rr−P3DDT、PFO−P、PFO−BP、PFO−TP 和PF8−DPP 等商业化共轭聚合物 (如图 4.17 所示)。但它们的分离条件、分离效率以及得到的半导体型碳纳米管的手性有明显差别。如 PFO−DBT 只能在四氢呋喃溶剂中才能分离出高纯的半导体型碳纳米管, 而其他聚合物必须在甲苯或二甲苯溶剂中才能实现高效分离。它们的分离效率与聚合物的共轭单元大小有密切关系。通常共轭单元越大, 分离效率越高, 墨水的稳定性越好。

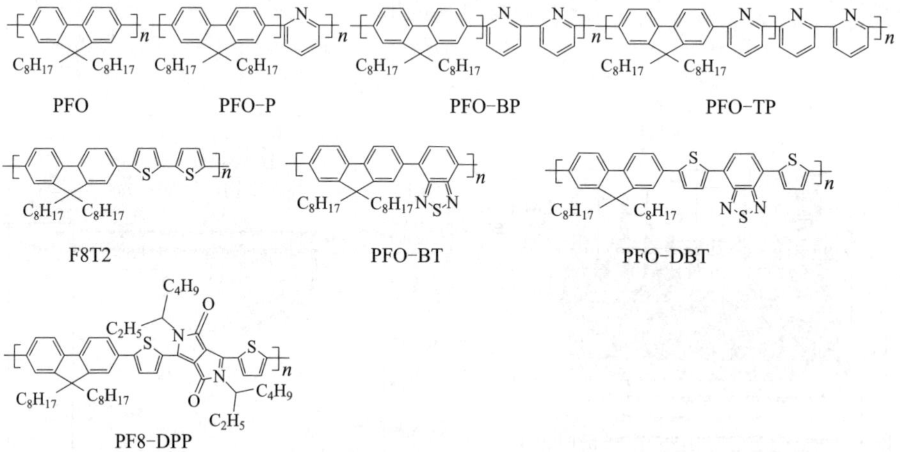

图 4.17   部分可分离半导体型碳纳米管的商业化共轭聚合物化学结构示意图[23]

在以上工作基础上, 作者所在团队科研人员自主设计并合成了新的可高效分离半导体型碳纳米管的共轭有机化合物。例如, 聚合物 PFIID (靛蓝与聚芴共聚物) 是团队科研人员合成的一种具有较大共轭单元体系的新型聚合物 [如图 4.18(a) 所示]。相对于商业化聚合物 PFO−BT、rr−P3DDT、PFO−P、PFO−BP 和 PFO−TP 等而言, 该聚合物具有更高的分离效率, 分离后的半导体型碳纳米管墨水存放在空气中 6 个月后没有观察到任何沉降物, 吸收光谱也没有任何改变[25]。用放置了 6 个月的半导体型碳纳米管墨水仍然可以制备出性能良好的薄膜晶体管器件, 开关比和迁移率分别达到 10^6 和 30 $cm^2 \cdot V^{-1} \cdot s^{-1}$。除此之外, 团队科研人员还合成了具有特定空间结构, 同时具有大的共轭单元的聚合物 PDPP5T, 其结构式如图 4.19(a) 所示。这种具有螺旋结构的聚合物能够高效、选择性地包覆特定手性的半导体型碳纳米管 [如图 4.19(b) 和 (c) 所示], 且墨水表现出更好的稳定性[24]。印刷碳纳米管薄膜晶体管器件的开关比达到 10^7, 迁移率最高可达到 $40\ \mathrm{cm^2 \cdot V^{-1} \cdot s^{-1}}$。

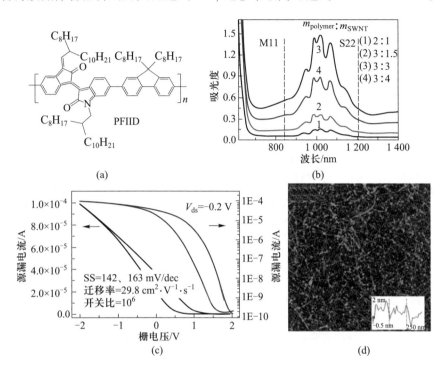

图 4.18　(a) PFIID 化学结构式; (b) 分离纯化的碳纳米管墨水吸收光谱; (c) 用该墨水构建薄膜晶体管器件的转移曲线; (d) 沟道中的 AFM 照片图[25]

共轭大分子或小分子结构确定, 不存在合成批次间的差异问题。以十二烷基黄素及其衍生物为例, 它们能够从电弧放电法生产的碳纳米管中选择性分离出半导体型和金属型碳纳米管, 其过程如图 4.20 所示[26]。十二烷基黄素与碳纳米管在超声辅助下均匀分散在二甲苯溶液中, 高速离心后得到上层清液和沉淀。沉淀再重新分散在二甲苯中得到相应的金属型碳纳米管墨水。分别用吸收光谱和拉曼光谱表征了上层清液和沉淀重新分散液以及沉淀物, 如图 4.21 所示。从图 4.21 可知, 上层清液中的主要成分为半导体型碳纳米管, 而沉淀主要成分为金属型碳纳米管。

　　作者所在团队科研人员还设计并合成了一系列树枝状化合物, 包括 3T、6T、9T 和 18T 等。其化学结构式如图 4.22 所示。研究发现, 除了 3T 外, 其他化合物都能分散碳纳米管, 且分散能力随分子量增加而提高。但从 RBM

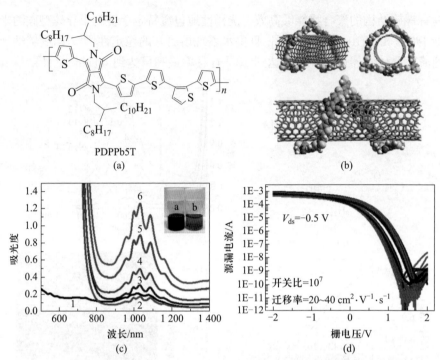

图 4.19   (a) PDPP5T 化学结构式; (b) PDPP5T 与特定手性半导体型碳纳米管相互作用示意图; (c) 聚合物与碳纳米管不同配比下得到的碳纳米管吸收光谱图; (d) 用得到的半导体型碳纳米管墨水构建的薄膜晶体管器件电性能图[24]

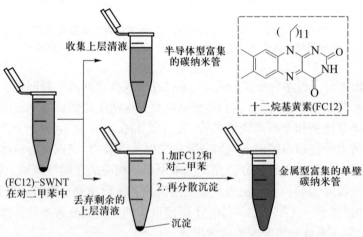

图 4.20   半导体型碳纳米管和金属型碳纳米管富集过程示意图, 插图为十二烷基黄素的化学结构式[26]

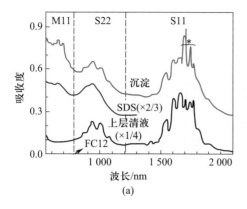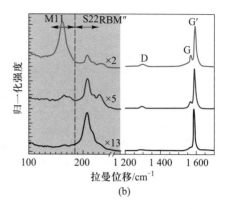

图 4.21　用十二烷基黄素分离纯化得到的半导体型和金属型碳纳米管。(a) 经过十二烷
基黄素包覆以及离心后得到的上层清液和沉淀吸收光谱以及用 SDS 分散的碳纳米管吸
收光谱, 图中 ∗ 表示的吸收峰来自于溶剂对二甲苯; (b) 用 785 nm 的激光检测到的碳纳
米管 RBM 和 G 峰[26]

数据发现, 尽管 18T 能够高效分散碳纳米管, 但对半导体型碳纳米管没有选
择性。同时在分子模拟辅助下探讨了这类树枝状化合物对碳纳米管分离、分
散机理[27]。

　　以上介绍的聚合物、小分子和大分子化合物需要对碳纳米管有非常强的
作用力才导致半导体型碳纳米管能够稳定分散在甲苯或二甲苯等溶剂中, 但
这些材料很难从碳纳米管薄膜中去除掉。这些残留在碳纳米管薄膜中的物质
会影响载流子的传输, 如引起的载流子散射、对电场的屏蔽效应等, 从而降低
器件的性能。降低或去除碳纳米管薄膜中残存的杂质有助于提高器件性能。
一些研究组, 尤其是斯坦福大学鲍哲南教授研究组设计并合成出可催化降解
的共轭聚合物。通过醛胺缩合来合成席夫碱聚合物, 即带醛基的化合物 (带 2
个醛基的芴) 与带氨基的化合物 (对苯二胺)。通过醛基与亚氨基缩合成席夫
碱而进行共价交联, 形成共轭聚合物。该聚芴衍生物能够选择性包覆半导体
型碳纳米管, 从而实现对半导体型碳纳米管的选择性分离[28], 并通过调节半
导体型碳纳米管溶液中的氢离子浓度使聚合物降解, 从而把半导体型碳纳米
管沉降下来, 其过程如图 4.23 所示[29]。但也带来新的问题, 即沉降下来的碳
纳米管如何重新分散的问题, 以及分散后的分散液稳定性问题。另外, 聚合
物降解产物还是能够吸附在碳纳米管表面。最好是用这类碳纳米管做成器件
后, 再降解去除里面的聚合物, 看是否器件性能真的有显著提升。这样比较
会更有意义, 能大幅减少器件的制作工艺。

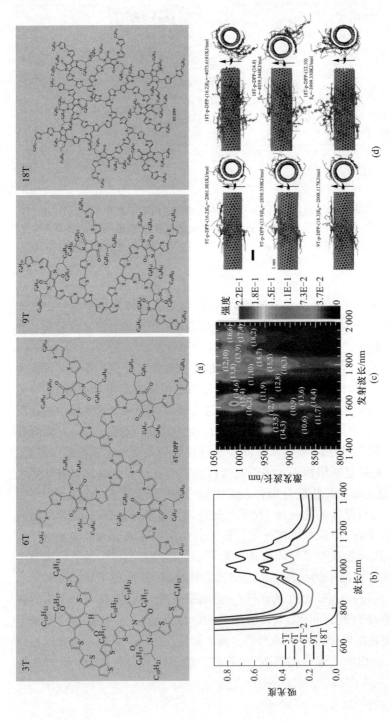

图 4.22 (a) 树枝状化合物化学结构式; (b)、(c) 用树枝状化合物分离纯化的碳纳米管吸收光谱图、PLE 光谱图; (d) 9T 和 18T 化合物与特定手性碳纳米管之间采用模拟计算得到的相互作用效果图[27]。(参见书后彩图)

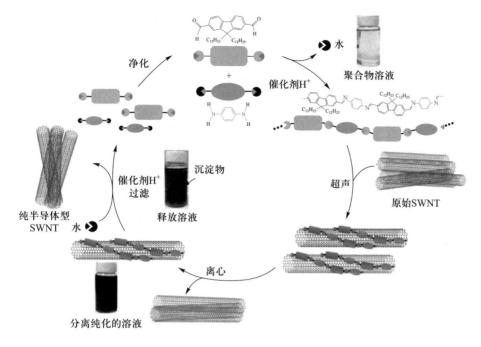

图 4.23 可降解、循环利用的共轭聚合物分离半导体型碳纳米管过程示意图[29]

　　总之, 共轭有机化合物包覆能够得到高纯的半导体型碳纳米管, 但包覆碳纳米管的共轭有机化合物以及碳纳米管薄膜中的共轭化合物会严重影响器件性能。要得到性能良好的薄膜晶体管器件, 去掉碳纳米管薄膜中的多余共轭化合物是非常有必要的, 清洗和高温烧结是目前常用的两种方法。虽然包覆法已发展将近 20 年, 但真正的分离机理还没有定论。其分离效果不仅与共轭化合物的空间结构、组分有关外, 还与溶剂的极性大小、介电常数等也有密切关系。希望从事碳纳米管分离纯化的科研工作者共同努力, 揭示共轭化合物选择性分离半导体型碳纳米管的内在机理, 这将会进一步推动碳基电子技术的快速发展。

4.1.1.6　自由基反应法

　　碳纳米管的化学活性与其电子结构和管径大小有密切关系。管径相当的金属型碳纳米管相对于半导体型碳纳米管具有较高的电子态密度, 因而表现出较强的化学活性。如图 4.24 所示, 在费米面附近金属型碳纳米管相对于半导体型碳纳米管而言具有更大的电子态密度和更小的电离能, 使得金属型碳纳米管的化学活性要高于半导体型碳纳米管[30]。当然碳纳米管的化学活性与碳纳米管的管径大小也有密切关系。碳纳米管的管径越小, 其曲率半径也

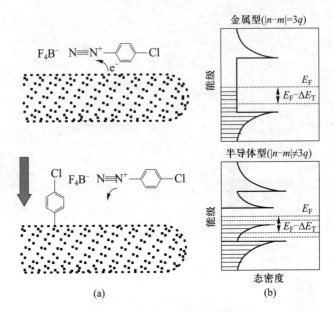

图 4.24　(a) 重氮盐产生的自由基选择性与金属型碳纳米管反应过程示意图; (b) 金属型和半导体型碳纳米管的电子态密度与能级关系图[30]

就越小, 即碳纳米管中碳碳键扭曲度越大, 导致碳碳键能变弱, 使其化学活性变得更强。自由基反应法是根据这些特点, 在分散均匀的碳纳米管溶液中加入自由基引发剂, 在加热或超声辅助下产生自由基, 从而使表面活性剂引发对金属型碳纳米管的选择性反应, 消除金属型碳纳米管, 达到分离的目的。可以通过控制反应条件, 使得只对某种类型的碳纳米管选择性反应, 其他类型碳纳米管仍以原有形式存在。如图 4.25 所示, 当控制碳纳米管溶液中的表面活性剂浓度、溶液 pH 值以及溶液温度等, 可使氯苯四氟硼酸重氮盐产生的自由基能够选择性地与金属型碳纳米管反应, 破坏金属型碳纳米管的共轭 π 电子系统, 使金属型碳纳米管的吸收峰消失, 从而消除溶液中的金属型碳纳米管, 但反应条件很难控制, 反应的重复性较差[31]。

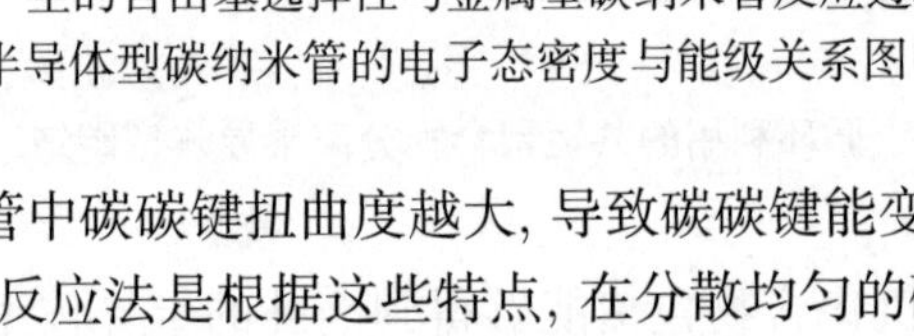

图 4.25　有机自由基引发剂与金属型碳纳米管选择性作用过程示意图[31]

在超声辅助下, N, N–二甲基甲酰胺 (DMF) 溶液中偶氮二异丁氰、过氧化苯甲酸和 1,1′–偶氮 (氰基环己烷) 产生的自由基可以选择性与小管径金属型碳纳米管作用, 达到选择性消除金属型碳纳米管的目的。尽管这种方法能够摧毁金属型碳纳米管, 但由于自由基的活性较高, 在与金属型碳纳米管反应的同时不可避免地也会与半导体型碳纳米管发生反应。另外, 与自由基反应后的碳纳米管仍然存在于溶液中, 这些以杂质形式存在的碳纳米管会对薄膜晶体管器件的关态电流和开态电路有较大影响。为了得到性能更加优越的器件, 在制备器件前需要把这些杂质从溶液中去除掉。

4.1.2　半导体型碳纳米管纯度表征

前面讲到采用拉曼光谱、KPFM 以及其他显微镜技术等可区分半导体型和金属型碳纳米管, 但这些技术很难对碳纳米管墨水或碳纳米管薄膜中的半导体型碳纳米管进行定量分析。目前主要采用紫外–可见–近红外吸收光谱法和窄沟道器件法 来估算半导体型碳纳米管纯度。下面分别对这两种方法作简单介绍。

4.1.2.1　紫外–可见–近红外吸收光谱法

可通过比较半导体型碳纳米管 S22 峰面积与金属型碳纳米管 M11 峰面积求出半导体型碳纳米管墨水中的半导体型碳纳米管纯度, 即

$$半导体型碳纳米管纯度 (\%) = S_{S22}(S_{S22} + S_{M11}),$$

式中 S_{S22} 为半导体型碳纳米管 S22 峰面积, S_{M11} 为金属型碳纳米管 M11 峰面积。采用这种方法计算半导体型碳纳米管纯度时要求紫外–可见–近红外吸收光谱中的金属型碳纳米管吸收峰清晰可见 (如图 4.26 所示)[32]。图 4.26 为采用两相萃取法从电弧放电法制备的碳纳米管中分离的半导体型碳纳米管的吸收光谱和通过计算光谱面积比得到的半导体型碳纳米管纯度。可以看出, 经过 8 次分离后, 金属型碳纳米管峰逐渐降低, 半导体型碳纳米管纯度由 83.53% 增加到 99.56%。这种方法相对简单, 但计算误差较大。当分离半导体型碳纳米管的共轭化合物的吸收峰位置与金属型碳纳米管 M11 峰重叠时就不能用这种方法来计算半导体型碳纳米管的纯度了。

4.1.2.2　窄沟道器件法

窄沟道器件法指通过统计方法来估算半导体型碳纳米管的纯度。先构建一定数量的窄沟道器件 (沟道长度为 500 nm), 测量窄沟道器件性能, 同时统计出沟道中的碳纳米管数量, 由此计算出沟道中出现金属型碳纳米管的概率[28]。图 4.27 为 PDPP4T–2 和 PDPP3T–10 分离的半导体型碳纳米管墨水以及商业化 99% 的半导体型碳纳米管墨水吸收光谱以及构建的窄沟

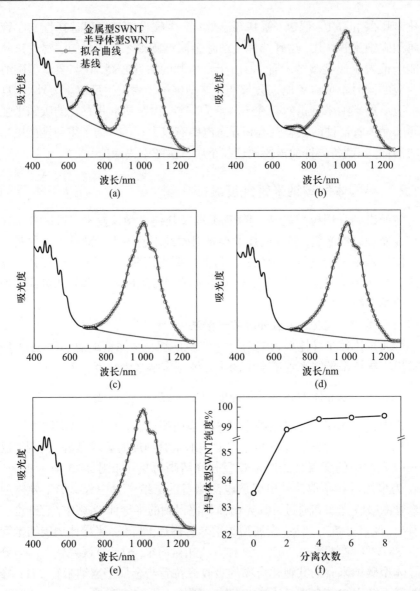

图 4.26　(a~e) 碳纳米管分别经过两相萃取法多次分离后的吸收光谱图: (a) 0 次; (b) 2
次; (c) 4 次; (d) 6 次; (e) 8 次。(f) 半导体型碳纳米管纯度与分离次数之间的关系[32]。
(参见书后彩图)

道器件。用 PDPP4T–2 分离的半导体型碳纳米管构建了 18 个窄沟道器件,
其中有一个器件无开关比。通过 SEM 观察到每个器件沟道中大约有 15 根碳
纳米管, 由此可以推算出金属型碳纳米管出现的概率为 1/(18×15)=0.004, 则

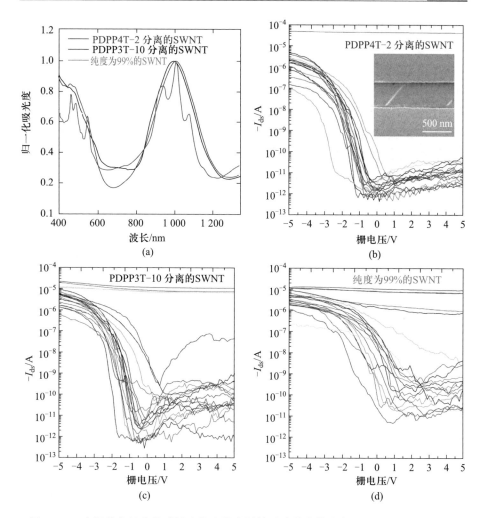

图 4.27　表征分离纯化的碳纳米管中的半导体型碳纳米管纯度。(a) PDPP4T−2 和 PDPP3T−10 分离的半导体型碳纳米管墨水以及 Nanointergris 公司生产的纯度为 99% 的半导体型碳纳米管墨水吸收光谱; (b) 由 PDPP4T−2 分离的半导体型碳纳米管墨水构建的窄沟道器件性能图; 碳纳米管的平均密度为 15 根, 18 个器件中有 1 个器件的短路; 插图为窄沟道器件 SEM 图; (c) 由 PDPP3T−10 分离的半导体型碳纳米管墨水构建的窄沟道器件性能图; 碳纳米管的平均密度为 8.75 根, 21 个器件中有 4 个器件的短路; (d) 由 Nanointergris 公司生产的纯度为 99% 的半导体型碳纳米管墨水构建的窄沟道器件性能图; 碳纳米管的平均密度为 7.5 根, 20 个器件中有 5 个器件的短路; 器件结构: 用 Pd 作为源、漏电极, 器件长和宽分别为 400 nm 和 50 μm; 介电层为 42 nm 的二氧化硅薄膜; $V_{\mathrm{ds}} = -1$ V[28]。(参见书后彩图)

半导体型碳纳米管的纯度为 $1-0.004=99.6\%$。同理 PDPP3T–10 分离的半导体型碳纳米管墨水的纯度为 97.8%｛在 21 个器件中有 4 个器件开关比低，其半导体型碳纳米管纯度为 $[1-4/(21\times8.75)]\times100\%=97.8\%$｝，商业化 99% 的半导体型碳纳米管墨水的实际纯度为 96.7% ｛在 20 个器件中有 5 个器件开关比低，其半导体型碳纳米管纯度为 $[1-5/(20\times7.5)]\times100\%=96.7\%$｝。通过窄沟道器件方法得到的半导体型碳纳米管纯度与它们对应的吸收光谱是一致的。通过构建大数目窄沟道器件可更准确地计算出半导体型碳纳米管的纯度，但这种方法非常繁琐，耗时长，而且需要昂贵的仪器设备。

4.1.3   各种分离纯化技术评价

以上介绍的分离碳纳米管的方法各有优缺点。DGU、凝胶色谱法和共轭有机化合物包覆法都可以实现批量化制备高纯的半导体型碳纳米管。尤其是 DGU 和凝胶色谱法还可以得到高纯的单一手性的半导体型碳纳米管。因此这些方法得到的半导体型碳纳米管在高性能碳基薄膜电子器件领域有广泛的应用前景。目前凝胶色谱法主要应用于小管径半导体型碳纳米管的分离，而且得到的碳纳米管的长度也非常短，一般在 500 nm 左右。用这些半导体型碳纳米管墨水很难构建出性能优越的薄膜晶体管器件。DNA 包覆分离法虽然可以得到高纯的、单手性的半导体型碳纳米管，但成本高，目前还不适合商业化制备。加上用这种方法得到的碳纳米管墨水很难构建出薄膜晶体管器件，因此这方面的研究越来越少。电泳法和自由基反应法得到的半导体型碳纳米管的纯度还不够高，导致构建的薄膜晶体管器件性能往往不太理想，这两种技术的研究也越来越少。共轭有机化合物包覆法相对来说操作简单，容易规模化制备高纯半导体型碳纳米管墨水，尤其是得到的这些溶液不需要经过任何特殊处理就能得到开关比和迁移率非常高的薄膜晶体管器件，因此共轭有机化合物包覆法是获得高纯度半导体型碳纳米管并制备印刷薄膜晶体管最有实用价值的方法。

4.1.4   可印刷半导体型碳纳米管墨水

4.1.4.1   水相墨水

通过 DGU[1]、色谱柱分离法[11](凝胶色谱法和离子交换色谱法)、自由基反应法得到的半导体型碳纳米管墨水通过稀释或过滤并重新分散后即成为可印刷水相墨水。但这些方法得到的半导体型碳纳米管墨水中含有大量的十二烷基磺酸钠、胆酸钠、碘克沙醇、吐温等表面活性剂和密度梯度添加剂[33]，用这些墨水直接构建的器件性能往往不高。通常需要尽可能降低墨水中的表面活性剂含量，适当提高墨水中碳纳米管的含量来提高器件的性能。另外为满足不同打印机的要求，墨水中往往需要添加适量的聚乙烯苯酚，降低墨水的表面张力，提高墨水的可印刷性。

4.1.4.2 有机相墨水

有机相墨水主要指通过共轭有机化合物包覆法分离纯化的半导体型碳纳米管墨水。常用溶剂为二甲苯和甲苯。尽管四氢呋喃、氯仿、氯苯等其他溶剂也可用来制备半导体型碳纳米管墨水，但其沸点太低或毒性大，很少用这些溶剂来制备印刷电子墨水。发展其他低毒溶剂墨水或绿色墨水是目前的主流方向。尽管有机相碳纳米管墨水可以直接在各种衬底上制备出性能良好的薄膜晶体管器件，但墨水中共轭有机化合物的含量、碳纳米管的浓度、表面张力、沸点、衬底温度、衬底表面亲疏水性、表面官能团、大气中的湿度等都会影响印刷器件的性能。

4.2 导电墨水

印刷电极是印刷薄膜晶体管的重要环节，因此可印刷导电墨水是印刷薄膜晶体管的核心墨水之一。导电墨水的制备、性能研究以及印刷薄膜电极制备工艺、印刷电极的物理和化学性质研究等是研究印刷薄膜晶体管器件不可缺少的一部分。相对而言，印刷源漏电极的挑战会比印刷栅电极的挑战更大，尤其对于顶栅器件而言。源漏电极的表面粗糙度、厚度、功函数、电极沟道长度和宽度等对印刷薄膜晶体管器件的性能，如开态电流、开关比、源漏电流大小、阈值电压等都会有很大的影响。对于碳纳米管薄膜晶体管而言，源漏电极的功函数需要与碳纳米管的功函数匹配，这样才能保证载流子很容易从电极注入到有源层中。注入势垒越小，薄膜晶体管器件的开态电流或迁移率会更高。印刷电极表面越粗糙越容易引起器件产生较高的源漏电流。

用于制备导电墨水的材料主要是金属粉体 (如铜、银、金)，包括纳米颗粒、纳米片、纳米线、金属络合物 (由于金属以络合物分子的形式存在，又称这种墨水为相应的金属分子墨水)、金属氧化物、导电碳材料 (金属型碳纳米管和石墨烯等) 和导电高分子如 PEDOT–PSS 等。尽管导电材料种类很多，但适合用于薄膜晶体管源漏电极的导电墨水相对较少。导电墨水通过两种方式制备：基于分散导电微纳米粒子的墨水或浆料；基于导电材料前驱体溶液

的墨水或浆料 (或分子导电墨水)。基于导电微纳米颗粒、纳米线、纳米片或导电高分子材料得到的墨水需要添加成膜剂、分散剂、增黏剂等得到适合不同印刷方式的导电墨水或浆料。而导电前驱体墨水或浆料中的主要组分是金属络合物分子, 这些分子本身不导电, 只有经过高温或氙灯或激光或紫外烧结使这些前驱体 (分子) 分解变成导电 (金属单质) 材料。如将金属盐加热分解得到相应的金属薄膜而实现导电。有些铜盐、银盐、铝盐等都可以在特定条件下或在相对较低的温度下分解成相应的单质。不管是导电微纳米粒子浆料还是导电前驱体浆料通常都需要经过适当的后处理才能得到导电性良好的印刷电极。常用的后处理方法有: 退火烧结、氙灯、激光和紫外烧结等, 全过程如图 4.28 所示。下面简单介绍常用的导电墨水。

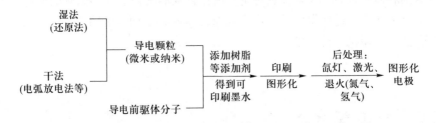

图 4.28　导电墨水和印刷电极的制备过程示意图

4.2.1　金属导电墨水

由于金属的电导率非常高, 物理方法沉积的金、铜、银和铝、镍、钼或钼铝合金等都可以用来充当薄膜晶体管的源电极、漏电极和栅电极。但并不是所有的金属材料都适合用来制备可印刷导电墨水。几种常见金属如铝、铜、金和银的标准电极电势分别为: $E_{Al^{3+}/Al} = -1.662$ V; $E_{Cu^{2+}/Cu}=0.341\,9$ V; $E_{Ag^+/Ag} = 0.799\,96$ V; $E_{Au^{3+}/Au}=1.498$ V。铝的标准电极电势为 -1.662 V, 说明铝在空气中非常容易氧化变为氧化铝而失去其导电特性。微纳米铝颗粒不可能在水和醇类溶剂中形成导电墨水。导电铝墨水一般是用活性极强的有机前驱体制备而成。铝的有机前驱体本身不太稳定, 加上分解产生的铝单质的活性也非常强, 因此很难在空气中得到性能稳定的铝墨水和铝电极。往往需要在惰性气体下, 才能得到导电性良好的铝电极。

铜的标准电极电势为 $0.341\,9$ V, 也很容易氧化变为氧化铜。因此用铜微纳米颗粒制备的导电墨水在空气中退火往往很难导电。通常需要在特殊的气氛如惰性气氛或氢气氛围下烧结才能表现出较好的导电性。也可以通过氙灯、激光等高能量的光源在空气中快速烧结得到导电性良好的铜电极。虽然氙灯和激光烧结能够在空气中得到导电性和结合力好的铜电极，但这种技术目前很难在印刷薄膜晶体管领域发挥作用。主要有如下几方面的原因：① 这两种烧结方式烧结面积有限、能量分布不均匀；② 仪器设备相对较贵；③ 薄膜晶体管的其他部分 (如介电层) 难以承受短时间的高能量照射，往往使这些材料产生剥离、变质或失效等问题。

金的标准电极电势为 1.498 V。很显然，即使是纳米级的金颗粒其稳定性也非常好，但其价格相对于其他导电材料而言贵很多。尽管金纳米导电墨水的制备技术很成熟，但由于其价格太贵，目前还没有大规模制备和销售。银的化学稳定性好，价格适中，且非常容易得到不同粒径大小、形状的银纳米颗粒、纳米片、纳米线等，在空气中烧结温度也比较低，通常在 150 ℃ 烧结几分钟就能得到导电性非常好的银电极。有的纳米银墨水在 80 ℃ 或更低温度下烧结就能导电，而由银纳米线或纳米片制备的墨水只要溶剂挥发完就能导电。考虑到金属材料的导电性、稳定性、价格、电极功函数、制备工艺以及其他因素如电迁移等问题，目前银仍然是制备导电墨水的首选材料。下面简单介绍金、铜、银以及铝导电墨水和前驱体墨水。

4.2.1.1 金属微纳米粒子型导电墨水

湿法制备金属粉体的方法是将相应金属的金属盐通过还原剂 [如柠檬酸、硼氢化钠、维生素 C、聚乙烯吡咯烷酮 (PVP)] 还原为微米或纳米级的颗粒、片或线，添加适当溶剂如丙酮或通过离心把它们从溶液中沉淀出来，再通过离心、干燥得到相应的金属粉末，根据需要可制成喷墨印刷、气溶胶喷墨印刷、丝网印刷所需要的金属导电墨水或导电浆料。当然小批量使用通常不需要经过干燥成粉末，而是直接使用其溶液态作为墨水。图 4.29 为通过溶液法还原得到的银纳米线、银纳米颗粒、铜纳米颗粒以及金纳米颗粒墨水以及相对应的 SEM 照片。银纳米线、银纳米颗粒、铜纳米颗粒等通过调节墨水中的添加剂组分可以得到适合喷墨打印、气溶胶喷墨打印、丝网印刷、纳米压印等技术所需要的导电墨水。而金纳米颗粒墨水由于价格昂贵，目前主要是一些小批量制备，且主要是用于气溶胶喷墨打印和刮涂。干法制备金属粉体主要是电弧放电法，这是一种常规、可大规模生产微米或亚微米级金属纳米粉末的物理方法。相对于湿法，干法制备成本低，容易大规模批量化生产。

4.2.1.2 金属前驱体型墨水

将金属络合物溶解在特定溶剂中 (前驱体)，再添加适当的成膜剂、表面活性剂等可以得到适合于气溶胶喷墨打印、喷墨打印和丝网印刷等的墨水，打印的金属络合物图形经过烧结得到相应的导电金属电极。下面分别介绍

图 4.29   银纳米线墨水 (a)、银纳米颗粒 (b)、铜纳米颗粒墨水 (c) 以及金纳米颗粒 (d) 以及相对应的 SEM 照片图

银、铜、铝的前驱体及其导电墨水制备方法与特点。

1. 银盐前驱体

银的前驱体种类很多, 有机相的前驱体包括: 硝酸银、新癸酸银、三氟乙酸银、醋酸银、乳酸银、环己烷丁酯银、碳酸银、氧化银、乙烷基己酸银、乙酰丙酮银、乙烷基丁酸银、安息酸银、柠檬酸银等。水相的前驱体包括硝酸银和三氟乙酸银。将银盐与芳香族或脂肪族溶剂混合, 再添加适量的乙基纤维素就得到适合于气溶胶喷墨打印、喷墨打印、丝网印刷的导电墨水。喷墨打印的导电墨水其银盐与乙基纤维素的比例为 50 : 50 (质量百分比), 墨水的表面张力在 20 ~35 mN/m, 黏度在 11 ~15 cP[①]。气溶胶打印的墨水配方为: 银盐与乙基纤维素的比例为 40：60 (质量百分比), 黏度为 5 cP, 表面张力在 28~30 mN/m, 可以打印在多种衬底上如聚对苯二甲酸乙二醇酯 (polyethylene terephthalate, PET)、聚碳酸酯 (polycarbonate, PC)、聚碳酸酯/丙烯腈丁二烯–苯乙烯 (polycarbonate/acrylonitrile-butadienestyrene, PC/ABS)、PI 和玻璃等。丝网印刷的导电墨水其银盐与乙基纤维素的比例为 50：50 (质量百分比), 黏度为 6 000 cP。银盐前驱体导电墨水均为无色透明的溶液, 在 PI、PET 等柔性衬底上印刷出高分辨率的图形, 然后通过高温烧结、氙灯烧结或紫外烧结等技术得到高分辨率的印刷柔性电子器件和简单电路[34], 如图 4.30 所示。表 4.1 是气溶胶喷墨打印不同厚度、不同线宽的银线在不同烧结温度和烧结时间下的电导率变化。120 ℃ 烧结 60 min 其电导率就能达到 43 $\mu\Omega$·cm; 220 ℃ 烧结 15 min 的电导率为 3 $\mu\Omega$·cm。表 4.2 显示了通过气溶胶喷墨打印银盐墨水在不同塑料衬底上不同热烧结温度、时间与衬底附着力关系, 说明所得到的银导线在不同塑料衬底上不但具有较好的导电性, 而且有较好的附着力。

图 4.30　印刷银盐前驱体导电墨水以及在柔性衬底上构建的印刷电路和器件光学照片图[34]

表 4.1　通过气溶胶喷墨打印在玻璃衬底上沉积的银盐墨水经过处理后的导电特性[34]

划痕厚度/μm	测量得到的线宽/μm	烧结温度/℃	烧结时间/min	体电导率/($\mu\Omega$· cm)
0.5	290	120	60	43.3±1.5
0.5	290	150	60	4.4±0.1

———————
① 黏度单位, 厘泊。1 cP=10^{-3} Pa· s。

续表

划痕厚度/μm	测量得到的线宽/μm	烧结温度/℃	烧结时间/min	体电导率/(μΩ· cm)
0.5	290	175	60	3.5±0.1
0.5	290	200	60	3.1±0.1
0.5	290	220	15	2.9±0.1
1.4	460	150	60	5.4±0.1
1.4	460	200	60	3.2±0.1
1.4	460	220	15	2.8±0.1

表 4.2   通过气溶胶喷墨打印银盐墨水在不同塑料衬底上采用不同的热烧结温度、时间与衬底附着力关系[34]

衬底	烧结温度 /℃	烧结时间/min	黏附力等级 [美国材料与试验协会 (ASTM) D3359-09]
聚酰亚胺	200	60	58
聚碳酸酯 (PC)	120	60	58
聚碳酸酯 (PC)/丙烯腈丁二烯–苯乙烯	120	60	58
聚对苯二甲酸乙二醇酯 (PET)	120	60	58

2. 铜盐前驱体

自还原的甲酸铜在不同的溶剂中形成不同的铜金属有机化合物导电墨水。图 4.31 是甲酸铜分别溶解于甲醇、异丙醇、丁醇、苯甲醇和甲苯中所得到的铜盐墨水照片。通过喷墨打印, 然后在氮气气氛下, 在 300 ℃ 下烧结 30 min, 就可以得到导电的铜电极或薄膜 (如图 4.32 所示)[35]。

在 CuF−AMP 中加入适量的二甘醇甲醚能得到适合于 Drimatrix 2800 打印机、丝网印刷和 3D 打印的墨水, 如图 4.33 所示。采用功率为 200 W 氮气等离子体处理 0 ∼5 min (如图 4.34 所示) 发现, 其电导率随处理时间的增加而显著增加, 例如当处理 5 min 后, 铜薄膜的电导率能够达到块铜电导率的 23%(7 μΩ · cm)[36]。

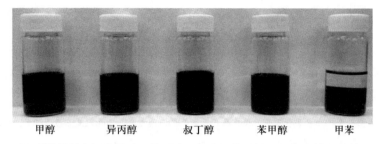

图 4.31 甲酸铜分别溶解在甲醇、异丙醇、丁醇、苯甲醇和甲苯溶剂中得到相应的铜盐墨水照片[35]

图 4.32 CuF−AMP(甲酸铜 +2−氨基−2−甲基−1−异丙醇配制而成的铜盐墨水) 和 CuF−AMP−O (甲酸铜 +2−氨基−2−甲基−1−异丙醇 + 辛胺配制而成的铜盐墨水) 分别在氮气氛围下, 在 300 ℃ 下烧结 30 min 得到的铜薄膜 SEM 图[35]

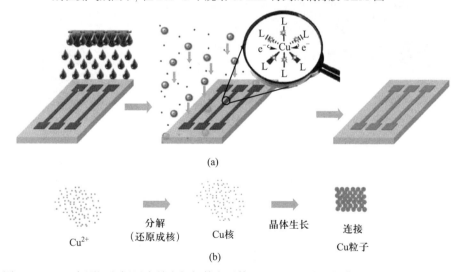

图 4.33 (a) 印刷沉积铜墨水并在氮气等离子体处理下的连续的铜薄膜示意图; (b) 印刷薄膜中铜的物理化学过程变化示意图[36]

图 4.34　印刷铜复合薄膜在氮气等离子体处理下的光学照片图 (氮气等离子体功率为 200 W)[36]。(参见书后彩图)

3. 铝盐前驱体

铝的化学活性非常强, 通常很难在空气和水溶液中得到相应的金属单质或通过纳米颗粒制备铝单质墨水。铝墨水主要通过铝有机络合物前驱体制备。作者所在团队的科研人员将氯化铝与强还原剂四氢铝锂在异丙醚中相互反应, 得到铝盐前驱体 $AlH_3[O(C_4H_9)_2]$ [37]。该前驱体溶液可以在手套箱保护气氛中通过丝网印刷并经过 60~80 ℃ 退火得到导电性好、均匀致密的铝膜。用这种方法已在玻璃和 PET 衬底上印刷出性能良好的铝电极 (如图 4.35 和表 4.3 所示), 并用印刷的铝电极作为阳极制备出有机发光二极管 (OLED) 器件。

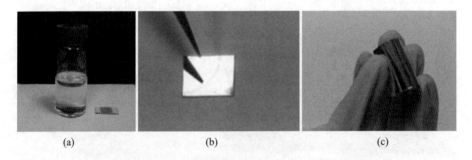

(a)　　　　　　　　　　(b)　　　　　　　　　　(c)

图 4.35　(a) 通过置换法合成的可印刷铝墨水; (b)、(c) 印刷的薄膜经过低温烧结 (80 ℃) 分别沉积在玻璃衬底 (b) 与柔性塑料衬底 (c) 的金属铝薄膜 (导电性优于真空热蒸发铝膜) 照片图[37]

表 4.3　不同方法构建的铝电极性能参数对比表[37]

铝电极构建方法	电导率/ $(\Omega \cdot cm)$	表面粗糙度 /nm	功函数/eV
热蒸镀	2.79	2.63	4.15

续表

铝电极构建方法	电导率/ (Ω· cm)	表面粗糙度 /nm	功函数/eV
丝网印刷/80 °C(玻璃)	3.90	5.51	4.08
丝网印刷/80 °C(PET)	2.31	26.0	3.72
丝网印刷/100 °C(玻璃)	3.10	11.0	4.11
丝网印刷/150 °C(玻璃)	2.00	7.33	4.47

4.2.1.3　液态金属电极

除了常规的金属材料如银、铜、金可用于制备导电墨水外, 液态金属也可以直接用来构建导线和简单电路。中国科学院理化技术研究所刘静组开发了世界首台液态金属电子电路打印机, 并用液态镓铟合金为导电墨水, 通过喷墨打印在多种柔性衬底上 (纸、PET、PI) 打印出各种电路[38,39]。图 4.36 为用喷墨打印机在不同衬底上打印出来的各种液态金属电路[38]。尽管这种印刷的液态金属电极很难用于印刷薄膜晶体管器件的源漏电极, 但作为连接导线在印刷电子领域有其独特的优势。

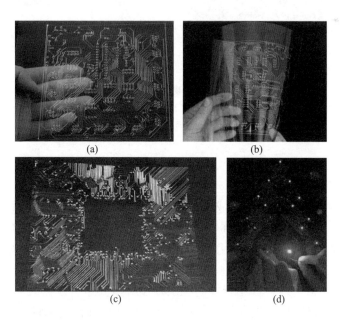

(a)　　　　　　　　　(b)

(c)　　　　　　　　　(d)

图 4.36　利用喷墨打印技术在多种衬底上构建出的液态金属电路[38]

4.2.2 非金属导电墨水

可用于制备导电墨水的非金属导电材料主要有铟锡氧化物 (ITO) 薄膜、碳纳米管、石墨烯、碳粉、有机导电聚合物 PEDOT–PSS 等, 其中石墨烯导电墨水、碳粉导电墨水、PEDOT–PSS 等都已经产业化, 在这里就不再一一叙述, 下面简单介绍 ITO 导电墨水。

ITO 墨水的制备方法: 适量三氯化铟和四氯化锡溶于去离子水中, 慢慢滴加稀氨水使溶液的 pH 值达到 8∼9, 溶液中的离子全部转化为铟锡氢氧化物沉淀, 离心, 洗涤得到白色沉淀物。再将沉淀物转移到高压反应釜中, 加入适量聚乙烯吡咯烷酮, 在 250 °C 温度下加热处理 24 h, 得到蓝色的 ITO 纳米颗粒 [如图 4.37(a) 所示]。在玻璃衬底上旋涂和氢气氛围下退火后, 得到了透光率在 90% 以上, 电导率在 0.008 9 Ω·m 左右的透明导电膜。

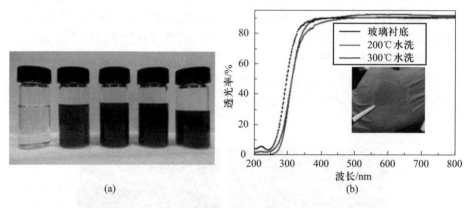

(a) (b)

图 4.37　(a) 三氯化铟和四氯化锡混合溶液 (第 1 瓶) 以及不同粒径大小的 ITO 纳米墨水; (b) 用 ITO 墨水在玻璃上旋涂得到的 ITO 薄膜 (透光率可以达到 90% 以上)。(参见书后彩图)

4.2.3 复合导电墨水

复合导电墨水是指两种或两种以上不同墨水或材料组成的新型导电墨水。复合导电墨水可以克服了单一导电墨水存在的不足, 如价格偏高、导电性不好、烧结温度高、结合力不好等问题。如银纳米颗粒与银盐前驱体活性墨水 (如乙酸银作为银盐前驱体, 乙醇和乙二醇为溶剂) 混合得到导电性好, 烧结温度低、与衬底结合能力强的新型导电墨水。研究表明, 在相同烧结温度和烧结时间下, 复合导电墨水印制的导线比纯银纳米颗粒导电墨水所印制的导线的电阻率更低。这些技术为低温导电墨水的开发提供了一种新的途径。

另外还有一些其他复合导电墨水, 如银墨水中添加适量石墨烯或导电高分子聚合物等来制作不同复合导电墨水。石墨烯的导电性相对于银而言要差, 但其价格更便宜, 在保证复合墨水导电性的前提下将石墨烯与银纳米粒子均匀混合, 用石墨烯部分替代纳米银, 从而减小导电填料中的纳米银的用量, 从而降低导电墨水的成本。此外纳米金属颗粒与导电高分子的混合, 或者是不同类型的纳米金属的相互混合如铜与银、锡与铜互混等。新型复合导电墨水在柔性印刷薄膜晶体管有广泛的应用前景, 是柔性印刷薄膜晶体管以及柔性印刷电子的重要研究方向。

4.3 介电墨水

介电层是印刷薄膜晶体管的最重要组成部分之一, 介电层的介电常数、单位面积电容、面电流密度、表面粗糙度等都会严重影响器件的工作电压、源漏电流、开关比、迁移率、亚阈值摆幅等。如何制备稳定性好、性能优越的介电墨水, 在印刷薄膜晶体管研究领域, 尤其是全印刷薄膜晶体管研究领域尤为重要。介电墨水是将介电质材料与一定量的添加剂和溶剂混合, 经过机械搅拌、球磨、均质、剪切等外力作用下加工得到的分散均匀、稳定的溶液或分散液, 并能满足某一印刷技术的要求。

4.3.1 介电层参数

1. 相对介电常数

相对介电常数指的是含有电介质的电容器的电容值与介质为真空的电容器的电容值的比值, 一般用符号 ϵ_r 表示, 即

$$\epsilon_r = \frac{C}{C_0} = \frac{C \times d}{S \times \epsilon_0} \tag{4.1}$$

式中, ϵ_r 为相对介电常数; C 为介电层的电容; C_0 是电介质为真空时的电容; S 为电容电极的面积; d 为电容电极间的距离; ϵ_0 为真空电容率。

相对介电常数是表征电介质储存电能大小的物理量, 由电介质材料本身的性质决定, 与所加外电场无关。电介质材料的极化程度越大, 则相对应的极板上产生的感应电荷量也越多, 相对介电常数也就越大。所以, 相对介电常数在宏观上反映的是电介质材料的极化程度。由式 (4.1) 可以看出, 当电

容的面积、厚度确定之后, 电容量的大小和相对介电常数成正比。所以在印刷薄膜晶体管中, 在厚度相同的条件下, 介电材料的相对介电常数越大, 单位面积电容就越大。

2. 单位面积电容

单位面积电容在 3.3 节已做过详细介绍。这里就不再赘述。

3. 面电流密度

面电流密度, 一般用符号 J 表示, 单位为 A/m^2, 表示在介电层两边加上一定的电压, 流过单位面积的电流。对于介电层而言, 面电流密度越小越好。

4. 表面粗糙度

表面粗糙度也是印刷介电层的重要参数之一。印刷薄膜晶体管工作时载流子通道主要集中在靠近介电层/有源层界面处很薄的有源层内 (小于 10 nm)。所以表面粗糙度越小, 有源层在界面处成膜就越好, 器件的迁移率越高, 性能也就越好。

4.3.2　介电墨水制备

薄膜晶体管器件的性能与器件的电容有密切关系。器件电容越大, 器件的栅调控能力越强, 越容易得到工作电压低、亚阈值摆幅小的器件。器件的电容由介电层的组分和厚度决定, 而器件的源漏电流由介电层的质量决定 (是否有针孔和介电层的面电流大小)。因此要求介电层薄膜的厚度、结构等要非常均匀、致密, 不能有任何针孔。传统的高质量介电层通常在洁净度非常高以及高温、高真空的环境下通过原子层沉积、化学气相沉积、热氧化等沉积技术得到的。对于可印刷介电墨水而言, 可溶液化的介电材料是配制可印刷介电墨水的前提。许多有机介电材料、无机介电材料、离子液体胶、固体电解质和有机/无机复合介电材料等都可以墨水化, 因此都有望得到性能优越的可印刷介电墨水。下面简单介绍一些重要的介电墨水。

4.3.2.1　有机介电材料

有机介电材料的制备方法相对简单, 通常是将已经合成的聚合物溶解在对应的溶剂中形成聚合物溶液。溶液化有机材料的优点在于材料种类丰富、较低的源漏电流、易溶液化、薄膜均匀和相容性好等, 但其介电常数通常不是很高 (<10), 并且不能耐高温。表 4.4 列出了常用的有机聚合物的介电常数。常用的聚合物介电材料有聚甲基丙烯酸甲酯 (PMMA)、聚乙烯醇 (PVA)、聚乙烯苯酚 (PVP)、含氟聚合物 [如 Cytop、PVDF、P(VDF–trFE–CTFE) (正聚偏氟乙烯 (PVDF) 以及三氟乙烯 (TrFE)–三氟氯乙烯] 等。早在 1990

年, Peng 等成功地使用聚合物作为介电层构建出全有机薄膜晶体管器件[40]。受印刷工艺的限制以及为了降低器件的源漏电流, 印刷有机介电层的膜厚一般达到 1 μm 以上, 因此常规的聚合物介电层的单位面积电容非常低, 导致器件的工作电压非常高, 输出电流偏低, 这使得有机介电材料在印刷电子技术中的应用受到极大限制。

表 4.4　常见聚合物的介电常数 (60 Hz)

聚合物	介电常数	聚合物	介电常数
聚四氟乙烯	2.0	乙基纤维素	3.0~4.2
四氟乙烯–六氟丙烯共聚物	2.1	聚酯	3.00~4.36
聚 4–甲基–1–戊烯	2.12	聚砜	3.14
聚丙烯	2.2	聚氯乙烯	3.2~3.6
聚三氟氯乙烯	2.24	聚甲基丙烯酸甲酯	3.3~3.9
低密度聚乙烯	2.25~2.35	聚酰亚胺	3.4
乙–丙共聚物	2.3	环氧树脂	3.5~5.0
高密度聚乙烯	2.30~2.35	聚甲醛	3.7
ABS 树脂	2.4~5.0	尼龙 6	3.8
聚苯乙烯	2.45~3.10	尼龙 66	4.0
高抗冲聚苯乙烯	2.45~4.75	聚偏氟乙烯	4.5~6.0
乙烯–醋酸乙烯酯共聚物	2.5~3.4	酚醛树脂	5.0~6.5
聚苯醚	2.58	硝化纤维素	7.0~7.5
硅树脂	2.75~4.2	聚偏氯乙烯	8.4
聚碳酸酯	2.97~3.17		

商业化的光刻胶和聚二甲基硅氧烷 (PDMS) 也可充当介电层, 构建性能良好的有机薄膜晶体管器件。当用光刻胶作介电层时, 底栅结构的并五苯、聚 (3–己基噻吩) (P3HT) 和聚 (2,5–噻吩乙炔) (PTV) 薄膜晶体管器件的迁移率分别可以达到 $0.0 \text{ cm}^2 \cdot \text{V}^{-1} \cdot \text{s}^{-1}$、$0.003 \text{ cm}^2 \cdot \text{V}^{-1} \cdot \text{s}^{-1}$ 和 $0.001 \text{ cm}^2 \cdot \text{V}^{-1} \cdot \text{s}^{-1}$。Facchetti 等用不同化学结构、表面能和介电常数的聚合物作为介电层, 同时用凹版印刷的 N 型有机半导体薄膜作为有源层, 构建了多种薄膜晶体管器件, 所有器件能够正常工作, 但其性能会随印刷工艺和所用介电材料的变化有所改变[41]。

2013 年, 斯坦福大学鲍哲南教授研究组用四 (3-巯基丙酸) 季戊四醇酯对聚 (4-乙烯基吡啶) (P4VP) 介电层进行化学改性, 开发了一种交联温度低 (80 ℃)、稳定性好、迟滞小的新型可溶液化的介电材料, 可显著降低介电材料的交联温度、界面缺陷等[42]。研究表明, 当用改性后的 P4VP 介电材料作为介电层时, F16CuPc 薄膜晶体管的迁移率增加了约 10 倍。Hyung 等用 P4VP 作为介电层、磁控溅射的铟镓锌氧化物 (IGZO) 作为有源层以及热蒸发的 Al 电极作为源漏电极制备了性能良好的半透明氧化物薄膜晶体管, 其迁移率和开关比分别可达到 5.8 cm$^2 \cdot$V$^{-1} \cdot$s^{-1} 和 10$^{6[43]}$。理论上, 通过调节溶剂的种类、溶液的浓度和添加适当添加剂等可将有机介电材料调配成满足不同印刷设备要求的有机介电墨水。

4.3.2.2　无机介电材料

常用的无机介电层材料有二氧化硅、氧化铝、氧化铪、氮化硅、二氧化锆、二氧化钛和二氧化铈等, 它们具有介电常数大、耐高温和化学性质稳定等优点, 是构建高性能介电薄膜最常用的材料。如把乙酰丙酮锆、乙酰丙酮铝、乙酰丙酮铪等物质溶解在特定溶剂中得到相应的介电墨水, 然后通过旋涂或打印得到薄膜, 再高温退火把它们分解成氧化锆、氧化铝和氧化铪等高介电常数氧化物介电层。用溶液法制备得到的相应介电层存在成膜性差和源漏电流较大以及器件的产率不高等问题。为了提高成膜性, 得到致密、均一的介电薄膜, 墨水中往往需要加入适当的添加剂, 如乙醇胺等。此外需要采用较稀的溶液反复旋涂、烘烤来减少薄膜的针孔和裂缝, 降低器件的源漏电流。2013 年韩国一研究小组将八水氧氯化锆的乙二醇甲醚溶液与双氧水按照一定比例混合并搅拌直到混合均匀后, 再过滤溶液中的不溶物, 最终得到氧化锆前聚体介电墨水[44]。在旋涂前驱液并挥发溶剂后, 在 240 ℃ 的热台上烘烤 5 min, 再冷却至室温。重复多次得到一定厚度的膜。最后在 350 ℃ 热台烘烤 1 h, 得到的介电层薄膜的源漏电流密度约为 7.7×10^{-9} A/cm^2 (电场强度 2 MV/cm)。用这种方法制备的二氧化锆薄膜作为介电层, 构建的铟锌氧化物 (IZO) 氧化物薄膜晶体管器件的开关比和迁移率分别为 6.5×10^6 cm$^2 \cdot$V$^{-1} \cdot$s^{-1} 和 7.21 cm$^2 \cdot$V$^{-1} \cdot$s^{-1}。总之, 通过印刷方法或旋涂的无机介电薄膜虽然能够用于制备薄膜晶体管器件, 但薄膜容易出现针孔、裂缝, 导致源漏电流大, 加上后处理温度较高 (高于 350 ℃), 很难制备柔性电子器件, 导致印刷无机介电墨水的发展远远落后于印刷有机或复合介电墨水。

4.3.2.3　有机/无机复合介电材料

溶液化的有机介电材料和无机介电材料各有其优点和缺点: 溶液化有机介电材料种类丰富、源漏电流低、易溶液化、成膜性好和相容性好等优点,但其介电常数低; 溶液化无机介电材料成膜性不好、源漏电流大, 但其介电常数大、耐高温、物理和化学性质稳定等优点。将高介电常数的无机纳米粒子和性能优异的有机介电材料制备成有机/无机复合介电墨水可大大改善印刷介电薄膜的性能, 提高印刷器件的电性能。

2011 年, Huang 等在钛酸钡表面原位聚合, 制备出钛酸钡/PMMA 复合材料[45]。首先对钛酸钡纳米颗粒表面进行羟基功能化处理来增加与硅烷偶联剂之间的结合力, 然后将羟基化的钛酸钡纳米颗粒添加到 γ-氨丙基三乙氧硅烷 (γ-APS) 溶液中, 得到硅烷修饰的钛酸钡纳米颗粒, 再与含有引发剂的 PMMA 单体原位聚合得到 BaTiO₃/PMMA 复合材料 (图 4.38)。通过调节 PMMA 单体与钛酸钡的质量比可调节钛酸钡纳米颗粒在复合材料中的含量。研究结果表明, 当钛酸钡的质量分数达到 76.88% 时, 复合介电材料的介电常数达到 14.6, 介电损耗仅有 0.037。目前该产品已经商业化, 该墨水可通过凹版印刷、卷对卷、丝网印刷技术等来制作大面积印刷柔性碳纳米管薄膜晶体管的介电层 (图 4.39)。

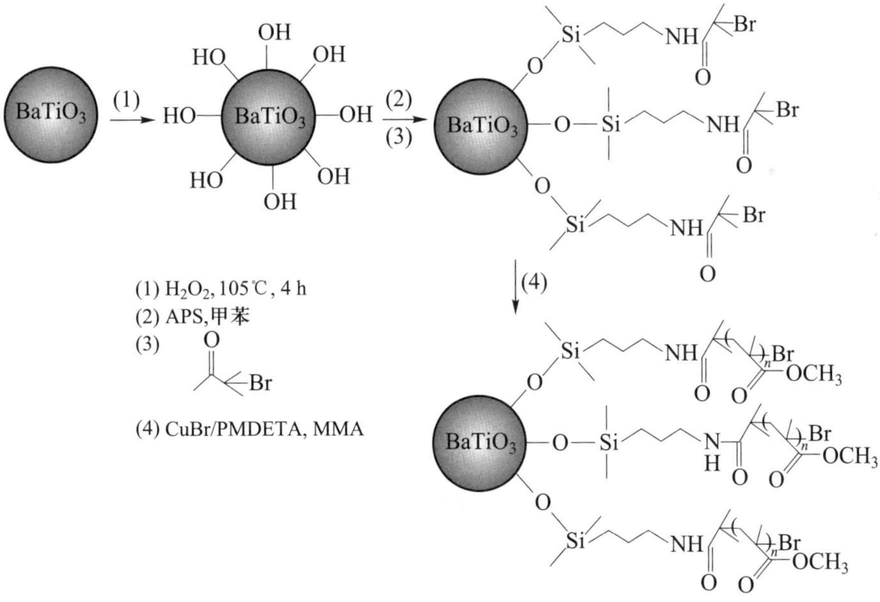

图 4.38 钛酸钡表面原位聚合法制备 BaTiO₃/PMMA 复合材料流程图[45]

将铌酸钙二维材料 (CNO) 和聚甲基丙烯酸甲酯 (PMMA) 添加到丙酮溶液中, 在超声分散作用下可得到铌酸钙/聚甲基丙烯酸甲酯 (CNO/PMMA) 的复合介电墨水[46]。已经用这种复合介电材料作为介电层制备出铟镓锌氧

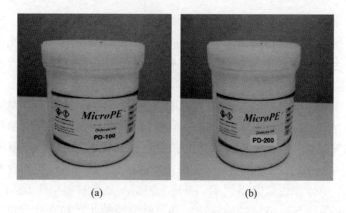

(a)   (b)

图 4.39   韩国 Paru 公司生产的适合于凹版印刷、卷对卷印刷、丝网印刷的
PD–100 (环氧树脂) (a) 和 PD–200 介电墨水 (BaTiO$_3$/PMMA)(b)[45]

化物 (IGZO) 顶栅薄膜晶体管器件 [如图 4.40(a) 所示], 该顶栅晶体管的转
移曲线如图 4.40(b) 所示。该晶体管的迁移率为 2.4 cm^2·V^{-1}·s^{-1}, 开关比大
于 10^4。

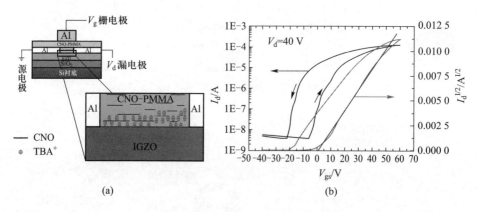

(a)   (b)

图 4.40   CNO/PMMA 为介电层的晶体管。(a) 器件结构示意图; (b) 器件典型转移
曲线[46]

4.3.3   印刷介电层的应用

薄膜晶体管中的介电层不仅需要有高的单位面电容和低的源漏电流密
度, 还需要有低的表面粗糙度、与有源层相匹配、频率响应稳定等。目前, 印
刷有机、无机以及有机/无机复合介电层在薄膜晶体管中的应用已有不少报
道。无机介电层主要采用介电常数较高的材料如氧化铝 (介电常数为 8)、脱

钛矿二氧化钛 (介电常数为 41)、钛酸钡、氧化锆等。有机介电层主要采用稳定性较高、成膜性较好的聚乙烯醇 (PVA)、聚乙烯苯酚 (PVP)、聚丙烯酸甲酯 (PMMA)、环氧树脂、(均苯四甲酸酐–共–4,4′–二氨基二苯醚) 酰胺酸、含氟聚合物 [如 Cytop、PVDF、PVDF、P(VDF–trFE–CTFE) (正聚偏氟乙烯 (PVDF) 以及和三氟乙烯 (TrFE)–三氟氯乙烯)、氧化石墨烯 (GO)、Polyurethane(PU) acrylate(PUA) 等]。复合介电层主要有 PMMA/BaTiO₃、离子胶和固态电解质等。下面举例说明一些介电材料在印刷碳纳米管薄膜晶体管中的应用。

4.3.3.1 聚酰亚胺

以聚酰亚胺 (PI) 为介电层的薄膜晶体管结构如图 4.41(a) 所示。制备过程包括: ① 在柔性衬底上先沉积金源漏电极; ② 在沟道中印刷沉积半导体型碳纳米管, 退火处理; ③ 在碳纳米管薄膜表面旋涂一层 PI 薄膜作为介电层, 退火处理; ④ 最后用气溶胶喷墨打印印刷银顶电极得到顶栅碳纳米管薄膜晶体管阵列[47]。图 4.41(b) 为柔性印刷薄膜晶体管阵列照片, 图 4.41(c) 是晶体管转移曲线。印刷碳纳米管薄膜晶体管器件在工作电压仅为 1 V 时, 器件的开关比可达到 10^6 以上, 亚阈值摆幅在 62~105 mV/dec, 栅电流非常低 (约 10^{-11} A)。

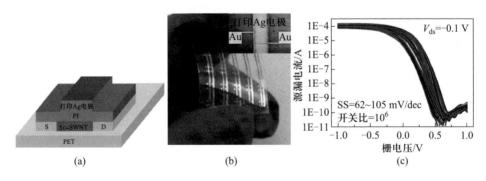

图 4.41　以 PI 为介电层构建的柔性印刷碳纳米管薄膜晶体管器件。(a) 器件结构示意图; (b) 印刷碳纳米管薄膜晶体管器件和阵列光学照片图; (c) 器件转移曲线[47]

4.3.3.2 聚乙烯苯酚

以聚乙烯苯酚 (PVP) 作介电层需要在 PVP 溶液中添加合适的交联剂, 在 160 ℃ 下聚乙烯苯酚与交联剂发生交联反应, 得到致密的聚乙烯苯酚复合薄膜[48]。由于聚乙烯苯酚和交联剂混合物的黏度低, 可通过喷墨打印或旋涂在刚性和柔性衬底上得到非常致密均匀的聚乙烯苯酚复合薄膜。

图 4.42(a) 是薄膜晶体管结构; 图 4.42(b) 是薄膜晶体管转移曲线, 包括

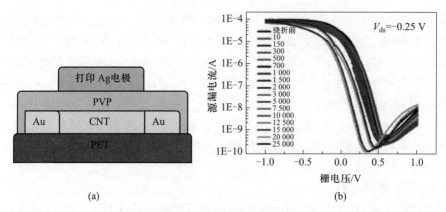

(a)   (b)

图 4.42   以 PVP 为介电层构建的柔性印刷碳纳米管薄膜晶体管。(a) 器件结构示意
图; (b) 印刷碳纳米管薄膜晶体管器件转移曲线 (在曲率半径为 5 mm 时, 器件反复绕折
后的电性能图)[48]。(参见书后彩图)

多次绕折后转移曲线的变化。可以看出, 用 PVP 作为介电层时晶体管的开
关比也能够达到 10^5 左右, 而且表现出极好的机械柔展性。器件在曲率半径
为 5 mm 下绕折 15 000 次后, 器件的开关比、开态电流、阈值电压等都基本
没有发生变化。当绕折次数达到 20 000 次后, 器件的阈值电压稍微向负方向
发生偏移, 关态电流有所下降, 但器件的开关比、迁移率等并没有发生明显
变化。充分说明这种类型的器件具有非常好的机械柔展性。

4.3.3.3   聚乙烯醇

新加坡南洋理工大学李昌明教授研究组用聚乙烯醇 (PVA) 作为介电层,
得到工作电压低、性能良好的薄膜晶体管 [图 4.43(a)], 其器件迁移率超过
30 $cm^2 \cdot V^{-1} \cdot s^{-1}$, 开关比超过 10^3。图 4.43(b) 和 (c) 为沟道中碳纳米管的
SEM 图。器件的沟道在 5 μm 左右, 沟道中的碳纳米管密度非常高, 而且碳
纳米管完全嵌入到介电层中, 使器件表现出良好的性能[49]。

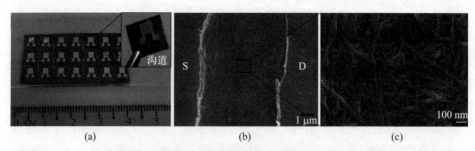

(a)   (b)   (c)

图 4.43   (a) 以 PVA 为介电层构建的全印刷柔性碳纳米管薄膜晶体管器件光学照片
图; (b)、(c) 沟道中碳纳米管薄膜 SEM 图[49]

4.3.3.4　离子胶介电墨水

　　离子胶介电墨水指离子液体与聚苯乙烯三嵌段共聚物 [poly(styrene−b−methyl methacrylate−b−styrene, PS−PMMA−PS] 或聚苯乙烯二嵌段共聚物 [poly(styrene−b−methyl methacrylate), PS−PMMA] (等其他共聚物在乙酸乙酯等溶剂中经过长时间搅拌, 自组装形成的胶体。离子胶在外电场作用下能够在其内部形成一层超薄的电化学双电层, 即这类胶体在外电场作用下能够产生极高的电容。加上离子胶适合气溶胶喷墨打印, 离子胶已广泛应用于构建印刷碳纳米管、氧化物以及有机薄膜晶体管器件和电路中。如含氟聚合物与离子液体在 200 ℃ 时可形成化学键, 从而把离子液体固定在含氟聚合物中, 形成复合介电层。用这种复合介电层构建的薄膜晶体管如图 4.44(a)

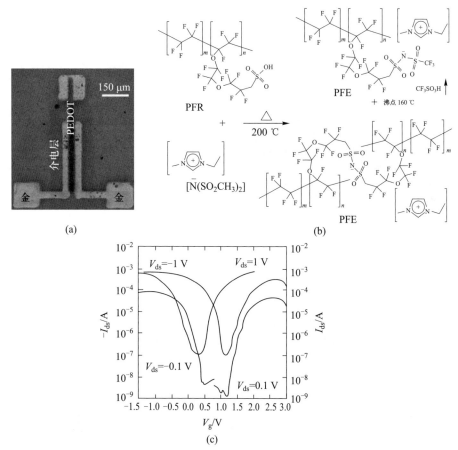

图 4.44　以 PVP 为介电层构建的柔性印刷碳纳米管薄膜晶体管器件。(a) 全印刷碳纳米管薄膜晶体管器件光学照片图; (b) 基于离子液体的介电材料形成过程; (c) 全印刷碳纳米管薄膜晶体管器件转移曲线[50]

所示。气溶胶喷墨打印金电极为源漏电极, (6,5) 半导体型碳纳米管和离子胶作为有源层, 导电高分子 PEDOT–PSS 作为栅电极。晶体管沟道控制 50 μm 以内。图 4.44(b) 为复合介电材料的分子结构, 图 4.44(c) 是薄膜晶体管的转移曲线。可以看出, 这种全印刷碳纳米管薄膜器件呈现双极性特性, 开关比在 $10^4 \sim 10^5$[50]。

4.3.3.5　聚酰胺和聚酰胺衍生物

聚酰胺和聚酰胺衍生物 (PUA) 也可充当碳纳米管薄膜晶体管的介电层。用这种介电层构建的器件不仅工作电压低, 而且具有优越的机械柔展性, 图 4.45 为器件构建过程示意图[51]。由于在第 3 章已作详细介绍, 在这里就不再一一叙述。

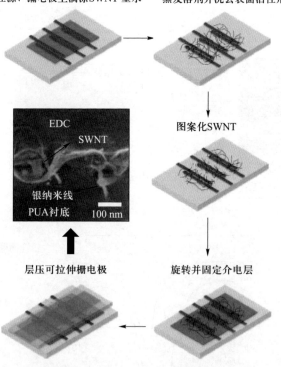

图 4.45　全溶液法碳纳米管薄膜晶体管器件构建过程示意图[51]

4.3.3.6　氧化石墨烯

氧化石墨烯 (GO) 也可以作为碳纳米管薄膜晶体管的介电层。用单根半导体型碳纳米管作为器件的沟道材料, 在二氧化硅/硅衬底上构建出单根碳纳米管薄膜晶体管器件。然后在其表面旋涂沉积一层氧化石墨烯, 再在其表面沉积钯顶电极得到顶栅碳纳米管薄膜晶体管器件, 其详细构建过程如图 4.46 所示, 工作电压在正负 40 V 时, 器件的开关比超过 10^5[52]。有文献报道含卤素石墨烯具有非常高的介电常数, 因此采用卤素石墨烯作为介电层可大幅度降低器件的工作电压。

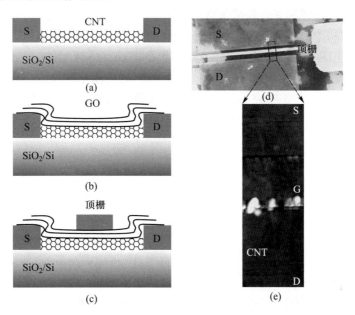

图 4.46 (a)~(c) 用氧化石墨烯为栅介质构建碳纳米管薄膜晶体管过程示意图。(a) 由单根碳纳米管构建的碳纳米管场效应晶体管器件结构示意图; (b) 采用旋涂方法在碳纳米管薄膜沉积一层超薄的石墨烯氧化物薄膜; (c) 通过电子束曝光技术在氧化石墨烯表面沉积图形化的钯顶电极; (d) 用氧化石墨烯作为介电层构建的碳纳米管薄膜晶体管 SEM 照片图; (e) 图 (d) 中放大区域的 AFM 图[52]

4.4 小结

本章详细介绍了半导体型碳纳米管墨水以及可用于构建碳纳米管薄膜晶体管所需要的导电墨水和介电墨水。尽管目前制备高纯半导体型碳纳米管墨水的方法有十余种, 但真正可直接用于构建印刷碳纳米管薄膜晶体管的半导体墨水主要用 DGU 和共轭有机化合物分离的半导体型碳纳米管墨水。在

4.2 节介绍了银纳米颗粒导电墨水、银纳米线导电墨水、铜纳米颗粒导电墨水、金纳米颗粒导电墨水、碳纳米管导电墨水以及金属前驱体型导电墨水以及其他构建印刷导线技术。为了满足印刷碳纳米管薄膜晶体管的要求，印刷源、漏电极要求其功函数与碳纳米管匹配、电极厚度需要控制在 500 nm 以下、电极表面粗糙度尽量小。目前可用于构建碳纳米管薄膜晶体管的介电墨水不是太多，主要为聚合物或聚合物与无机材料的复合物，包括 PVP、PVA、PI、PUA 和 PMMA/BaTiO$_3$ 等。尽管用这些介电层能够构建出柔展性好、开关比和迁移率高、迟滞小、工作电压低的薄膜晶体管器件，但器件的工作频率普遍较低。随着半导体型碳纳米管墨水、导电墨水和介电墨水性能不断提升以及印刷工艺不断完善，印刷碳纳米管薄膜晶体管以及全印刷碳纳米管薄膜晶体管器件性能已有大幅度提升，但其在偏压下的稳定性、工作频率等方面还有待进一步提升。

参考文献

[1] Arnold M S, Green A A, Hulvat J F, et al. Sorting carbon nanotubes by electronic structure using density differentiation[J]. Nature Nanotechnology, 2006, 1(1):60.

[2] Ghosh S, Bachilo S M, Weisman R B. Advanced sorting of single-walled carbon nanotubes by nonlinear density-gradient ultracentrifugation[J]. Nature Nanotechnology, 2010, 5(6):443.

[3] Krupke R, Hennrich F, Löhneysen H, et al. Separation of metallic from semiconducting single-walled carbon nanotubes[J]. Science, 2003, 301(5631):344-347.

[4] Tanaka T, Jin H, Miyata Y, et al. High-yield separation of metallic and semiconducting single-wall carbon nanotubes by agarose gel electrophoresis[J]. Applied Physics Express, 2008, 1(11):114001.

[5] Mesgari S, Poon Y F, Yan L Y, et al. High selectivity cum yield gel electrophoresis separation of single-walled carbon nanotubes using a chemically selective polymer dispersant[J]. The Journal of Physical Chemistry C, 2012, 116(18):10266-10273.

[6] Tu X, Manohar S, Jagota A, et al. DNA sequence motifs for structure-specific recognition and separation of carbon nanotubes[J]. Nature, 2009, 460(7252):250.

[7] Zheng M, Jagota A, Semke E D, et al. DNA-assisted dispersion and separation of carbon nanotubes[J]. Nature Materials, 2003, 2(5):338.

[8] Zheng M, Semke E D. Enrichment of single chirality carbon nanotubes[J]. Journal of the American Chemical Society, 2007, 129(19):6084-6085.

[9]　Tanaka T, Urabe Y, Nishide D, et al. Continuous separation of metallic and semi-conducting carbon nanotubes using agarose gel[J]. Applied Physics Express, 2009, 2(12):125002.

[10]　Tanaka T, Jin H, Miyata Y, et al. Simple and scalable gel-based separation of metallic and semiconducting carbon nanotubes[J]. Nano Letters, 2009, 9(4):1497-1500.

[11]　Liu H, Nishide D, Tanaka T, et al. Large-scale single-chirality separation of single-wall carbon nanotubes by simple gel chromatography[J]. Nature Communications, 2011, 2:309.

[12]　Liu H, Tanaka T, Urabe Y, et al. High-efficiency single-chirality separation of carbon nanotubes using temperature-controlled gel chromatography[J]. Nano Letters, 2013, 13(5):1996-2003.

[13]　Liu H, Tanaka T, Kataura H. Optical isomer separation of single-chirality carbon nanotubes using gel column chromatography[J]. Nano Letters, 2014, 14(11):6237-6243.

[14]　Khripin C Y, Fagan J A, Zheng M. Spontaneous partition of carbon nanotubes in polymer-modified aqueous phases[J]. Journal of the American Chemical Society, 2013, 135(18):6822-6825.

[15]　Fagan J A, Hároz E H, Ihly R, et al. Isolation of > 1 nm diameter single-wall carbon nanotube species using aqueous two-phase extraction[J]. ACS Nano, 2015, 9(5):5377-5390.

[16]　Fagan J A, Khripin C Y, Silvera Batista C A, et al. Isolation of specific small-diameter single-wall carbon nanotube species via aqueous two-phase extraction[J]. Advanced Materials, 2014, 26(18):2800-2804.

[17]　Xu W, Zhao J, Qian L, et al. Sorting of large-diameter semiconducting carbon nanotube and printed flexible driving circuit for organic light emitting diode (OLED) [J]. Nanoscale, 2014, 6(3):1589-1595.

[18]　Nish A, Hwang J Y, Doig J, et al. Highly selective dispersion of single-walled carbon nanotubes using aromatic polymers[J]. Nature Nanotechnology, 2007, 2(10):640.

[19]　Hwang J Y, Nish A, Doig J, et al. Polymer structure and solvent effects on the selective dispersion of single-walled carbon nanotubes[J]. Journal of the American Chemical Society, 2008, 130(11):3543-3553.

[20]　Chen F, Wang B, Chen Y, et al. Toward the extraction of single species of single-walled carbon nanotubes using fluorene-based polymers[J]. Nano Letters, 2007, 7(10):3013-3017.

[21]　Lee H W, Yoon Y, Park S, et al. Selective dispersion of high purity semiconducting single-walled carbon nanotubes with regioregular poly (3-alkylthiophene) s[J]. Nature Communications, 2011, 2:541.

[22] Wang C, Qian L, Xu W, et al. High performance thin film transistors based on regioregular poly (3-dodecylthiophene)-sorted large diameter semiconducting single-walled carbon nanotubes[J]. Nanoscale, 2013, 5(10):4156-4161.

[23] Zhang X, Zhao J, Tange M, et al. Sorting semiconducting single walled carbon nanotubes by poly (9, 9-dioctylfluorene) derivatives and application for ammonia gas sensing[J]. Carbon, 2015, 94:903-910.

[24] Xu W, Dou J, Zhao J, et al. Printed thin film transistors and CMOS inverters based on semiconducting carbon nanotube ink purified by a nonlinear conjugated copolymer[J]. Nanoscale, 2016, 8(8):4588-4598.

[25] Zhou C, Zhao J, Ye J, et al. Printed thin-film transistors and NO_2 gas sensors based on sorted semiconducting carbon nanotubes by isoindigo-based copolymer[J]. Carbon, 2016, 108:372-380.

[26] Park M, Kim S, Kwon H, et al. Selective dispersion of highly pure large-diameter semiconducting carbon nanotubes by a flavin for thin-film transistors[J]. ACS Applied Materials & Interfaces, 2016, 8(35):23270-23280.

[27] Gao W, Xu W, Ye J, et al. Selective Dispersion of Large-diameter semiconducting carbon nanotubes by functionalized conjugated dendritic oligothiophenes for use in printed thin film transistors[J]. Advanced Functional Materials, 2017, 27(44): 1703938.

[28] Lei T, Pitner G, Chen X, et al. Dispersion of high-purity semiconducting arc-discharged carbon nanotubes using backbone engineered diketopyrrolopyrrole (DPP)-based polymers[J]. Advanced Electronic Materials, 2016, 2(1):1500299.

[29] Lei T, Chen X, Pitner G, et al. Removable and recyclable conjugated polymers for highly selective and high-yield dispersion and release of low-cost carbon nanotubes[J]. Journal of the American Chemical Society, 2016, 138(3):802-805.

[30] Strano M S, Dyke C A, Usrey M L, et al. Electronic structure control of single-walled carbon nanotube functionalization[J]. Science, 2003, 301(5639):1519-1522.

[31] Zhao J W, Lee C W, Han X D, et al. Solution-processable semiconducting thin-film transistors using single-walled carbon nanotubes chemically modified by organic radical initiators[J]. Chemical Communications, 2009(46):7182-7184.

[32] Wei L, Flavel B S, Li W, et al. Exploring the upper limit of single-walled carbon nanotube purity by multiple-cycle aqueous two-phase separation[J]. Nanoscale, 2017, 9(32):11640-11646.

[33] Jain R M, Ben-Naim M, Landry M P, et al. Competitive binding in mixed surfactant systems for single-walled carbon nanotube separation[J]. The Journal of Physical Chemistry C, 2015, 119(39):22737-22745.

[34] Kell A J, Paquet C, Mozenson O, et al. Versatile molecular silver ink platform for printed flexible electronics[J]. ACS Applied Materials & Interfaces, 2017, 9(20): 17226-17237.

[35] Shin D H, Woo S, Yem H, et al. A self-reducible and alcohol-soluble copper-based metal–organic decomposition ink for printed electronics[J]. ACS Applied Materials & Interfaces, 2014, 6(5):3312-3319.

[36] Farraj Y, Smooha A, Kamyshny A, et al. Plasma-induced decomposition of copper complex ink for the formation of highly conductive copper tracks on heat-sensitive substrates[J]. ACS Applied Materials & Interfaces, 2017,9(10):8766-8773.

[37] Fei F, Zhuang J, Wu W, et al. A printed aluminum cathode with low sintering temperature for organic light-emitting diodes[J]. RSC Advances, 2015, 5(1):608-611.

[38] Yang J, Yang Y, He Z, et al. A personal desktop liquid-metal printer as a pervasive electronics manufacturing tool for society in the near future[J]. Engineering, 2015, 1(4):506-512.

[39] Zhang J, Sheng L, Liu J. Synthetically chemical-electrical mechanism for controlling large scale reversible deformation of liquid metal objects[J]. Scientific Reports, 2014, 4:7116.

[40] Peng X, Horowitz G, Fichou D, et al. All-organic thin-film transistors made of alpha-sexithienyl semiconducting and various polymeric insulating layers[J]. Applied Physics Letters, 1990, 57(19):2013-2015.

[41] Yan H, Chen Z, Zheng Y, et al. A high-mobility electron-transporting polymer for printed transistors[J]. Nature, 2009, 457(7230):679.

[42] Wang C, Lee W Y, Nakajima R, et al. Thiol-ene cross-linked polymer gate dielectrics for low-voltage organic thin-film transistors[J]. Chemistry of Materials, 2013, 25(23): 4806-4812.

[43] Hyung G W, Wang J X, Li Z H, et al. Semi-transparent a-IGZO thin-film transistors with polymeric gate dielectric[J]. Journal of Nanoscience and Nanotechnology, 2013, 13(6):4052-4055.

[44] Park J H, Yoo Y B, Lee K H, et al. Low-temperature, high-performance solution-processed thin-film transistors with peroxo-zirconium oxide dielectric[J]. ACS Applied Materials & Interfaces, 2013, 5(2):410-417.

[45] Xie L, Huang X, Wu C, et al. Core-shell structured poly (methyl methacrylate)/ BaTiO3 nanocomposites prepared by in situ atom transfer radical polymerization: a route to high dielectric constant materials with the inherent low loss of the base polymer[J]. Journal of Materials Chemistry, 2011, 21(16):5897-5906.

[46] Wu X, Fei F, Chen Z, et al. A new nanocomposite dielectric ink and its application in printed thin-film transistors[J]. Composites Science and Technology, 2014, 94:117-122.

[47] Liu T, Zhao J, Xu W, et al. Flexible integrated diode-transistor logic (DTL) driving circuits based on printed carbon nanotube thin film transistors with low operation voltage[J]. Nanoscale, 2018, 10(2):614-622.

[48] Xing Z, Zhao J, Shao L, et al. Highly flexible printed carbon nanotube thin film transistors using cross-linked poly (4-vinylphenol) as the gate dielectric and application for photosenstive light-emitting diode circuit[J]. Carbon, 2018, 133:390-397.

[49] Shi J, Guo C X, Chan-Park M B, et al. All-printed carbon nanotube finFETs on plastic substrates for high-performance flexible electronics[J]. Advanced Materials, 2012, 24(3):358-361.

[50] Li H, Tang Y, Guo W, et al. Polyfluorinated electrolyte for fully printed carbon nanotube electronics[J]. Advanced Functional Materials, 2016,26(38):6914-6920.

[51] Liang J, Li L, Chen D, et al. Intrinsically stretchable and transparent thin-film transistors based on printable silver nanowires, carbon nanotubes and an elastomeric dielectric[J]. Nature Communications, 2015, 6:7647.

[52] Fu W Y, Liu L, Wang W L, et al. Carbon nanotube transistors with graphene oxide films as gate dielectrics[J]. Science China Physics, Mechanics and Astronomy, 2010, 53(5):828-833.

印刷碳纳米管薄膜晶体管构建技术

第**5**章

- 5.1　印刷技术和常用印刷设备简介　　　　　　　　　　　　　　(158)
  - ➤ 5.1.1　凹版印刷　　　　　　　　　　　　　　　　　　(158)
  - ➤ 5.1.2　凸版印刷　　　　　　　　　　　　　　　　　　(159)
  - ➤ 5.1.3　丝网印刷　　　　　　　　　　　　　　　　　　(159)
  - ➤ 5.1.4　喷墨打印　　　　　　　　　　　　　　　　　　(161)
  - ➤ 5.1.5　气流喷印　　　　　　　　　　　　　　　　　　(164)
  - ➤ 5.1.6　纳米材料沉积喷墨打印系统　　　　　　　　　　(165)
  - ➤ 5.1.7　电流体动力学喷印　　　　　　　　　　　　　　(166)
- 5.2　印刷碳纳米管薄膜晶体管器件构建技术　　　　　　　　　　(166)
  - ➤ 5.2.1　电极构建技术　　　　　　　　　　　　　　　　(167)
  - ➤ 5.2.2　有源层构建技术　　　　　　　　　　　　　　　(190)
  - ➤ 5.2.3　介电层的制备技术　　　　　　　　　　　　　　(206)
  - ➤ 5.2.4　全印刷晶体管的制造技术　　　　　　　　　　　(213)
- 5.3　小结　　　　　　　　　　　　　　　　　　　　　　　　(221)
- 参考文献　　　　　　　　　　　　　　　　　　　　　　　　(222)

与其他类型的薄膜晶体管一样, 印刷碳纳米管薄膜晶体管器件由源电极、漏电极、栅电极、有源层和介电层 5 部分组成。如果能够配制出性能良好的介电墨水、电极墨水和半导体型碳纳米管墨水, 那么就可以通过印刷方式在不同衬底上构建出性能良好的印刷碳纳米管薄膜晶体管器件。由于印刷薄膜晶体管的每一层所用印刷墨水的特性如墨水成分、黏度、溶剂和表面张力等相差甚远, 因此各种墨水所对应的印刷方式也会有所不同。目前构建印刷薄膜晶体管常用的印刷技术包括: 喷墨打印技术、凹版印刷技术、丝网印刷技术、纳米压印技术、混合印刷技术、转印技术等。在讲述印刷碳纳米管薄膜晶体管构建技术之前先简单介绍可用来构建印刷薄膜晶体管的印刷技术和印刷设备, 然后分别列举构建 (印刷) 电极、有源层和介电层的一些实例。

5.1 印刷技术和常用印刷设备简介

印刷方法根据是否需要印版可分为有版与无版印刷两大类。有版印刷根据印版版型的不同可分为: 凸版印刷、凹版印刷、网版印刷、卷对卷印刷、卷对平印刷等。无版印刷是指在印刷过程中不需要任何掩模, 直接或间接把油墨或墨水沉积在承印物上的印刷方法。无版印刷主要是喷墨打印。喷墨打印中根据墨滴喷出方式还可以细分成连续喷墨、按需喷墨、气流喷墨和电流体动力学喷墨等。不同印刷技术的原理和特点不尽相同, 所以不同印刷技术对印刷墨水和衬底等都有不同要求。半导体型碳纳米管墨水、介电墨水和导电墨水的黏度、表面张力、沸点、溶剂种类等都不尽相同, 因此往往需要两种或以上印刷技术才能够构建出性能良好的印刷碳纳米管薄膜晶体管器件。下面先介绍用于构建薄膜晶体管常用的几种印刷设备和印刷工艺。

5.1.1 凹版印刷

凹版印刷的工作原理: 凹版印刷的印版上的图案由大量网穴组成。在印刷时先将油墨涂满整个印版, 然后利用刮墨刀刮掉印版上空白部分的油墨, 而留在凹版网穴中的油墨则可以在压力的作用下通过中间载体直接或间接地转移到承印物的表面, 如图 5.1 所示。凹版印刷的优势包括: ① 适合使用黏度较低的油墨, 对油墨的兼容性比喷墨打印好, 可以使用含较大固体颗粒的油墨; ② 印刷原理和机械结构简单, 较容易实现高速生产; ③ 适用于印刷非吸收性的承印材料, 与印刷电子产品制造的需求相符等。这种印刷方法可用于薄膜晶体管、太阳能电池、有机发光器件和复杂功能电路等印刷电子器件的制造。卷对卷凹版印刷技术已应用于碳纳米管薄膜晶体管和电路等相关领域中。但它也存在一些不足: ① 制版成本非常昂贵。与喷墨打印等无版印刷技术相比, 凹版的制版周期长, 价格昂贵, 且不稳定因素多。只有印刷量足够大才符合经济效益。② 凹版印刷使用的刚性印版决定了这种印刷方法对承印材料有一定的范围限制。而且对于刚性且表面不平整的材料, 直接凹版印刷的应用难度更大。

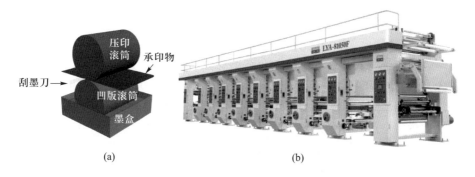

图 5.1　(a) 凹版印刷过程示意图; (b) 大型凹版印刷设备

5.1.2　凸版印刷

凸版印刷将需印制的图案设计在印版滚筒表面, 呈凸起结构形式。相对于凹版印刷而言, 凸版印刷的图案高于空白版面, 附着油墨后直接印在衬底表面, 有效避免了油墨在承印衬底表面的移动和扩散。凸版印刷的印版通常采用橡胶或其他弹性固体, 对承印衬底的材质要求较低。墨槽里的油墨通过墨斗辊将油墨填充在网纹辊上, 在刮墨刀刮除多余的油墨后, 网纹辊将其表面的油墨转移到印版滚筒上, 随后加压辊和印版滚筒共同作用在承印衬底表面, 印制出所需图案 (如图 5.2 所示)。由于墨水需要负载在网纹辊上, 凸版印刷所需的油墨黏度要高于凹版印刷所需的油墨黏度。

5.1.3　丝网印刷

丝网印刷的工作原理如图 5.3 所示, 在印刷过程中先将网版固定于承印物的上方, 将印制的油墨堆积在印版上, 然后移动刮墨板对油墨进行刮压, 使其透过网版的图像区域渗流到承印物表面, 从而实现图案的复制。丝网印刷

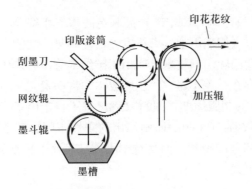

图 5.2　凸版印刷示意图

的网版制作是将光敏性的聚酯涂布在编织好的丝网上, 覆上带有需印制图案的分光板后经紫外线 (UV) 曝光, 之后洗掉未曝光部分。与其他印刷方式相比, 丝网印刷的优势在于: ① 制版和印刷方法简便, 设备投资少, 成本低, 易于小批量化生产, 经济效益好; ② 不受承印物种类、尺寸、形状以及表面材质的限制; ③ 对油墨的适应性强, 且印刷所得的墨层厚, 通常可达 $1 \sim 10 \ \mu m$。丝网印刷常被用于构建各种印刷传感器、薄膜开关、薄膜晶体管、有机发光器件和太阳能电池等电子元件。

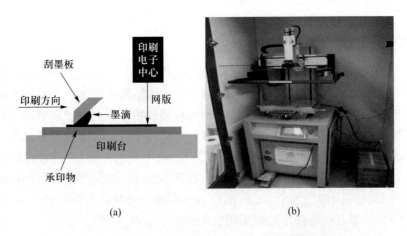

(a)　　　　　　　　　　　　　　　　(b)

图 5.3　(a) 丝网印刷过程示意图; (b) 丝网印刷机

尽管丝网印刷有其独特的优势, 但丝网印刷技术在构建印刷电子器件过程中仍然存在着一些挑战。它不适合用于印刷一些有机和聚合物电子功能材料。主要缘由是有些有机和聚合物溶液的黏度通常较低, 在配备网版印刷所用的油墨时需要向原溶液中添加一些连接料、填料、助剂等辅助材料才能满足网版印刷工艺所需油墨的条件。然而添加的这些辅助材料所带来的问题就是印刷所制备的器件电学性能显著下降，或者印制后需要对器件进行高温处理或反复清洗等。

墨水的黏度、网孔的尺寸、刮刀的硬度、压力大小和刮涂速度等都会影响到印刷质量。低黏度墨水会导致墨水在承印衬底表面扩散严重，印制的图案过薄；丝网网孔的尺寸越小，印刷的图案精度越高；刮刀越软，重复印刷次数越多，印制的图案越厚实。通常印制的图案厚度跟图案的导电性呈正相关，而与图案的机械性能呈负相关，在印制电子器件时需要考虑权衡两者之间的关系。

5.1.4 喷墨打印

喷墨打印分为连续喷墨打印和按需喷墨打印两大类。连续喷墨打印机的工作原理如图 5.4 所示，打印机在工作时喷头所喷出的墨滴是连续不间断的，通过计算机的控制，喷头中部分墨滴被充以静电，随后喷出的所有墨滴通过喷头自带的墨滴偏转系统来控制构成图案的墨滴到达承印物上的指定位置，而其他墨滴则进入油墨回收系统。按需喷墨式打印机的工作原理如图 5.5 所示，通过电脉冲信号来控制墨滴的产生和喷射，只在承印材料需要覆盖油墨时才喷出墨滴。与连续喷墨打印机的喷头相比，按需喷墨打印机喷头的结构大幅简化，摆脱了连续喷墨喷头结构的固有不可靠性，油墨的利用率也显著提高。喷墨打印的优势在于使用简单、耗费材料少、无需制版、承印材料范围广等。

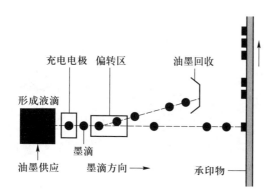

图 5.4 连续喷墨打印工作原理示意图

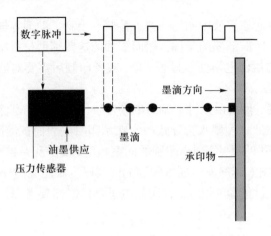

图 5.5   按需喷墨打印工作原理示意图

按需喷墨有两种墨滴挤出方式: 热泡式与压电式。目前实验室常用的喷墨打印技术主要基于压电喷墨的工作原理。压电喷墨是通过对压电材料 (如钛酸钡等) 施加一定的电压, 利用压电材料所产生的形变使墨室腔体积发生变化, 从而挤出墨滴, 从喷嘴喷出。当撤去外加电压之后, 压电材料恢复初始形状, 使得墨室重新填墨。压电喷墨相对于热泡喷墨而言, 具有墨滴尺寸更小、图像分辨率更高、对电子墨水组成没有影响 (不需要加热) 等优势。如 Dimatix 公司的 DMP−2831 和 DMP−5005 等型号的喷墨打印机都是基于这一原理 (如图 5.6 所示)。其特色在于将墨盒和喷头集成在一个卡匣上 (如图 5.7 所示), 采用可随时插拔的卡匣可快速更换喷头和墨盒, 从而可以做到迅速更换墨水。

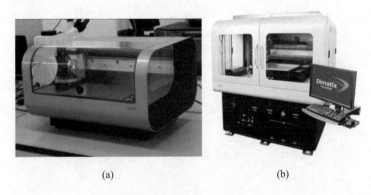

(a)   (b)

图 5.6   (a) Dimatix 公司 DMP−2831 压电喷墨打印机; (b) Dimatix 公司的升级版产品 DMP−5005 压电喷墨打印机

图 5.7　Dimatix 公司 DMP–2831 压电喷墨打印机卡匣光学照片图

　　喷墨印刷虽然有着不可替代的优势, 但在构建印刷电子器件过程中也存在着一些缺陷: ① 喷墨打印对油墨的物理性质要求相对苛刻, 特别是油墨的黏度、表面张力、挥发性等必须控制在相对狭小的范围内, 其中墨水的黏度、表面张力与墨滴的喷射效果有着直接的联系, 也会对油墨在承印表面的形貌产生重要影响; ② 采用喷墨打印图案的最小像素点通常大于 20 μm, 这是由所喷射的墨滴体积很难小于皮升级别导致的; ③ 喷墨打印机采用的是逐滴喷墨的原理, 所喷射墨滴的单滴体积也很小, 因此印刷大面积图案的速度比较慢, 需要通过增加喷头的数量来加以弥补。工业上是采用多喷头的方式 (128 个甚至更多的喷头) 提高印刷速度, 但是在实际应用中堵喷嘴的现象时有发生, 所以仍需安装检测喷嘴堵塞的装置, 以便能够及时发现并且替换已堵喷嘴。Dimatrix 和 Kateeva 公司都在开发工业用喷墨打印机, 如 Dimatix 3000

图 5.8　美国 Kateeva 公司研发的超大型喷墨打印机 YIELDJet

和 Kateeva YIELDJet 等喷墨打印机。据报道, YIELDJet (如图 5.8 所示) 打印机液滴滴下的位置精确度可达到 9 μm 以内, 可同时开启 6 组喷头, 每滴液滴体积大小可控制其精度在 5% 以内, 能够保证每片涂布的均匀性达到 5% 以内。这些大型设备的开发为印刷电子批量化制备奠定了良好的基础。

5.1.5　气流喷印

气流喷印也被称为气溶胶喷墨打印, 图 5.9 为 Aerosol Jet 300P 喷墨打印机。其工作原理是首先需要对油墨进行雾化处理, 雾化的方式包括超声和气动雾化, 油墨雾化形成直径为 1~5 μm 的液滴与通入的工作气体混合形成气溶胶, 然后通过载气气流将这些气溶胶运送到喷头处。为了能够让所喷射的气溶胶态的油墨最后汇聚成稳定的气溶胶细线, 在具有夹层结构的喷头喷出的气溶胶细束外围有一圈环绕气流, 在它的作用下将使气溶胶细束最后的落点位于小于喷嘴直径 1/10 的范围内。相对于喷墨打印而言, 气流喷印的最大优势在于只要油墨能够成功雾化, 较大黏度范围内的油墨都可以打印, 并且具有较高分辨率, 最小可打印 5 μm 的线条。而以上介绍的喷墨打印最高分辨率约 20 μm。

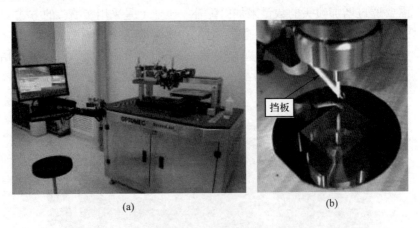

(a)　　　　　　　　(b)

图 5.9　(a) Aerosol Jet 300P 打印机; (b) 气流喷印设备的喷嘴

气流喷印在应用中也存在着一些缺陷: ① 具有滞后性。气流喷印需要保证稳定的气流参数才能拥有良好的喷印效果, 然而通过调节气流参数来改变喷印出墨的状态有一定的滞后性, 这将导致该设备只能进行连续式印刷, 无法改成按需供墨。图案化喷墨通过挡板方式来控制墨水是否落到承印物表面。② 印刷速度偏慢。由于气流喷印设备是单喷嘴结构, 对于大面积图案的打印速度就会显得很慢。③ 打印散点问题。虽然对气流喷印仪器的气路进行了改良, 雾化的墨滴从喷头喷出时还是很难完全聚集到一起, 因此在打印图案的周围还是有很多散落点。④ 印刷组分具有不确定性。在喷墨印刷过程中气溶胶中的组分在不断变化, 这样会影响印刷电子器件的性能。

5.1.6 纳米材料沉积喷墨打印系统

SonoPlot Microplotter II 是世界上最先进、最精密的微纳米打印系统之一, 又名纳米材料沉积喷墨打印系统 (如图 5.10 所示)。系统采用低频超声谐振释放技术, 墨水连续流出, 不需要加热和剪切应力挤压作用, 在打印连续性和均匀性方面、打印材料黏度范围以及精确定位定量释放方面具有独特的优势, 可得到真正连续打印图形。由于喷嘴与衬底距离比较近, 没有飞墨或斜喷现象, 因此没有散点产生。由于墨滴与衬底无撞击力, 也不容易扩散, 因此无需特殊处理衬底。可打印黏度范围广, 扩展了材料适用范围, 同时不存在频繁堵喷头问题。此设备可制作 5 μm 线宽, 释放体积最小为 0.6 pL, 打印黏度范围最高可到 1 200 cP, 可控超声湿度罩的配置进一步提高了设备的对于易挥发溶剂的适用性。完美解决了传统喷墨打印技术打印不连续、经常堵塞、薄膜不均匀以及更换喷头昂贵等诸多技术瓶颈。再加上调试的可重复性, 使得此仪器广泛用于聚合物光电器件、生物电子、有机电子、碳纳米管和石墨烯器件和微电子微机电系统 (MEMS) 等领域。在 5.2.1 节将会简单介绍用 Sonoplot Microplotter II 系统并结合自组装技术获得金源漏电极阵列的应用实例。

图 5.10   Sonoplot Microplotter II 系统光学照片图

5.1.7   电流体动力学喷印

根据电流体动力学原理, 可以直接利用外加电场作用诱导油墨在喷嘴处发生变形, 从而实现油墨的喷射。基于该原理的喷射打印通常称为电流体动力学喷印 (如图 5.11 所示)。相比传统的喷墨方法, 这类方法可以有效简化喷头结构, 并在最小打印尺寸、油墨适用范围等方面较其他喷墨式印刷方法拥有独特的优势。对于普通的喷墨打印技术而言, 当喷嘴的直径减小到 $10\ \mu m$ 以下时, 即使没有固体颗粒堵塞喷嘴, 墨水也会因为自身的黏度及表面张力而产生极大的喷射阻力, 很难通过压电法喷出墨滴。作为对比, 以电流体动力学为工作原理的微喷印技术则可以采用 $300\ nm$ 甚至更小直径的喷嘴喷射出油墨, 从而实现 $240\ nm$ 左右的超高分辨率打印。利用这种技术可以构建出纳米级的印刷电极, 因此可用来构建窄沟道薄膜晶体管器件。在后面将会简单介绍利用该技术构建银源漏电极以及薄膜晶体管器件。

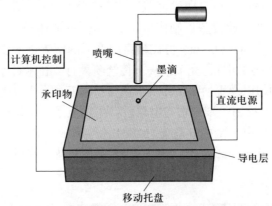

图 5.11   电流体动力学喷印原理示意图

5.2   印刷碳纳米管薄膜晶体管器件构建技术

晶体管构建方法包括传统的物理方法如电子束蒸发、热蒸发、磁控溅射、PECVD 和 ALD 等方法制备源、漏和栅电极以及介电层, 溶液法或印刷法沉积碳纳米管有源层。当然通过溶液法和印刷方法也可以制备电极和介电层, 但相比于用传统方法得到的器件, 性能还存在较大差异。随着印刷工艺、器件结构和印刷墨水的不断优化, 全印刷薄膜晶体管器件的性能在不断提升。下面简单介绍碳纳米管薄膜晶体管各个组成部分 (电极、有源层和介电层) 的构建技术, 重点介绍溶液法制备各层技术, 其他方法只作简单介绍。

5.2.1　电极构建技术

构建碳纳米管薄膜晶体管所用电极需要具备如下几方面特征: ① 应尽量与碳纳米管的功函数匹配; ② 电极表面尽可能平整、厚度需要控制在 300 nm 以下; ③ 电极与衬底的结合力强。另外要求源漏电极材料电阻率低、与半导体型碳纳米管之间的接触电阻小, 还要考虑电极材料的物理和化学稳定性。金和钯与碳纳米管的功函数匹配, 且与碳纳米管的浸润性也很好, 通常选用金和钯作为碳纳米管薄膜晶体管源漏电极。当采用低功函数的钇和钪作为源、漏电极时, 有利于电子的传输, 单根碳纳米管薄膜晶体管表现出性能良好的 N 型器件特性。栅电极可选范围很广, 可以是铝、钛、铬、钼 (钼铌合金)、钨、钽、金、钯和镍等导电材料。除了金属材料以外还有其他一些无机材料如碳纳米管、石墨烯、石墨烯氧化物等可以充当源电极、漏电极和栅电极, 此外一些有机导电材料如聚 3,4-乙撑二氧噻吩 (PEDOT) 等都可以充当栅电极材料。在印刷碳纳米管薄膜晶体管器件构建过程中, 电极构建方法主要包括以下几种。

5.2.1.1　印刷法

印刷法是指通过现代印刷技术把导电墨水或导电墨水前驱体通过合适的后处理技术得到薄膜晶体管的源、漏和栅电极。印刷方法主要有喷墨打印、气溶胶喷墨打印、丝网印刷、凹版印刷和压印等。前面对各种印刷技术的特点已作了简单介绍, 本节仅列举一些制备印刷电极的方法及在薄膜晶体管应用的实例来加以说明。

1. 卷对卷凹版印刷

采用卷对卷凹版印刷技术能在柔性衬底如 PET 上快速构建出大面积金属电极阵列。这个领域最有名的研究组是韩国顺天大学的 Cho 教授研究组。该研究组在 2009 年起就开始研究卷对卷印刷技术构建全印刷柔性碳纳米管薄膜晶体管器件。2010 年该组在 IEEE 上报道了通过卷对卷印刷技术在 PET 柔性衬底上实现了大面积全印刷碳纳米管薄膜晶体管和射频识别 (RFID) 的构建[1]。其构建步骤包括如下几步: ① 先通过卷对卷印刷技术在柔性衬底上制备银栅底电极; ② 再通过卷对卷印刷技术在栅电极上印刷一层有机无机复合介电材料, 退火烘干后即可充当器件的介电层; ③ 然后通过卷对卷印刷技术在栅电极正上方的介电层上沉积银源电极和银漏电极; ④ 最后把碳纳米管墨水精确印刷沉积在源、漏电极之间, 得到全印刷碳纳米管薄膜晶体管器件和 13.56 MHz 的 RFID 标签 (如图 5.12 所示)。由于所采用的碳纳米管没有经过分离纯化处理, 得到的印刷碳纳米管薄膜晶体管器件性能不

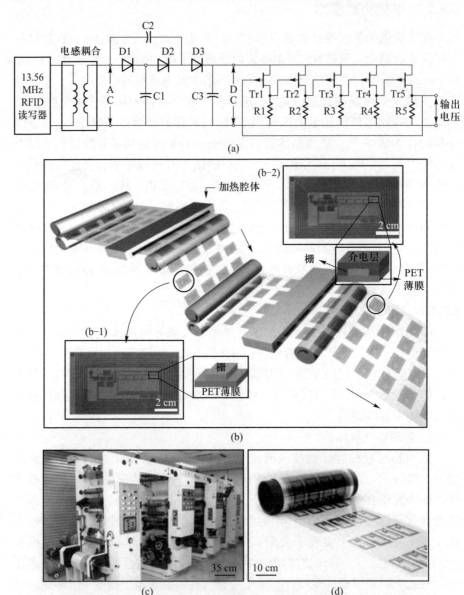

图 5.12   (a) 13.56 MHz RFID 标签的电路结构示意图; (b-1) 采用卷对卷凹版印刷工序在 PET 上得到银天线、电极和导线示意图 (第一道工序); (b-2) 第二道工序为高介电常数的介电材料选择性沉积在特定区域; (c) 前两道工序所采用的卷对卷凹版设备; (d) 用卷对卷印刷技术得到 13.56 MHz RFID 标签 (包含有 13.56 MHz 的天线、电极、导线和介电层)[1]

太理想。后来采用分离纯化的高纯半导体型碳纳米管在柔性衬底上制备出全印刷的压力和电化学传感器阵列[2]。这些报道为实现高性能全印刷薄膜晶体管器件及相关应用研究奠定了基础。随着印刷设备不断改造升级,层与层之间的印刷对位精度也在不断提高,目前对位精度可以达到 5 μm,有望实现高性能印刷薄膜晶体管器件的功能电路的大批量、快速制备。

2. 喷墨打印

喷墨打印操作简单,价格相对于便宜,利用该技术可以印刷源电极、漏电极、栅电极、有源层和介电层,因此喷墨打印技术是实验室最常用的印刷技术。随着银墨水、铜墨水以及其他导电墨水配方不断优化,通过喷墨打印很容易在柔性衬底和刚性衬底表面制备各种图形化的电极阵列,且在 100 ℃以下温度处理后,电极就能表现良好的导电性。用印刷的电极可构建出性能良好的薄膜晶体管器件、反相器和简单逻辑电路等。银的导电性好、化学性质稳定、后处理温度低,银墨水相对也比较成熟,所以银纳米颗粒导电墨水是实验室和工业上最常用的导电墨水。图 5.13 为通过喷墨打印在柔性衬底上构建的银底栅、源和漏电极阵列。印刷的银电极厚度在 100 nm 左右,器件的沟道长度可以控制在 30 μm 左右,印刷的银电极只需要在 120 ℃ 退火30 min,就能表现出良好的导电性。用印刷银电极构建的有机薄膜晶体管和碳纳米管薄膜晶体管都表现出较好的性能。喷墨用的铜纳米颗粒墨水也是当

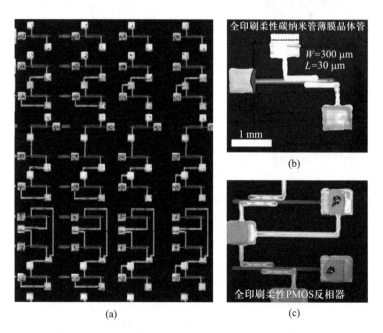

图 5.13　用喷墨打印方法在柔性衬底上构建的银底栅、源和漏电极阵列光学照片图

今研究的热点之一。由于铜纳米颗粒在空气中很容易被氧化, 在大气氛围下直接退火很难得到导电性良好的铜电极。通过氙灯或激光短时间高能量快速烧结能够得到性能良好的铜膜, 尤其在柔性衬底上, 还能显著提高铜与衬底之间的结合力。但这种方法得到的铜电极的表面粗糙度大, 厚度在 1 μm 以上, 这种印刷电极不适合构建薄膜晶体管器件。

碳纳米管和石墨烯导电性好、物理化学性质稳定, 也是配制喷墨导电墨水最常用的材料。Haruya Okimoto 等把碳纳米管分散在二甲基甲酰胺中得到稳定性好的碳纳米管墨水[3]。配制的碳纳米管墨水可直接用喷墨打印方法在二氧化硅/硅衬底表面印刷出碳纳米管薄膜电极。通过控制打印次数可得到不同厚度的碳纳米管薄膜电极。最后在沟道中沉积一层碳纳米管薄膜就得到了全印刷碳纳米管薄膜晶体管, 器件也表现出较好的性能 (如图 5.14 所示)。另外 Aurore Denneulin 等采用单壁碳纳米管和聚 3, 4-乙撑二氧噻吩-聚苯乙烯磺酸盐 (PEDOT–PSS) 配制成导电水相墨水, 并用喷墨打印技术在各种衬底上得到了导电性和成膜性好的碳纳米管混合电极[4]。相对于用二甲基甲酰胺配制的碳纳米管墨水而言, 水相碳纳米管墨水在印刷电子领域

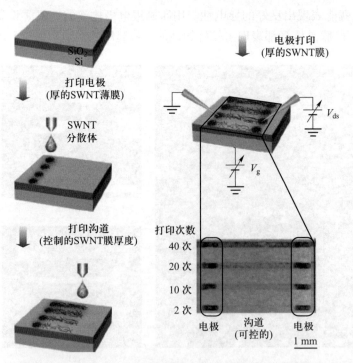

图 5.14　用喷墨打印技术在二氧化硅/硅衬底上构建碳纳米管薄膜电极和全印刷碳纳米管薄膜晶体管器件过程示意图[3]

具有更广阔的应用前景。

3. 气溶胶喷墨打印

气溶胶喷墨打印技术可以构建出分辨率较高的金和银电极, 最小线宽可以达到 10 μm 左右, 同时定位精度非常高 (偏差范围在 2 μm 左右), 加上该设备操作简单, 且可以通过调节墨水浓度、表面张力、载气流量、衬底表面温度等参数可控制印刷电极的厚度。但气溶胶喷墨打印设备相对较贵, 目前这种设备主要应用于一些基础研究, 很难推广到工业界。如图 5.15 所示, 利用气溶胶喷墨打印技术可选择性把银墨水沉积在器件的沟道中。即把事先设计好的 AutoCAD 图形输入电脑中, 选好参考点后开始打印, 就能得到如图 5.15 所示的印刷银栅电极和银连接导线。从图可以看出银栅电极的线宽约为 50 μm。构建的 CMOS 反相器在 10 kHz 时还能够正常工作, 且电压损耗较小 [如图 5.15(b) 所示]。

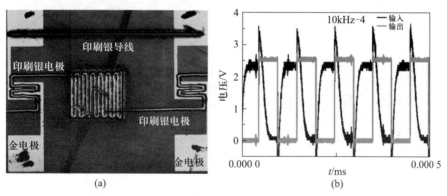

图 5.15　(a) 在柔性衬底上用气溶胶喷墨打印选择性把银墨水沉积在电极的沟道中并构建出 CMOS 反相器; (b)CMOS 反相器性能图

2016 年杜克大学 Franklin 研究组系统研究了气溶胶喷墨打印的银、金电极和金属碳纳米管电极作为源、漏电极对印刷碳纳米管薄膜晶体管器件性能的影响。发现了印刷电极的功函数、印刷器件结构 (底栅顶接触和底栅底接触) 等对印刷碳纳米管薄膜晶体管器件性能的影响规律[5]。研究表明底接触器件性能优于顶接触器件, 而底接触和顶接触共用时性能能够进一步提高。用碳纳米管作为电极时器件性能明显优于金和银电极。优化后的印刷碳纳米管薄膜晶体管器件迁移率可以达到 10 $cm^2 \cdot V^{-1} \cdot s^{-1}$, 开关比在 10^5 以上。图 5.16 分别为用气溶胶喷墨打印的银电极、金电极和碳纳米管电极的光学照片和 SEM 图以及沟道中的碳纳米管 SEM 图和 AFM 图。可以看出, 印刷电极的宽度在 40 μm 左右, 电极厚度约为 600 nm。银电极经过 150 ℃ 退火

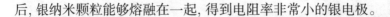

后, 银纳米颗粒能够熔融在一起, 得到电阻率非常小的银电极。

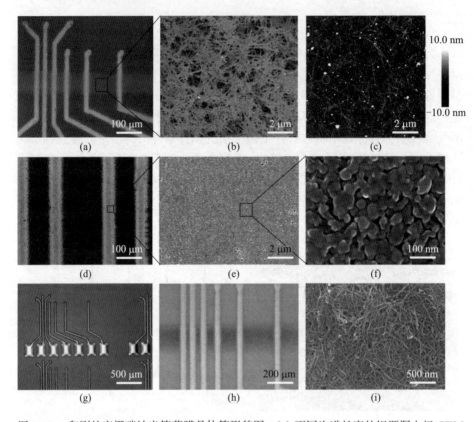

图 5.16   印刷的底栅碳纳米管薄膜晶体管形貌图。(a) 不同沟道长度的银源漏电极 SEM 图 (底栅底接触结构); (b) 沟道区域中通过印刷技术得到的碳纳米管 SEM 照片图; (c) 碳纳米管 AFM 照片图; (d) 印刷的银电极光学照片图, 线宽为 40 μm, 厚度为 600 nm; (e)、(f) 印刷的银电极经过 150 ℃ 退火 1 h 后的 SEM 照片图; (g)、(h) 印刷的金电极光学和 SEM 照片图; (i) 印刷的碳纳米管薄膜晶体管电极 SEM 照片[5]

4. 丝网印刷

丝网印刷设备简单、价格便宜, 是目前应用最广的一种印刷技术。实验证明丝网印刷的银电极可以充当印刷碳纳米管薄膜晶体管的栅、源和漏电极。2014 年加州大学周崇武教授研究组报道用丝网印刷的纳米银电极作为源、漏电极和顶栅电极, 在二氧化硅和柔性 PET 衬底上构建出迟滞小、开关比高的全印刷碳纳米管薄膜晶体管器件[6]。图 5.17 为丝网印刷方法构建全印刷碳纳米管薄膜晶体管过程示意图、器件结构示意图和全印刷碳纳米管薄膜晶体管阵列光学照片图。

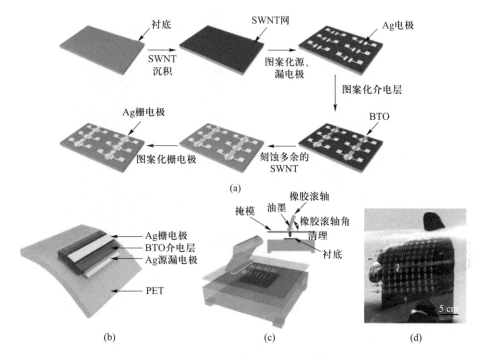

图 5.17　通过丝网印刷技术构建的全印刷碳纳米管薄膜晶体管器件。(a) 全印刷顶栅碳纳米管薄膜晶体管构建过程示意图; (b)、(c) 全印刷碳纳米管薄膜晶体管结构示意图和丝网印刷机结构和印刷过程示意图; (d) 在 PET 衬底上构建的全印刷碳纳米管薄膜晶体管阵列光学照片图[6]

之后, Pei Qibing 研究组用银纳米线调制出适合丝网印刷的水相银纳米线墨水, 通过丝网印刷在多种衬底上构建出可拉伸的透明电极[7]。图 5.18(a) 为丝网印刷过程示意图, 包括加墨、刮涂等步骤。图 5.18(b) 为通过丝网印刷在柔性衬底上得到的银纳米线源漏电极阵列光学照片图。从图 5.18(c) 和 (d) 可以看出, 银纳米线电极的边缘比较整齐, 银纳米线非常均匀、致密, 得到的银纳米线电极不需要烧结就能表现出良好的导电性。通过调整网版参数和墨水参数可在柔性衬底上得到沟道长度为 50 μm 的银纳米线电极阵列 [如图 5.19(a) 所示]。在此基础上, 再沉积碳纳米管、弹性介电层和银纳米线顶电极, 得到碳纳米管薄膜晶体管器件 [如图 5.19(b)~(d) 所示]。即使在绕折和拉伸条件下, 印刷碳纳米管薄膜晶体管器件的性能也没有发现明显的变化。

5. Sonoplot Microplotter II 系统印刷电极

Sonoplot Microplotter II 系统打印所需的墨水黏度范围比较宽, 用这种打印机可以打印多种功能墨水如银纳米粒子墨水、金纳米粒子墨水以及有

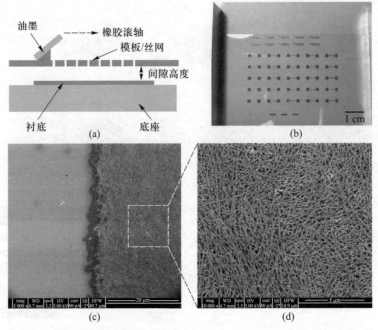

图 5.18   (a) 丝网印刷过程示意图; (b)PET 衬底上丝网印刷银纳米线电极阵列光学照片图; (c) 丝网印刷银纳米线电极边缘部分的 SEM 照片图; (d) 高放大倍数下得到的银纳米线网络照片图

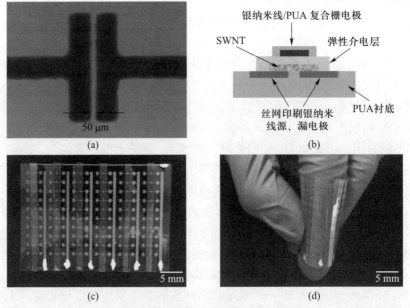

图 5.19   (a) 通过丝网印刷的沟道长和宽分别为 50 μm 和 1 000 μm 的印刷银纳米线源漏电极光学照片图; (b) 全印刷碳纳米管薄膜晶体管结构示意图; (c) 全印刷可拉伸的碳纳米管薄膜晶体管阵列 (10 ×6) 光学照片图; (d) 全印刷可拉伸的碳纳米管薄膜晶体管阵列缠绕在手指上的光学照片图[7]

机介电墨水和半导体型碳纳米管墨水。2017 年南加州大学周崇武教授研究组开发出一种自对准印刷技术并制备出超窄沟道的碳纳米管薄膜晶体管器件 (如图 5.20 所示)[8]。即用 40% 金纳米粒子墨水 (UTDAu40IJ, UT Dots, Inc.) 作为导电墨水, 用 Sonoplot Microplotter II 打印机在玻璃衬底上打印源电极和侧栅电极, 退火处理后, 把半导体型碳纳米管墨水选择性沉积在源电极的一侧 [如图 5.20(a) 所示], 通过自组装技术在金电极表面组装一层 1H, 1H,2H,2H−全氟辛硫醇使金电极表面由亲水性变成疏水性, 再在源电极上方打印金导电墨水实现自对准打印, 最后打印一层离子胶作为介电层, 得到超

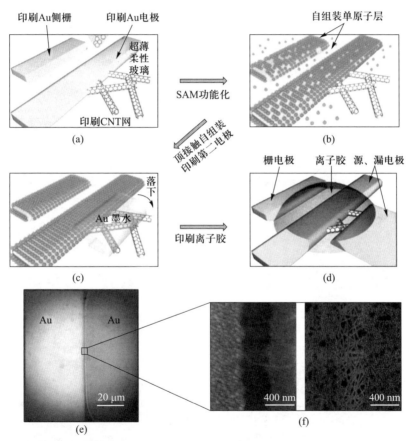

图 5.20　顶接触自组装印刷超窄沟道碳纳米管薄膜晶体管器件。(a∼d) 表示顶接触自组装印刷超窄沟道碳纳米管薄膜晶体管器件构建过程示意图: (a) 在碳纳米管薄膜表面印刷源电极和侧栅电极示意图; (b) 电极表面自组装全氟辛硫醇; (c) 在自组装功能化修饰的金电极表面通过自对准喷墨印刷技术得到漏电极; (d) 喷墨打印离子胶介电层; (e) 顶接触自组装印刷超窄沟道碳纳米管薄膜晶体管器件光学照片图; (f) 超窄沟道碳纳米管薄膜晶体管的 AFM 和 SEM 照片图 (金电极和沟道中的碳纳米管)[8]

窄沟道的顶接触碳纳米管薄膜晶体管器件 [如图 5.20(c)～(d) 所示]。从 AFM 图和 SEM 图可以看出, 器件的沟道长度在 400 nm 左右, 沟道中的碳纳米管的密度非常高而且分布比较均匀 [如图 5.20 (e)～(f) 所示]。

6. 转印技术

转印技术也是一种常用构建晶体管电极的方法。石墨烯在室温下传递电子的速度比已知导体都快, 而且功函数与碳纳米管的功函数匹配, 因此石墨烯是一种构建印刷碳纳米管薄膜晶体管理想的电极材料之一。如图 5.21 所

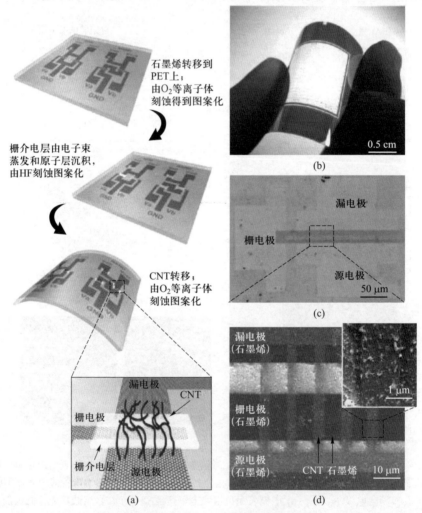

图 5.21 (a) PET 衬底表面构建的石墨烯电极和碳纳米管薄膜过程示意图; (b) 透明石墨烯–碳纳米管集成电路阵列光学图; (c) 单个石墨烯–碳纳米管晶体管光学图; (d) 晶体管部分放大的 SEM 图[9]

示, 先用化学气相沉积方法在铜、镍等金属薄膜表面生长出高质量、大面积的石墨烯薄膜, 然后转移到柔性和刚性衬底上, 得到平整的、大面积的石墨烯层, 再通过光刻和等离子刻蚀得到图形化的石墨烯电极[9,10]。

5.2.1.2 印刷技术与化学镀和电刷镀技术等多种技术联用

前面提到的方法都是先得到微米级或纳米级的导电材料, 再调配成适合喷墨、丝网或凹版印刷等要求的墨水或浆料。此外还有一些多技术联用方法来制备电极, 这些方法得到的电极厚度可控、功函数可调, 非常适合制备印刷薄膜晶体管所需要的电极。下面分别对这些技术作简单介绍。

1. 聚合物辅助金属沉积法 (polymer-assisted metal deposition, PAMD)

聚合物辅助金属沉积法制备金属电极过程示意图如图 5.22 所示。具体包括如下 3 步: ① 在衬底表面选择性沉积 (喷墨印刷、丝网印刷和其他印刷技术) 带双功能团 (氨基和可以与衬底交联的基团) 的聚合物, 该聚合物在光照或热处理后可以与衬底表面的羟基或甲基等基团反应并被固定在基片表面; ② 将钯离子通过静电作用选择性固定到带氨基的聚合物表面, 当基片浸入化学镀溶液中后, 溶液中的还原剂把钯离子变为钯纳米粒子; ③ 在钯纳米粒子的催化作用下, 在基片表面得到银、金和镍等不同功函数的金属电极 (如图 5.22 所示)。采用这种方法可以在 PET、PI、纸、PDMS、纤维等衬底表面沉积银、金和镍等多种金属 (如图 5.23 所示)[11]。这种方法构建的电极

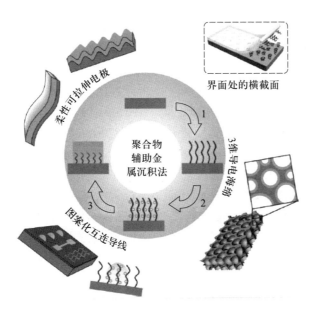

图 5.22 聚合物辅助金属沉积法过程示意图以及相关应用

与衬底的结合力强，即使在拉伸和弯折状态下也不会脱离，可以制作各种印刷电子器件的电极、连接导线以及 3D 导电海绵等。聚合物辅助金属沉积法制备的金属电极在柔性电子和可穿戴电子等领域有广泛的应用前景。

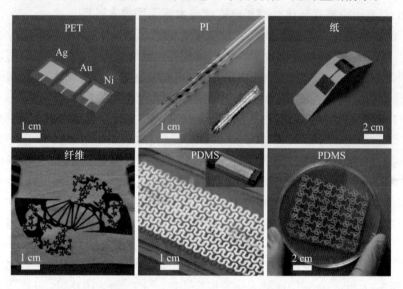

图 5.23　通过喷墨打印和丝网印刷在 PET、PI、纸、PDMS 和纤维等衬底上得到的金、铜和银电极以及各种形状的连接导线 [11]

前面讲到的电流体动力学喷印技术可用来制备精细的金属导线。下面简单介绍一种通过电流体动力学喷印技术并结合化学镀技术来构建金纳米线阵列的方法。其构建过程如图 5.24(a) 所示，先通过电流体动力学喷印技术在衬底表面沉积 P4VP 纳米线阵列，再通过化学镀在 P4VP 表面沉积一层金纳米颗粒得到金纳米线阵列 [12]。从图 5.24(b) 和 (c) 可以看出，印刷的 P4VP 平行线和波浪形的宽度能够控制在 372 nm 左右。另外探讨了紫外臭氧处理对 P4VP 分子结构的影响以及水对 P4VP 纳米线图案的影响。通过傅里叶红外光谱表征发现经过紫外臭氧处理后，衬底表面可以检测到羰基 [如图 5.24(d) 所示]。如果 P4VP 表面不经过紫外臭氧处理，P4VP 纳米线很容易被水浸蚀，而经过紫外臭氧处理 30 min 后，再浸入到水中，P4VP 纳米线的形貌不会发生明显的改变，即 P4VP 纳米线经过紫外臭氧处理后再化学镀金，P4VP 纳米线的形貌不会发生改变，因此很容易在其表面沉积一层致密的金膜。

另外对 P4VP 表面化学镀金的机理也进行了研究，如图 5.25 所示，首先氯金酸根离子通过静电作用吸附在经过紫外臭氧处理后的 P4VP 表面，然后

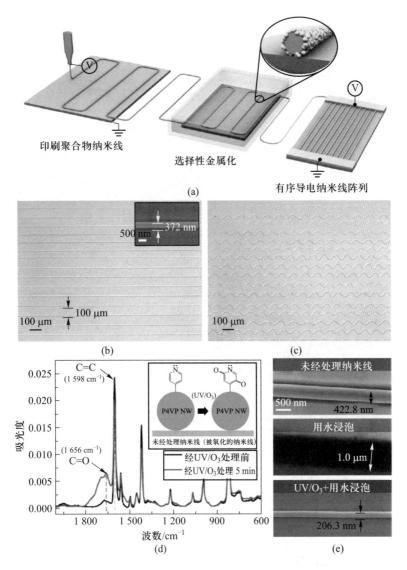

图 5.24 高度有序的 P4VP 模板阵列制备。(a) 高度有序的导电纳米线阵列构建过程示意图; (b)、(c) 通过电流体动力学喷印技术得到的平行线 (b) 和波浪形 (c) P4VP 纳米线阵列图, 其中线宽在 372 nm, 纳米线之间的距离约为 100 μm, 插图为 P4VP 纳米线 SEM 照片图; (d) P4VP 纳米线经过紫外臭氧处理 5 min 前后的傅里叶红外光谱图, 插图为紫外臭氧处理 P4VP 纳米线前后的分子结构变化示意图; (e) P4VP 纳米线 (上) 以及纳米线未经过紫外臭氧处理直接浸泡在水中 30 min (中) 和经过臭氧处理后再用水浸泡 30 min 的 SEM 图 (下)[12]。(参见书后彩图)

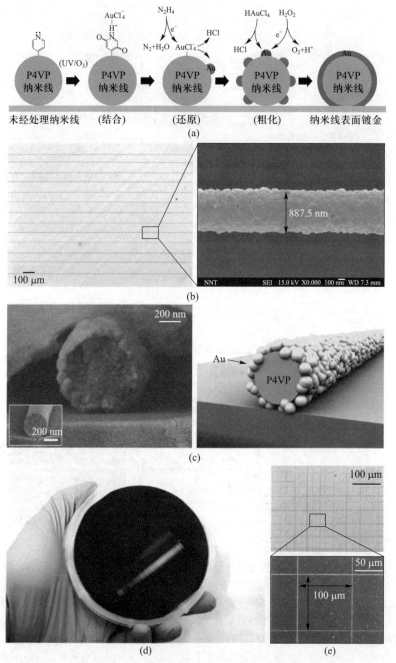

图 5.25 纳米线表面化学镀金。(a) P4VP 纳米线表面化学镀金过程示意图; (b) 平行的
金纳米线阵列 (间隔 100 μm 左右) 以及放大的金纳米线 SEM 图; (c) 化学镀金得到的金
纳米线侧面 SEM 图 (左边) 以及其示意图 (右边); (d)、(e) 4 in 硅片上构建的纳米线图
案化学镀金前 (d) 和后 (e) 照片图[12]

在还原剂肼的作用下把氯金酸根离子还原成单质金, 再在金自催化作用下进一步把氯金酸根离子还原成单质金, 在 P4VP 表面得到一层致密的金膜 [如图 5.25(b) 和 (c) 所示][12]。另外通过这种方法在 4 in①硅片上印刷出 P4VP 纳米线阵列, 并结合化学镀技术得到了大面积的金纳米线阵列。

2. 直接沉积催化剂法

前面讲到的聚合物辅助金属沉积法需要先在衬底上沉积一层催化剂载体, 再固定催化剂, 然后化学镀。而直接沉积催化剂法是指通过喷墨打印等技术直接把催化剂选择性沉积在衬底表面, 然后化学镀铜、镍和金等得到图形化电极阵列。利用这种技术可在纸基衬底上印刷出铜电极阵列。如图 5.26 所示, 先在纸基衬底上先旋涂一层溶胶用于固定催化剂, 再用喷墨打印技术选择性沉积催化剂, 然后化学镀得到相应的金属电极阵列[13]。相对于前面讲到的聚合物辅助沉积法而言, 这种技术不需要沉积聚合物载体, 因此操作更加简单, 但这种技术的最大挑战是墨水容易堵喷头。因为大多催化剂溶液呈酸性, 容易腐蚀喷头 (如 Dimatrix 2831), 导致喷头堵塞。如能开发出一些中性催化剂墨水就能够克服这一难题, 有望在印刷电子领域中得到广泛应用。

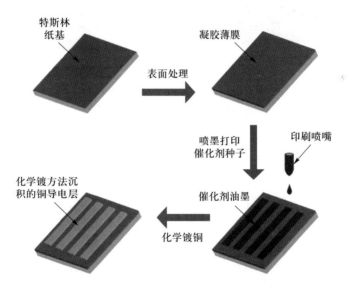

图 5.26   在纸基上喷墨打印催化剂种子然后通过化学镀得到图形化的铜电极[13]

3. 混合印刷技术

作者所在的科研团队开发的一种新型混合印刷技术。该工艺的过程如图

---

① 长度单位, 英寸。1 in=25.4 mm, 余同。

5.27 所示, 先通过压印技术在衬底 (刚性、柔性衬底都可以) 表面得到图形化的凹槽, 再通过刮涂技术把功能材料如导电银浆填充到凹槽中, 通过热处理后得到高分辨率埋入式银导线。利用这种技术已经制备出金属网格型透明导电膜, 并已应用于触摸屏等领域。这种技术具有如下优点: ① 大面积、快速、低成本构建柔性透明导电膜; ② 电阻率低 (方块电阻低于 0.1 Ω)、线宽窄 (可小于 2 μm)。结合化学镀和电刷镀技术可以在各种衬底表面得到电阻率低、线宽窄以及不同功函数的金属电极, 如银、金、铜、镍和锡等金属电极。因此这种技术可用于构建印刷碳纳米管薄膜晶体管所需的源、漏电极。

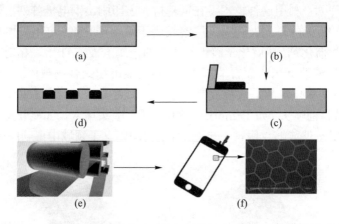

图 5.27 (a)~(d) 混合印刷技术构建透明导电薄膜构建过程; (e) 卷对卷印刷制备透明导电薄膜; (f) 金属网格型透明导电薄膜用于触摸屏, 插图为透明导电膜的银网格电极光学照片图

作者所在科研团队已经用上述混合印刷技术并结合气溶胶喷墨打印, 在 PET 衬底上构建出全印刷的碳纳米管薄膜晶体管器件。如图 5.27 所示, 先通过混合印刷技术在 PET 上得到大面积、不同沟道长度的银源漏电极阵列。经过化学镀铜 15 min 后, 电极由银白色逐渐变为红色 [如图 5.28(a) 和 (c) 所示]。再通过气溶胶喷墨打印把半导体型碳纳米管选择性沉积在器件的沟道中, 然后打印侧栅电极 (银电极) 和离子胶介电层, 得到全印刷碳纳米管薄膜晶体管器件 [如图 5.28(b) 所示]。

上述混合印刷技术结合电刷镀和化学镀等方法可把银电极变成铜、镍、锡和金电极等, 下面举例说明金电极的制作工艺流程, 如图 5.29 所示。先通过混合印刷方法得到银电极阵列, 然后利用电刷镀技术在银电极表面沉积一层金, 得到金电极阵列。图 5.30 为电刷镀前后混合印刷银电极的光学照片和电极高度分布。从图 5.30(a) 和 (b) 可以看出, 电刷镀前银电极颜色比较暗

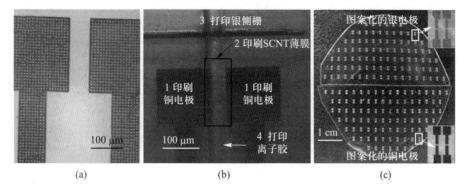

图 5.28 (a) 混合印刷技术得到的银电极化学镀铜后得到的一对铜电极光学照片图; (b) 全印刷碳纳米管薄膜晶体管器件光学照片图; (c) PET 衬底上的银电极阵列化学镀铜前后的光学照片对比图

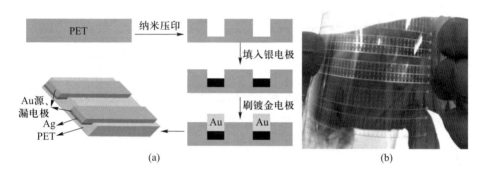

图 5.29 (a) 金电极阵列制作工艺; (b) 刷镀后的金电极阵列光学照片

淡, 电刷镀金后电极颜色变亮 [如图 5.30(b) 所示]。图 5.30(c) 和 (d) 分别为电刷镀前后的电极高度变化图。压印的凹槽深度约为 2 μm, 填入导电银浆后, 从图 5.30(c) 可以看出银电极比 PET 表面低约 600 nm 左右, 说明填充的银厚度约为 1.4 μm。电刷镀金 2 min 后, 银表面沉积了一层金黄色的金属镀层, 镀层高度比 PET 表面约高出 100~200 nm [如图 5.30(d) 所示]。说明采用混合印刷并结合电刷镀技术可以在 PET 衬底上构建出大面积金电极阵列。用 KPFM 测试了金属镀层的功函数, 发现其功函数约为 4.9 eV, 比理论值稍低一些 (<5.1 eV)。这可能是在电刷镀过程中有其他杂质如氧化物等掺杂到金电极中, 使其功函数稍低于纯金的功函数。总之, 通过混合印刷技术可以在柔性衬底上快速构建出大面积的银和金等多种金属电极阵列。通过调整凹槽的宽度可以得到线宽仅为 1 μm 左右的金属导线, 这为印刷窄沟道器

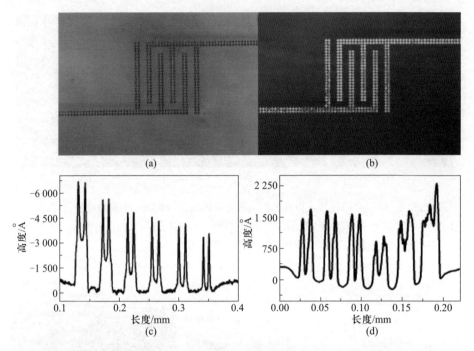

图 5.30   纳米压印构建的银电极和电刷镀前 (a) 和后 (b) 的光学照片图以及电刷镀前 (c) 和后 (d) 的电极高度分布图

件的批量化制备奠定了基础。

4. 深紫外光辅助技术

深紫外光通过掩模辐照可以在超疏水的衬底表面产生超亲水图形。水性导电墨滴涂覆到这个超亲水图案表面可自动形成该图案的导电电极。利用这种方法已经得到线宽为 1 μm 的金导线。电极制作过程如图 5.31 所示, 深紫外光经过一凹面镜反射后得到一组平行光线 [图 5.31(a) 所示], 平行光线通过掩模后在衬底表面形成紫外光图案, 在图形化的紫外光照射可在聚对二甲苯 (parylene) 和二氧化硅薄膜表面形成超亲水图案 [如图 5.31(b) 所示][14]。将金纳米颗粒导电墨水滴加在衬底上, 并沿特定的方向刮涂金纳米颗粒导电墨水, 金纳米颗粒自动选择性沉积在亲水区域, 待溶剂挥发后得到由金纳米粒子组成的金导线和电极 [如图 5.31(b) 所示]。

采用不同线宽的光掩模就能得到各种沟道长度的金电极, 最小线宽可至 1 μm 左右, 如图 5.32 所示。通过比较用这种方法制备的金电极与电子束蒸发制备的金电极的有机薄膜晶体管, 发现两者性能没有明显差异。该技术为

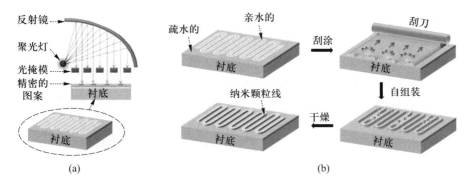

图 5.31 (a) 深紫外平行光照射下聚合物表面逐渐由疏水特性转变为亲水特性; (b) 通过自组装在图形化的衬底表面自发形成高分辨率的电路。红色和黑色箭头分别表示刮涂方向以及金导电墨水在图形化区域的收缩方向[14]

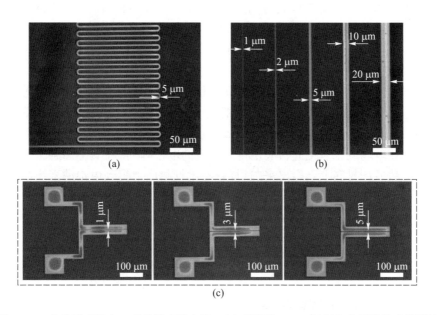

图 5.32 自发形成复杂、高分辨率的电路。(a) 线宽为 5 μm 的复杂电子线路光学照片图; (b) 1~20 μm 线宽的金导线光学照片图; (c) 1 μm、3 μm 和 5 μm 沟道长度的器件的光学照片图[14]

溶液法或印刷技术制备窄沟道的薄膜晶体管器件提供了一种新方法。

5. 喷涂、旋涂和 Langmuir-Blodgett 技术

喷涂或旋涂成膜制作简单、成本低, 是制备薄膜晶体管电极、有源层和介电层常用的方法之一。喷涂通过喷枪或雾化器, 借助于压力或离心力将待

沉积的墨水分散成均匀而微细的雾滴, 沉积于衬底表面。它可以分为空气喷涂、无空气喷涂、静电喷涂以及上述基本喷涂形式的各种派生的方式等。通过控制气压、喷涂液浓度、衬底与喷嘴的距离、喷涂时间等可以调节薄膜的厚度。旋涂指基片垂直于自身表面的轴旋转, 同时把墨水涂覆在衬底上, 通过旋涂得到均匀薄膜的工艺。通过控制旋转速度、墨水浓度、衬底表面的亲疏水性等控制薄膜的厚度、均匀程度等。Langmuir-Blodgeet(LB) 技术是另一种常用的直接成膜方法, 可以制备具有各向异性层状的有序薄膜, 膜的均匀性较好, 可实现分子水平的膜厚精确控制。然而由于 LB 成膜在材料的设计上要求具有两亲性 (即分子中一端为亲水基团, 另一端为亲油基团的化合物), 材料合成难度较大, 拉膜时可能引入水分子, 不利于获得高性能的薄膜晶体管。因此, 目前有关 LB 成膜薄膜晶体管的报道非常有限。以上 3 种方法均已应用于晶体管电极制备, 但主要用于非金属电极制备, 这些材料主要包括碳基功能材料 (碳纳米管、石墨烯以及还原型石墨烯氧化物等) 和一些有机导电材料。下面列举一些基于旋涂、喷涂和 LB 成膜方法构建薄膜晶体管电极的实例。

常用来喷涂制备电极的材料有银纳米线、碳纳米管和氧化石墨烯等。首先将这些材料均匀分散在水或乙醇溶液中, 得到稳定的导电墨水, 在镂空掩模辅助下, 通过喷涂得到相应的源、漏电极。如图 5.33 所示, 把银纳米线墨水喷涂在玻璃或二氧化硅衬底上得到相应的电极阵列, 在其上面旋涂一层弹性材料然后从衬底上剥离出来, 这样就在柔性衬底上得到由银纳米线组成的

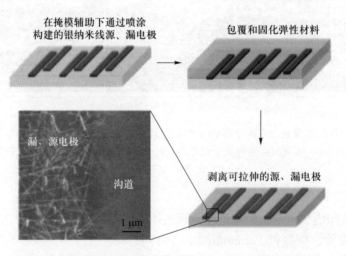

图 5.33　喷涂技术构建银纳米线源、漏电极过程示意图, 其中放大插图为银纳米线SEM 图[15]

电极阵列[15]。用该方法可以构建出性能良好的、可拉伸的印刷碳纳米管薄膜晶体管器件。

纳米碳材料如碳纳米管和石墨烯等也是常用的电极材料。Southard 等把碳纳米管分散到 1% 十二烷基磺酸钠水溶液中, 通过喷涂制备了碳纳米管薄膜电极, 并用制备的碳纳米管薄膜电极作为器件的源漏电极构建出性能良好的有机薄膜晶体管器件[16]。Fu 等用电弧放电法制备的大管径碳纳米管溶液作为导电墨水, 通过喷涂方法在 PET 柔性衬底上构建了全碳薄膜晶体管器件[17]。图 5.34 表示全碳薄膜晶体管器件的构建过程和器件的光学照片。

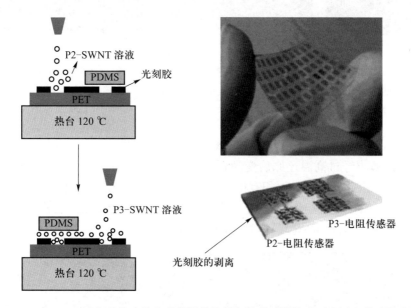

图 5.34 在 PET 衬底上构建的全碳薄膜晶体管气体传感器构建示意图和传感器光学照片图[17]

氧化石墨烯也可用来构建薄膜晶体管的源、漏电极。通过旋涂方法在二氧化硅衬底表面得到一层均一的氧化石墨烯薄膜, 用尖锐物等在氧化石墨烯表面构建划出不同长宽尺寸的氧化石墨烯电极, 再把催化剂二茂铁选择性沉积在氧化石墨烯表面, 然后通过化学气相沉积技术在电极之间生长一层碳纳米管薄膜, 得到全碳碳纳米管薄膜晶体管[18]。图 5.35 为氧化石墨烯的 AFM 图以及全碳纳米管薄膜晶体管器件和氧化石墨烯表面生长碳纳米管后的 SEM 图, 从图 5.35(a) 可以看出氧化石墨烯主要以单层为主, 其厚度大约为 1.2 nm。构建的全碳碳纳米管薄膜晶体管器件的沟道长度为 10 μm 左右 [如图 5.35(b) 所示]。在碳纳米管生长过程中, 氧化石墨烯也经受了高温处理,同时氧化石墨烯里面也生长出大量碳纳米管, 导致石墨烯电极导电性得到显著增加 [如图 5.35(c) 所示]。这种全碳碳纳米管薄膜晶体管器件的开关比和迁移率分别可以达到 10^5 和 $10 \ \mathrm{cm^2 \cdot V^{-1} \cdot s^{-1}}$。

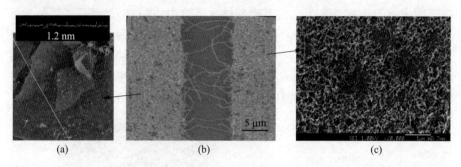

图 5.35　基于氧化石墨烯为源漏电极构建的全碳碳纳米管薄膜晶体管。(a) 通过旋涂方法在二氧化硅表面制备的氧化石墨烯薄膜 AFM 照片图; (b) 全碳碳纳米管薄膜晶体管器件 SEM 照片图; (c) 氧化石墨烯电极表面生长碳纳米管后的 SEM 照片图[18]

　　Paul 等通过 LB 成膜方法在玻璃表面制备了厚度为 4 nm 的氧化石墨烯薄膜, 该薄膜经过高温还原后变为石墨烯导电薄膜, 再通过光刻得到石墨烯电极阵列, 由此构建了大面积有机电子晶体管, 器件表现出优越的电性能 (如图 5.36 所示)[19]。这种石墨烯电极与碳纳米管的功函数匹配, 能构建出性能优越的印刷碳纳米管薄膜晶体管器件和电路。

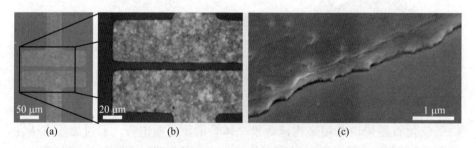

图 5.36　(a)、(b) 用 L-B 技术制备的氧化石墨烯源漏电极图片 (a) 和还原型氧化石墨烯电极光学照片 (b); (c) 电极边缘 SEM 图[19]

6. 传统微加工技术 (光刻 + 蒸镀)

　　晶体管源、漏电极以及栅电极材料通常是金、钯、铂、钪、钇、铜和钼等金属材料, 可以采用传统直流溅射、真空热蒸发或电子束蒸镀沉积技术形成金属薄膜。电极图形化制备方法包括光刻法和镂空掩模法, 光刻法又细分为刻蚀法和溶脱剥离 (lift-off) 法, 如图 5.37 所示。刻蚀法是先在衬底表面沉积一层金属薄膜, 再采用紫外曝光与湿法或干法腐蚀工艺在衬底表面形成源漏电极结构。湿法刻蚀工艺过程中, 金的刻蚀液为碘和碘化钾溶液 (I_3^- 溶液), 钼的刻蚀液为硝酸、磷酸和醋酸的混合溶液, 镍的刻蚀液为氯化铁溶液。这种方法制备得到的源、漏电极导电性能非常好, 电极致密均一, 同时与衬底的结合能力很强。用这种方法构建的晶体管器件表现出优越的电性能, 但制造工艺相对复杂, 成本较高, 需要光掩模等, 另外用到的刻蚀液和刻蚀残液对环境污染较大。lift-off 法是目前实验室最常用的方法, 先在衬底上旋涂一层光刻胶, 紫外曝光显影后形成光刻胶图案, 然后通过真空蒸发沉积金属, 最后把基片浸泡在丙酮中, 通过溶解光刻胶去除多余的金属层, 得到图案化的金属电极阵列。镂空掩模法即在电极蒸镀或溅射时, 在基片表面覆盖一个有镂空图案的掩模, 热蒸发或溅射材料通过掩模上的图案化透光区而直接沉积到衬底表面, 形成相应的图案化电极结构。该方法简单、快速, 掩模的价格便宜, 加工过程中不需要溶剂, 不会对有源层产生影响, 是实验室构建场效应晶体管器件较为广泛应用的一种方法。然而该方法受到模板上的镂空图形尺寸的限制, 无法实现较小的电极尺寸。如果模板图案尺寸太小, 在电极蒸镀过程中, 金属分子由于横向热运动使相邻源、漏电极之间也发生金属沉积, 导致沟道直接相通。此外如果在衬底表面直接沉积金电极, 金与衬底的结合能力不强, 电极容易脱落。为了增加与衬底的结合力, 通常在镀金前先蒸镀一层 5 nm 的金属钛或铬以增加电极与衬底的结合力。以上两种微加工方法在作者出版的专著《微纳米加工技术及其应用》(第三版, 高等教育出版社) 中均有详细介绍。

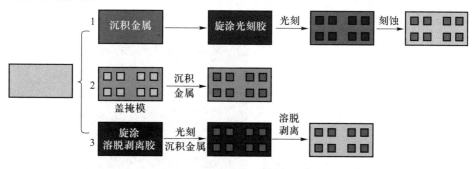

图 5.37 电极制备过程示意图

综上所述, 尽管传统光刻技术构建电极过程比较复杂、成本高, 但构建的电极各方面性能非常优异, 因此光刻技术与物理沉积相结合的电极制备技术仍然是构建薄膜晶体管电极最常用的方法。用印刷技术构建的电极与传统光刻技术得到的电极相比在性能上还有一定差距, 但随着印刷技术的发展尤其是混合技术, 以及新型印刷墨水的出现, 有望构建出性能好的碳纳米管薄膜晶体管器件所需要的电极。

5.2.2   有源层构建技术

采用印刷、旋涂、喷涂、点滴、提拉、浸泡和 CVD 生长 (如浮动催化裂解法等) 等方法都可以得到均匀的碳纳米管薄膜有源层, 并制备出性能较好的薄膜晶体管器件。第 2 章对 CVD 生长碳纳米管技术已作详细介绍, 在这里就不再一一叙述。这一章节只介绍基于溶液法和印刷方法制备碳纳米管薄膜方面的相关技术。

5.2.2.1   旋涂和喷涂法

5.2.1 节已对旋涂和喷涂作了详细介绍。旋涂和喷涂不仅可以制备薄膜晶体管的源、漏电极, 也是制备碳纳米管薄膜晶体管有源层最常用的方法之一, 即先把半导体型碳纳米管分散到某一溶剂中, 得到分散均匀的碳纳米管墨水, 再通过旋涂和喷涂构建有源层薄膜, 其制备步骤和过程与电极制备基本相同, 在这里就不再叙述了。

5.2.2.2   滴涂法

滴涂法是目前沉积碳纳米管薄膜最简单且非常有效的一种方法。其过程如图 5.38(a) 所示。用微量注射器吸取适量半导体型碳纳米管墨水, 然后把碳纳米管墨水滴加到器件的沟道内, 待溶剂自然挥发后, 用相同的溶剂或混合溶剂冲洗器件的沟道, 去除沟道中的多余聚合物或表面活性剂等。重复上面步骤直到薄膜晶体管器件的沟道电阻值达到预定值。沟道中的碳纳米管薄膜形貌如图 5.38(b) 所示。从 AFM 图可以看出沟道中的碳纳米管密度约

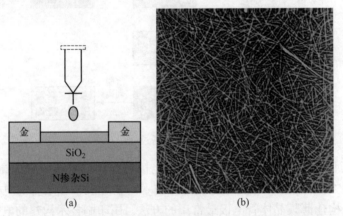

图 5.38   (a) 滴涂法构建碳纳米管薄膜晶体管示意图; (b) 沟道中的碳纳米管薄膜 AFM 照片图

为 30 根/μm, 薄膜较均匀, 且大多以单根的形式存在, 其长度在 1~3 μm 范围内, 得到的薄膜晶体管器件表现出高的开关比 (大于 10^6) 和高的开态电流 (5×10^{-4} A)。

由于滴涂法的液滴远大于晶体管沟道尺寸, 滴涂造成器件沟道外面也有碳纳米管, 在计算晶体管的电荷迁移率时会带来一定的误差 (计算得到的迁移率偏高)。为了减小误差, 通常将沟道内的半导体型碳纳米管用光刻胶等保护起来, 其余区域的半导体型碳纳米管用氧等离子体等刻蚀掉, 再测量器件的转移曲线和输出曲线, 计算出器件的迁移率, 所得到的器件迁移率、开关比等参数能够真实反映薄膜晶体管器件的性能。

5.2.2.3 浸泡法

浸泡法指把清洗干净的二氧化硅、玻璃、PET 等基材直接浸入半导体型碳纳米管溶液中, 让半导体型碳纳米管自然沉降在衬底表面, 得到均一、致密的碳纳米管薄膜 [如图 5.39(a) 所示]。用这种方法可以得到大面积均匀的碳纳米管薄膜, 但沉积时间往往需要 24 h 以上, 同时会在衬底表面或器件的界面引入大量的陷阱态, 这样的器件往往表现出较大的迟滞。

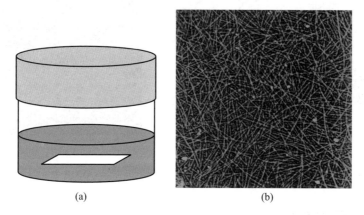

(a) (b)

图 5.39 (a) 浸泡法在 PET 衬底上沉积碳纳米管薄膜示意图; (b) 碳纳米管薄膜 AFM 照片

5.2.2.4 喷墨打印法

喷墨打印是构建印刷薄膜晶体管最常用的印刷技术之一。印刷薄膜晶体管的源电极、漏电极、栅电极、有源层和介电层都可以通过喷墨打印得到。喷墨打印技术已广泛应用于金属氧化物薄膜、碳纳米管薄膜、有机薄膜晶体管 (如并五苯薄膜) 等器件的制备。在 2009 年左右, Li 等在水相碳纳米管墨水中加入适量聚乙烯吡咯烷酮来控制墨水的黏度, 得到适合喷墨打印的碳纳米管墨水, 制备了长沟道碳纳米管薄膜晶体管器件, 器件的开关比接近 10^3。由于碳纳米管薄膜中含有大量的聚乙烯吡咯烷酮和表面活性剂, 这些物质的存在严重阻碍了载流子在沟道中的传输, 导致器件的迁移率和开关比都不太理想[20]。在 5.2.1 节介绍了 Haruya Okimoto 等用喷墨印刷技术构建薄膜晶体管电极和有源层, 并得到了性能良好的全碳薄膜晶体管。用共轭有机化合物包覆法分离的半导体型碳纳米管溶液可直接作为印刷半导体墨水, 通过喷墨打印方式可在不同衬底表面构建出高性能碳纳米管薄膜晶体管器件。图 5.40(a) 为气溶胶喷墨打印的碳纳米管薄膜晶体管器件转移曲线, 印刷薄膜晶体管器件的迁移率可达到 40 cm^2·V^{-1}·s^{-1} 左右, 开关比在 10^7 左右[21]。图 5.40(b) 为器件沟道中的碳纳米管薄膜 AFM 图。从图中可以看出, 尽管碳纳米管薄膜比较均匀, 但薄膜中仍有少量碳纳米管束。进一步优化实验条件如通过超高速离心去除碳纳米管墨水中的碳纳米管束等, 将有利于提高碳纳米管薄膜器件的电性能。

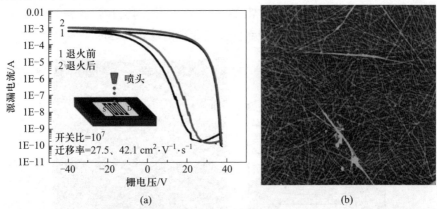

图 5.40　(a) 气溶胶喷墨打印的碳纳米管薄膜器件转移曲线; (b) 碳纳米管薄膜
AFM 图[21]

5.2.2.5　有序定向排列法

当半导体型碳纳米管在晶体管沟道中高密度有序定向排列时, 可显著降低载流子散射, 大幅度提高器件的开态电流、迁移率等, 这种结构有望在大规模集成电路得到推广和应用。因此基于溶液法构建有序定向排列的碳纳米管一直是碳基电子领域中的研究热点和难点。通常方法是在特定方向上施加特定大小的外力, 诱导半导体型碳纳米管在衬底表面形成有序定向排列。基于溶液构建有序排列的碳纳米管的方法有旋涂法、倾斜模板法、电泳法、LB法、悬浮蒸发提拉自组装法、喷墨打印法和真空抽滤法等。下面对这些方法依次做简单介绍。

1. 旋涂法

前面章节已提到, 旋涂法是实验室制备薄膜最常用且最有效的方法。溶液中的碳纳米管在旋涂过程中的离心力作用下可形成一定取向的排列。该方法首先由美国斯坦福大学鲍哲南教授研究组在 2008 年报道。在二氧化硅衬底表面修饰一层带氨基的硅烷偶联剂, 把用 SDS 和 SC 分散的水相碳纳米管溶液滴涂在氨基功能化修饰的二氧化硅衬底表面, 然后通过高速旋转就在二氧化硅衬底表面得到定向排列的半导体型碳纳米管薄膜[22]。该方法不仅实现了对碳纳米管的有序排列, 同时还能实现对金属型和半导体型碳纳米管的选择性分离。如图 5.41 所示, 碳纳米管在氨基修饰的二氧化硅衬底表面呈现定向排列现象。在定向排列的碳纳米管薄膜上制备源漏电极, 就可以得到碳纳米管薄膜晶体管。图 5.41(b) 显示器件的开关比与衬底表面修饰基团有密切关系。很明显, 在氨基修饰的衬底表面构建的薄膜晶体管器件的开关比超过 10^4, 明显高于其他功能团修饰的器件。除了带氨基的硅烷偶联剂, 多聚赖氨酸也是一种常用来修饰衬底的材料, 在第 6 章会重点讲述衬底表面功能化修饰对器件性能的影响, 在这里就不再详细介绍。

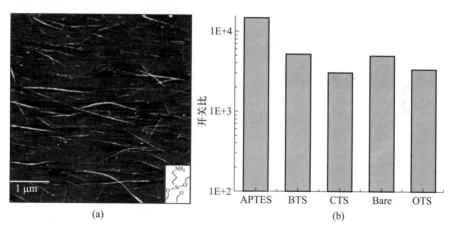

图 5.41 (a) 通过旋涂在氨基功能化衬底表面得到的碳纳米管薄膜 AFM 图; (b) 在不同功能化基团修饰的衬底表面上构建的碳纳米管薄膜晶体管器件开关比分布图[22]

为了快速批量化构建定向排列的碳纳米管薄膜晶体管器件, 可先在二氧化硅衬底表面通过 lift-off 工艺得到金源、漏电极阵列, 再对二氧化硅衬底表面进行功能化修饰, 最后通过旋涂构建薄膜晶体管器件[23]。研究发现, 碳纳米管的定向排列与衬底的亲疏水特性 (即表面张力的大小, 用接触角来描述) 存在特定关系。如衬底与水的接触角大于 $30°$ 时, 器件沟道中没有观察到定向排列的碳纳米管。当衬底与水的接触角控制在 $25°$ 左右的时候, 器件沟道中的碳纳米管呈现定向排列 (如图 5.42 所示)。尽管这种方法能够获得有一定取向的碳纳米管薄膜, 但碳纳米管密度偏低, 器件的性能如开关比、开态电流都不太理想。

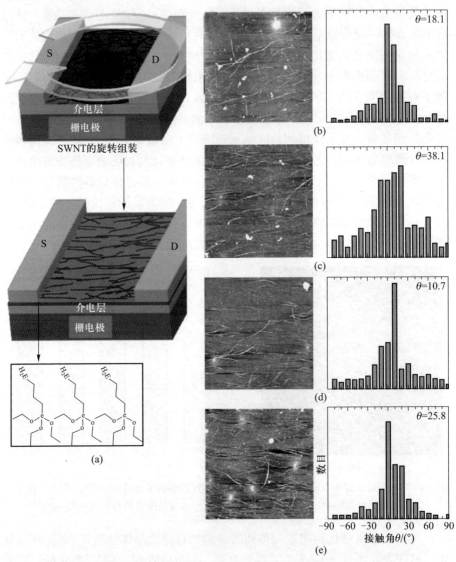

图 5.42   (a) 旋涂法在氨基功能化修饰的二氧化硅衬底表面构建定向排列的碳纳米管薄膜晶体管过程示意图; (b)~(e) 不同接触角下得到的碳纳米管薄膜的 AFM 图[23]

2. 倾斜模板法

通过光刻等微纳加工技术在衬底表面得到特定结构的图案, 然后把墨水滴涂在有一定倾斜角度的图案化衬底上, 在墨滴重力作用下流动, 使图案中的碳纳米管呈一定取向排列。图 5.43 为倾斜模板法示意图以及沟道中的碳纳米管 AFM 照片[24]。从图 5.43(b) 可以看出, 碳纳米管呈现定向排列, 且沟道中的碳纳米管排列密度非常高 [如图 5.43(c) 所示]。另一种方法是将图形化的衬底浸泡到碳纳米管溶液中, 然后慢慢从溶液中提拉出来, 通过控制提拉速度与碳纳米管墨水浓度能够得到密度高、定向排列较好的碳纳米管薄膜 (如图 5.44 所示)[25]。另外把碳纳米管溶液滴到倾斜放置的图案化衬底表面,

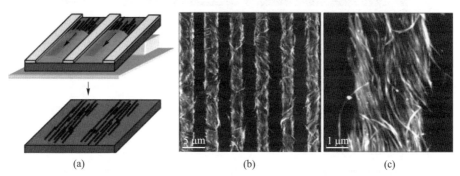

图 5.43　(a) 倾斜模板法在氨基功能化衬底表面构建有序碳纳米管阵列过程示意图 (微图案中的线条为光刻胶); (b)、(c) 定向排列的碳纳米管阵列原子力显微镜照片图[24]

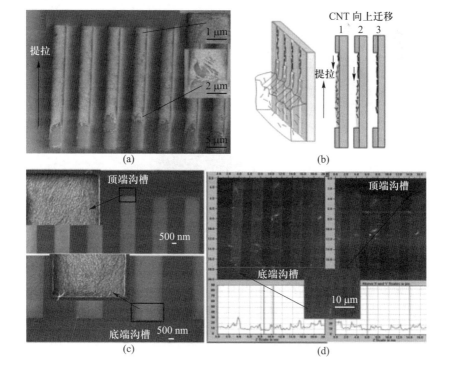

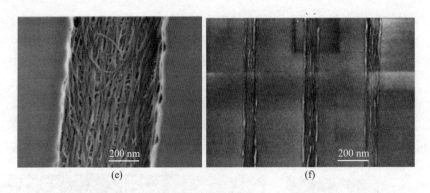

图 5.44   模板提拉法在氨基功能化衬底表面构建有序碳纳米管阵列过程示意图以及微图案中的碳纳米管 SEM 照片图 (微图案中的线条为光刻胶)[25]

再用氮气流沿一定方向驱赶碳纳米管溶液, 也可以得到定向排列的碳纳米管阵列。

3. 电泳法

电泳技术也常用来制备定向排列碳纳米管阵列, 其原理如图 5.45 所示。在源、漏电极之间施加电场, 在外加电场的作用下, 分散在溶液中的碳纳米

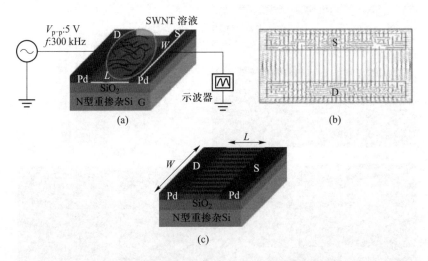

图 5.45   (a) 电泳自组装示意图; (b) 源、漏电极之间通过模拟得到的电场分布图, 其中 S 和 D 分别为钯源、漏电极; (c) 经过电泳技术在器件沟道中得到的定向排列的碳纳米管阵列示意图, 通过改变碳纳米管的浓度可控制器件沟道中的碳纳米管密度, 图中的 L 和 W 分别表示器件的长度和宽度[26]

管会沿电场方向定向排列, 从而得到有序排列的碳纳米管阵列。图 5.46 为电泳法得到的定向排列的碳纳米管阵列 SEM 图。通过调节溶液中碳纳米管的浓度和沉积时间, 可控制沟道中排列的碳纳米管密度[26]。

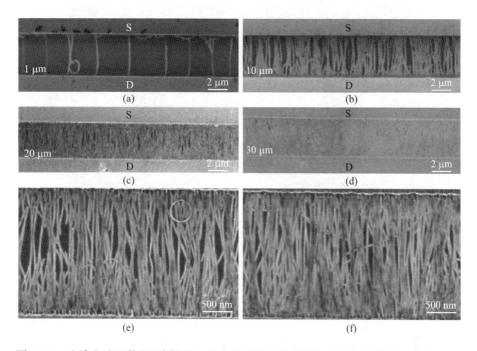

图 5.46　电泳方法组装的不同密度、定向排列的碳纳米管阵列扫描电镜图。(a) 每 1 μm 约有 1 根碳纳米管; (b) 每 1 μm 约有 10 根碳纳米管; (c) 每 1 μm 约有 20 根碳纳米管; (d) 每 1 μm 约有 30 根碳纳米管; (e)、(f) 样品 (c) 和 (d) 的高分辨率扫描电镜图。在保持电泳条件不变的前提下, 通过改变碳纳米管溶液就可以得到不同密度的碳纳米管阵列[26]

4. 悬浮蒸发提拉自组装法

悬浮蒸发提拉自组装法 (floating evaporative self-assembly) 是将微量高纯半导体型碳纳米管墨水 (氯仿溶液中) 滴加在水中, 然后将石英或其他衬底浸没其中, 并以一定的速度向上提拉。在溶剂扩散和挥发作用下, 碳纳米管沿提拉方向固定在衬底表面, 形成由定向排列的碳纳米管组成的碳纳米管条带 (如图 5.47 所示)[27]。条带宽度以及条带之间的距离可以通过提拉速度等调控, 如图 5.48 所示。用光学显微镜、SEM 和 AFM 表征碳纳米管薄膜形貌, 发现碳纳米管条带分布非常均匀, 带宽在 25 μm 左右 [图 5.48(d)]。条带内的碳纳米管排列非常整齐, 且密度也非常高 [图 5.48(e) 和 (f)]。

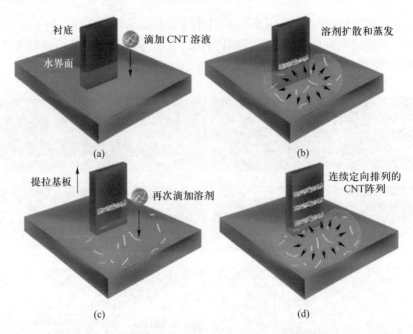

图 5.47   通过控制扩散和溶剂蒸发控制水/空气界面有机溶剂的量得到定向排列的碳纳米管带的操作过程示意图[27]

　　美国威斯康星大学米切尔·阿诺德 (Michael Arnold) 和帕达马·格帕兰 (Padma Gopalan) 组的科研人员通过这一技术将碳纳米管精确排列到 2.54 cm×2.54 cm 的基板上, 整个操作过程只需要 5 min (如图 5.49 所示)。用定向排列碳纳米管阵列制备的薄膜晶体管器件性能非常优越, 电导率高出普通碳纳米管网络型晶体管 7 倍, 器件的饱和工作电流密度超过了相同条件下的硅晶体管和砷化镓晶体管[28], 使得碳纳米管薄膜晶体管有望取代硅晶体管。

　　2016 年南加州大学周崇武教授研究组采用定向排列的碳纳米管薄膜构建出超高性能的射频碳纳米管薄膜晶体管器件, 如图 5.50 所示[29]。其过程是先通过悬浮蒸发提拉自组装法形成高密度定向排列的碳纳米管薄膜, 再通过自对准技术构建出 T 型栅结构的碳纳米管薄膜射频器件。器件开态电流密度达到 350 μA/μm, 单位宽度跨导高达 310 μS/μm, 增益截止频率和最大共振频率都超过 70 GHz, 是目前碳纳米管射频器件的最高值。

　　5. 真空抽滤法

　　真空抽滤法是制备薄膜的常用技术之一。控制表面活性剂浓度、碳纳米管浓度和抽滤速度可制备大面积定向排列的碳纳米管薄膜。方法是先将碳

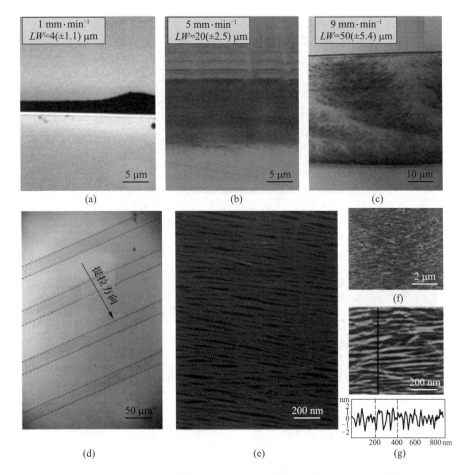

图 5.48　在不同提拉速度下得到的定向排列的碳纳米管 SEM 照片。
(a) 1 mm·min^{-1}; (b) 5 mm·min^{-1}; (c) 9 mm·min^{-1}; (d) 通过控制衬底的提拉速度控制
形成的半导体型碳纳米管的线宽;(e) 半导体型碳纳米管条带光学照片图; (f) 高分辨的
SEM 图; (g) 高分辨的 AFM 图[27]

纳米管分散在含一定浓度的表面活性剂溶液中, 再把得到的碳纳米管溶液注
入过滤器中, 调节抽滤压力让墨水慢慢通过滤膜。要得到定向排列的碳纳米
管薄膜, 需要满足以下条件: ① 表面活性剂浓度必须低于临界胶束浓度 (如
十二苯磺酸钠浓度在 0.02% 左右); ② 碳纳米管浓度也需要低于某一浓度值
(1～15μg/mL); ③ 需要严格控制过滤速度, 其速度应该控制在 1～2 mL/h。
真空抽滤法得到的碳纳米管薄膜表面特性如图 5.51 所示[30]。从 SEM 图可
以清楚看出碳纳米管非常致密, 且排列非常整齐 [如图 5.51(d) 和 (e) 所示]。

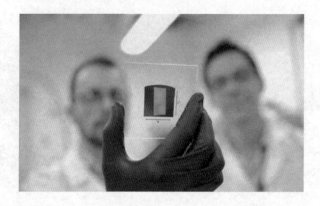

图 5.49   在透明衬底上构建的高密度定向排列的碳纳米管阵列光学照片图[28]

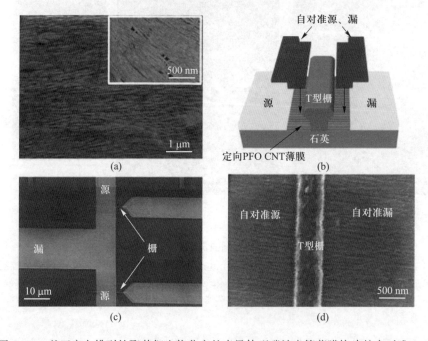

图 5.50   基于定向排列的聚芴衍生物分离的半导体型碳纳米管薄膜构建的自对准 T 型栅电极射频晶体管。(a) 在石英衬底上沉积的定向排列的半导体型碳纳米管薄膜 SEM 照片图, 插图为采用的同一方法在 Si/SiO₂ 衬底上得到的致密且定向排列的碳纳米管薄膜 SEM 图, 碳纳米管墨水大约为 40 根/μm; (b) 自对准方式构建的 T 型栅晶体管结构示意图; (c) 构建的自定位 T 型栅晶体管 SEM 图; (d) 沟道区域内放大的 SEM 照片图。T 型栅, 自组装源、漏电极和底层定向排列的聚芴衍生物分离的半导体型碳纳米管薄膜[29]

高分辨 TEM 分析得到碳纳米管的密度约 1×10^6 根/μm^2 [如图 5.51(f) 和 (g) 所示]。用偏振光显微镜观察碳纳米管薄膜的光学特性发现, 当入射光平行于碳纳米管的定向排列方向时, 碳纳米管薄膜变暗, 而光线与碳纳米管定向排列方向垂直时, 碳纳米管薄膜则变成透明的薄膜, 进一步证明得到的碳纳米管样品具有各向异性的特性 [如图 5.51(i) 和 (j) 所示]。用定向排列的碳纳米管薄膜构建了薄膜晶体管, 尽管晶体管的开关比只有 $10^3 \sim 10^4$, 但其开态电流是网络型碳纳米管薄膜晶体管的 50 倍。通过尽量去除薄膜中的碳纳米管集束、金属型碳纳米管以及表面活性剂等杂质, 可以进一步提升器件的性能, 尤其是器件的开关比。

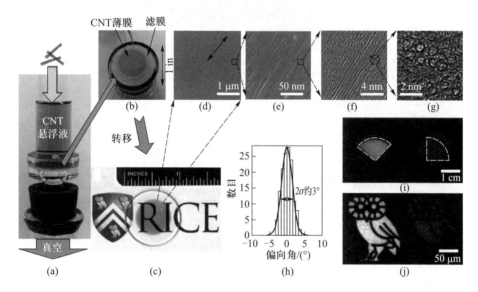

图 5.51　3 in 硅片尺寸大小的均匀、定向排列的碳纳米管薄膜构建和性质。(a) 碳纳米管溶液通过标准的真空过滤器; 为了使碳纳米管发生自发的定向排列, 抽滤速度需要控制得非常慢, 同时碳纳米管必须分散非常均匀; (b) 滤膜上得到的硅片尺寸大小的均匀的碳纳米管薄膜; (c) 溶解滤膜然后转移到透明衬底的碳纳米管薄膜光学照片图; (d)~(f) 薄膜的 SEM 和 TEM 照片图: 低分辨率 (d) 和高分辨率 (e) 的 SEM 图以及 TEM 俯视图 (f), 从图可以看出碳纳米管薄膜未定向排列、密度非常高的碳纳米管组成; (g) 高分辨的侧面 TEM 图, 可以看出碳纳米管的密度约 1×10^6 μm^{-2}; (h)1 cm^2 范围内碳纳米管薄膜的角度分布统计 (通过 SEM 图分析统计得到); (i)、(j) 薄膜的偏振光显微镜照片图, 当照射光与碳纳米管排列方向平行时碳纳米管薄膜为不透明薄膜, 当照射光与碳纳米管排列方向垂直时碳纳米管薄膜则变成透明的薄膜[30]

6. 喷墨打印法

通过喷墨打印技术也可以得到定向排列的半导体型碳纳米管, 这是由于印刷的碳纳米管悬浊液所产生的溶致液晶效应所致。碳纳米管定向排列过程如图 5.52 所示[31]。印刷沉积的碳纳米管悬浊液先在衬底表面形成一条线，线的蒸发行为如图 5.52 所示。

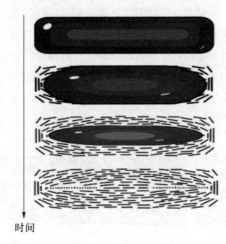

时间

图 5.52　表示实验观察到的喷墨打印的一条线中的溶剂挥发过程和最终得到的定向排列的碳纳米管示意图[31]

　　最初整个液膜的蒸发速度一样，随后从液膜两端脱模，最后从边缘向内衰退，在这种驱动力作用下，得到定向排列的碳纳米管薄膜。研究发现无论液膜边缘的蒸发方式是固定模式还是衰退模式，碳纳米管的取向总是平行于液膜的边缘 (如图 5.52 所示)。SEM 和偏振光学显微镜观察都证明碳纳米管沿一定方向排列在衬底表面 (如图 5.53 所示)。要想通过喷墨打印技术得到定向且长程有序的碳纳米管薄膜，需要严格控制如下 3 个影响因素：① 碳纳米管束；② 悬浊液中碳纳米管浓度；③ 碳纳米管的长度。

　　7. Langmuir-Blodgeet(LB) 法

　　在 5.2.1 节中已经介绍了 LB 技术，这种技术不仅可以用来构建电极，而且可以用来制备有序超薄的碳纳米管薄膜，得到的碳纳米管薄膜非常均匀性，且薄膜厚度可以精确控制在分子水平上。图 5.54 为采用 LB 技术制备定向碳纳米管薄膜的过程示意图以及得到的薄膜 SEM、AFM 和 TEM 照片图[32]。从图可以看出通过 LB 技术可以在硅片上得到均匀定向排列的碳纳米管。

　　8. 磁场辅助法

　　溶液中的碳纳米管在外界磁场作用下也可以实现定向排列。如图 5.55 所示，羧基化的多壁碳纳米管溶液在相对较低的磁场作用下 (如在 641 mT)，

图 5.53　喷墨打印的线形貌特征。(a)∼(f) 碳纳米管定向排列 SEM 和光学照片图, 白色箭头表示局部定向排列的碳纳米管, 黑色箭头表示定向排列方向上的长度; (g)、(h) 碳纳米管薄膜的偏振光显微镜照片图, 其中 (g) 为碳纳米管排列方向与入射光方向平行 (膜呈现暗态), (h) 为入射光旋转 45° 后得到的光学照片图 (膜变亮)[31]

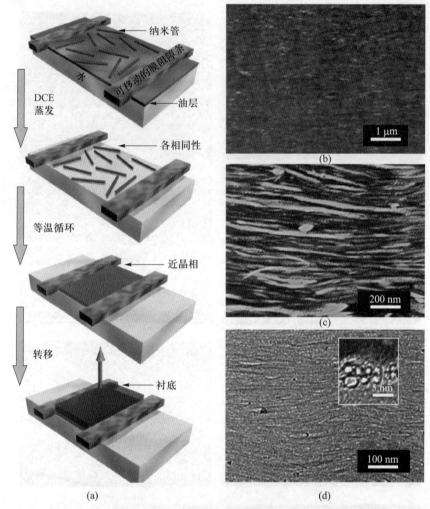

图 5.54   LB 自组装技术制备大面积定向排列半导体型碳纳米管薄膜和相应的显微镜扫描图。(a) LB 自组装构建碳纳米管薄膜过程示意图; (b)~(d) 定向排列的碳纳米管薄膜的 SEM 图 (b)、AFM 图 (c)、俯视 TEM 图 (d), 插图为高分辨的侧面 TEM 照片[32]

可在衬底表面得到如图 5.55(c) 所示的定向排列碳纳米管薄膜[33]。但这种方法只证明了磁场可使羧基化的多壁碳纳米管朝特定方向定向排列。外加磁场是否也能使半导体型碳纳米管墨水中的碳纳米管有同样的功能还需要进一步验证。

9. 溶液剪切法

溶液剪切方法 (solution-sheared process) 是一种构建有序有机半导体型薄膜常用的方法。在有机半导体溶液表面沿衬底水平方向或垂直方向施加一

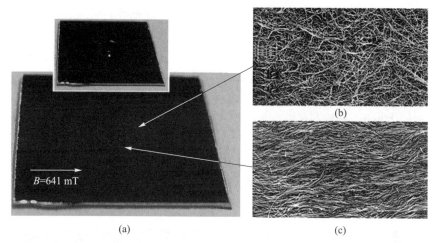

图 5.55　在外磁场作用下可得到定向排列的多壁碳纳米管薄膜[33]

恒定作用力, 就可以得到沿该方向定向排列的有机单晶半导体薄膜, 这使得有机薄膜晶体管器件的迁移率有明显提高。这种技术同样也可用来构建定向排列的碳纳米管薄膜[34]。其过程如图 5.56 所示, 用亲水和疏水的硅烷偶联

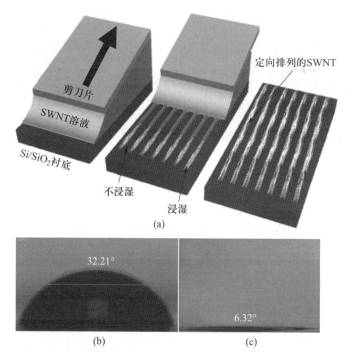

图 5.56　溶液剪切法构建定向排列的碳纳米管阵列。(a) 溶液剪切法构建定向碳纳米管阵列过程示意图; (b)、(c) 甲苯在氟硅烷 (b) 和 PTS 表面功能化修饰衬底 (c) 的接触角[34]

剂在二氧化硅衬底表面进行图形化功能修饰, 得到规整的亲疏水图案, 如图 5.56(b) 和 (c) 所示。把半导体型碳纳米管墨滴加在衬底的一端, 然后在半导体型碳纳米管墨水表面沿衬底水平方向成一定角度方向施加一恒定作用力, 就可以在亲水衬底表面得到定向排列的碳纳米管薄膜阵列 [如图 5.57(a) 所示]。利用该技术可在硅片、玻璃等多种衬底表面构建出线宽只有 500 nm 的定向排列的碳纳米管薄膜阵列。如图 5.57 所示, 在衬底上得到的定向碳纳米管薄膜阵列。从图可以看出碳纳米管朝特定方向紧密排列在亲水区域, 而疏水区域则没有观察到碳纳米管。另外研究了定向排列的碳纳米管薄膜的电性能, 实验结果表明, 这种定向排列的碳纳米管薄膜晶体管器件的开态电流比常规网络薄膜器件的开态电流高 10 多倍, 器件的开关比没有明显差异。

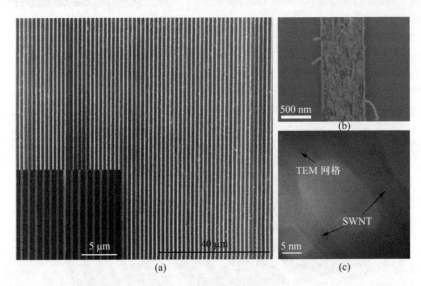

图 5.57　通过溶液剪切法得到的碳纳米管阵列 SEM 和 TEM 照片图。(a) 溶液剪切法得到的定向排列碳纳米管薄膜阵列 SEM 照片图, 其中宽度为 500 nm, 插图为该区域的放大 SEM 照片图; (b) 亲水区域得到的单条定向排列的碳纳米管薄膜 SEM 照片图; (c) 许多紧密排列在一起的碳纳米管阵列 TEM 照片图[34]

5.2.3　介电层的制备技术

介电层是薄膜晶体管另一个重要的组成部分, 介电材料的物理和化学性质与薄膜晶体管器件的阈值电压, 开、关态电流, 有效迁移率和亚阈值摆幅等有密切关系, 介电层质量的好坏也直接影响着薄膜晶体管性能的好坏, 例如, 介电层的厚度影响器件的源漏电流和阈值电压; 介电层表面的粗糙度影响器件的迁移率; 介电层沉积过程中固定电荷累积及其他的结构缺陷会影响器件的可靠性和稳定性; 介电材料的介电常数大小影响栅电容的大小。在相同条件下介电常数越大, 薄膜晶体管的阈值电压和工作电压越低。为了减小薄膜晶体管的阈值电压和工作电压, 必须采用高介电常数材料或可产生双电层的介电材料作为介电层。介电层在薄膜晶体管中具有举足轻重的地位。目前很多研究者认为研究和制备与半导体相匹配的性能优异的介电层材料是印刷碳纳米管薄膜晶体管发展的一个重要方向。介电层制备工艺也会严重影响印刷碳纳米管薄膜晶体管器件的性能。下面简单叙述目前构建碳纳米管薄膜晶体管介电层的常用技术。

5.2.3.1 溶液法

目前可用于制备印刷碳纳米管薄膜晶体管所需的介电墨水材料主要是一些聚合物和聚合物与无机化合物组成的复合物, 包括聚 (4−乙烯苯酚) (PVP) 衍生物、聚乙烯醇 (PVA)、聚氨酯丙烯酸酯 (PUG) 及其衍生物、聚酰亚胺 (PI) 及其前聚体、聚丙烯酸 (PMMA)、非结晶氟化聚合物 (Cytop)、环氧树脂、离子胶 [由聚苯乙烯−聚丙烯酸−聚苯乙烯共聚物 (PS−PMMA−PS) 与离子液体混合物组成]、固态电解质 (高氯酸锂等)、钛酸钡有机复合物 (PMMA/BaTiO$_3$)、聚氟压电材料 [正聚偏氟乙烯 (PVDF) 和三氟乙烯 (TrFE)−三氟氯乙烯 (PVDF−TrFE)] 和石墨烯氧化物 (GO) 等都可以作为介电材料, 这些材料溶解在适当的溶剂中得到相应的墨水, 再通过旋涂和喷墨打印方法构建出适合于碳纳米管薄膜晶体管器件所需的介电层。

下面以聚 (4−乙烯苯酚) 衍生物作为一个例子来说明这些介电材料在碳纳米管薄膜晶体管器件中的应用。如图 5.58 所示, (4−乙烯苯酚) 可以与多种交联剂 (HDA、BCD、EAD、DAPD、BPD、BCA 等) 反应得到性能良好的介电材料。通过控制介电墨水各组分浓度、交联剂种类、打印或旋涂次数和旋涂速度等可控制介电层薄膜的厚度以及介电材料的组分, 从而可以得到不同工作电压的薄膜晶体管器件[35]。如图 5.59 所示, 当采用甲基化聚 (三聚氰胺−co−甲醛) 作为交联剂时, 控制 PVP 与交联剂的比例和浓度以及旋转速度, 可使介电层薄膜的厚度控制在 600 nm 左右, 且器件的工作电压可以控制在 1 V 以内, 同时器件的开关比可以达到 10^6 左右, 且器件表现出较小的迟滞。因此 PVP 是一种构建低工作电压薄膜晶体管所需的比较理想的介电材料, 也有可能成为一种较理想的印刷介电墨水, 将有广泛的应用前景。这一部分内容会在 5.2.4 节以及第 4 章印刷墨水再作详细介绍, 在这里就不再一一赘述。另外还有转移技术来构建介电层方法等。先在硅衬底表面制备一

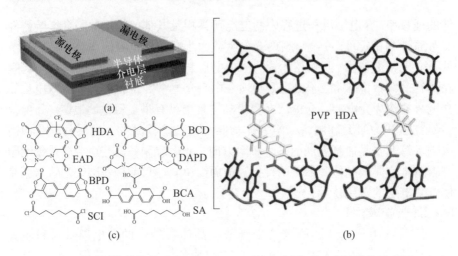

图 5.58　(a) 薄膜晶体管结构示意图; (b) PVP 与 HDA 交联后分子结构示意图; (c) 各种功能小分子结构示意图[35]

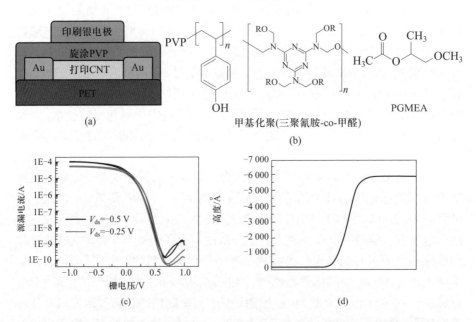

图 5.59　以 PVP 为介电层通过旋涂方法得到低工作电压印刷碳纳米管薄膜晶体管器件。(a) 印刷碳纳米管薄膜晶体管结构示意图; (b)PVP 介电墨水的组分, 其中交联剂为甲基化聚 (三聚氰胺–co–甲醛); (c) 印刷碳纳米管薄膜晶体管典型转移曲线; (d) 台阶仪测量出介电层厚度为 600 nm 左右

层 1 μm 左右的 PDMS 薄膜, 把 PDMS 薄膜作为介电层, 通过转移技术把 PDMS 转移到其他衬底表面, 再构建源、漏电极和有源层。该制作的器件具有优越的电性能性能, 无迟滞现象, 但器件的性能与 PDMS 厚度以及 PDMS 与电极接触等有密切关系。

除了通常的旋涂或喷墨打印方法外, 浸渍提拉法也是一种可用来构建介电层的技术。将整个洗净的基板浸入预先制备好的溶胶之中, 然后以精确控制的均匀速度将基板平稳地从溶胶中提拉出来, 在黏度和重力作用下基板表面形成一层均匀的液膜, 随着溶剂迅速蒸发, 附着在基板表面的溶胶迅速凝胶化而形成一层凝胶膜。浸渍提拉法所需溶胶黏度一般在 2~5 cP, 提拉速度为 1~ 20 cm/min。薄膜的厚度取决于溶胶的浓度、黏度和提拉速度等。

有机材料具有良好的绝缘性能、成本低和易制备等特点。旋涂法、喷墨打印法和浸渍提拉法具有溶液易于配制、可控性好、制备便捷和设备廉价等特点, 是广泛应用的薄膜制备方法。通过浸渍提拉方法和旋涂法能够制备致密、均匀、绝缘性能良好的有机介电层。

5.2.3.2　直接氧化法

直接氧化法即在硅、铝、钇或钪表面直接干氧化或湿氧化 (或电化学氧化), 使这些衬底表面形成一层致密氧化薄膜, 可充当薄膜晶体管的介电层。通过控制氧化条件可以得到不同厚度的二氧化硅, 如商业化具有 300 nm 二氧化硅的硅片就是通过热氧化方法得到的。而活泼金属像铝、钇和钪可以直接在空气中加热氧化得到氧化薄膜, 可以作为介电层制备工作电压低、开关比高、亚阈值摆幅小、迁移率高的碳纳米管薄膜晶体管器件。图 5.60 是在柔性衬底上蒸镀的铝电极通过氧等离子体处理后表面形成一层致密的氧化物, 再在其表面印刷半导体型碳纳米管, 沉积源、漏电极, 得到工作电压低 (2 V)、开关比高 (约 10^6) 的印刷碳纳米管薄膜晶体管器件。

5.2.3.3　原子层沉积法

原子层沉积 (atomic layer deposition, ALD) 技术是指物质以单原子膜形式一层一层的沉积在衬底表面, 最终得到均匀、致密的功能薄膜的一种成膜技术。与普通的化学气相沉积相比, ALD 技术在沉积过程中新形成的一层原子膜直接与前一层相关联, 每次反应只沉积一层原子, 可以精确控制薄膜厚度到埃级别, 同时得到的薄膜非常均匀、致密。相对于其他方法而言, ALD 薄膜成分和厚度的均匀性更好。但这些介质都有各自的一些缺点, 如三氧化铝薄膜的固定电荷和界面态密度高, 氮化硅薄膜与有源层的界面应力大且存在氧扩散等。由于每一层都以单原子层方式沉积, 所以沉积速度非常慢, 同时沉积面积也受到限制。原子层沉积法是目前构建碳纳米管薄膜晶体管介电

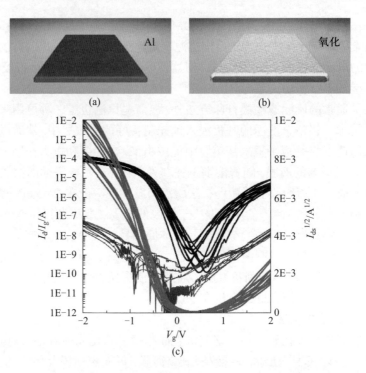

图 5.60   铝表面用氧等离子体处理后得到的氧化铝充当介电层构建出工作电压低、开关
比高的印刷碳纳米管薄膜晶体管器件。(参见书后彩图)

层的常用方法之一。

5.2.3.4   磁控溅射和等离子体增强化学气相沉积法

磁控溅射的基本原理是电子在电场的作用下加速飞向基片的过程中与氢原子发生碰撞, 电离出大量的氢离子和电子, 电子飞向基片。氢离子在电场的作用下加速轰击靶材, 溅射出大量的靶材原子, 呈中性的靶原子 (或分子) 沉积在基片上成膜。直流磁控溅射方法可制备五氧化二钽介电层。以钽作为靶, 在真空度很低时, 依次通入氧气和氩气就可以得到五氧化二钽的介电层。等离子体增强化学气相沉积法 (PECVD) 是借助微波或射频等使含有薄膜组分原子的气体电离, 在局部形成等离子体, 由于等离子体化学活性很强, 很容易发生反应, 即使在较低的温度下也能够在基片上沉积出非常均匀、致密的功能薄膜。由于这种工艺已经相当成熟, 产业界已广泛应用这种技术沉积高质量的二氧化硅和氮化硅等介电层或封装层。如图 5.61 所示, 采用这种技术沉积的二氧化硅或氮化硅厚度只有 50 nm 的时候碳纳米管薄膜晶体管器件的栅漏电流也非常低, 约在 10^{-11} A 左右。因此碳纳米管薄膜晶体管技术完

全可以与产业界对接, 在许多新型领域有广阔的应用前景。

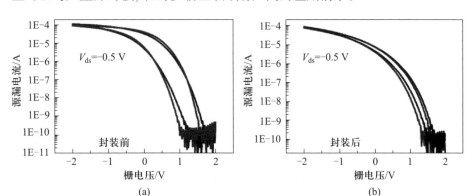

图 5.61　在玻璃衬底上构建的印刷碳纳米管薄膜晶体管器件性能图。其中磁控溅射的
Mo 作为底栅器件, PECVD 沉积的 50 nm 氧化硅为介电层, 热蒸镀的金电极为源、漏
电极

5.2.3.5 　自组装修饰法

R. T. Weitz 等在 Nano Letter 上报道在二氧化硅衬底表面经过硅烷偶
联剂自组装修饰后, 碳纳米管薄膜晶体管器件的工作电压变为 1 V 左右, 开
关比也高于 10^5, 亚阈值振幅也非常低 (如图 5.62 所示)[36]。在氧化铝和氧化
铪介电层表面自组装一层有机膦酸化合物, 可选择性显著提高碳纳米管的固
定效率, 降低器件的源漏电流。如图 5.63 所示, 在 1.5 nm 的氧化铝表面修
饰一层特定结构的有机膦化合物后, 可大幅度提高碳纳米管的固定效率。如
修饰带羟基的有机膦化合物, 其碳纳米管密度可达到 11.6 根/μm; 修饰带正

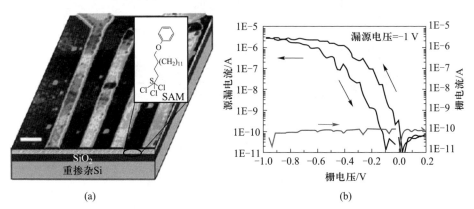

图 5.62　(a) 衬底表面功能化修饰的碳纳米管晶体管结构示意图; (b) 经修饰的碳纳米管
晶体管转移曲线[36]

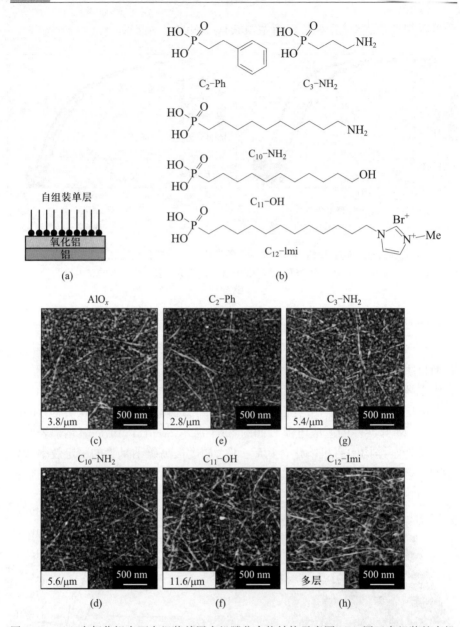

图 5.63　(a) 在氧化铝表面自组装单层有机膦化合物结构示意图; (b) 用于自组装的有机膦分子结构式; (c)~(h) 通过浸泡方法把聚合物包覆的半导体型碳纳米管沉积在不同功能团修饰的氧化铝介电层表面得到的碳纳米管 AFM 图 [37]

电的咪唑基团后其密度可提高到多于 20 根/μm, 与此同时器件的源漏电流只有 10^{-10} A 左右[37]。总之通过对衬底功能化修饰后能够显著提高晶体管器件的性能, 其相关原理将在后面重点阐述。

原子层沉积法、旋涂法、自组装修饰法和印刷/转移等技术都是制备碳纳米管薄膜晶体管介电层的常用方法, 而且都有各自的优点。印刷可以快速、精确定位和大面积构建介电层等; 原子层沉积能够得到高介电常数、超薄 (10 nm)、致密的介电薄膜; 旋涂法非常简单, 不需要昂贵仪器设备; 自组装修饰方法能够消除器件迟滞问题, 提高载流子迁移率等。

5.2.4 全印刷晶体管的制造技术

前面已介绍了制造碳纳米管薄膜晶体管电极、有源层和介电层的各种技术, 因此通过印刷技术或溶液法可得到性能良好的全印刷碳纳米管薄膜晶体管器件。目前已有一些全印刷、柔性碳纳米管薄膜晶体管的报道。碳纳米管薄膜晶体管的各个组成部分所需墨水性质差别较大, 因此构建全印刷碳纳米管薄膜晶体管时往往需要两种或两种以上印刷技术才能构建出性能良好的全印刷碳纳米管薄膜晶体管器件。主要采用的印刷方法包括: 喷墨打印 (包括气溶胶喷墨打印)、卷对卷接触印刷、丝网印刷和压印/转移技术以及多种技术联用的印刷技术。如果碳纳米管薄膜晶体管的各个组成部分都是通过溶液法 (旋涂、喷涂、刮涂、浸泡、提拉、印刷、转印等) 构建而成, 我们把这样的晶体管都称为全印刷碳纳米管薄膜晶体管。全印刷碳纳米管薄膜晶体管大多构建在 PET、PI 或 PEN 等柔性衬底上, 其结构主要有底栅、顶栅和侧栅结构。下面分别举例说明全印刷碳纳米管薄膜晶体管构建方法和器件性能。

韩国顺天大学 Cho 教授研究组在 2010 年通过卷对卷印刷技术在 PET 基材上实现全印刷薄膜晶体管器件和全印刷的 13.56 MHz 的 RFID 电子标签[1]。其制备过程包括如下几步: 首先在 PET 上通过卷对卷印刷技术得到银底栅电极, 再在底栅电极表面通过卷对卷印刷技术印刷一层钛酸钡复合介电材料, 退火处理后再印刷源、漏电极和选择性沉积碳纳米管, 最终得到全印刷底栅碳纳米管薄膜晶体管器件和 13.56 MHz 的 RFID 电子标签[1]。图 5.64 为印刷的 13.56 MHz 的 RFID 电子标签和全印刷碳纳米管薄膜晶体管器件结构示意图以及各层的 SEM 照片图。由于当时印刷碳纳米管薄膜晶体管技术处在研究的初期阶段, 有些技术还不够成熟, 特别是采用的碳纳米管墨水没有经过分离提纯处理, 导致构建出的全印刷碳纳米管薄膜晶体管器件性能不好, 其开关比只有 $10^2 \sim 10^3$, 迁移率也不到 1 $cm^2 \cdot V^{-1} \cdot s^{-1}$。后来用分离提纯的半导体型碳纳米管墨水取代之前的碳纳米管墨水, 并进一步优化卷对卷印刷工艺, 最终构建出性能优越的全印刷、柔性碳纳米管薄膜晶体管器件。迁移率达到 $9 \ \mathrm{cm^2 \cdot V^{-1} \cdot s^{-1}}$, 开关比超过 10^5。图 5.65 为卷对卷印刷碳纳米管薄膜晶体管器件构建示意图、单个碳纳米管薄膜晶体管器件、碳纳米管薄膜晶体管阵列以及相应的印刷设备光学照片图以及沟道中的碳纳米管 SEM 图[2]。

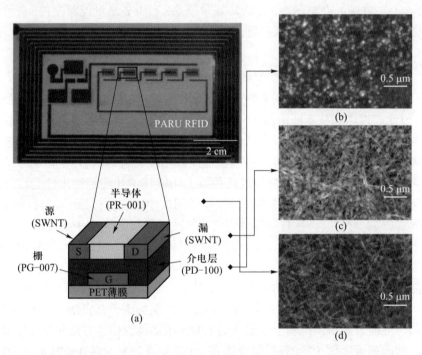

图 5.64　(a) RFID 电子标签上的碳纳米管薄膜晶体管光学照片; (b) 用卷对卷印刷技术得到的介电层, 其中薄膜上的白色颗粒为杂化钛酸钡纳米颗粒; (c) 有碳纳米管束组成的源、漏电极, 用高密度的碳纳米管束构建源、漏电极为进一步减小源、漏电极的表面电阻; (d) 沟道中的碳纳米管薄膜 SEM 照片图。碳纳米管通过喷墨打印方式沉积在器件的沟道中[1]

他们同时研究了这类全印刷碳纳米管薄膜晶体管在一些新型领域中的应用, 如大面积多触点传感器和生物电化学传感器等。图 5.66 为通过卷对卷印刷技术在 PET 上构建的 20×20 个全印刷碳纳米管薄膜晶体管阵列结构示意图以及印刷器件和电路光学照片图[38]。在此基础上构建出灵敏度高的压力传感器。另外用全印刷技术构建了 13.56 MHz RFID 读卡器和一次性电化学传感器, 通过手机等移动电子设备在线读取电化学池中电信号变化。当

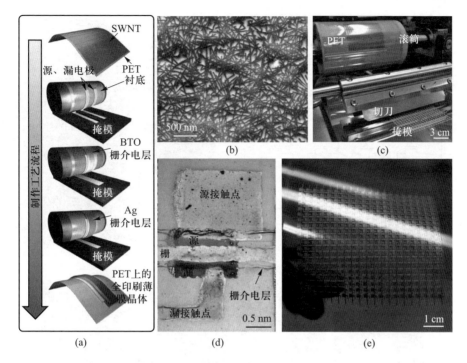

图 5.65　柔性 PET 衬底上构建的全印刷碳纳米管薄膜晶体管。(a) 表示全印刷碳纳米管薄膜晶体管构建过程示意图; (b) 表示沉积在 PET 衬底上的碳纳米管薄膜 SEM 照片图; (c) 该实验所用的凹版印刷机光学照片图; (d)、(e) PET 衬底上的单个全印刷碳纳米管薄膜晶体管器件和 20×20 个全印刷晶体管器件组成的阵列光学照片图[2]

电化学池中出现有待测物时, 手机就能够实时监测到信号变化。如 N, N, N′, N′−四甲基−1,4 苯二胺盐酸盐 (TMPD) 作为标准检测样品。印刷的 13.56 MHz RFID 读卡器在 5 s 内就能够读取到印刷电化学池中的 TMPD 信号 (如图 5.67 所示)[39]。这种全印刷可无线操作的柔性电化学标签可快速检测到有害、有毒化学试剂和生物分子, 这为低价、一次性印刷电化学传感器的应用开辟了一条新的道路。

　　新加坡南洋理工大学李昌明教授研究组开发了一种全印刷碳纳米管薄膜晶体管技术, 其构建过程如图 5.68 所示[40]。先通过转移印刷技术来构建金源漏电极, 而半导体型碳纳米管墨水则通过滴涂方法沉积在器件的沟道中, 再通过旋涂方法把介电材料 PVA(聚乙烯醇) 沉积在碳纳米管薄膜上方, 最后通过转移法把栅电极沉积在介电层上方, 得到工作电压低、性能良好的全印刷碳纳米管薄膜晶体管器件。器件迁移率和开关比分别达到 27 ±

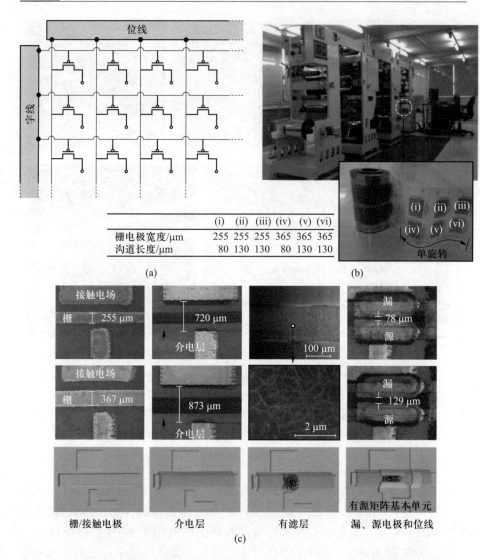

	(i)	(ii)	(iii)	(iv)	(v)	(vi)
栅电极宽度/μm	255	255	255	365	365	365
沟道长度/μm	80	130	130	80	130	130

图 5.66　(a) 卷对卷凹版印刷在 PET 上构建的 20×20 个全印刷碳纳米管薄膜晶体管所组成驱动电路结构示意图; (b) 卷对卷凹版印刷打印机光学照片图, 插图为卷对卷印刷 20×20 个碳纳米管薄膜晶体管阵列单元电路; (c) 不同结构的印刷碳纳米管薄膜晶体管光学照片图[38]

$10 \ cm^2 \cdot V^{-1} \cdot s^{-1}$ 和 $10^2 \sim 10^4$。

　　美国 AtomNanoelectronics 公司通过气溶胶喷墨打印技术在柔性玻璃衬底上构建出性能良好的全印刷薄膜晶体管器件。通过打印金纳米颗粒导电

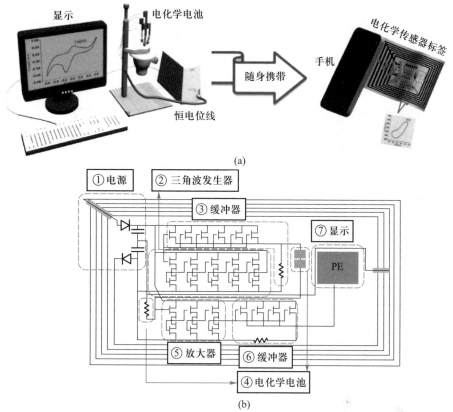

图 5.67 (a) 典型的电化学系统和一次性印刷电化学传感器标签示意图; (b) 凹版印刷无线电化学标签电路示意图[39]

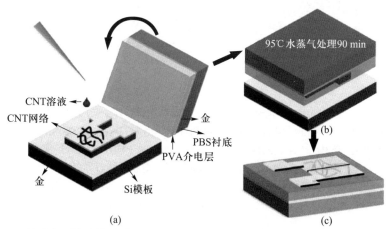

图 5.68 转移印刷技术构建碳纳米管薄膜晶体管过程示意图。(a) 滴涂方法得到碳纳米管薄膜; (b) 压印过程中用 95 ℃ 水蒸气处理 90 min 以便使各层变得更加紧密, 其中在转移印刷过程中, PVA 充当黏附层; (c) 源、漏电极和碳纳米管网络同时转移到 PVA 薄膜表面, 碳纳米管网络被 PVA 完全包覆形成类似 Fin 结构的碳纳米管薄膜晶体管器件[40]

墨水制作源、漏电极, 打印高纯的 (6,5) 半导体碳纳米管墨水作为有源层材料, 用离子胶作为介电层, 印刷的有机导电材料 PEDOT–PSS 作为顶栅电极, 构建出双极碳纳米管薄膜晶体管器件, 器件的开关比超过 10^5, 迁移率在 $10 \, \mathrm{cm^2 \cdot V^{-1} \cdot s^{-1}}$ 左右, 并成功驱动 LED 器件 (图 5.69)[41]。

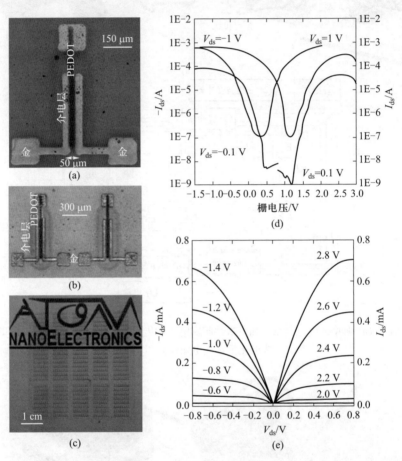

图 5.69   (a) 全印刷顶栅碳纳米管薄膜晶体管器件光学照片, 其中所用碳纳米管为高纯的 (6, 5) 手性的碳纳米管, 器件的沟道长度和宽度分别为 50 μm 和 500 μm, 源漏电极为印刷的金电极, 介电层为印刷的离子胶, 栅电极为印刷的 PEDOT–PSS, 保护层为印刷的 PMMA; (b) 在柔性玻璃上的 2 个全印刷的碳纳米管薄膜晶体管器件光学照片图; (c) 大面积全印刷碳纳米管薄膜晶体管阵列图; 在空气中常温下全印刷碳纳米管薄膜晶体管典型的 (d)、(e) 转移 (d) 和输出 (e) 曲线[41]

斯坦福大学鲍哲南教授研究组采用喷涂和旋涂法构建出可拉伸、全碳纳米管薄膜晶体管器件, 其构建过程如图 5.70 所示[42]。源、漏和栅电极通过

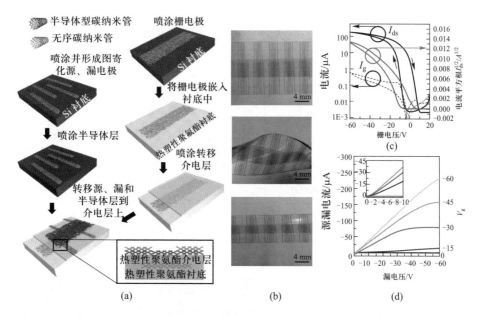

图 5.70   (a) 可拉伸薄膜晶体管器件构建流程图; (b) 同一器件在无压力、扭曲和拉伸 100% 时光学照片图; (c)、(d) 在 V_{ds} 为 -60 V 时碳纳米管薄膜晶体管器件的典型转移曲线 (c) 和输出特征曲线 (d), 器件的沟道长度和宽度分别为 50 μm 和 4 mm[42]。(参见书后彩图)

喷涂技术构建而成, 而半导体型碳纳米管有源层和有机介电层则通过旋涂方式制备。由于碳纳米管和有机介电材料的机械可拉伸性能都非常优越, 即使在拉伸 100% 的状态下, 器件的电性能都没有发生明显变化。这种类型的薄膜晶体管器件将来可应用于穿戴电子领域中。

作者所在科研团队也一直从事这方面的研究, 并开发了多种全印刷碳纳米管薄膜晶体管器件, 包括侧栅和顶栅印刷薄膜晶体管器件。印刷方式、材料、器件结构如表 5.1 所示。构建源、漏电极的方法包括喷墨打印和混合印刷技术并结合化学镀和电刷镀技术得到铜和金电极, 栅电极为喷墨印刷的银电极。所使用的介电材料包括离子胶、PI 和钛酸钡与 PMMA 所组成的复合介电材料。最好的全印刷碳纳米管薄膜晶体管器件的开关比和迁移率分别可以达到 10^6 和 20 cm^2·V^{-1}·s^{-1} 左右。图 5.71 为全印刷碳纳米管薄膜晶体管器件结构示意图和器件光学照片以及器件性能图。其中源、漏电极采用聚合物辅助化学沉积法得到, 即先在 PET 衬底上沉积一层带氨基的聚合物材料, 然后通过光交联反应把聚合物固定在 PET 衬底表面, 通过静电作用把金属钯离子固定在氨基功能化修饰的衬底表面, 再通过化学镀把铜和金选择性沉

表 5.1　全印刷碳纳米管薄膜晶体管器件对比表

	源、漏电极	栅电极	介电层	器件结构	性能
	材料和印刷方式	材料和印刷方式	材料和印刷方式		开关比、迁移率
1	铜电极, 杂化印刷 + 化学镀技术	银, 喷墨打印	离子胶, 喷墨打印	侧栅结构	10^3, 3 cm^2·V^{-1}·s^{-1}
2	金电极, 喷墨印刷 + 化学镀技术	银, 喷墨打印	PI, 旋涂	顶栅结构	10^6, 20 cm^2·V^{-1}·s^{-1}
3	金电极, 杂化印刷 + 电刷镀技术	银, 喷墨打印	BaTiO$_3$+PMMA 旋涂	顶栅结构	10^4, 5 cm^2·V^{-1}·s^{-1}

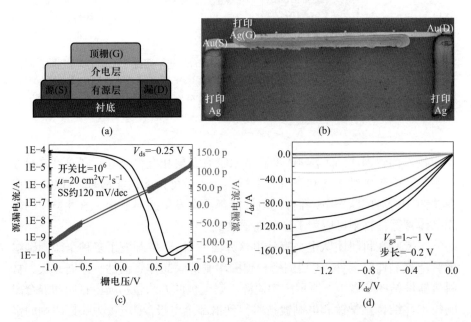

图 5.71　通过喷墨打印的全印刷碳纳米管薄膜晶体管器件。(a) 全印刷碳纳米管薄膜晶体管结构示意图; (b) 印刷碳纳米管薄膜晶体管光学照片图; (c)、(d) 全印刷碳纳米管薄膜晶体管转移曲线 (c) 和输出曲线 (d)。(参见书后彩图)

积在带氨基的聚合物表面, 得到相应的源、漏电极。通过这种方法得到的印刷电极的宽度可以控制在 60 μm 左右。再把高纯的半导体型碳纳米管沉积在器件的沟道中, 然后沉积介电层和顶栅电极, 最终得到全印刷柔性薄膜晶体管器件。器件表现出较好的电性能。器件的开关比和迁移率分别可以达到 10^6 和 20 cm$^2\cdot$V$^{-1}\cdot$s^{-1} 左右, 如图 5.71(c) 和 (d) 所示。

　　无论是印刷墨水、印刷工艺还是印刷设备等都会严重影响全印刷碳纳米管薄膜晶体管器件的性能, 如电性能、均一性、器件的成品率等。大部分功能材料通过适当的物理和化学方法都能够得到相应的溶液或分散液, 但并不是所有的溶液或分散液都适合印刷墨水的要求, 同时印刷构建出的薄膜有成膜性不好等问题, 加上在分散过程中由于引入其他杂质而破坏了功能材料的结构, 往往导致器件性能下降。因此高性能印刷墨水的制备是构建高性能全印刷碳纳米管薄膜晶体管器件的最大挑战之一。如何得到更高纯度的半导体型碳纳米管墨水、高性能介电墨水和导电墨水, 如何进一步提高全印刷薄膜晶体管电性能和机械性能等都将是印刷碳基电子的研究热点。随着新材料的制备、新型印刷工艺的开发以及其他技术的发展, 新型全印刷碳纳米管薄膜晶体管器件性能将会逐步提高。

5.3　小结

　　本章简单介绍了现有的印刷技术和常用的印刷设备 (如凹版印刷、凸版印刷、丝网印刷、喷墨打印、气流喷印和电流体动力学喷印技术等), 并详细介绍了印刷碳纳米管薄膜晶体管构建技术, 包括印刷电极的构建技术、有源层的构建技术和介电层的构建技术。总结了构建定向排列碳纳米管薄膜的技术和全印刷碳纳米管薄膜晶体管构建技术。电极、有源层和介电层的材料性能完全不同, 所用的分散剂也完全不同, 加上印刷得到的薄膜厚度、表面粗糙度、致密程度等也完全不一样, 因此很难通过一种印刷技术就能够得到性能良好的全印刷碳纳米管薄膜晶体管器件和电路。通常需要两种或两种以上的印刷技术才能够得到全印刷碳纳米管薄膜晶体管器件和印刷电路。通过对本章的学习有助于读者了解印刷碳纳米管薄膜晶体管构建技术和其他类型的印刷薄膜晶体管器件以及印刷电子器件的构建方法和技术, 为开发高性能全印刷柔性电子器件, 并开拓其应用具有重要的参考价值。

参考文献

[1] Jung M, Kim J, Noh J, et al. All-printed and roll-to-roll-printable 13.56-MHz-operated 1-bit RF tag on plastic foils[J]. IEEE Transactions on Electron Devices, 2010, 57(3):571-580.

[2] Lau P H, Takei K, Wang C, et al. Fully printed, high performance carbon nanotube thin-film transistors on flexible substrates[J]. Nano Letters, 2013, 13(8):3864-3869.

[3] Okimoto H, Takenobu T, Yanagi K, et al. Tunable carbon nanotube thin-film transistors produced exclusively via inkjet printing[J]. Advanced Materials, 2010, 22(36): 3981-3986.

[4] Denneulin A, Bras J, Carcone F, et al. Impact of ink formulation on carbon nanotube network organization within inkjet printed conductive films[J]. Carbon, 2011, 49(8):2603-2614.

[5] Cao C, Andrews J B, Kumar A,et al. Improving contact interfaces in fully printed carbon nanotube thin-film transistors[J]. ACS Nano,2016, 10(5):5221-5229.

[6] Cao X, Chen H, Gu X, et al. Screen printing as a scalable and low-cost approach for rigid and flexible thin-film transistors using separated carbon nanotubes[J]. ACS Nano, 2014, 8(12):12769-12776.

[7] Liang J, Tong K, Pei Q. A water-based silver-nanowire screen-print ink for the fabrication of stretchable conductors and wearable thin-film transistors[J]. Advanced Materials, 2016, 28(28):5986-5996.

[8] Cao X, Wu F, Lau C, et al. Top-contact self-aligned printing for high-performance carbon nanotube thin-film transistors with sub-micron channel length[J]. ACS Nano, 2017, 11(2):2008-2014.

[9] Yu W J, Lee S Y, Chae S H, et al. Small hysteresis nanocarbon-based integrated circuits on flexible and transparent plastic substrate[J]. Nano Letters, 2011, 11(3): 1344-1350.

[10] Lee W H, Park J, Sim S H, et al. Transparent flexible organic transistors based on monolayer graphene electrodes on plastic[J]. Advanced Materials, 2011, 23(15): 1752-1756.

[11] Guo R, Yu Y, Xie Z, et al. Matrix-assisted catalytic printing for the fabrication of multiscale, flexible, foldable, and stretchable metal conductors[J]. Advanced Materials, 2013, 25(24):3343-3350.

[12] Min S Y, Lee Y, Kim S H, et al. Room-temperature-processable wire-templated nanoelectrodes for flexible and transparent all-wire electronics[J]. ACS Nano, 2017, 11(4):3681-3689.

[13] Wang Y, Guo H, Chen J, et al. Based inkjet-printed flexible electronic circuits[J]. ACS Applied Materials & Interfaces, 2016, 8(39):26112-26118.

[14] Liu X, Kanehara M, Liu C, et al. Spontaneous patterning of high-resolution electronics via parallel vacuum ultraviolet[J]. Advanced Materials, 2016, 28(31):6568-6573.

[15] Liang J, Li L, Chen D, et al. Intrinsically stretchable and transparent thin-film transistors based on printable silver nanowires, carbon nanotubes and an elastomeric dielectric[J].Nature Communications, 2015, 6:7647.

[16] Southard A, Sangwan V, Cheng J, et al. Solution-processed single walled carbon nanotube electrodes for organic thin-film transistors[J]. Organic Electronics, 2009, 10(8):1556-1561.

[17] Fu D, Lim H, Shi Y, et al. Differentiation of gas molecules using flexible and all-carbon nanotube devices[J]. The Journal of Physical Chemistry C, 2008, 112(3): 650-653.

[18] Li B, Cao X, Ong H G, et al. All-carbon electronic devices fabricated by directly grown single-walled carbon nanotubes on reduced graphene oxide electrodes[J]. Advanced Materials, 2010, 22(28):3058-3061.

[19] Wöbkenberg P H, Eda G, Leem D S, et al. Reduced graphene oxide electrodes for large area organic electronics[J]. Advanced Materials, 2011,23(13):1558-1562.

[20] Li J. Ink-jet printing of thin film transistors based on carbon nanotubes [D]. Royal Institute of Technology (KTH), Stockholm, Sweden, 2010.

[21] Zhao J W, Lin J, Chen Z, et al. Fabrication and characterization of thin-film transistors based on printable functionalized single-walled carbon nanotubes [C]. NSTI Nanotechnology Conference & Expo-Nanotech, 2011, 1:192-195. Boston,US.

[22] Vosgueritchian M, LeMieux M C, Dodge D, et al. Effect of surface chemistry on electronic properties of carbon nanotube network thin film transistors[J]. ACS Nano, 2010, 4(10):6137-6145.

[23] Lemieux M C , Sok S , Roberts M E , et al. Solution assembly of organized carbon nanotube networks for thin-film transistors[J]. ACS Nano, 2009, 3(12):4089-4097.

[24] Ko H , Tsukruk V V. Liquid-crystalline processing of highly oriented carbon nanotube arrays for thin-film transistors[J]. Nano Letters, 2006,6(7):1443-1448.

[25] Xiong X, Jaberansari L, Hahm M G, et al. Building highly organized single-walled-carbon-nanotube networks using template-guided fluidic assembly[J]. Small, 2007, 3(12):2006-2010.

[26] Shekhar S, Stokes P, Khondaker S I. Ultrahigh density alignment of carbon nanotube arrays by dielectrophoresis[J]. ACS Nano, 2011, 5(3):1739-1746.

[27] Joo Y, Brady G J, Arnold M S, et al. Dose-controlled, floating evaporative self-assembly and alignment of semiconducting carbon nanotubes from organic solvents[J]. Langmuir, 2014, 30(12):3460-3466.

[28] Brady G J, Way A J, Safron N S, et al. Quasi-ballistic carbon nanotube array transistors with current density exceeding Si and GaAs[J]. Science Advances, 2016, 2(9):e1601240.

[29] Cao Y, Brady G J, Gui H, et al. Radio frequency transistors using aligned semiconducting carbon nanotubes with current-gain cutoff frequency and maximum oscillation frequency simultaneously greater than 70 GHz[J]. ACS Nano, 2016, 10(7): 6782-6790.

[30] He X, Gao W, Xie L, et al. Wafer-scale monodomain films of spontaneously aligned single-walled carbon nanotubes[J]. Nature Nanotechnology, 2016, 11(7):633.

[31] Beyer S T, Walus K. Controlled orientation and alignment in films of single-walled carbon nanotubes using inkjet printing[J]. Langmuir, 2012, 28(23):8753-8759.

[32] Cao Q, Han S, Tulevski G S, et al. Arrays of single-walled carbon nanotubes with full surface coverage for high-performance electronics[J]. Nature Nanotechnology, 2013, 8(3):180.

[33] Kordás K, Mustonen T, Tóth G, et al. Magnetic-field induced efficient alignment of carbon nanotubes in aqueous solutions[J]. Chemistry of Materials, 2007, 19(4): 787-791.

[34] Park S, Pitner G, Giri G, et al. Large-area assembly of densely aligned single-walled carbon nanotubes using solution shearing and their application to field-effect transistors[J]. Advanced Materials, 2015, 27(16):2656-2662.

[35] Roberts M E, Queraltó N, Mannsfeld S C B, et al. Cross-linked polymer gate dielectric films for low-voltage, organic transistors[J]. Chemistry of Materials, 2009, 21:2292-2299.

[36] Weitz R T, Klauk H, Zschieschang U, et al. Organic monolayer dielectric for high-performance carbon nanotube transistors[J]. Proceedings of the IEEE, 2003, 91(11): 1772-1784.

[37] Schießl S P, Gannott F, Etschel S H, et al. Self-assembled monolayer dielectrics for low-voltage carbon nanotube transistors with controlled network density[J]. Advanced Materials Interfaces, 2016, 3(18):1600215.

[38] Lee W, Koo H, Sun J, et al. A fully roll-to-roll gravure-printed carbon nanotube-based active matrix for multi-touch sensors[J]. Scientific Reports, 2015, 5:17707.

[39] Jung Y, Park H, Park J A, et al. Fully printed flexible and disposable wireless cyclic voltammetry tag[J]. Scientific Reports, 2015, 5:8105.

[40] Shi J, Guo C X, Chan-Park M B, et al. All-printed carbon nanotube finFETs on plastic substrates for high-performance flexible electronics[J]. Advanced Materials, 2012, 24(3):358-361.

[41] Li H, Tang Y, Guo W, et al. Polyfluorinated electrolyte for fully printed carbon nanotube electronics[J]. Advanced Functional Materials, 2016, 26(38):6914-6920.

[42] Chortos A, Koleilat G I, Pfattner R, et al. Mechanically durable and highly stretchable transistors employing carbon nanotube semiconductor and electrodes[J]. Advanced Materials, 2016, 28(22):4441-4448.

印刷碳纳米管薄膜晶体管性能优化

- 6.1　对碳纳米管墨水的要求 (228)
- 6.2　碳纳米管的固定方法 (229)
  - ➤ 6.2.1　自组装法 (229)
  - ➤ 6.2.2　表面羟基化 (238)
- 6.3　后处理 (241)
  - ➤ 6.3.1　溶剂清洗和浸泡 (241)
  - ➤ 6.3.2　退火 (242)
  - ➤ 6.3.3　可降解聚合物 (242)
  - ➤ 6.3.4　封装 (247)
- 6.4　器件结构 (249)
  - ➤ 6.4.1　鳍式结构 (250)
  - ➤ 6.4.2　环绕栅结构 (251)
- 6.5　极性可控转换 (252)
- 6.6　小结 (264)
- 参考文献 (264)

随着半导体型碳纳米管分离技术的不断完善以及印刷设备和印刷工艺的不断发展, 印刷碳纳米管薄膜晶体管器件的性能, 尤其是器件的迁移率和开关比, 已有大幅度提升。但印刷碳纳米管薄膜晶体管器件的其他参数如亚阈值摆幅 (SS)、阈值电压 (V_{th})、极性调控、器件的稳定性 (如偏压下的稳定性) 等方面提升幅度不大。尽管目前已有一些全印刷碳纳米管薄膜晶体管器件方面的报道, 但印刷电极的功函数、表面粗糙度、电极厚度以及印刷介电层的厚度等都很难精确控制, 导致全印刷碳纳米管薄膜晶体管器件性能普遍不高, 批次间器件性能相差较大。因此全印刷碳纳米管薄膜晶体管器件的开关比、迁移率和稳定性等都还有很大的提升空间。另外在理论上, 由于碳纳米管的空穴和电子的迁移率都非常高, 用碳纳米管能够构建出性能优越的 N 型和 P 型碳纳米管薄膜晶体管。由于碳纳米管容易吸附空气中水、氧等其他杂质, 印刷碳纳米管薄膜晶体管往往表现为 P 型特性。加上 N 型碳纳米管薄膜晶体管对水、氧敏感, 迁移率低, 制作工序复杂等缺点, 导致 N 型碳纳米管薄膜晶体管器件严重滞后于 P 型器件。本章将重点介绍如何才能进一步提升 P 型和 N 型印刷碳纳米管薄膜晶体管器件性能, 提高印刷器件的稳定性、一致性以及印刷器件的成品率等。下面从对碳纳米管墨水的要求、碳纳米管的固定方法、后处理方法、印刷器件结构以及稳定性、N 型印刷薄膜晶体管的构建技术等几方面进行阐述。

6.1   对碳纳米管墨水的要求

印刷碳纳米管薄膜晶体管的性质在很大程度上由半导体型碳纳米管墨水本身特性所决定。为了得到高性能碳纳米管薄膜晶体管, 往往要求半导体型碳纳米管墨水具备以下几个条件: ① 墨水中不能含有金属型碳纳米管, 至少紫外–可见吸收光谱以及拉曼光谱检测不到金属型碳纳米管; ② 要求半导体型碳纳米管以单根分散形式存在。通常需要经过超高速离心 (30 000 r/min) 去除碳纳米管墨水中的碳纳米管束, 同时作进一步稀释, 超声分散、离心得到单分散的半导体型碳纳米管墨水 (如图 6.1 所示)。这要求表面活性剂或共轭有机化合物与半导体型碳纳米管有非常强的相互作用力, 从而提高碳纳米管的分散能力以及墨水的稳定性; ③ 包覆在碳纳米管表面的表面活性剂或共轭有机化合物与衬底或电极存在较强的相互作用力 (包括氢键、配位键、库仑力、化学键等)。

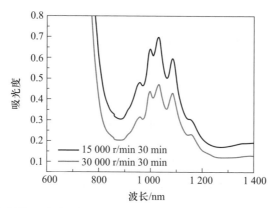

图 6.1　可印刷半导体型碳纳米管墨水分别经过 15 000 r/min 和 30 000 r/min 高速离心后的吸收光谱图

6.2　碳纳米管的固定方法

在 4.2 节中已讲到, 碳纳米管本身不能分散在水以及甲苯和二甲苯等溶剂中。只有当表面包覆有表面活性剂、DNA 和有机共轭化合物后才能使碳纳米管以单根分散的形式分散在这些溶剂中, 得到稳定的碳纳米管墨水。通过喷墨打印把半导体型碳纳米管墨水选择性沉积在器件的沟道中。然而, 待溶剂挥发后, 沟道中的碳纳米管薄膜中仍残存有大量的共轭有机化合物或表面活性剂等。这些物质的存在会严重影响碳纳米管之间以及碳纳米管与电极之间的电接触, 阻碍载流子传输, 晶体管性能往往很差, 甚至无法测量到器件的性能。通常需要通过清洗或浸泡等方式来去除这些表面活性剂和聚合物等杂质。但如果碳纳米管与衬底之间的作用力太弱, 在清洗过程中碳纳米管会随杂质一起清洗掉。另一方面, 如果杂质与碳纳米管的作用力太强, 沟道中残留的杂质就很难清洗干净, 这两方面因素都会严重影响器件性能。因此将碳纳米管牢牢固定在晶体管沟道中非常重要。下面介绍常用来固定碳纳米管的方法。

6.2.1　自组装法

1. 二氧化硅衬底

DGU、色谱柱分离法、自由基反应法和电泳法制备的水相半导体型碳纳米管墨水都含有十二烷基磺酸钠、苯磺酸钠和胆酸钠等表面活性剂。这些表面活性剂包覆在碳纳米管表面, 使得半导体型碳纳米管带负电荷。如果对衬底表面进行氨基功能化修饰, 包覆在碳纳米管表面的阴离子与衬底表面的氨基之间就会产生强的静电作用力, 这样碳纳米管就能够牢牢固定在衬底表面。最早发现这一现象的是斯坦福大学鲍哲南教授研究组。这一现象在 5.2.2.5 节作了详细介绍, 在这里就不再重述。除了鲍哲南教授研究组, 南加州大学周崇武教授研究组和伯克利分校 Ali Javey 研究组利用这种技术也做了大量工作, 包括薄膜晶体管器件构建、固定机理探讨、驱动电路、逻辑电路和传感器等。

　　3–氨基丙基三乙氧基硅烷 (APTES) 和多聚赖氨酸 (poly-L-lysine) 可以对二氧化硅衬底表面进行氨基功能化修饰。尽管这两种物质都能在二氧化硅衬底表面形成一层带氨基的修饰层, 但它们与二氧化硅的作用机理却完全不同。APTES 是通过化学反应, 即硅氧烷键与二氧化硅衬底表面的羟基发生脱水反应, 从而在二氧化硅衬底表面形成一层带氨基功能层 [如图 6.2(a) 所

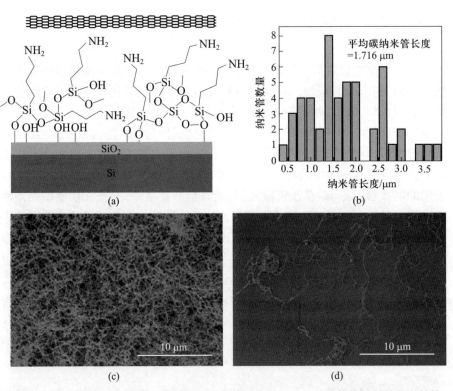

图 6.2　(a) 大面积沉积半导体型碳纳米管薄膜时常用于表面功能修饰材料的化学结构式和在 Si/SiO$_2$ 衬底表面 APTES 与碳纳米管相互作用示意图; (b) 碳纳米管长度分布图; (c)、(d) Si/SiO$_2$ 衬底表面有 (c) 和没有 (d) 氨基功能化修饰时得到的碳纳米管薄膜 SEM 照片图[1]

示]。而多聚赖氨酸主要通过氢键或静电相互作用力固定在二氧化硅衬底表面。图 6.2(b) 为碳纳米管的长度分布图,氨基功能化修饰过的二氧化硅衬底,通过浸泡清洗后,表面仍然保留了均匀、致密的碳纳米管薄膜 [如图 6.2(c) 所示]。没有经过功能化修饰的衬底,清洗后表面的碳纳米管已所剩无几 [如图 6.2(d) 所示][1]。对于其他如玻璃或柔性塑料薄膜衬底 (PET、PEN 和 PI 等),需要在其表面沉积一层纳米级的二氧化硅薄膜,然后再进行氨基功能化修饰,得到一层可固定半导体型碳纳米管的黏附层。

2014 年 Ali Javey 研究组对表面活性剂的作用机理进行了深入研究[2]。他们发现当水相墨水中只含有十二烷基磺酸钠 (SDS) 和十二烷基苯磺酸钠 (SDBS) 时,即使二氧化硅衬底表面进行了氨基功能化修饰,固定效果仍然很差,如果墨水中加入胆酸钠 (SC),无论墨水中是否有 SDBS、SDS、磷酸盐和其他离子,都能检测到密度高且均匀的碳纳米管网络 (如图 6.3 所示)。之所以墨水中引入 SC 能够固定碳纳米管与 SC 的空间结构有密切关系。SDS 和 SDBS 中都含有一个烷基长链,具有较好的柔性。它们通过自组装方式固定在衬底表面,在衬底表面形成一致密的 "排斥层",从而不利于包覆有表面活性剂的碳纳米管固定在衬底表面,导致衬底表面只固定了一层 SDS 或 SDBS (如图 6.4 所示)。SC 为类固醇类化合物,含有一个四环的母核,这种刚性结构的表面活性剂倾向于吸附在衬底表面,不能在衬底表面形成致密的 "排斥层",衬底表面还有很多未被 SC 占据的空间,带负电荷的碳纳米管则可以通过静电相互作用力固定在这些未被表面活性剂占据的空间,最终在衬底表面得到高密度、均匀的碳纳米管薄膜。

另外发现碳纳米管的固定效率不仅与水相墨水中的表面活性剂种类有关,还与墨水的温度有密切关系,固定效率随墨水的温度升高而提升。在此基础上,Ali Javey 研究组开发了一套可在 PET 薄膜表面卷对卷连续沉积碳纳米管薄膜的简易设备,如图 6.5 所示。PET 薄膜先经过多聚赖氨酸溶液,在其上沉积一层多聚赖氨酸薄膜。用去离子水清洗其表面并吹干后,再浸入半导体型碳纳米管墨水中。经过多次浸泡后,用去离子水清洗并吹干。为了加快碳纳米管在 PET 上的沉积速度,碳纳米管墨水的温度控制在 70 °C 左右,并让 PET 薄膜多次经过碳纳米管墨水池。用这种方法已经得到长达 1 m 的碳纳米管薄膜。图 6.5(c) 是 AFM 表征的不同区域的碳纳米管薄膜表面形貌,该图显示用这种方法得到的碳纳米管薄膜均一性较好。图 6.5(d) 是用这一薄膜制备的晶体管性能曲线。V_{ds} 为 -1 V 和 -10 V 时,晶体管的开关比分别为 10^2 和 10^3。尽管这种薄膜晶体管器件的性能远不及滴涂、浸泡以及其他方式制备的碳纳米管薄膜晶体管的性能,但该工作提供了用卷对卷方式

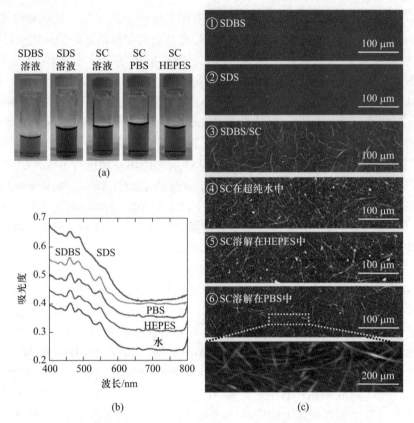

图 6.3　(a) 不同表面活性剂分散的半导体型碳纳米管溶液光学照片图 (用十二烷基磺酸
　　钠和十二烷基苯磺酸钠直接分散在超纯水中, 而 SC 表面活性剂则分别用超纯水、PBS
　　和 HEPES 缓冲溶液); (b) 碳纳米管墨水吸收光谱图; (c) 沉积 10 min 后衬底上的碳纳米
　　管 AFM 照片图: ① SDBS 溶液; ② SDS 溶液; ③ 摩尔比为 1:1 的 SDBS 和 SC 混合
　　液; ④ SC 溶解在纯水中; ⑤ SC 溶解在 40 mM HEPES; ⑥ SC 溶解在 PBS 溶液中, 发现
　　SDBS 和 SDS 阻碍碳纳米管的组装, 而用 SC 墨水则能得到高密度的碳纳米管薄膜[2]

在 PET 表面沉积高纯半导体型碳纳米管的新方法。

　　2. 氧化铪衬底

　　除了二氧化硅外, 高介电常数的介电材料如氧化铪或氧化铝也常用来作
为低电压碳纳米管薄膜晶体管的介电层。通过功能化修饰也可以把碳纳米管
高效地固定在氧化铪或氧化铝衬底表面。IBM 公司提出了一种离子交换化学
法来选择性固定半导体型碳纳米管[3], 具体过程如图 6.6(a) 所示。将氧化铪沟
槽区域用 4–(N–hydroxycarboxamido)–1–methylpyridinium iodide(NMPI)
进行功能化修饰, 再把水相高纯半导体型碳纳米管墨水涂布到基片上。沟槽

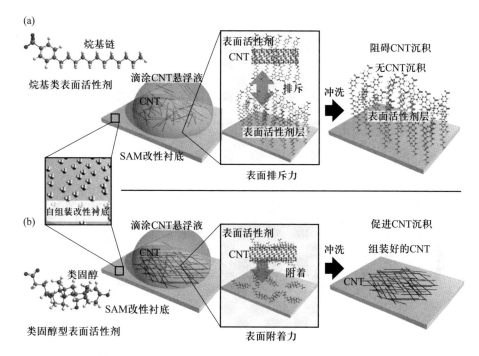

图 6.4 碳纳米管自组装过程示意图。(a) 墨水中的表面活性剂为长烷基链表面活性剂时碳纳米管沉积过程示意图; 图中化学结构式为十二烷基苯磺酸钠。由于十二烷基苯磺酸钠自组装在氨基功能化的衬底表面, 这时衬底表面的表面活性剂与碳纳米管表面包覆的碳纳米管之间存在相互排斥, 导致碳纳米管不能固定到衬底表面, 只有表面活性剂固定在衬底上; (b) 墨水中的表面活性剂为类固醇型表面活性剂时碳纳米管的沉积过程示意图; 由于类固醇型表面活性剂为刚性分子, 不能在衬底表面形成致密的阻碍层, 有利于碳纳米管的固定[2]

表面修饰的 NMPI 中的碘离子 (I⁻) 就会与 SDS 进行离子交换, 使带负电的 SDS 固定在沟槽内。由于碳纳米管表面包覆有带负电的 SDS, 碳纳米管与衬底表面的 NMP⁺ 之间有较强的静电作用力, 待水挥发后半导体型碳纳米管就会固定在沟槽内。通过这种方法能够精确、有序、高密度地沉积单层碳纳米管薄膜图案。IBM 已经用这种方法在氧化铪衬底表面得到宽度为纳米级的沟槽, 并得到性能良好的薄膜晶体管器件, 在同一芯片上集成 1 万多个碳纳米管薄膜晶体管, 并报道了在防伪和信息安全等方面的应用[4], 如图 6.7 所示, 向碳纳米管薄膜晶体管实用化方向迈进了一步。

水相半导体型碳纳米管墨水中存在大量的离子型表面活性剂如十二烷基磺酸钠、十二烷基苯磺酸钠、胆酸钠等, 这些离子型表面活性剂都可能成

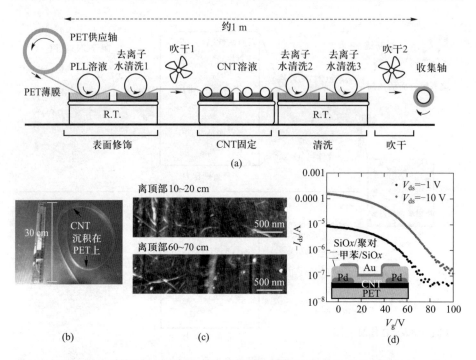

图 6.5   (a) 通过卷对卷自组装沉积碳纳米管过程 (包括 PET 氨基功能化修饰、清洗、
吹干、碳纳米管固定、清洗、吹干、收卷) 示意图; (b) 沉积有碳纳米管的 PET 薄膜, 长
度约为 1 m; (c) 沉积在 PET 表面的碳纳米管 AFM 照片; (d) 采用该方法得到的碳纳米
管薄膜晶体管器件的转移曲线, 沟道长度为 125 μm, 宽度为 2.5 mm[2]

为载流子散射中心, 严重影响器件的性能, 尤其是器件的迁移率和关态电流。
共轭有机化合物分离的半导体型碳纳米管纯度非常高, 共轭有机化合物本身
也是半导体材料, 因此共轭有机化合物分离的半导体型碳纳米管墨水相对于
水相半导体型碳纳米管墨水而言更有优势。最近报道一种将有机相中的半
导体型碳纳米管固定在氧化铪衬底表面的新方法。该方法仍然采用羟肟酸衍
生物与氧化铪表面形成配位键, 把功能团引入到衬底表面。不过功能基团由
之前带正电的离子变为氨基, 这些氨基在亚硝酸戊酯作用下变为重氮盐, 重
氮盐与有机共轭化合物包覆的碳纳米管发生相互作用, 能把碳纳米管固定在
氧化铪衬底表面, 从而得到高密度的碳纳米管薄膜 (如图 6.8 所示)[5], 并制
备成沟道长度在 100～500 nm 的 P 型和 N 型薄膜晶体管器件、CMOS 反
相器和 5 阶环形振荡器, 如图 6.9 所示[6]。1 阶环形振荡器的开关频率达到
2.82 GHz, 而 5 阶环形振荡器的频率达到 282 MHz。
        羟肟酸衍生物中的羟基、羰基不仅能够与氧化铪中的铪离子形成配位

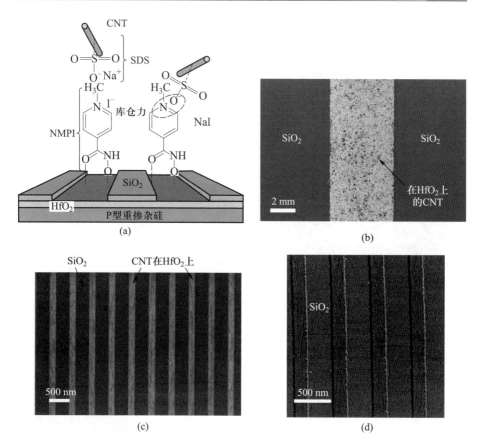

图 6.6 通过离子交换化学法把碳纳米管选择性沉积在氧化铪沟槽区域。(a) 碳纳米管选择性固定在氧化铪薄膜表面示意图, NMPI 一端与氧化铪作用, 另一端的碘离子与包覆在碳纳米管薄膜的 SDS 中的阴离子, 通过静电作用把碳纳米管固定在氧化铪衬底表面; (b) 沉积在氧化铪表面的碳纳米管薄膜 SEM 照片图, 从图可以看出碳纳米管密度非常高, 且碳纳米管薄膜只沉积在氧化铪表面; (c)、(d) 碳纳米管选择性沉积在宽度为 200 nm 的氧化铪沟槽中的 SEM 照片图 (c) 和 AFM 照片图 (d)[3]

键, 也能与氧化铝和氧化锆等其他高介电常数的介电材料中的金属离子铝和锆形成配位键, 可以用来修饰这些介电材料。除羟肟酸衍生物外, 有机膦化合物也能快速、高效自组装在氧化铪、氧化铝和氧化锆衬底表面[7]。如有机膦化合物滴涂或旋涂在金属氧化物表面, 然后在 140 ℃ 处理 1 min 就可以在金属氧化物表面得到一层致密的功能层。这些自组装技术已广泛应用于有机薄膜晶体管和化学生物传感器领域, 如图 6.10 所示。用带氨基、羟基、苯环以及正电荷的有机膦衍生物对氧化铝表面进行功能化修饰后可以高效快速

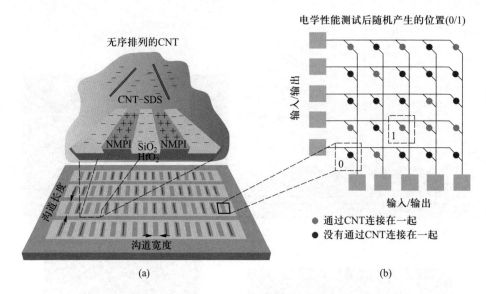

图 6.7   (a) 通过离子交换化学法把碳纳米管自组装到氧化铪沟道中。自组装通过交换使
SDS 中的钠离子与 NMPI 中碘离子发生离子交换, 再选择性把碳纳米管固定到氧化铪薄
膜表面, 氧化铪沟道宽度在 70∼300 nm 之间; (b) 随机连接的 2D 碳纳米管阵列示意图
(5 ×5)[4]

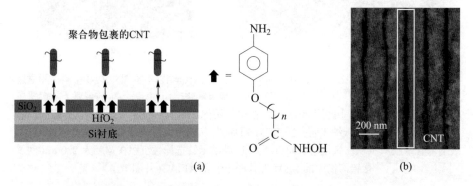

图 6.8   碳纳米管固定在氧化铪衬底表面示意图。(a) 带氨基的羟肟酸衍生物通过自组装
固定在氧化铪沟槽并把碳纳米管固定到衬底表面, 箭头表示苯胺异羟肟酸化学结构
式; (b) 通过自组装技术在氧化铪衬底表面得到的碳纳米管薄膜 SEM 照片图[5]

固定半导体型碳纳米管 [如图 5.63(a)、(b) 所示]。羟基功能化修饰 (约 18.2
根/μm) 和正电荷修饰 (约 25 根/μm) 的衬底表面的碳纳米管密度明显高于
未修饰的衬底表面[7]。

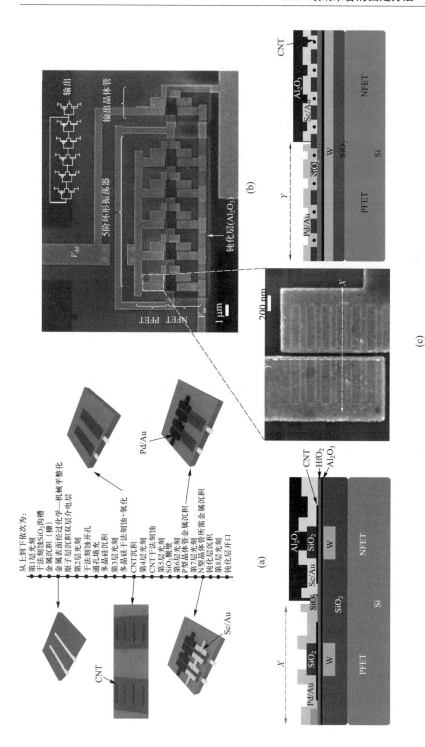

图 6.9　互补型碳纳米管环形振荡器。(a) 经过 8 步光刻技术制备碳纳米管环形振荡器构建过程示意图; (b) 进行假色上色后的 5 阶碳纳米管环形振荡器 SEM 图; (c) 单个放大的 P 型薄膜晶体管 SEM 图; (中); 每个器件由各个沟槽组成, 器件长度为 100 nm。P 型和 N 型碳纳米管薄膜晶体管截面结构示意图 (左、右)[6]

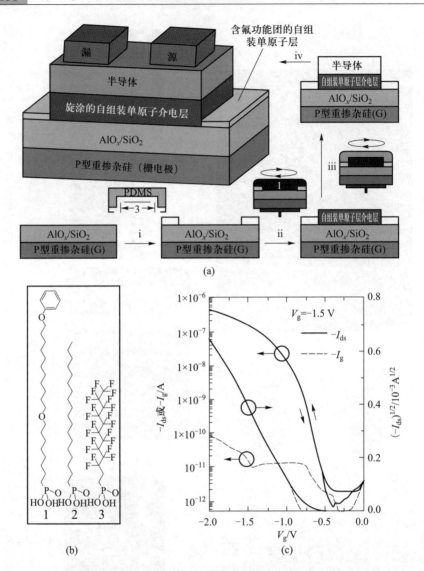

图 6.10   氧化铝表面自组装一层有机膦化合物功能层来提高有机薄膜晶体管器件性能。
(a) 有机薄膜晶体管构建过程示意图; (b) 介电层氧化铝表面功能化修饰的有机膦化合物
分子结构式; (c) 典型的有机薄膜晶体管器件转移曲线

6.2.2   表面羟基化

由于共轭有机化合物分离的半导体型碳纳米管表面包覆了有机共轭分子, 表面功能团非常丰富, 这些基团对碳纳米管的固定同样起了关键作用。普遍认为共轭有机化合物所带的杂原子, 如硫、氧、氮和氟等对碳纳米管的固定起关键作用。由于这些杂原子能够与衬底表面的羟基或金属电极 (金和银等) 形成氢键或配位键, 有助于把碳纳米管固定在衬底表面。下面举例说明有机共轭化合物分离的半导体型碳纳米管与衬底性质和电极可能存在的相互作用力。研究表明二氧化硅、氧化铪和氧化铝衬底表面的亲疏水特性和衬底表面是否有源、漏电极对碳纳米管固定效果非常重要。如图 6.11 所示, 二氧化硅表面用氧等离子体和真空退火后衬底表面的亲疏水特性发生显著变化。衬底未用氧等离子体处理时, 衬底与水的接触角约为 43.5°, 氧等离子处理 3 min 后接触角变为 15.4°, 而在真空退火处理 30 min 的衬底的接触角变为 68.1°。当把碳纳米管墨水沉积到这些衬底表面后, 发现得到的碳纳米管薄膜晶体管器件性能相差非常大。氧等离子处理后的基片上构建的器件明显优于其他两种情况下构建的器件。同时用 AFM 表征了器件沟道中的碳纳米管的形貌, 发现亲水衬底表面的碳纳米管密度非常高、薄膜非常均匀, 而疏水表面碳纳米管密度则非常低。表面羟基化导致在它们表面沉积的碳纳米管密度发生明显改变。很明显, 表面亲水对亲水–疏水聚合物分离的碳纳米管有利。

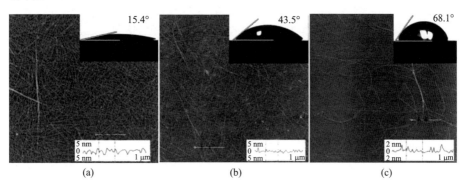

图 6.11　衬底经过不同方式处理后器件沟道中的碳纳米管 AFM 图。(a) 氧等离子体处理 1 min; (b) 衬底未经过氧等离子体处理; (c) 200 ℃ 真空退火 1 h[8]

根据以上实验结果, 可以推断亲水衬底表面碳纳米管密度明显高于其他两种情况, 这与氧等离子体处理后衬底表面富含羟基有关, 其作用机理如图 6.12 所示。二氧化硅衬底表面经过氧等离子体处理后表面生成了大量的羟基, 而羟基可以与包覆在碳纳米管薄膜的聚合物中的杂原子如氮、氧和硫等形成氢键, 使碳纳米管牢固地固定在衬底表面[8]。另外 XPS 数据表明, 碳纳米管除了与衬底表面有强的相互作用力外, 也与金电极之间有强的相互作用力。图 6.13 表示聚合物包覆的半导体型碳纳米管固定在氧化铪衬底表面前

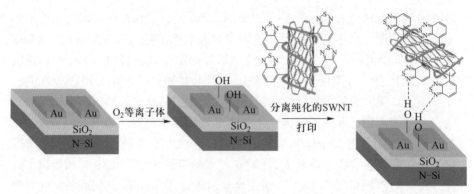

图 6.12　共轭有机化合物分离的半导体型碳纳米管固定在衬底表面的过程示意图。包覆在碳纳米管表面的 N、O 等杂原子与衬底的羟基形成氢键, 另外还可能与金电极之间存在相互作用力[8]

后的 XPS 数据[8]。非常明显, 固定碳纳米管前后氧和铪的 XPS 发生了明显位移。从而表明碳纳米管与衬底之间存在强的相互作用。另外, 观察到金的 Au4f 也明显向负方向发生了明显移动, 表明碳纳米管的固定与金电极也有

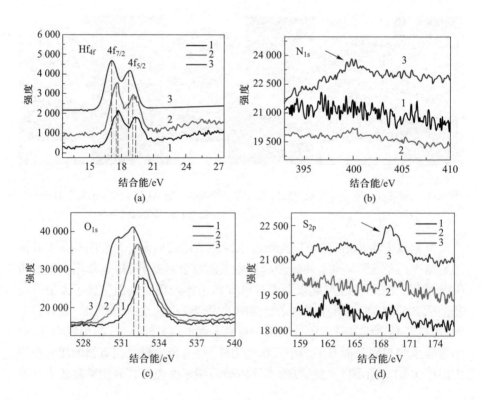

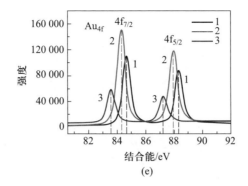

图 6.13 氧化铪薄膜表面经过不同处理后其表面各种元素的 XPS 能谱图。
(a) Hf$_{4f}$; (b) N$_{1s}$; (c) O$_{1s}$; (d) S$_{2p}$; (e) Au$_{4f}$。其中 1 表示未经过任何处理; 2 表示氧等离子体处理; 3 表示固定聚合物包覆的半导体型碳纳米管[8]

密切关系。当氧化铪和二氧化硅表面没有金电极时, 碳纳米管的密度相对较低, 进一步证明金电极对碳纳米管的固定起了重要的作用。

6.3 后处理

为了得到碳纳米管墨水, 溶液中必需添加适当的表面活性剂、共轭有机化合物和其他添加剂来提高碳纳米管在溶液中的分散性、稳定性。然而这些杂质的引入会影响碳纳米管薄膜晶体管的性能, 有各种后处理工艺可以去除包覆在碳纳米管表面的添加剂、吸附的溶剂、消除空气中的水氧的影响等, 这些后处理工艺包括退火、高温烧结、溶剂清洗、浸泡和封装。下面简单介绍一些为进一步提高器件性能而发展起来的后处理工艺。

6.3.1 溶剂清洗和浸泡

通过浸泡方式得到的碳纳米管薄膜不需要做进一步溶剂清洗和浸泡就可以得到性能良好的薄膜晶体管器件。而滴涂或打印、旋涂、刮涂等方式沉积的碳纳米管薄膜表面往往含有大量残存的聚合物、表面活性剂等杂质 [如图 6.14(a) 所示], 需要多次清洗或浸泡才能去除这些杂质。用溶剂清洗后, 碳纳米管薄膜表面变得非常干净, 用 AFM 能够清晰地观察到碳纳米管的形貌 [如图 6.14(b) 所示], 说明要想得到性能优越的印刷碳纳米管薄膜晶体管器件, 溶剂清洗和浸泡显得非常重要。

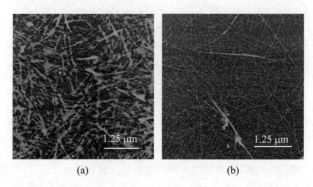

(a)　　　　　　　　　　(b)

图 6.14　印刷的碳纳米管薄膜用溶剂浸泡前 (a) 后 (b) 的 AFM 照片图

6.3.2　退火

　　器件经过溶剂清洗和浸泡后需要在空气中退火来进一步提高器件性能。退火有两个作用: ① 去除残存在碳纳米管薄膜中的溶剂; ② 减小碳纳米管之间的接触电阻。如图 6.15 所示, 印刷碳纳米管薄膜晶体管在空气中 200 ℃ 退火 30 min 后可使器件的迁移率提高 1.5 倍左右, 而关态电流基本没有变化。

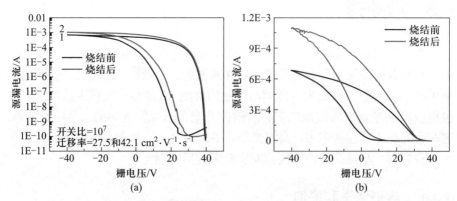

(a)　　　　　　　　　　(b)

图 6.15　印刷碳纳米管薄膜晶体管器件退火前后的转移特征曲线。(a) 对数关系图;
(b) 线性关系图

6.3.3　可降解聚合物

　　表面活性剂可以设计并合成在光、电、热或化学反应的作用下可发生构型变化或发生分解反应的共轭有机化合物, 用来分离纯化半导体型碳纳米管, 从而去掉包覆在碳纳米管表面的共轭有机化合物。通常有两种设计策略[9], 第 1 种通过改变共轭有机化合物的构型达到去除聚合物的目的。如图 6.16 所示, 通过改变溶剂或在特定条件下让其发生氧化还原反应或质子化反应、配位反应等使聚合物的空间构型发生改变, 从而可减小或消除聚合物与

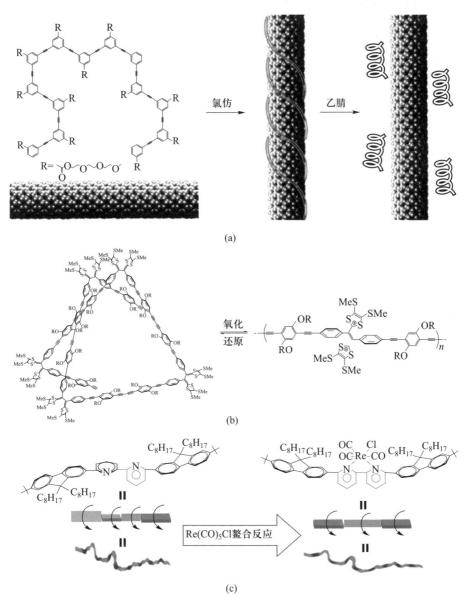

图 6.16 通过采用不同方法改变聚合物的构型来去除包覆在碳纳米管表面的聚合物。(a) 采用不同的溶剂; (b) 氧化还原反应或质子化反应; (c) 金属螯合反应[9]

碳纳米管之间的相互作用力, 导致聚合物从碳纳米管表面上脱落, 最终得到 "干净" 的半导体型碳纳米管。第 2 种通过解聚反应或降解反应使包覆在碳纳米管表面的聚合物分解成更小的单元。如图 6.17 所示, 可通过不可逆的解聚反应释放碳纳米管 [聚合物 P17 和 P18, 如图 6.17(a) 所示] 和可逆的配位键、氢键和亚胺键等实现对 "干净" 半导体型碳纳米管选择性制备。如南洋理工大学 Mary Chan 教授研究组设计了一类由芴和二硅烷组成的共轭聚合物 (如聚合物 P1), 该聚合物不仅可选择性分离 HiPCO 中的半导体型碳纳米管, 而且该聚合物在 HF 溶液中可降解, 从而可得到 "干净" 的半导体型碳纳米管[10]。聚合物 P18 则在光照条件下容易降解, 也可除去包覆在碳纳米管表面的聚合物。图 6.17(b)~(d) 则为分子间的氢键、分子与金属离子之间的配位键以及不同分子之间形成亚胺键得到相应的聚合物。在相对温和条件下这些键都可以打开使聚合物变成相应的小分子, 最终也能得到 "干净" 的半导体型碳纳米管, 与此同时降解的产物可再回收利用。

理论上去除包覆在碳纳米管表面的聚合物或其他有机化合物能够提升碳纳米管薄膜晶体管器件的性能, 但实际上器件性能并不一定会有提高。这里有一些问题值得思考:

(1) 当共轭有机化合物在溶液中降解或去除时存在的问题。半导体型碳纳米管墨水是一种悬浊液或类似胶体, 之所以墨水能够稳定存在除了表面包覆有共轭有机化合物以外, 溶液中游离的共轭有机化合物的浓度也至关重要, 因为它们之间建立了一种动态平衡, 使碳纳米管墨水能够稳定存在。在这种情况下, 当溶液中游离的聚合物降解或发生构型变化后会打破原有的平衡, 使半导体型碳纳米管会从溶液中沉降下来。半导体型碳纳米管墨水发生沉降现象并不一定是由于包覆在碳纳米管表面包覆的共轭有机化合物发生了降解而导致的, 很有可能是由于溶液中游离的共轭有机化合物被部分降解, 从而降低了碳纳米管在溶液中的 "溶解度"; 另外这些降解产物中仍然含有较大共轭单元, 它们与碳纳米管之间还有较强的相互作用力, 依然能够吸附在碳纳米管表面。半导体型碳纳米管沉淀后, 出现重新分离的问题以及它们的稳定性问题。如果用溶剂反复清洗后得到半导体型碳纳米管薄膜并非黑色而是呈现聚合物的颜色, 说明碳纳米管薄膜中还残存有适量聚合物。当把它重新超声分散在甲苯或二甲苯溶剂中时, 其吸收光谱中观察不到尖锐的吸收峰, 而变成了一个非常宽的 "馒头" 峰, 说明碳纳米管不再以单分散形式存在于墨水中, 而主要以碳纳米管束的形式存在于墨水中, 墨水的稳定性也变得非常差了。

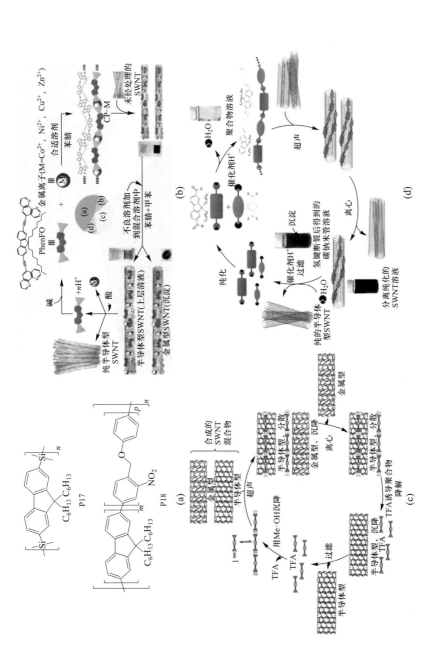

图 6.17 通过解聚反应使包覆在碳纳米管表面的聚合物分解成更小的单元。(a) 通过不可逆的解聚反应释放纳米管; (b) 配位聚合物包覆和释放半导体型碳纳米管以及聚合物重新利用过程示意图; (c) 通过氢键形成的共轭聚合物分离大管径纯化半导体型碳纳米管过程示意图; (d) 可去除和可循环利用的亚氨基共轭聚合物分离大批量纯化半导体型碳纳米管过程示意图[9]

(2) 当共轭有机化合物在碳纳米管薄膜中降解或去除时存在的问题。碳纳米管薄膜沉积到衬底表面后再降解包覆在其表面的共轭有机化合物, 降解产物是否会吸附在碳纳米管表面? 在降解过程中会不会对碳纳米管的结构造成破坏? 这些问题需要做更深入的研究。

最近有文献报道, 包覆在半导体型碳纳米管表面的 PFO–BP 可通过金属配位反应去除掉[11]。聚合物去除前后对窄沟道器件性能没有任何影响。图 6.18 表示碳纳米管表面的 PFO–BT 去除过程。PFO–BT 先与金属 Re 离子发生配位反应使聚合物的构型发生变化, 再用溶剂反复清洗就可以把包覆在碳纳米管表面的 PFO–BT 完成去除掉 [如图 6.18(a) 所示]。而薄膜中的聚合物需要先经过高温退火去除聚合物表面的支链, 再通过配位反应和溶剂清洗得到 "干净" 的半导体型碳纳米管薄膜 [如图 6.18(b) 所示]。作者研究了碳纳米管表面的聚合物去除前后器件的性能变化, 发现包覆在碳纳米管表面的聚合物对定向排列的窄沟道器件性能没有影响 (沟道长度为 140 nm)。图 6.19(a) 和 (b) 分别为窄沟道器件的 SEM 图和结构示意图, 器件的沟道长度约为 140 nm, 且碳纳米管呈现定向排列特性。从图 6.19(c) 和 (d) 不难发现, 碳纳米管薄膜的聚合物去除前后以及退火对器件的开关比、迁移率、迟滞、亚阈值振幅以及沟道电阻等都没有影响。这应该归功于沟道中每根碳纳米管都直接与源、漏电极连通, 沟道中基本没有碳纳米管与碳纳米管之间的接触点。然而, 对于印刷碳纳米管薄膜晶体管器件而言, 其沟道长度在微米级水平, 且碳纳米管薄膜为无规则的网络结构, 包覆在碳纳米管表面的聚合物会

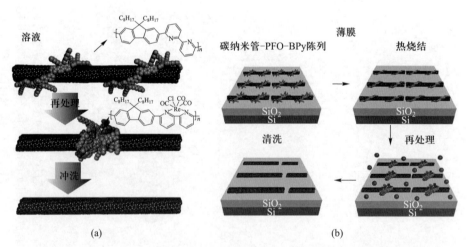

图 6.18　通过配位反应改变聚合物的构型来去除包覆在碳纳米管薄膜的聚合物。
(a) PFO–BP 从碳纳米管表面去除过程示意图; (b) 定向排列碳纳米管薄膜中的聚合物去除过程示意图[11]

对器件有较大影响。如果能够完全去除碳纳米管表面的聚合物, 器件的性能会有一定提升, 这方面还需要实验加以证明。

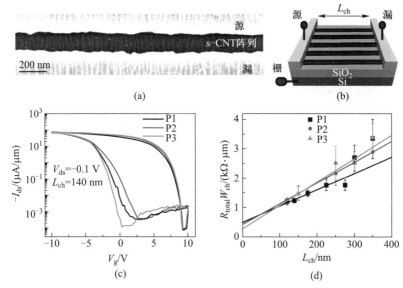

图 6.19　定向排列的碳纳米管薄膜构建的窄沟道器件。(a)、(b) SEM 图 (a) 和相应的器件结构示意图 (b), 其中沟道长度为 140 nm; (c) 窄沟道器件在 V_{ds} 为 -0.1 V 时典型的转移曲线; (d) 在 V_{ds} 为 -0.1 V 和 $V_g - V_t$ 为 -5 V 时提取出来的沟道电阻。其中, 图 (c) 和图 (d) 中的 P1~P3 分别为: P1, 蓝色, 定向排列碳纳米管 + 退火处理; P2, 橙色, 定向排列碳纳米管 + 退火处理 + 配位反应 + 清洗; P3, 绿色, 定向排列碳纳米管 + 退火处理 + 配位反应 + 清洗 + 退火[11]。(参见书后彩图)

6.3.4　封装

封装有助于改善底栅碳纳米管薄膜晶体管器件的电性能, 如调节阈值, 消除或减小器件迟滞, 提高器件的开关比、迁移率以及电偏压稳定性等。碳纳米管薄膜晶体管的沟道用合适的材料 (如 CYTOP、PMMA、PDMS、Teflon-AF 等) 封装后能够隔绝空气中的水氧, 同时还可以屏蔽或中和碳纳米管薄膜中的表面活性剂、偶极子等, 从而可大幅提高器件的电性能, 下面举例说明。研究发现当在碳纳米管表面覆盖一层 PDMS 后, 如图 6.20(a) 所示, 器件的迁移率由原来的 8.1 $cm^2 \cdot V^{-1} \cdot s^{-1}$ 提高到 28.5 $cm^2 \cdot V^{-1} \cdot s^{-1}$ [如图 6.20(b) 所示]。其原因很可能与 PDMS 中的二氧化硅纳米粒子能够吸附碳纳米管薄膜中的表面活性剂有关。二氧化硅纳米粒子吸附碳纳米管薄膜中的表面活性剂后能够改善碳纳米管之间的接触电阻, 有利于载流子在碳纳米管薄膜中的传输, 导致器件的迁移率提高了 3 倍[12]。

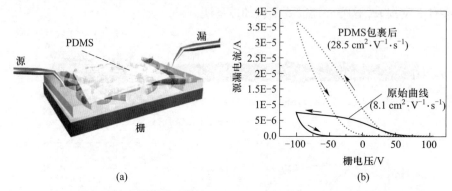

图 6.20　(a) 底栅碳纳米管薄膜晶体管用 PDMS 封装示意图; (b) 底栅碳纳米管薄膜晶体管用 PDMS 封装前后转移特征曲线图[12]

　　用含氟的聚合物如 Teflon−AF 和 CYTOP 等封装碳纳米管薄膜晶体管器件能够得到零迟滞的薄膜晶体管器件, 同时可把器件的阈值电压调到 0 V 附近。如图 6.21 所示, 当在碳纳米管薄膜晶体管表面旋涂一层 Teflon−AF

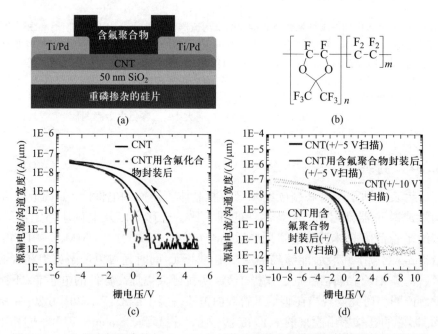

图 6.21　(a) 用含氟聚合物 Teflon−AF 封装的碳纳米管薄膜晶体管器件结构示意图; (b)Teflon−AF 化学结构式; (c)Teflon−AF 封装前后的碳纳米管薄膜晶体管转移特征曲线; (d)Teflon−AF 封装前后的碳纳米管薄膜晶体管在不同扫描栅电压下的迟滞特性 (扫描电压分别为 ±5 V 和 ±10 V)[13]

薄膜后, 器件的迟滞完全被抑制, 与此同时器件的阈值电压负移到 0 附近。即使栅电压从 10 V 到 −10 V 之间扫描, 器件的阈值电压和迟滞都不会发生改变。这可能由于 Teflon−AF 薄膜能够有效屏蔽碳纳米管薄膜中的偶极子, 从而使器件的阈值和迟滞发生明显变化。另外研究发现, 含氟聚合物如 CYTOP 也有类似功能, 但 PMMA 和 Parylene−C 的作用就不十分明显 (图 6.22)[13]。

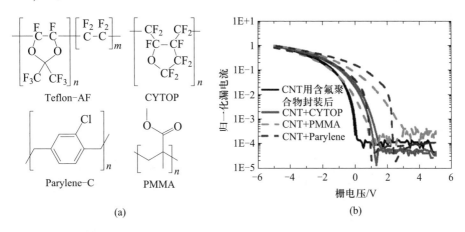

(a)   (b)

图 6.22　(a) 封装材料 Teflon−AF、CYTOP、PMMA 和 Parylene−C 的化学结构式; (b) 用不同材料封装后碳纳米管薄膜晶体管的迟滞特征, 其中只有含氟聚合物能够有效消除器件的迟滞[13]

6.4　器件结构

已报道的碳纳米管薄膜晶体管的结构包括底栅、顶栅、侧栅、双栅、液栅、鳍式结构 (FinFET) 和环绕栅 (gate-all-around) 等。不同栅结构的晶体管有明显的性能差异, 对应的应用领域也有所不同。底栅和顶栅结构器件是最常见的器件结构, 器件的性能通常比较优越, 可应用于显示驱动、可穿戴电子、逻辑电路、各种传感器等。这两种结构的碳纳米管薄膜晶体管已在前面各章多处作过介绍, 此处不再赘述。用离子胶或固态以及液态电解质作为介电层时, 器件常常采用侧栅结构。液栅晶体管则主要用于生物和化学传感等领域中, 这部分内容在第 7 章会作简单介绍。双栅结构的特点是薄膜晶体管拥有底栅和顶栅以及上下两层介电层。通过控制底栅和顶栅电压可调节器件的阈值电压, 这种类型的晶体管在显示和逻辑电路等领域有较大应用前景。下面主要介绍鳍式结构和环绕栅结构。

6.4.1   鳍式结构

鳍式场效应晶体管 (fin field-effect transistor, FinFET), 是一种立体式金属氧化物半导体晶体管。该结构由加州大学伯克利分校的胡正明教授发明。之所以命名为鳍式场效应晶体管是因为这种晶体管的形状与鱼鳍非常相似。传统平面栅场效应晶体管中, 只能在栅电极的一侧控制沟道的接通与断开。而 FinFET 的栅电极类似鱼鳍的 3D 结构, 可从半导体沟道的两侧控制接通与断开, 大幅改善栅电极对沟道的控制能力并减少源漏电流, 也可以大幅缩短晶体管的栅电极长度。

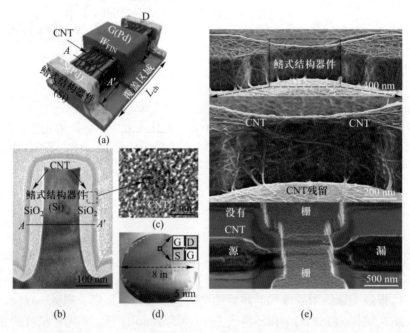

图 6.23   鳍式结构碳纳米管薄膜晶体管。(a) 在硅基片上构建的 3D 碳纳米管薄膜晶体管结构示意图, 整个过程与硅基 CMOS 兼容; (b) 截面 TEM 照片图, 鳍式结构碳纳米管薄膜晶体管包含有碳纳米管、二氧化硅介电层和硅; (c) 沟道区域中的碳纳米管 TEM 照片图, 从 TEM 图可以看出碳纳米管直径小于 2 nm; (d) 整个 8 in 硅片上布满了鳍式结构碳纳米管薄膜晶体管阵列的光学照片图; (e) 沉积在 3 个面上的碳纳米管薄膜 SEM 照片图[14]

2016 年 Lee 等报道了在 8 in 的硅片上制备出鱼鳍型碳纳米管薄膜晶

体管阵列, 其晶体管形貌与横截面如图 6.23 所示[14]。沟道长度和宽度为 200 nm 和 50 nm, 沟道中的碳纳米管密度达到 600 根/μm。这种新型三维鱼鳍型碳纳米管薄膜晶体管的开关比达到 10^5 以上, 亚阈值摆幅为 85 mV/dec。通过调节栅电压可精确控制器件的阈值电压。如栅电压在 3 V 时, 阈值电压在 −1.5 V 左右, 当栅电压调到 −3 V 时, 器件阈值电压会变到 0.3 V。

6.4.2　环绕栅结构

　　这里讲的环绕栅并不是传统意义上的环绕栅结构, 但工作原理与环绕栅器件的工作原理比较类似。由于印刷的碳纳米管薄膜大多为无规则的网络结构, 当表面沉积介电层时, 碳纳米管能够完全嵌入到介电层中, 每根碳纳米管都被介电层所包围。在外加电场的作用下, 碳纳米管的周围都能够感生出电场, 这种特性与环绕栅器件类似。将介电材料 PI 旋涂在印刷的碳纳米管薄膜表面, 待退火处理后把 PI 薄膜从衬底表面剥离, 可以观察到介电层包裹碳纳米管的形貌, 图 6.24(a) 和 (b) 所示[15]。

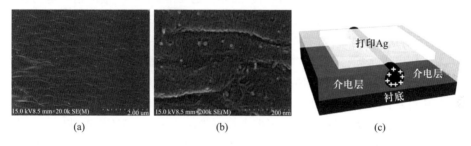

图 6.24　(a)、(b) PI 与碳纳米管薄膜形成的复合薄膜不同放大倍数下的 SEM 照片图; (c) 器件在外加电场作用下的调控机制示意图[15]

　　从图 6.24(a) 和 (b) 可以看出碳纳米管完全嵌入到介电层中。剥离后的衬底表面没有观察到碳纳米管, 说明碳纳米管完全嵌入到 PI 薄膜中。图 6.24(c) 为环绕栅型碳纳米管薄膜晶体管的示意图。在合适的栅极偏电压下, 碳纳米管的所有表面都会诱导空穴载流子, 从而大大增加了碳纳米管周围的栅电场, 提高了栅电极对碳纳米管的调控能力, 导致器件表现出高的迁移率 (当测试频率大于 10 Hz 时, 迁移率超过 $100 \text{ cm}^2 \cdot \text{V}^{-1} \cdot \text{s}^{-1}$) 和低的工作电压 (±1 V)。

6.5　极性可控转换

CMOS 技术是当今集成电路的主流技术。而 CMOS 反相器是构建 CMOS 电路最基本的单元。CMOS 反相器由于静态功耗低、状态改变的处理速度高，且允许的电源电压范围宽 (方便电源电路设计)、噪声容限大 (电路抗干扰能力强)、体积小、制作工艺简单、集成度高等优点，在超大规模集成电路中应用广泛。由于碳纳米管导带和价带结构对称，采用类似于传统的硅半导体掺杂技术或特殊的后处理，可在同一基材上构建出性能完全匹配且性能优越的 P 型和 N 型碳纳米管薄膜晶体管、高性能的 CMOS 器件和电路 (如超低功耗、高增益和高噪声容限等)。但由于碳纳米管容易吸附空气中的水、氧和其他物质，碳纳米管晶体管通常表现为 P 型沟道导电特性。已报道的极性转换方法包括：活泼金属掺杂[16]、"物理化学场效应" N 掺杂 [17,18]、金属氧化物封装 [19,20]、有机电子掺杂[21] 和采用低功函数的金属作为工作电极等[22]。但 N 型和 P 型薄膜晶体管的制备工艺不完全兼容，这使得 CMOS 器件和电路的构建变得更加复杂，导致 CMOS 器件和电路的稳定性和重复性等都难以控制。加上这些方法往往需要高温工艺，因此很难在柔性衬底上构建出高性能 N 型碳纳米管薄膜晶体管和 CMOS 器件[23,24]。因此稳定性好、性能优越的 N 型碳纳米管薄膜晶体管的构建就显得尤为重要。下面简单介绍目前已有的一些 N 型碳纳米管薄膜晶体管器件的构建方法，并比较各自的优缺点。

2002 年，斯坦福大学的戴宏杰教授研究组首次报道了利用局部高电场来实现碳纳米管场效应晶体管 (CNTFET) 的极性转变 [17] [如图 6.25(a) 所示]，但其产率只有 50%。IBM 沃森研究中心的 Ph. Avouris 于 2001 年报道了通过 700 K 高温退火 10 min 后实现 P 型场效应晶体管到 N 型场效应晶体管的转变 [如图 6.25(b) 所示]，但必须通过聚甲基丙烯酸甲酯 (PMMA) 的保护使其在低于 10^{-2}Torr①的氧分压下才能保持 N 型性能的稳定 [25]。

通过调节源、漏电极的功函数也可实现对碳纳米管薄膜晶体管器件的极性转换[26]。图 6.26(a) 为底栅场效应晶体管的结构示意图。单壁碳纳米管的功函数为 4.8 eV 左右，若采用高功函数金属 [如图 6.26 (b) 所示]，其费米

---

① 压强单位，托。1 Torr=133.322 Pa。

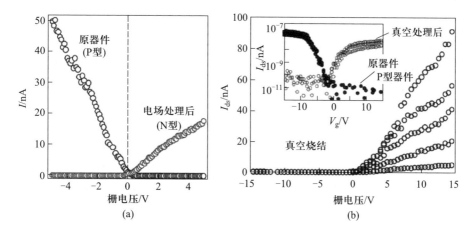

图 6.25　真空退火法后器件性能变化图[25]

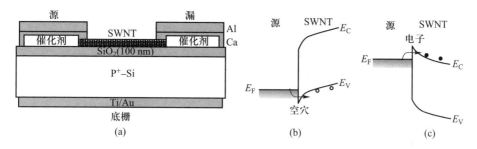

图 6.26　(a) N 型碳纳米管场效应晶体管的结构示意图和 SWNT 与源电极 (Source) 接触界面的能带结构示意图; (b) 高功函数接触金属电极; (c) 低功函数接触金属电极[26]

能级 (E_f) 更接近单壁碳纳米管的价带 (E_V), 有利于空穴从金属电极注入单壁碳纳米管的价带中, 使得晶体管为空穴传输 (P 型); 若采用低功函数金属如 Sc 和 Y 等, 如图 6.26(c) 所示, 其费米能级更靠近单壁碳纳米管的导带 (E_C), 更有利于电子从金属注入单壁碳纳米管的导带中, 使得晶体管为电子传输 (N 型)。由于钙 (Ca) 的功函数仅为 2.8 eV, 极容易实现晶体管的 N 型电子传输。尽管低功函数金属较容易实现晶体管的极性转换, 但其在空气中极易被氧化, 需要外加保护层 [如图 6.26(a) 中的铝 (Al)] 来阻挡水氧等对钙的氧化作用, 且这种方法仅对单根或平行成束排列的半导体型纳米管有效。而对于溶液法沉积的随机网络型碳纳米管薄膜晶体管效果却不理想, 这是由于随机分布的碳纳米管形成很多结 (增大载流子传输过程中的声子散射), 低功函数金属无法对这些结直接起作用, 且与低功函数金属直接接触的碳纳米管数量有限, 很难形成有效的电子传输。

2014 年斯坦福大学的 H.-S. Philip Wong 教授研究组[20] 报道了利用低功函数的氧化钇来实现 N 型碳纳米管场效应晶体管 [如图 6.27(a) 所示]。采用定向排列的碳纳米管作有源层, 通过在有源层上方沉积一层钇 (5 nm), 待其在空气中氧化为氧化钇 (Y_2O_x) 后, 沉积一层氧化铪作为介电层和氧化钇的保护层, 利用此方法得到的 N 型碳纳米管场效应晶体管开关比为 10^6, 亚阈值摆幅为 95 mV/dec。这种极性转换方法是利用了费米能级 (E_f) 更高的氧化钇 (4.96 eV) 将电子传递给费米能级更低的碳纳米管, 从而使作为有源层的碳纳米管实现有效的电子传输 [如图 6.27(b) 所示]。另外, 低功函数金属镧 (La)、铒 (Er) 和钪 (Sc) 也可通过类似的机理对碳纳米管进行有效的电子注入, 从而实现极性转换[27]。

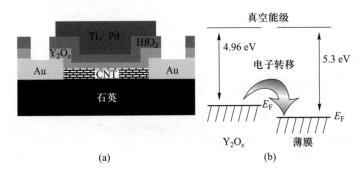

图 6.27　(a) 基于 Y_2O_x 的 N 型碳纳米管场效应晶体管的结构示意图; (b) 电子转移的能带示意图[20]

　　PECVD 和 ALD 沉积的氮化硅和氧化铪等薄膜中往往存在一些悬挂键或缺陷, 使得这些薄膜带有一定量的正电荷。当这些薄膜覆盖在碳纳米管薄膜表面后会使碳纳米管薄膜晶体管的极性发生转换。2015 年南洋理工大学的张青教授研究组报道了利用氮化硅做介电层的顶栅薄膜晶体管成功驱动有机发光二极管[28]。他们利用 PECVD 在有源层上方生长一层氮化硅作为介电层, 氮化硅不仅可以隔绝空气中的水和氧, 还对其下方的碳纳米管产生强的静电场效应, 导致碳纳米管与金属电极间的肖特基势垒宽度变窄, 从而得到性能优越的 N 型器件。N 型器件跨导峰值为 2.9 μS, 开态电流为 11.7 μA, 开关比为 10^5 [如图 6.28(b) 所示], 迁移率 45 $cm^2 \cdot V^{-1} \cdot s^{-1}$。
　　溶液法和印刷法得到的碳纳米管薄膜晶体管器件也可以通过沉积氧化铪和氧化铝薄膜使器件的极性发生转换。研究发现无论高温沉积的和低温沉积的氧化铪都可以使 P 型器件转换为性能优越的 N 型器件。图 6.29(a)～(c) 分别为底栅器件结构示意图、硅衬底上器件光学照片图, 以及沟道中的碳纳

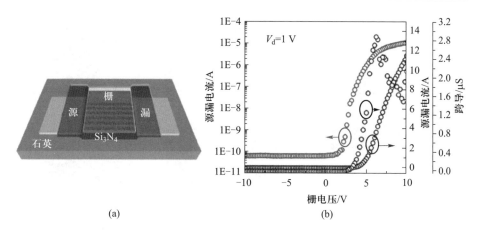

图 6.28 (a) 顶栅碳纳米管薄膜晶体管的结构示意图; (b) 晶体管的线性 (蓝色) 和半对数形式 (红色) 转移特性曲线 ($I_{ds} - V_g$)、跨导特性曲线 ($g_m - V_g$)[28]。(参见书后彩图)

米管 SEM 图[19]。从 SEM 图可以看出沟道中的碳纳米管薄膜非常均匀, 且以单分散形式存在。当在其表面沉积一层氧化铪后, 碳纳米管薄膜晶体管器件由 P 型转变为 N 型。从转移和输出曲线可以看出, 极性转换前后器件的开关比、开态电流、迁移率等各方面参数并没有发生明显变化。加上沉积的氧化铪薄膜能够有效阻隔空气中的水、氧进入器件的沟道, 使得 N 型器件在空气中具有较好的稳定性。

在碳纳米管薄膜表面沉积一层氧化镁也能够实现极性转换[29], 如图 6.30(a) 所示。在底栅器件表面先沉积一层氧化镁, 再在其表面沉积一层氧化铝介电层, 最后沉积顶栅电极。如图 6.30(b) 所示, 底栅和顶栅器件都能够正常工作, 且都表现为 N 型特性, 器件的开关比都能够达到 10^6 左右。由于碳纳米管薄膜表面沉积了一层氧化铝, 使得 N 型器件呈现较好的稳定性。器件放置在空气中 104 天后器件的开关比没有明显变化, 与此同时器件的开态电流还略有增加 [如图 6.30(d) 所示]。

除了活泼金属, 氮化硅、氧化铪、氧化镁、氧化钇、真空退火等可使碳纳米管薄膜晶体管转变为 N 型特性外, 一些容易给出电子的有机化合物如紫罗碱、o-MeODMBIor N-DMBI、辅酶 NADH、有机铑化合物、肼、乙醇胺等都可以通过旋涂、打印等方式沉积在碳纳米管薄膜晶体管沟道中, 然后退火处理得到性能良好的 N 型器件。下面依次举例说明。

通过喷墨打印技术把紫罗碱墨水选择性沉积在器件的沟道中, 然后经过适当的后处理就可把 P 型碳纳米管薄膜晶体管转化为 N 型器件[30]。图

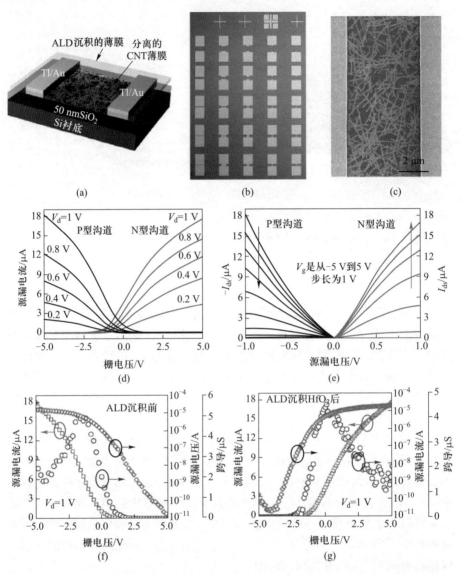

图 6.29　(a) 基于溶液法构建的底栅碳纳米管薄膜晶体管的结构示意图; (b) 碳纳米管薄膜晶体管阵列光学照片图; (c) 器件沟道中碳纳米管薄膜 SEM 照片图; (d)~(g) P 型和 N 型碳纳米管薄膜晶体管输出和转移曲线[19]。(参见书后彩图)

6.31(a) 是碳纳米管薄膜晶体管光学照片以及沟道中的碳纳米管 SEM 图。极性转换前后的开态电流基本保持不变, 且 P 型和 N 型器件性能对称性较好[如图 6.31(b) 所示]。在此基础上构建出性能良好的 CMOS 反相器、或非门

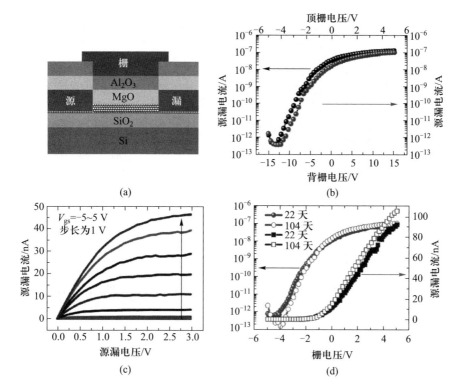

图 6.30　氧化镁对碳纳米管薄膜晶体管极性调控。(a) 器件结构示意图; (b) 底栅和顶栅
　　　　器件转移曲线; (c) N 型器件输出曲线; (d) N 型器件稳定性[29]

和与非门 [如图 6.31(c) 所示]。

斯坦福大学鲍哲南教授研究组开发了一类新型给电子胺类化合物, 如 o−MeODMBI 和 N−DMBI 等[21]。这些材料与碳纳米管的兼容性较好, 加热后容易把电子传递给碳纳米管, 使器件表现为 N 型特性。无论是热蒸镀的薄膜还是溶液法沉积的 o−MeODMBI 和 N−DMBI 都可以使碳纳米管薄膜晶体管转变为性能良好的 N 型器件。器件的阈值电压与极性转换墨水中的 o−MeODMBI 和 N-DMBI 浓度有密切关系。如当 o−MeODMBI 浓度为 1 mg/mL 时, 器件表现出明显的双极性特性, 且开关比只有 10^4 左右, 但当浓度提高到 10 mg/mL 时, 器件完全表现为耗尽型的 N 型器件特性 [图 6.32(b) 所示]。而用 N-DMBI 作为电子掺杂剂时, 当浓度仅为 1 mg/mL 时, P 型器件就能完成转变成 N 型器件。当进一步提高 N-DMBI 的浓度时, 即随着电子掺杂浓度的增加, 器件的开态电流进一步提升, 同时阈值电压也进一步向负方向发生偏移 [图 6.32(c) 所示]。图 6.32(d) 表示电子掺杂剂浓

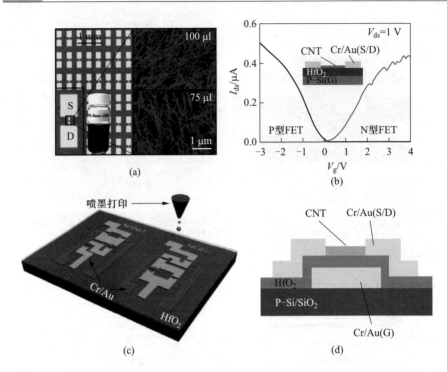

图 6.31　把紫罗碱喷墨打印到沟道中得到 N 型薄膜晶体管以及与非门和或非门。
(a) 硅衬底上构建的碳纳米管薄膜晶体管光学照片以及沟道中的碳纳米管薄膜表面沉积
不同浓度紫罗碱后的 SEM 图; (b) P 型和 N 型薄膜晶体管的转移特征曲线; (c) 选择性
沉积紫罗碱到器件的沟道中得到与非门或非门构建过程示意图; (d) 碳纳米管薄膜晶体
管结构示意图[30]

度 (o−MeODMBI 和 N−DMBI) 与器件阈值电压之间的关系图, 从图中可以
看出, 随着 o−MeODMBI 和 N−DMB 浓度增加, 器件阈值逐渐向负方向性
移动。

　　一些抗氧剂如水溶性的辅酶−NADH 在加热时容易失去 2 个电子变为
NAD$^+$, 因此它们也可作为电子掺杂剂来调节碳纳米管薄膜晶体管的阈值电
压和极性。2009 年韩国 Lee Younghee 教授研究组研究了 NADH 浓度对碳
纳米管薄膜晶体管性能的影响规律, 以及 N 型器件在空气中的稳定性与可恢
复特性[31]。如图 6.33(a) 所示, 器件经过 NADH 处理后开关比能进一步提高。
极性转换前开关比大于 10^5 的器件只有 5 个, 极性转换后开关比在 10^5 以上
的器件增加到 13 个, 还有个别器件的开关比达到了 10^6。随着 NADH 量的
不断增加, N 型器件的开态电流不断增加, 当滴加 5 滴 NADH 溶液后, N 型

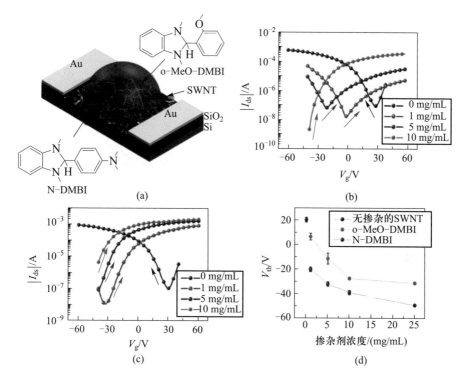

图 6.32 通过溶液法把电子掺杂剂沉积在器件沟道中得到 N 型器件。(a) 把
o–MeODMBI 或 N–DMBI 溶液沉积到器件沟道示意图 (器件沟道长度和宽度分别为
20 μm 和 400 μm); (b)、(c) 碳纳米管薄膜晶体管用不同浓度的电子掺杂剂
o–MeODMBI(b) 和 N–DMBI(c) 处理后器件的转移曲线, 其中 N 型器件和 P 型器件的
V_{ds} 分别为 80 V 和 −80 V; (d) 阈值电压变化值与掺杂剂浓度之间的关系图[21]。(参见书
后彩图)

器件的开态电流达到 P 型器件开态电流的 2 倍左右。N 型器件在空气中保
存 36 天后, 器件的开关比、迁移率、阈值电压等都没有变化。56 天后开态电
流有所下降, 关态电流却由原来的 7×10^{-10} A 变为 5×10^{-9} A [如图 6.33(c)
所示]。100 d 后器件完成变回 P 型。很明显, 空气中的水、氧慢慢渗透到器
件的沟道里, 使之恢复为 P 型。但只需要在空气中 150 ℃ 退火 3 min 就又
可以完全恢复为 N 型 [如图 6.33(d) 所示]。

2016 年清华大学的谢丹教授研究组报道的把网络型碳纳米管薄膜晶体
管浸泡在肼水溶液 ($N_2H_4 \cdot H_2O$) 中, 然后用氮气吹干, 也实现薄膜晶体管的
极性转换[32]。其极性转换机理为: 肼中的电子传递给碳纳米管 [如图 6.34(a)
所示], 使费米能级更靠近导带, 从而更利于电子传输。通过调节肼水溶液的

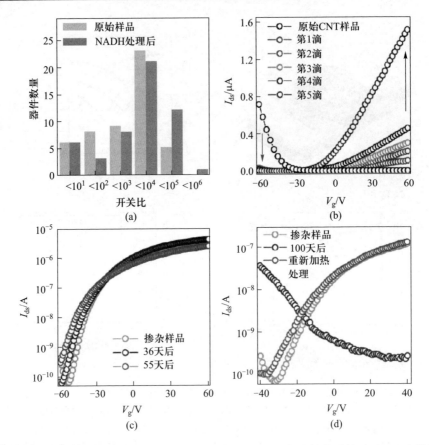

图 6.33 通过掺杂可控得到稳定性好的 N 型碳纳米管薄膜晶体管器件。(a) 51 个器件极性转换前后开关比分布统计柱状图; (b) 器件转移曲线随滴加在沟道中的 NADH 量的变化, 其中每一滴的体积约为 100 μL, 浓度为 1.35 mM; (c) N 型器件暴露在空气中 36 d 和 55 d 后的转移曲线; (d) N 型器件的可恢复性, 放置在空气中 100 d 以及在 150 ℃ 处理 3 min 后的转移曲线[31]。(参见书后彩图)

浓度, 可调控 N 型掺杂浓度 [如图 6.34(b) 所示], 随着肼水溶液浓度的增加, N 型器件的开态电流和迁移率升高, 且极性转换过程可逆, 即将极性转换后得到的 N 型器件在去离子水下冲洗干净吸附在碳纳米管表面的肼, 器件就从 N 型转变成 P 型。

作者所在科研团队在 N 型器件构建和 CMOS 电路方面也做了大量工作。已开发出多种可选择性构建稳定性好、性能优越的 N 型薄膜晶体管器件新方法。选用价格低廉的乙醇氨作为电子掺杂剂, 乙酰丙酮锆作为成膜剂, 在乙醇溶液中配制出稳定性好性能优越的极性转换墨水。极性转换墨水通过

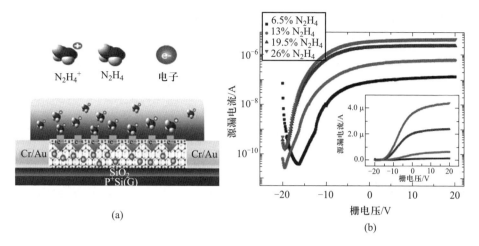

(a)

(b)

图 6.34　(a) 肼 (N_2H_4) 对薄膜晶体管的碳纳米管网络的掺杂示意图; (b) 不同浓度肼处理后的碳纳米管薄膜晶体管的转移特性曲线[32]。(参见书后彩图)

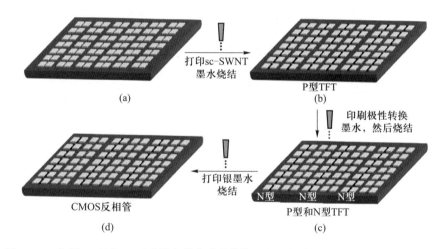

图 6.35　印刷 P 型和 N 型碳纳米管薄膜晶体管选择性构建以及 CMOS 反相器制作流程示意图。(a) 金源漏电极阵列; (b) 半导体型碳纳米管墨水沉积到器件沟道中; (c) 选择性沉积极性转换墨水到器件沟道中; (d) 印刷银连接导线得到 CMOS 反相器阵列[33]

滴涂、旋涂和喷墨打印方式沉积在器件沟道中，然后 150 ℃ 退火就可得到性能优越的 N 型器件[33]。N 型器件和 CMOS 反相器构建过程如图 6.35 所示。图 6.36 为 P 型器件极性转换前后的器件性能、开关比和迁移率等关系图。从图 6.36(b)~(d) 可以看出，极性转换前后 N 型器件的开态电流略有增加，器件的迁移率也略有提升，亚阈值摆幅有所减小，开关比没有明显变化。对器件的稳定性和可恢复特性也进行了深入研究, 表明其特性与 NADH 的作用比较类似, 但 N 型器件性能、稳定性都比之前文献报道的要好。不仅仅乙醇胺有这种特性, 带氨基且具有一定还原能力的化合物也有类似的作用, 如 2–氨基, 2–甲基–1–丙醇 (AMP)。得到的 N 型器件在低温 (125 K) 真空环境下仍然表现出优越的性能。

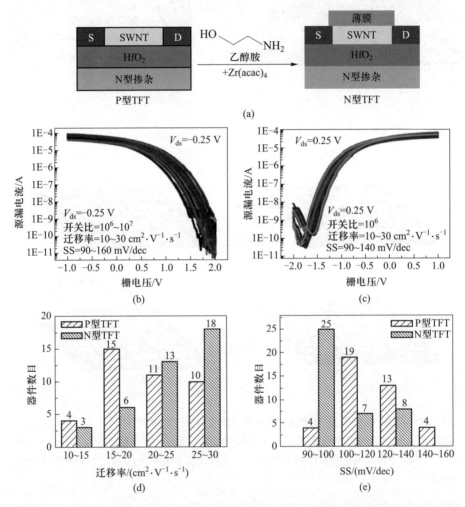

图 6.36   (a) P 型器件转换成 N 型器件过程示意图; (b) P 型器件转移曲线; (c) N 型器件转移曲线; (d)、(e) 碳纳米管薄膜晶体管极性转换前 (d) 后 (e) 载流子迁移率及 SS 的统计学柱状对比图[33]

2016 年作者所在科研团队[26] 发展了一种新型技术来制作 CMOS 反相

器, 即通过调节半导体型碳纳米管墨水的特性来选择性得到 P 型和 N 型器件[34], 方法如图 6.37 所示。研究发现用 PF8–DPP 和 DPPb–5T 分离的碳纳米管制作的薄膜晶体管呈现 N 型; 而基于 PFO–BT、F8T2、PFO–DBT、PFO–P、PFO–BP、PFO–BP 聚合物分离的半导体型碳纳米管顶栅型器件呈 P 型 [如图 6.37(a) 所示]。在柔性衬底上选择性沉积不同聚合物分离纯化后的半导体型碳纳米管, 然后沉积氧化铪, 再打印银电极, 即可得到相应的 P 型和 N 型器件。且由此制作出的反相器表现出较好性能, 如噪声容限大, 增益高 (电源电压 V_{dd}=1 V 时可达到 26), 功耗仅为 0.1 μW。但这种方法在打印过程和后续的溶剂冲洗过程中存在交叉污染问题, 尤其在集成度高的时候, 这种现象表现得更加明显。

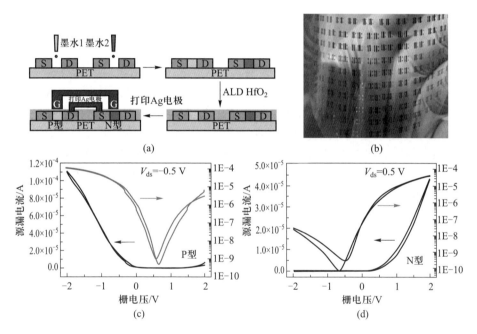

图 6.37　通过控制半导体型碳纳米管墨水的组分来控制印刷碳纳米管薄膜晶体管的极性。(a) 印刷柔性 CMOS 反相器构建过程示意图; (b) PET 表面构建的印刷 CMOS 反相器阵列光学照片图; (c)~(d) P 型 (c) 和 N 型 (d) 印刷碳纳米管薄膜晶体管典型转移特征曲线[34]

　　实现 N 型碳纳米管器件的方法主要归纳为以下两类: ① 调节电极的功函数, 即采用低功函数金属电极使电子容易注入碳纳米管的导电, 从而得到 N 型器件; ② 调节碳纳米管的功函数, 即对碳纳米管极性电子掺杂 (富电子材料或容易给电子材料, 即还原剂) 或场调控 (带正电荷的薄膜, 如氮化硅、氧化铪等)。N 型碳纳米管薄膜晶体管的构建方法虽然比较多, 但真正具有应用前景的方法还不多见。主要由于 N 型器件在空气中稳定性差、极性转换产率低、器件制作工序复杂时, 需要贵重或特殊仪器等。尽管有很多方法都能使 N 型器件的开关比和迁移率都有所提高, 但其稳定性以及阈值电压的调节还面临巨大挑战。要使碳基电子器件真正实用化, 不仅要提高器件的开关比、迁移率、减小迟滞, 还需要进一步提高器件的稳定性, 并开发一些有效调控器件阈值电压的新方法, 得到稳定性好、性能优越的增强型 P 型和 N 型碳纳米管薄膜晶体管器件。

6.6　小结

　　本章主要介绍一些提高印刷碳纳米管薄膜晶体管器件性能的方法, 如提高碳纳米管固定效率来提高碳纳米管密度; 通过溶剂清洗、浸泡、退火和封装等来减小或消除碳纳米管薄膜中杂质以及空气中水、氧对器件性能的影响; 采用顶栅顶接触等结构来改善碳纳米管与电极的接触电阻以及提高栅电极的调控能力, 达到改善器件性能 (如工作电压、迟滞等方面) 的目的。此外介绍了一些调控碳纳米管薄膜晶体管器件极性的方法, 来提高 N 型碳纳米管器件的电性能和稳定性等。

参考文献

[1] Wang C, Zhang J, Ryu K, et al. Wafer-scale fabrication of separated carbon nanotube thin-film transistors for display applications[J]. Nano Letters, 2009, 9(12): 4285-4291.

[2] Kiriya D, Chen K, Ota H, et al. Design of surfactant-substrate interactions for roll-to-roll assembly of carbon nanotubes for thin-film transistors[J]. Journal of the American Chemical Society, 2014, 136(31):11188-11194.

[3] Park H, Afzali A, Han S-J, et al. High-density integration of carbon nanotubes via chemical self-assembly[J]. Nature nanotechnology, 2012, 7(12):787-791.

[4] Hu Z, Comeras J M M L, Park H, et al. Physically unclonable cryptographic primitives using self-assembled carbon nanotubes[J]. Nature Nanotechnology, 2016,

11:559.

[5] Kumar B, Falk A L, Afzali A, et al. Spatially selective, high-density placement of polyfluorene-sorted semiconducting carbon nanotubes in organic solvents[J]. ACS Nano, 2017, 11(8):7697-7701.

[6] Han S-J, Tang J, Kumar B, et al. High-speed logic integrated circuits with solution-processed self-assembled carbon nanotubes[J]. Nature Nanotechnology, 2017, 12:861.

[7] Schieβl S P, Gannott F, Etschel S H, et al. Self-assembled monolayer dielectrics for low-voltage carbon nanotube transistors with controlled network density[J]. Advanced Materials Interfaces, 2016, 3(18):1600215.

[8] Liu Z, Zhao J, Xu W, et al. Effect of surface wettability properties on the electrical properties of printed carbon nanotube thin-film transistors on SiO_2/Si substrates[J]. ACS Applied Materials & Interfaces, 2014, 6(13):9997-10004.

[9] Lei T, Pochorovski I, Bao Z. Separation of semiconducting carbon nanotubes for flexible and stretchable electronics using polymer removable method[J]. Accounts of Chemical Research, 2017, 50(4):1096-1104.

[10] Wang W Z, Li W F, Pan X Y, et al. Degradable conjugated polymers: synthesis and applications in enrichment of semiconducting single-walled carbon nanotubes[J]. Advanced Functional Materials, 2011, 21(9):1643-1651.

[11] Joo Y, Brady G J, Kanimozhi C, et al. Polymer-free electronic-grade aligned semiconducting carbon nanotube array[J]. ACS Applied Materials & Interfaces, 2017, 9(34):28859-28867.

[12] Zhao J, Lin C, Zhang W, et al. Mobility enhancement in carbon nanotube transistors by screening charge impurity with silica nanoparticles[J]. The Journal of Physical Chemistry C, 2011, 115(14):6975-6979.

[13] Ha T J, Kiriya D, Chen K, et al. Highly stable hysteresis-free carbon nanotube thin-film transistors by fluorocarbon polymer encapsulation[J]. ACS Applied Materials & Interfaces, 2014, 6(11):8441-8446.

[14] Lee D, Lee B H, Yoon J, et al. Three-dimensional fin-structured semiconducting carbon nanotube network transistor[J]. ACS Nano, 2016, 10(12):10894-10900.

[15] Liu T, Zhao J, Xu W, et al. Flexible integrated diode-transistor logic (DTL) driving circuits based on printed carbon nanotube thin film transistors with low operation voltage[J]. Nanoscale, 2018, 10(2):614-622.

[16] Ding L, Zhang Z, Liang S, et al. CMOS-based carbon nanotube pass-transistor logic integrated circuits[J]. Nature Communications, 2012, 3:677.

[17] Javey A, Wang Q, Ural A, et al. Carbon nanotube transistor arrays for multistage complementary logic and ring oscillators[J]. Nano Letters, 2002, 2(9):929-932.

[18] Ha T J, Chen K, Chuang S, et al. Highly uniform and stable n-type carbon nanotube transistors by using positively charged silicon nitride thin films[J]. Nano letters, 2014, 15(1):392-397.

[19] Zhang J, Wang C, Fu Y, et al. Air-stable conversion of separated carbon nanotube thin-film transistors from p-type to n-type using atomic layer deposition of high-κ oxide and its application in CMOS logic circuits[J]. ACS Nano, 2011, 5(4):3284-3292.

[20] Suriyasena Liyanage L, Xu X, Pitner G, et al. VLSI-compatible carbon nanotube doping technique with low work-function metal oxides[J]. Nano Letters, 2014, 14(4):1884-1890.

[21] Wang H, Wei P, Li Y, et al. Tuning the threshold voltage of carbon nanotube transistors by n-type molecular doping for robust and flexible complementary circuits[J]. Proceedings of the National Academy of Sciences, 2014, 111(13):4776-4781.

[22] Shahrjerdi D, Franklin A D, Oida S, et al. High-performance air-stable n-type carbon nanotube transistors with erbium contacts[J]. ACS Nano, 2013, 7(9):8303-8308.

[23] Moriyama N, Ohno Y, Kitamura T, et al. Change in carrier type in high-k gate carbon nanotube field-effect transistors by interface fixed charges[J]. Nanotechnology, 2010, 21(16):165201.

[24] Kim U J, Son H B, Lee E H, et al. Charge conversion effects of carbon nanotube network transistors by temperature for Al_2O_3 gate dielectric formation[J]. Applied Physics Letters, 2010, 97(3):032117.

[25] Derycke V, Martel R, Appenzeller J, et al. Carbon nanotube inter-and intramolecular logic gates[J]. Nano Letters, 2001, 1(9):453-456.

[26] Nosho Y, Ohno Y, Kishimoto S, et al. n-type carbon nanotube field-effect transistors fabricated by using Ca contact electrodes[J]. Applied Physics Letters, 2005, 86(7):073105.

[27] Zhang Z, Liang X, Wang S, et al. Doping-free fabrication of carbon nanotube based ballistic CMOS devices and circuits[J]. Nano Letters, 2007, 7(12):3603-3607.

[28] Zou J, Zhang K, Li J, et al. Carbon nanotube driver circuit for 6× 6 organic light emitting diode display[J]. Scientific Reports, 2015, 5:11755.

[29] Li G, Li Q, Jin Y, et al. Fabrication of air-stable n-type carbon nanotube thin-film transistors on flexible substrates using bilayer dielectrics[J]. Nanoscale, 2015, 7(42):17693-17701.

[30] Lee S Y, Lee S W, Kim S M, et al. Scalable complementary logic gates with chemically doped semiconducting carbon nanotube transistors[J]. Acs Nano, 2011, 5(3):2369-2375.

[31] Kang B R, Yu W J, Kim K K, et al. Restorable type conversion of carbon nanotube transistor using pyrolytically controlled antioxidizing photosynthesis coenzyme[J]. Advanced Functional Materials, 2009, 19(16):2553-2559.

[32] Dai R, Xie D, Xu J, et al. Adjustable hydrazine modulation of single-wall carbon nanotube network field effect transistors from p-type to n-type[J]. Nanotechnology, 2016, 27(44):445203.

[33] Xu Q, Zhao J, Pecunia V, et al. Selective conversion from p-type to n-type of printed bottom-gate carbon nanotube thin-film transistors and application in complementary metal–oxide–semiconductor inverters[J]. ACS Applied Materials & Interfaces, 2017, 9(14):12750-12758.

[34] Zhang X, Zhao J, Dou J, et al. Flexible CMOS-like circuits based on printed p-type and n-type carbon nanotube thin-film transistors[J]. Small, 2016, 12(36):5066-5073.

印刷碳纳米管薄膜晶体管应用

7

第 章

- 7.1　OLED驱动单元及电路　　　　　　　　　　　　　　　(270)
- 7.2　反相器与逻辑电路　　　　　　　　　　　　　　　　　(288)
  - ➢ 7.2.1　反相器　　　　　　　　　　　　　　　　　　　(288)
  - ➢ 7.2.2　逻辑电路　　　　　　　　　　　　　　　　　　(302)
- 7.3　印刷碳纳米管类神经元器件　　　　　　　　　　　　　(303)
  - ➢ 7.3.1　工作原理　　　　　　　　　　　　　　　　　　(303)
  - ➢ 7.3.2　应用　　　　　　　　　　　　　　　　　　　　(304)
- 7.4　气体传感器　　　　　　　　　　　　　　　　　　　　(309)
  - ➢ 7.4.1　氨气传感器　　　　　　　　　　　　　　　　　(310)
  - ➢ 7.4.2　二氧化氮传感器　　　　　　　　　　　　　　　(313)
- 7.5　碳纳米管射频器件　　　　　　　　　　　　　　　　　(314)
- 7.6　小结　　　　　　　　　　　　　　　　　　　　　　　(323)
- 参考文献　　　　　　　　　　　　　　　　　　　　　　　(324)

随着半导体型碳纳米管分离技术、新型印刷介电墨水和导电墨水以及功能层制作工艺等的不断发展, 科研工作者们通过不同印刷技术构建出各种结构和不同极性的印刷碳纳米管薄膜晶体管器件, 包括底栅、顶栅、侧栅、多栅和双栅结构以及 P 型、N 型和双极性等[1]。这些薄膜晶体管器件已经开始在显示领域、传感、逻辑电路、可穿戴电子以及其他新型应用领域如类脑芯片等领域获得应用。本章将分别介绍碳纳米管薄膜晶体管在印刷显示、化学、生物、光电和压力传感、可穿戴电子、逻辑电路和类神经元等方面的一些应用实例[2]。

7.1　OLED 驱动单元及电路

碳纳米管薄膜晶体管具有迁移率和开关比高等优点, 在新型印刷显示里面有巨大的应用前景。早在 2009 年美国南加州大学周崇武教授研究组用纯度 95% 的半导体型碳纳米管溶液在 3 in 硅片上制备出成品率高达 98% 薄膜晶体管器件[3]。在二氧化硅衬底表面用带氨基的硅烷偶联剂修饰后, 碳纳米管的密度和均匀性得到显著提高 (如图 6.2 所示)。器件的电流密度达到 $10\,A/m^2$, 迁移率高达 $52\,cm^2 \cdot V^{-1} \cdot s^{-1}$。沟道长度为 $20\,\mu m$ 的器件的开关比可以达到 10^4, 通过单个晶体管可以控制 OLED 器件的开关, 并能够控制 OLED 的发光强度[3]。

图 7.1 为碳纳米管薄膜晶体管器件和被动驱动电路性能图。通过调控单个晶体管的输入电压能很好地调控 OLED 器件的发光强度。V_g 为 $-10\,V$, OLED 处在完全开启状态, 而在 $0\,V$ 时, OLED 被完全关闭。

通过气相沉积的方式在石英衬底上生长出一层定向排列的碳纳米管, 然后转移到其他衬底上 (柔性和玻璃衬底)。再分别沉积 ITO 源、漏电极和栅电极以及介电层 (SU8), 实现透明碳纳米管薄膜晶体管阵列, 如图 7.2 所示[4]。图 7.3(b) 和图 7.3(c) 是 CVD 生长的定向排列碳纳米管薄膜及其器件的 SEM 照片图。可以看出, 碳纳米管呈现很好的定向排列, 大多数碳纳米管薄膜晶体管表现出较好的性能, 如在玻璃衬底上迁移率高达 $1\,300\,cm^2 \cdot V^{-1} \cdot s^{-1}$, 开关比约为 3×10^4。用单个碳纳米管薄膜晶体管能够控制商业化的 LED 器件的发光[4]。通过调节栅电压, 来控制输出电流, 从而控制 LED 的发光亮度 (图 7.3)。

2011 年, 周崇武课题组在上述工作的基础上通过气溶胶喷墨印刷方式

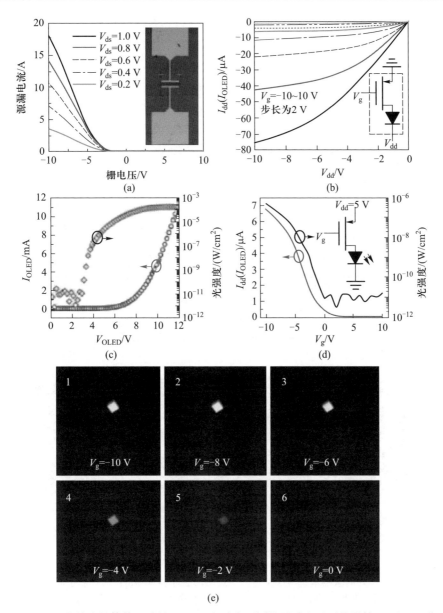

图 7.1 (a) 由单个晶体管驱动的 OLED 电路在不同的驱动电压下的器件 (L 和 W 分别为 20 μm 和 100 μm) 转移曲线 (插图是器件的光学显微镜照片); (b) OLED 驱动电路的特征性能曲线, 其中 OLED 器件的电流 (I_{OLED}) 是通过改变发光二极管与接地端的电压 (V_{dd}) 和输入栅电压得到的, 不同的曲线对应着不同的栅电压值 (-10 V 到 10 V); (c) 通过 OLED 器件的电流 I_{OLED} (红线) 以及 OLED 器件亮度 (绿线) 随着施加在 OLED 上的电压 (V_{OLED}) 变化曲线; (d) 通过 OLED 器件的电流 I_{OLED} (红线) 以及 OLED 器件亮度 (绿线) 在 $V_{dd}=5$ V 时随着栅电压 (V_g) 变化曲线, 内插图是一个晶体管驱动 OLED 器件的电路示意图; (e) 不同的输入电压下, 单个晶体管驱动的 OLED 器件亮度的照片[3]

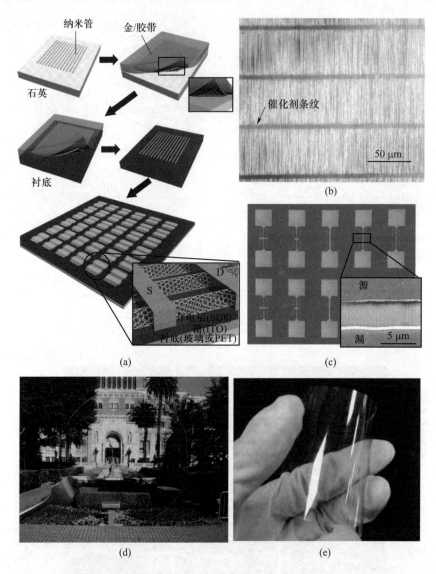

图 7.2　定向排列的碳纳米管薄膜构建的全透明薄膜晶体管器件。(a) 定向排列碳纳米管
薄膜的转印过程和器件结构示意图, 其中衬底为玻璃或 PET, ITO 作为背栅电极, SU8
是介电层, 定向排列的碳纳米管作为沟道材料, ITO 作为源、漏电极; (b) 定向排列的碳
纳米管转移到玻璃衬底上的 SEM 照片图; (c) 玻璃衬底上 ITO 作为源、漏电极的器件
SEM 照片图, 其中插图为沟道定向排列在沟道中的碳纳米管 SEM 照片图; (d) 玻璃衬底
上构建的全透明定向排列的碳纳米管薄膜晶体管光学显微镜图片; (e) 柔性 PET 衬底上
全透明定向碳纳米管晶体管的光学显微镜图片[4]

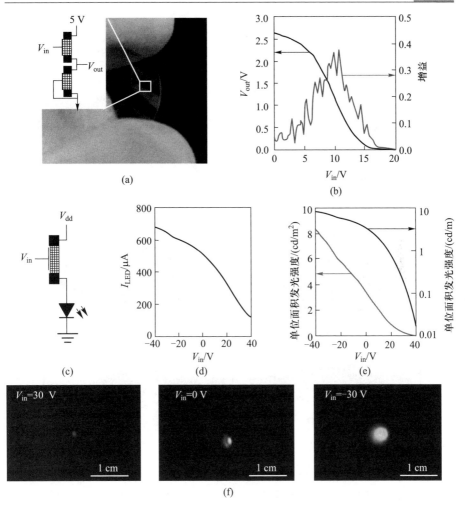

图 7.3　全透明碳纳米管薄膜晶体管在 PMOS 反相器和 LED 驱动电路上的应用。
(a) PET 衬底上构建的全透明 PMOS 反相器光学显微镜照片, 插图为 PMOS 反相器的
电路示意图; (b) 一个全透明柔性 PMOS 反相器的输出特征曲线和反相器增益图; (c) 由
一个透明的碳纳米管晶体管驱动的 LED 电路示意图; (d) V_{dd}=9 V 时, 通过 LED 的电流
(I_{LED}) 随 V_{in} 的变化曲线; (e) 在 V_{dd}=9 V 时, LED 的亮度随 V_{in} 的线性 (红色) 和对数
(蓝色) 变化曲线; (f) 在 V_{in}=30 V、0 V 和 −30 V 时对应的 LED 的亮度照片[4]

在二氧化硅衬底和柔性衬底上印刷出性能良好的碳纳米管薄膜晶体管器件
和 OLED 驱动电路[5]。如图 7.4 所示, 图 7.4(a) 和 (b) 分别为 1T–1C (1
个晶体管和 1 个电容) 和 2T–1C(2 个晶体管和 1 个电容) 控制 OLED 的
电路结构示意图, 图 7.4(d) 是在硅衬底上制备全印刷晶体管的流程图。先
是在衬底上打印银电极作为源、漏电极和侧栅电极, 然后把碳纳米管溶液打

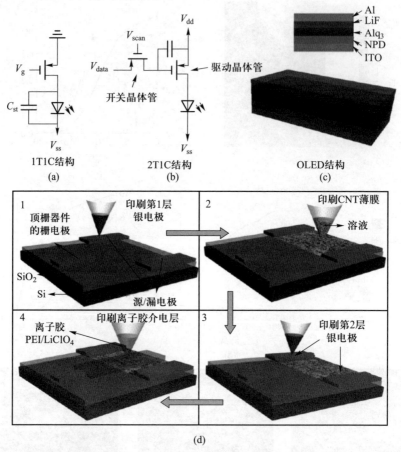

图 7.4 显示驱动电路原理图、OLED 结构图和全印刷制备顶栅碳纳米管流程示意图。(a) 1 个晶体管和 1 个电容驱动电路的示意图; (b) 2 个晶体管和 1 个电容驱动电路示意图; (c) OLED 组成结构图; (d) 全印刷背栅和顶栅碳纳米管晶体管的制备流程示意图[5]

印在器件沟道中, 并在源、漏电极的上方继续打印一层银以便降低银电极和碳管之间的接触电阻, 最后打印一层 PEI/LiClO$_4$ 离子胶作为晶体管的介电层。印刷碳纳米管薄膜晶体管的开关比和迁移率分别为 $10^4 \sim 10^7$ 和 $10 \sim 30 \ \mathrm{cm^2 \cdot V^{-1} \cdot s^{-1}}$。图 7.5 为通过气溶胶喷墨打印的碳纳米管驱动电路实物图以及驱动电路控制 OLED 发光时电性能曲线和 OLED 发光效果图。从图 7.5(c) 可知, 通过调控印刷开关晶体管的输入电压, 就能够调控驱动电路的输出电流, 从而可以调控 OLED 发光亮度, 很好地实现了对 OLED 的主动发光控制。

在验证 2T–1C 驱动电路能够控制 OLED 主动发光后, 周崇武课题组在

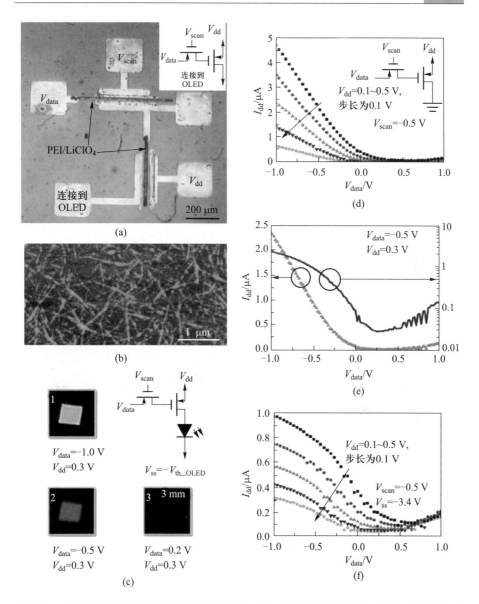

图 7.5　全印刷的顶栅碳纳米管晶体管构建的 2T–1C 驱动电路性能的表征。(a) 两个晶体管驱动 OLED 电路的光学照片; (b) 打印 PEI/LiCLO$_4$ 之前驱动 OLED 的晶体管器件沟道碳纳米管的原子力显微镜照片; (c) 在 V_{dd} (电源电压)=0.3 V 和 V_{scan} (扫描信号电压)=−0.5 V, V_{data} (数据信号电压)=−1.0 V、−0.5 V 和 0.2 V 时 OLED 的亮度照片; (d)、(e) 两个晶体管驱动电路没有连接 OLED 时, I_{dd}−V_{data} 测试曲线图 (d) 以及单独的测试线性 (灰色) 和对数 (黑色) 曲线 (e); (f) 连接 OLED 以后驱动电路的 I_{dd}−V_{data} 关系图[5]

玻璃上展示了 20×25 像素驱动效果。与以往不同的是, 这次使用的碳纳米管
墨水为高纯半导体碳管墨水, 通过气溶胶喷墨打印技术制备了 1 000 个薄膜
晶体管器件来控制 500 个 OLED 像素点发光[6]。结果显示, 大致有 348 个
像素点被点亮, 成品率达到 70%。图 7.6(a) 为 2T–1C 结构的驱动电路控制
OLED 发光矩阵结构示意图。从图 7.6(c) 可以明显看出晶体管的组成部分
(源电极、漏电极、栅电极、介电层和碳纳米管薄膜) 以及驱动单元与 OLED
器件之间的连接电路。

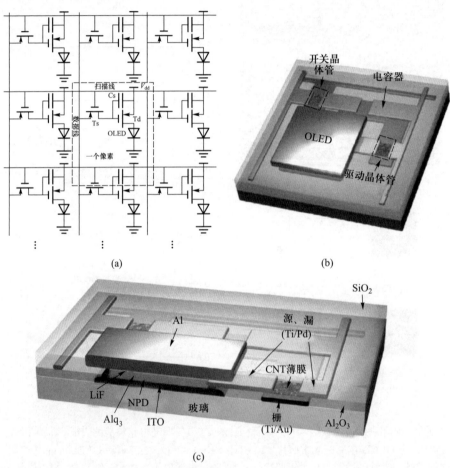

(a)　　　　　　　　(b)

(c)

图 7.6　AMOLED 驱动电路的结构和设计图。(a) AMOLED 的电路示意图, 每一个像
素点包括 1 个开关晶体管、1 个驱动晶体管以及 1 个电容和 1 个 OLED; (b) 1 个单独的
像素驱动单元 (500×500 m²) 的俯视图; (c) AMOLED 驱动单元的截面图, 由玻璃衬底、
图形化的 Ti/Au 栅电极、Al₂O₃ 介电层、分离后的碳纳米管薄膜作为有源层、Ti/Pd 为
源、漏电极以及整合的 OLED 器件 (ITO/NPD/Alq₃/LiF/Al) 和 SiO₂ 钝化层组成[6]

　　图 7.7 为 20×25OLED 像素阵列发光特性、单个像素电路电性能图以及单个像素在驱动电路作用下的发光亮度图片。从图 7.7(a) 和 (b) 中可以看出，调节 V_{data} 可以控制输出电流大小，从而可以控制 OLED 的亮度。图 7.7(c) 为 OLED 在 V_{data}=−5 V、−3 V、−1 V、3 V 和 5 V 下的亮度光学照片图。很明显通过控制 V_{data} 可以很好地控制 OLED 的亮度。图 7.7(d) 和 (e) 为 20×25 OLED 像素阵列光学照片图。图 7.7(e) 显示 75% 的像素点都

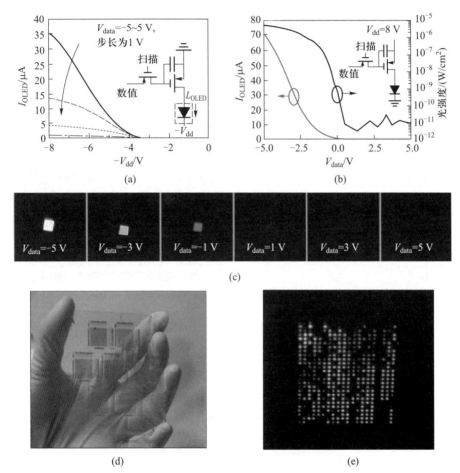

图 7.7　AMOLED 显示性能。(a) 单个像素驱动电路的 OLED 性能曲线，其中 OLED 器件输出电流 (I_{OLED}) 可通过调控 V_{dd} 的大小来调节；(b) 在 V_{dd}=8 V 时，通过 OLED 器件的电流 I_{OLED}(灰线) 以及 OLED 器件的亮度 (实线) 随着电压 (V_{data}) 的变化曲线；(c) 在不同的 V_{data} 下，2T−1C 驱动电路来调控 OLED 像素点的亮度；(d) 7 个 AMOLED 驱动电路单元阵列光学照片，其中每一个单元包括 20×25 像素点；(e) 在 V_{data}=−5 V，V_{scan}=−5 V 和 V_{dd}=8 V 时，像素点均在开启状态下的光学照片[6]

能点亮, 说明碳纳米管薄膜晶体管在新型显示领域中有重要的应用前景。

新加坡南洋理工大学张青教授研究组用气相沉积方法在石英衬底上生长出高密度的碳纳米管薄膜, 并利用刻蚀技术对碳纳米管进行了选择性刻蚀, 得到条带状碳纳米管薄膜阵列, 构建碳纳米管薄膜晶体管器件、驱动电路和制作 OLED 器件。与以往工作不同的是, 所采用的碳纳米管薄膜晶体管为 N 型晶体管。由于采用氮化硅为介电层, 氮化硅对碳纳米管有静电掺杂作用, 导致碳纳米管薄膜晶体管呈现 N 型特性[7]。图 7.8 为驱动电路结构和示意图。相比之前的驱动电路方面工作, 本工作第一次给出了主动发光 OLED 的

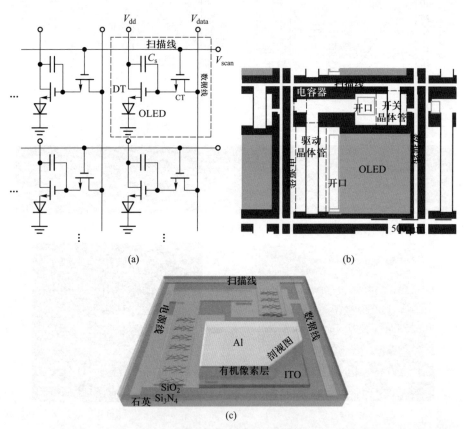

(a)   (b)

(c)

图 7.8   主动发光 OLED 驱动电路结构示意图。(a) 基于 2T-1C 结构的单个单元电路的主动发光 OLED 驱动电路的示意图, 由 1 个开关晶体管、1 个驱动晶体管、1 个电容和 1 个 OLED 像素点组成; (b) 单个 AMOLED 显示单元的光学照片; (c) 石英衬底上的单个驱动显示单元的线路示意图, 碳纳米管是通过 CVD 生长在衬底上的, 源漏电极是 Ti/Au, 介电层是 Si_3N_4, Ti/Au 电极作为顶栅电极以及发绿光 OLED 器件和 SiO_2 封装层[7]

动态显示视频和图像。从图 7.9 中可以发现, OLED 像素阵列可以选择性的显示出动态 N、T、U 等几个字母图形, 充分说明碳纳米管驱动电路能够实现对 OLED 像素的动态显示控制。

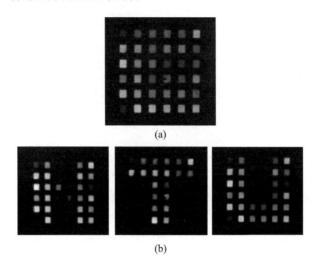

(a)

(b)

图 7.9   由 72 个碳纳米管薄膜晶体管驱动的 6×6 的主动发光 OLED 显示阵列。(a) 在 V_{scan}=10 V, V_{data}=10 V, V_{dd}=5 V 时 36 个像素点的发光照片; (b) 整个 OLED 显示屏上字母 "N""T" 和 "U" 先后被显示出来, 支持信息中还有几个字母的动态显示的视频 [7]

上述碳纳米管驱动电路和 OLED 器件均是基于在刚性硅片、玻璃或者柔性衬底材料上的工作, 随着可拉伸电子的快速发展以及深入研究, 可拉伸晶体管控制 OLED 发光的工作也取得了一定的进展。裴启兵教授研究组在 2015 年在 *Nature Communication* 上发表了一篇相关的工作[8]。文中报道他们通过溶液法制备出透明的碳纳米管薄膜晶体管, 这种晶体管具有一定的拉伸性, 且器件呈现较好的电性能, 如在工作电压只有 8 V 以下, 器件的迁移率能够达到 30 cm^2·V^{-1}·s^{-1}, 开关比在 $10^3 \sim 10^4$, 最大开态电流和跨导分别超过了 100 μA 和 50 μS, 并且晶体管呈现出良好的拉伸特性, 可以承受 50% 的拉伸, 并在拉伸 20% 的条件下重复 500 次的循环测试, 器件都还可以维持原来的电性能。图 7.10(a) 和 (b) 所示为器件制作的流程图以及器件沟道中的碳纳米管薄膜电镜图。从图 7.10(e) 可知, 沟道中的碳纳米管密度可以通过调节碳纳米管墨水的量进行控制。可拉伸的碳纳米管薄膜晶体管也能用于驱动 OLED。从图 7.11 中可知, 在 V_{dd} 恒定的条件下, 改变晶体管的栅电压, OLED 器件的电流也会相应地发生改变, 进而可调控 OLED 器件的亮度。当然, 在施予器件一定的拉伸时 (20% 和 30% 应力), OLED 的亮度会有

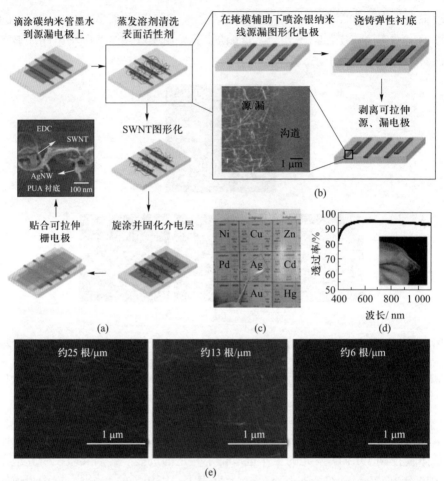

图 7.10   (a) 可拉伸碳纳米管薄膜晶体管制作步骤示意图, 以及源、漏电极 (沟道长 100 μm) AgNW–PUA 复合物的光学照片图; (b) AgNW–PUA 复合物的源、漏电极的制作流程, 其中插图为碳纳米管与介电层材料的电镜截面图; (c) 元素周期表中 Ag 元素褐色边框上方有一透明碳纳米管 TFT 阵列光学照片; (d) TFT 阵列的透光度测试, 内插图是可弯折的 TFT 阵列图片; (e) 打印在 AgNW–PUA 源、漏电极上的碳纳米管网络的电镜照片, 从图可知碳纳米管的密度可以通过调节沉积在衬底上的碳纳米管墨水量控制[8]

所下降, 如图 7.12 所示。

作者所在科研团队在印刷碳纳米管薄膜晶体管驱动 OLED 显示方面也做了一些探索工作。在柔性衬底上印刷制备两个顶栅碳纳米管薄膜晶体管, 构建出 2T–1C 的驱动电路, 并实现了外接 OLED 器件的发光控制[9]。图

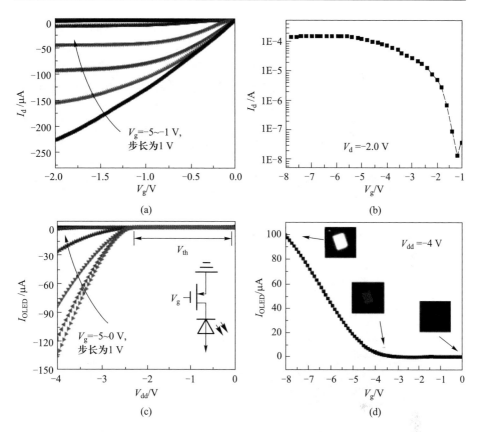

图 7.11　可拉伸碳纳米管–银纳米线晶体管组成的驱动电路性能。(a) 用于控制 OLED 的 TFT 在不同的栅电压下的输出曲线 $(I_d - V_d)$; (b) 在 $V_d = -2.0$ V 时晶体管的转移曲线 $(I_d - V_g)$; (c) 不同的栅电压下, OLED 控制电路的性能曲线 $I_{OLED} - V_{dd}$, 插图为 OLED 控制电路的结构示意图; (d) 在 $V_{dd} = -4.0$ V, I_{OLED} 随 V_g 的变化曲线, 插图是在特定的 V_g 下 OLED 的亮度图[8]

7.13(a) 和 (b) 分别是印刷碳纳米管薄膜晶体管的光学照片图以及器件结构示意图, 图 7.13(c) 为器件沟道中的碳纳米管薄膜晶体管原子力显微照片图, 从图中可知, 碳纳米管呈单分布, 均一性较好。图 7.13(d) 和 (e) 为碳纳米管薄膜晶体管和驱动电路的光学照片图。图 7.14 为印刷碳纳米管薄膜晶体管和驱动电路的电性能图, 从图 7.14(a) 和 (b) 可以看出, 碳纳米管薄膜晶体管的输出电流密度非常高, 能够很好地满足 OLED 发光的需求。从图 7.14(c) 和 (d) 可知, 通过改变开关晶体管的 V_{scan}, 可以很好地控制驱动晶体管的输出电流, 进而达到控制 OLED 器件的发光强度。图 7.15(a) 和 (b) 分别为

V_g	-2.0 V	-4.0 V	-4.5 V	-5.0 V	-6.0 V	-7.0 V	-8.0 V
TFT在 0%应力下	$0\ \mathrm{cd\cdot m^{-2}}$	$6.9\ \mathrm{cd\cdot m^{-2}}$	$50\ \mathrm{cd\cdot m^{-2}}$	$84\ \mathrm{cd\cdot m^{-2}}$	$112\ \mathrm{cd\cdot m^{-2}}$	$183\ \mathrm{cd\cdot m^{-2}}$	$196\ \mathrm{cd\cdot m^{-2}}$
TFT在 20%应力下	$0\ \mathrm{cd\cdot m^{-2}}$	$4.5\ \mathrm{cd\cdot m^{-2}}$	$33\ \mathrm{cd\cdot m^{-2}}$	$51\ \mathrm{cd\cdot m^{-2}}$	$98\ \mathrm{cd\cdot m^{-2}}$	$110\ \mathrm{cd\cdot m^{-2}}$	$120\ \mathrm{cd\cdot m^{-2}}$
TFT在 30%应力下	$0\ \mathrm{cd\cdot m^{-2}}$	$0\ \mathrm{cd\cdot m^{-2}}$	$7.5\ \mathrm{cd\cdot m^{-2}}$	$33\ \mathrm{cd\cdot m^{-2}}$	$48\ \mathrm{cd\cdot m^{-2}}$	$57\ \mathrm{cd\cdot m^{-2}}$	$63\ \mathrm{cd\cdot m^{-2}}$

图 7.12　在不同的应力下可拉伸 TFT (沿着沟道长度的方向) 控制的 OLED 的亮度图[8]

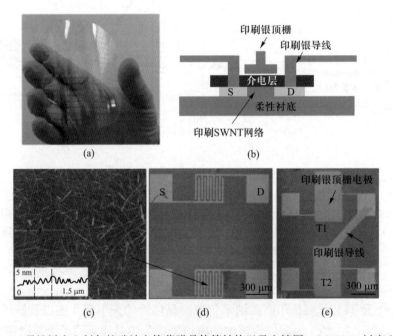

图 7.13　柔性衬底上制备的碳纳米管薄膜晶体管结构以及电镜图。(a) PET 衬底上金电极阵列的光学照片图; (b) PET 衬底上顶栅器件的结构示意图; (c) 沟道中的半导体型碳纳米管的原子力显微镜照片图; (d) 打印碳纳米管后的叉指电极的光学照片; (e) 驱动电路的实体示意图[9]

OLED 的结构示意图以及在印刷碳纳米管驱动电路作用下, 成功点亮 OLED 的光学照片图, 从而可以证明柔性印刷碳纳米管驱动电路可以用于驱动外接

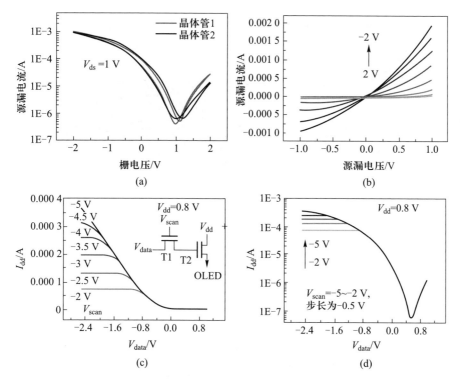

图 7.14   印刷碳纳米管薄膜晶体管和驱动电路的电性能曲线。(a) 晶体管的转移曲线; (b) 顶栅器件的输出曲线; (c)、(d) 无外接 OLED 器件的驱动电路电性能曲线 —— 线性图 ($I_{dd}-V_{data}$) (c) 以及对数图 (d), 其中 T1 和 T2 代表驱动电路的开关和驱动晶体管, 图 (c) 中的内插图是驱动电路的结构示意图[9]

发光器件。

在此基础上, 作者所在科研团队在玻璃衬底构建了 15×15 印刷碳纳米管薄膜晶体管驱动电路和像素阵列[10]。如图 7.16 所示, 印刷驱动碳纳米管薄膜晶体管的开关比和迁移率分别可以达到 10^6 和 $20\,cm^2 \cdot V^{-1} \cdot s^{-1}$。$V_{ds}$ 为 $-0.5\,V$ 时, 印刷碳纳米管的开态电流和关态电流分别可以达到 $10^{-4}\,A$ 和 $10^{-10}\,A$。器件封装前后开关比 (10^6) 和迁移率 (约 $20\,cm^2 \cdot V^{-1} \cdot s^{-1}$) 没有发生明显变化。封装后, 由于隔绝了空气中的水和氧气, 器件的迟滞明显减小。图 7.16(c) 和 (d) 为印刷驱动电路在 V_{dd} 从 $-0.05\,V$ 到 $-2\,V$ 时对应的输出电流特征图。不难发现, 通过调控驱动电路的 V_{dd} 和 V_{scan} 可以调控驱动电路的输出电流 ($10^{-10} \sim 10^{-4}\,A$)。图 7.17 为印刷碳纳米管驱动电路和驱动电路处在开态时 OLED 的发光照片图。图 7.17(a) 和 (b) 为单个驱动电路和

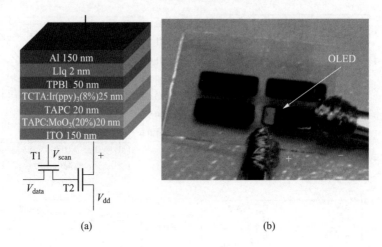

图 7.15 (a) 单个 OLED 器件的结构示意图; (b) OLED 器件发光的照片图[9]

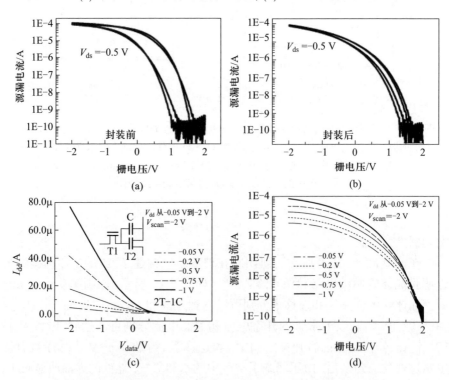

图 7.16 (a)、(b) 印刷碳纳米管薄膜晶体管封装前 (a) 和封装后 (b) 的电性能图; (c)、(d) 2T+1C 驱动电路电性能线性曲线图 (c) 和半对数曲线图 (d)[10]

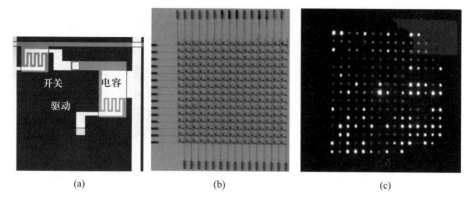

图 7.17　(a) 印刷碳纳米管驱动电路; (b) OLED 像素阵列光学照片图; (c) 驱动电路处在开态时 OLED 的发光照片图[10]

15×15 像素驱动电路阵列照片图。从图 7.17(c) 可以看出, 在开启状态下, 大部分像素能够点亮, 足以证明印刷碳纳米管晶体管能够驱动 OLED 发光, 但 OLED 的亮度均匀性还不太理想。

除了驱动 OLED 发光外, 作者所在科研团队还开发了一类新型的光传感驱动电路, 即一个光传感器与一个驱动晶体管组成的杂化驱动单元电路 (称为 1T+1S, 其中 S 表示 sensors 传感器)。实验发现, 商业化的发光二极管 LED (型号 SML–P11UTT86) 可以充当光传感器。在光照条件下 (光强度大约为 745 μW/cm^2), LED 内部能够快速形成一个内建电场。将 LED 接入印刷碳纳米管薄膜晶体管的栅电极, 可以使栅极电压从 −0.1 V 变化到 0.7 V 或更高, 输出电流降低到 5×10^{-11}A, 这表明印刷碳纳米管薄膜晶体管在此条件下被完全关闭。通过调节照射二极管的光强可以调节晶体管的栅极电压 (从 −0.1 V 到 1.98 V 或更大), 从而可以控制低电压耗尽型印刷碳纳米管薄膜晶体管 (P 型晶体管) 的输出电流大小, 最终可以控制外接 OLED、QLED 和 LED 等发光器件的发光强度[11]。

图 7.18 为在柔性衬底上构建的印刷碳纳米管薄膜晶体管器件以及杂化驱动电路, 其中介电层为聚合物聚 (均苯四甲酸酐–共–4, 4′–二氨基二苯醚) 酰胺酸 (PMDA/ODA)[11]。由于这种介电层中存在大量氢离子和酸根离子, 在外界电场作用下可以产生具有超高电容的双电层, 从而使印刷碳纳米管薄膜晶体管在 ±1 V 的工作电压就能够工作, 且开关比高达

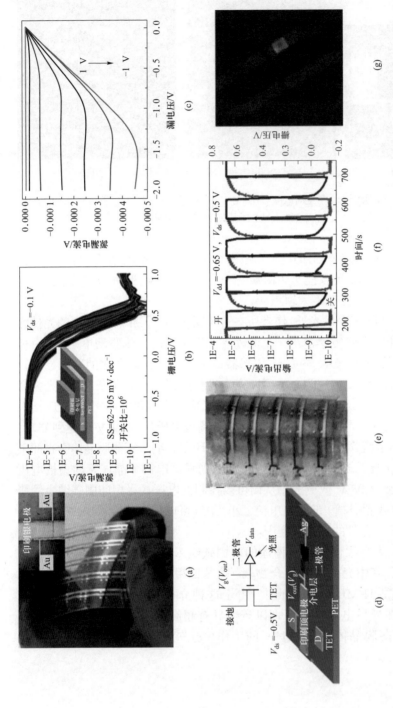

图 7.18 在柔性衬底上构建的印刷碳纳米管薄膜晶体管器件以及驱动电路。(a) 印刷碳纳米管薄膜晶体管阵列光学照片图; (b) 器件转移曲线; (c) 器件输出曲线; (d) 杂化电路结构示意图; (e) 柔性衬底上的杂化驱动电路光学照片图; (f) 脉冲光照下杂化驱动电路的输出电流随时间变化关系图; (g) 杂化驱动电路驱动外接量子点、发光二极管 (QLED) 发光。(参见书后彩图)[11]

10^6。图 7.18(a)~(c) 为印刷碳纳米管薄膜晶体管阵列光学照片图以及器件转移和输出曲线。很明显，在 V_{ds} 为 -0.1 V 时，器件具有低功耗的优点，开关比高达 10^6，亚阈值摆幅在 62~105 mV/dec，且迟滞非常小。当频率在 0.5 Hz 时，电容在 700 nF·cm^{-2}，此时计算出器件迁移率大概是 16.8~27.4 cm^2·V^{-1}·s^{-1}。图 7.18(d) 为杂化驱动电路结构示意图，从图可以看出，二极管与印刷碳纳米管的栅电极相连，通过光照强度来控制印刷碳纳米管的栅电压，从而调控印刷晶体管的工作状态。研究发现，印刷的杂化驱动电路的光响应特性与可见光范围内的波长没有关系，只与照射光强度有关。如在 420 nm、450 nm、500 nm、520 nm、550 nm、600 nm 和 700 nm 处的波长下没有观察到暗–亮电流比的明显变化。但输出电压随着光照强度增加显著增加，当光强度大于 5.93 mW/cm^2 时，输出电压不再随光强增加而增加。同时研究了在周期性照明条件和绕折条件下，印刷碳纳米管杂化驱动电路的稳定性。在图 7.18(f) 中所示的 1 000 次周期性照明周期和绕折 1 000 次 (曲率半径为 5 mm)，暗–亮电流比 (10^5)、电流和光响应速率几乎没有变化，并用这种杂化电路驱动外接 QLED。从图 7.18(g) 可以看出，该驱动电路能够点亮外接 QLED，并能够控制发光亮度。

另外研究发现用 (4–乙烯基苯酚)(PVP) 和交联剂甲基化聚 (三聚氰胺–co–甲醛) (PMF) 形成的薄膜作为介电层也得到了类似结果[12]。当采用这种介电材料作为印刷碳纳米管薄膜晶体管的介电层时，器件表现出更好的电性能和机械柔展性。图 7.19(a) 和 (b) 分别是柔性 TFT 外接 LED 器件的实际照片以及电路示意图。图 7.19(c)~(h) 是通过用不同的光强度的白光对 TFT 进行照射以后 LED 器件的发光照片。当对 TFT 的白光照射光强度为 0 时，LED 可以发出最强的红光；随着光照强度的增加，LED 的发光强度反而下降。一旦光照的强度超过 8.96 μW/cm^2，LED 就会被完全关闭。试验结果证实，柔性碳纳米管薄膜晶体管器件可以很好地实现对外接 LED 器件的控制。此外，晶体管绕折 10 000 次后并在弯曲状态下仍然可以很好地控制 LED 发光。由此说明，该杂化驱动电路具有良好的机械柔展性。

除了光传感器之外，同样原理也适用于其他传感器，例如用温度传感器或压力传感器充当驱动电路的开关，从而控制晶体管的输出电流大小，从而控制发光器件的发光强度。伯克利分校 Ali Javey 教授研究组采用压力传感器充当开关来调控驱动晶体管的输出电流，也实现了调控 OLED 的发光亮度。

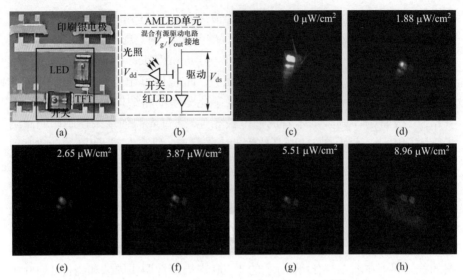

图 7.19   在柔性衬底上构建的杂化印刷碳纳米管主动驱动电路[12]。(a)、(b) 柔性 TFT 外接 LED 器件的实际照片 (a) 以及电路示意图 (b); (c)~(h) 通过用不同的光强度的白光对 TFT 进行照射以后 LED 器件的发光照片

7.2   反相器与逻辑电路

7.2.1   反相器

反相器通常由两只晶体管组成, 是构成集成电路最基本的功能单元。作者所在科研团队在这方面做了大量研究, 开发了多种制备 P 型、N 型以及双极印刷碳纳米管薄膜晶体管的方法, 构建了各种形式的反相器, 并由反相器组成了环形振荡器。

7.2.1.1   双极晶体管反相器

作者所在科研团队开发的双极印刷碳纳米管薄膜晶体管制备方法之一是利用氧化铪介电层。如图 7.20 所示, 在 PET 衬底上先沉积一层氧化铪, 然后沉积金电极, 再把 PFOBT 分离的半导体型碳纳米管选择性印刷到器件沟道中, 在此基础上沉积一层氧化铪作为介电层, 最后在沟道上方打印银电极作为顶栅电极[13]。所得到的顶栅碳纳米管薄膜晶体管呈现非常完美的双极性特性, 如图 7.20(b) 和 (c) 所示。P 型和 N 型区间的 SS 分别为 100 和 80 mV/dec, 迁移率可以达到 30 $cm^2 \cdot V^{-1} \cdot s^{-1}$ 以上。以印刷的银线作为顶栅

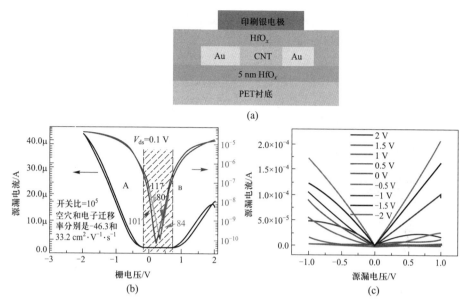

图 7.20   (a) 顶栅碳纳米管薄膜晶体管器件结构示意图; (b) 薄膜晶体管的转移特征曲线; (c) 薄膜晶体管的输出特征曲线[13]。(参见书后彩图)

电极和连接线, 可以将这些双极晶体管两两组合成反相器。图 7.21 展示了在柔性 PET 衬底上印刷制备的 216 个顶栅双极薄膜晶体管以及由这些晶体管组成的 108 个反相器阵列。

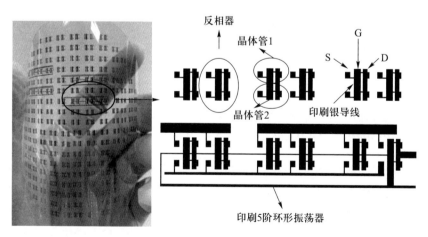

图 7.21   印刷顶栅双极薄膜晶体管、逻辑栅和电路阵列的光学图[13]

图 7.22(a) 是反相器原理和电路图, 图 7.22(b) 是反相器的输入−输出特性曲线, 从图中可以看到反相器显示了非常小的迟滞[14]。当用小迟滞的 N

型和 P 型薄膜晶体管来构建互补金属氧化物半导体 (CMOS) 反相器时, 这将有利于减小反相器的迟滞。图 7.22(c) 是反相器的电压增益, 工作电压分别为 0.5 V、0.75 V、1 V 和 1.25 V 时, 电压增益可以分别达到 9、18、24 和 33。图 7.22(d) 显示了印刷反相器的工作电压分别为 0.5 V、0.75 V、1 V 和 1.25 V 时的静态功耗。当工作电压为 1.25 V 时, 在低的输入电压下反相器的静态功耗达到 2.5 μW[15,16]。

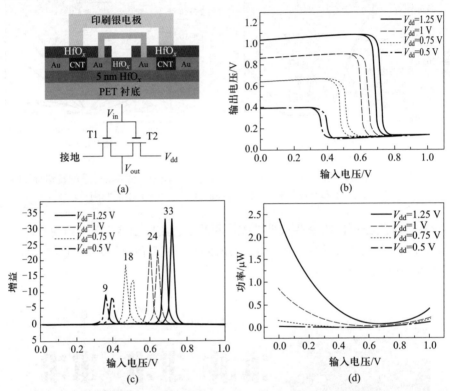

图 7.22   (a) 印刷反相器的原理和电路图; (b) 反相器的输入–输出曲线; (c) 反相器的增益曲线; (d) 印刷反相器工作电压分别为 0.5 V、0.75 V、1 V、1.25 V 时的静态功耗[13]

对印刷碳纳米管反相器的动态响应也做了研究, 如图 7.23 所示。印刷碳纳米管反相器在 10 kHz 范围内都能够正常工作, 输出信号与输入信号完全反向。在工作频率小于 1 kHz 时, 电压损失较小, 并且在频率为 1 kHz 时, 输出信号只有 60 μs 的延时。此外, 当频率为 10 kHz 时, 反相器仍然能够正常工作。虽然印刷碳纳米管薄膜晶体管的迁移率可以高达 30 cm²·V⁻¹·s⁻¹, 但反相器的工作频率却只能够达到 10 kHz, 这主要由于器件的寄生电容太大, 从而使反相器和其他逻辑门和电路的频率有大幅度下降。

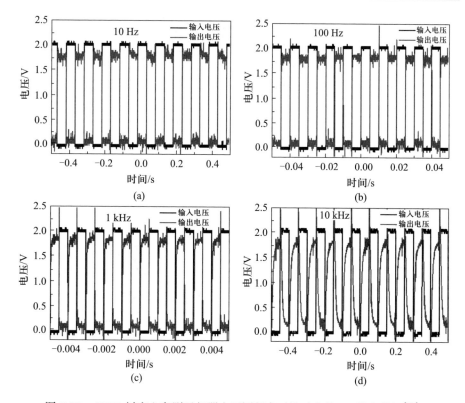

图 7.23 PET 衬底上印刷反相器在不同频率时的动态输入–输出特征[13]。
(a) 10 Hz; (b) 100 Hz; (c) 1 kHz; (d) 10 kHz

另一种制备双极晶体管的方法是在印刷碳纳米管薄膜上面沉积一层氧化铝, 再印刷一层离子胶, 由此构建出的双极介电层顶栅或侧栅晶体管也呈现出对称性较好的双极特性。图 7.24 为器件结构示意图和反相器性能图。从图 7.24(b) 和 (c) 可以看出, 反相器表现出较好的性能, 如在 V_{dd} 为 0.5 V 时, 反相器表现出优越性能, 其增益可达到 25 左右。当 V_{dd} 为 2 V 时, 电压增益可高达 40, 但电压损耗较大 (大于 25%)。

当用离子胶作为介电层时, 印刷碳纳米管薄膜晶体管往往表现为耗尽型 P 型特性, 构建的反相器性能也不理想。如果在离子胶中添加适量还原剂 (如三乙醇胺等), 可调节印刷碳纳米管薄膜晶体管的阈值, 最终使 P 型晶体管转变为双极晶体管, 用双极印刷晶体管可构建出性能良好的反相器[17]。图 7.25 为离子胶器件结构示意图和由双极薄膜晶体管器件构建的反相器性能图。如图所示, 印刷反相器在工作电压仅为 0.25 V 时也能够工作, 且电压增益可高

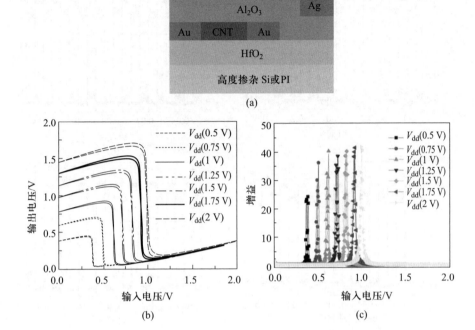

图 7.24 氧化铝作为介电层构建的侧栅或顶栅印刷反相器。(a) 结构示意图; (b)、(c) 电
性能图

达 10 左右。随着 V_{dd} 增加, 电压增益可达到 23。V_{dd} 为 1 V 时, 反相器的
噪声容限最高可以达到 88%($1/2V_{dd}$=1 V)。当 V_{dd} 为 0.25 V 时, 最大功耗为
10 mW, 随着工作电压增加, 功耗急剧增加, 当 V_{dd} 达到 1.25 V 时, 反相器的
功耗已高达 0.1 mW。

作者所在科研团队研究发现, 双极薄膜晶体管与 P 型或 N 型晶体管也
能构建出性能良好的 CMOS 反相器。如图 7.26 所示, 用双极性离子胶器件
与 P 型器件组合, 构建的反相器表现出较好的性能。图 7.26(a) 为双极和 P
型晶体管器件的转移曲线。在这里双极晶体管充当 N 型晶体管, 与 P 型晶
体管构建出 CMOS 反相器。很明显, 构建的反相器呈现较好的 CMOS 反相
器性能。当输入电压为高低压时, 输出电压处在低电压状态, 反之亦然。其
V_{dd} 为 0.5 V, 0.75 V 和 1 V 时, 最大输出电压分别能够达到 0.5 V、0.75 V
和 1 V, 而最低电压可以达到 0 V。V_{dd} 为 1 V 时, 反相器的电压增益也能够
达到 30 左右。在 V_{dd} 为 1 V 时, CMOS 的最大功耗约为 2 µW, 明显低于双

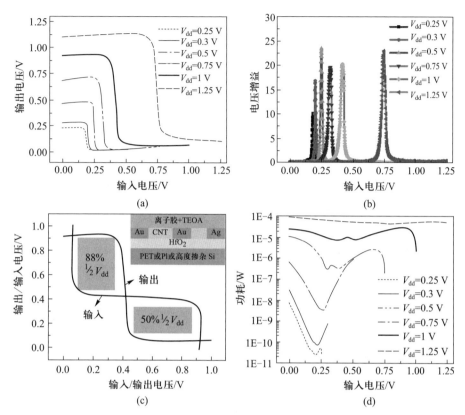

图 7.25 通过调控离子胶中电子掺杂剂浓度来调控印刷碳纳米管薄膜晶体管的阈值得到双极薄膜晶体管器件和反相器。(a) 反相器在不同 V_{dd} 下输入和输出电压关系图; (b) 反相器电压增益图; (c) 反相器的噪声容限特征图 (V_{dd} 为 1 V 时); (d) 静态功耗特征图[17]

极性组建的反相器的功耗。

通过气溶胶喷墨打印选择性沉积 PMMA 来封装碳纳米管薄膜晶体管器件, 可以使封装的碳纳米管变为对称性极好的双极薄膜晶体管器件[18] [如图 7.27(a) 所示]。P 型和双极碳纳米管按照 CMOS 反相器的连接方式构建 CMOS 反相器, 性能如图 7.27 所示。反相器呈现 CMOS 特性, 即在高平电压下, 输出电压为 0 V, 而在低平电压下, 输出电压与所加 V_{dd} 电压值保持一致, 且噪声容限可以高达 80% 以上。在 V_{dd} 为 1.25 V 时, 反相器的电压增益 可以达到 17 左右。另外电压为 0.3 V 时, CMOS 反相器也能够工作, 其增益也能达到 6 左右, 其最高功耗只有 1 nW 左右。与其他反相器一样, 功耗随着工作电压升高而增加, 在 V_{dd} 为 1.25 V 时, 反相器的静态功耗已经达到 1μW 左右。其特有的优势是功耗更低、噪声容限更大。

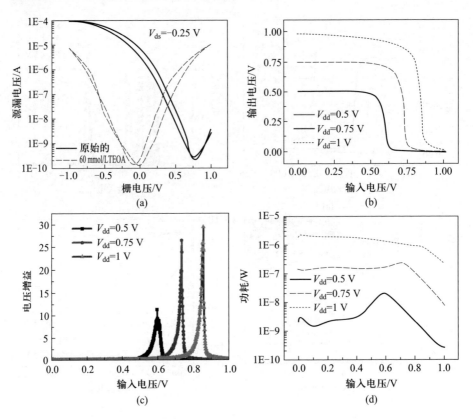

图 7.26   由双极碳纳米管薄膜晶体管 (离子胶器件) 与 P 型晶体管组建的 CMOS 反相器电性能图。(a) 双极性和 P 型器件转移曲线; (b)~(d) 反相器在 V_{dd}=0.5 V、0.75 V 和 1 V 时的输入与输出电压关系图 (b)、电压增益图 (c) 和静态功耗图 (d)[17]

7.2.1.2   CMOS 反相器

　　CMOS 反相器由 1 个 P 型和 1 个 N 型薄膜晶体管组建而成, 但印刷碳纳米管薄膜晶体管通常呈 P 型。为了得到 N 型晶体管, 作者所在科研团队开发出多种选择性构建高性能 N 型薄膜晶体管的方法。

　　(1) 通过控制包覆在半导体型碳纳米管表面的有机化合物中的杂原子种类和数量选择性得到 N 型碳纳米管薄膜晶体管器件。

　　具体步骤如图 7.28 所示, 通过喷墨打印在沟道中选择性沉积半导体型碳纳米管墨水 1 (PFOBT、PFOBP、PFOTP、F8T2 等聚合物分离的半导体型碳纳米管墨水) 和墨水 2 (DPPB5T、PFO–DPP 等分离的半导体型碳纳米管墨水), 然后通过 ALD 沉积氧化铪介电层, 最后打印银顶栅电极就能够在柔性衬底上得到 P 型、N 型印刷碳纳米管薄膜晶体管器件、CMOS 反相

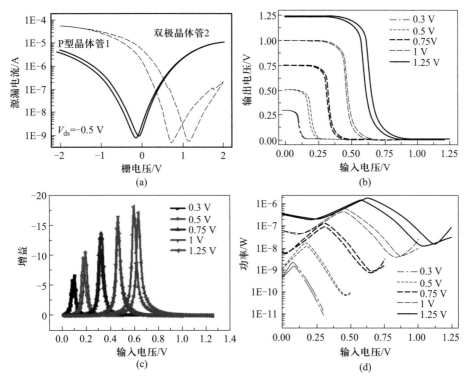

图 7.27   由双极碳纳米管薄膜晶体管 (PMMA 封装) 与 P 型晶体管组建的 CMOS 反相器电性能图。(a) 为双极性和 P 型器件转移曲线; (b)～(d) 反相器在 V_{dd}=0.3 V、0.5 V、0.75 V、1 V 和 1.25 V 的输入与输出电压关系图 (b)、电压增益图 (c) 和静态功耗图 (d)[18]

器和环形振荡器[19]。

　　研究发现不同聚合物分离的碳纳米管作为有源层时, 其顶栅薄膜晶体管显示出不同的极性特征[19]。为此, 研究了一系列不同聚合物分离的半导体型碳纳米管作为有源层时, 其顶栅薄膜晶体管器件的极性特性。如聚 [2-甲基-6-(7-甲基-9, 9-二辛基-9H-芴-2-基) 吡啶] (PFO-P)、聚 [6-甲基-6′-(7-甲基-9, 9-二辛基-9H-芴-2-基)-2, 2′-联吡啶] (PFO-BP)、聚 [(9, 9-二辛基芴-2, 7-二基)-co-(6, 6′-{2, 2′:6′, 2″-三联吡啶})] (PFO-TP)、聚 [(9,9′-二己基-2,7-芴)-并-(9,10-蒽)] (PFO-BT, Sigma)、聚 (9, 9-二辛基并噻吩) (F8T2)、聚 [2, 7-(9, 9-二辛基芴)-4, 7-双 (噻吩-2-基) 苯并-2, 1, 3-噻二唑] (PFO-DBT)、聚芴-二噻吩基吡咯并吡咯二酮 (PF8-DPP, Sigma), 聚 [3-(5-甲基-[2, 2′; 3′, 2″; 5′, 2‴-2‴-四噻吩]-5‴-基)-6-(5-甲基噻吩吡啶-2-基)-2, 5-双 (2-辛基十二烷基) 吡

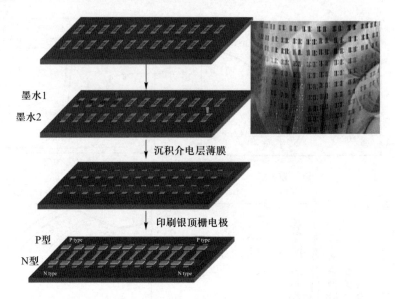

图 7.28　在柔性衬底上通过打印不同聚合物分离的半导体型碳纳米管墨水构建 P 型和 N 型碳纳米管薄膜晶体管器件过程示意图以及得到的器件光学照片图[19]

咯并 [3, 4−c] 吡咯−1, 4 (2H, 5H)−二酮] (DPPb5T)。研究发现 PF8−DPP 和 p−DPPb5T 分离的碳纳米管为有源层时, 顶栅薄膜晶体管呈现 N 型特性, 而 PFO−BT、F8T2、PFO−DBT、PFO−P、PFO−BP 和 PFO−TP 等其他聚合物分离的碳纳米管为有源层时, 顶栅薄膜晶体管为 P 型特性。图 7.29 为用 PFO−TP 和 p−DPPb5T 共轭聚合物分离的半导体型碳纳米管薄膜构建的印刷 P 型和 N 型碳纳米管薄膜晶体管器件电性能和沟道中的半导体型碳纳米管薄膜 SEM 图。从图 7.29 可以看出, PFO−TP 和 p−DPPb5T 分离的碳纳米管薄膜非常均匀致密, 形貌上并没有明显差异。但在其表面低温沉积一层 50 nm 氧化铪薄膜后, PFO−TP 分离的碳纳米管器件呈现 P 型特性 (实际上呈双极性特性, 但 P 型更强), 而 p−DPPb5T 分离的碳纳米管器件则表现为 N 型特性。印刷 P 型和 N 型器件的开关比和迁移率分别为 10^5 和 15 cm^2·V^{-1}·s^{-1} 左右。

图 7.30 为印刷碳纳米管 N 型与 P 型晶体管构成的 CMOS 反相器性能图。从图 7.30 中可以看出, 在 0.5～1.5 V 内, 该反相器能实现良好的轨对轨的电压输出。图 7.30(b) 是反相器的增益图, 在 0.5 V、0.75 V、1 V、1.25 V 和 1.5 V 时, 反相器的电压增益分别为 12、19、22、26 和 30。如图 7.30(c) 为印刷 CMOS 反相器的动态响应特征曲线。如图所示, 在 10 kHz 时, 印刷

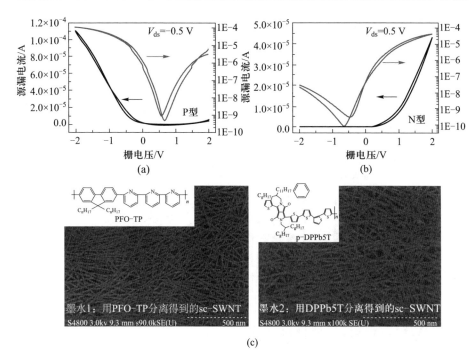

图 7.29　(a)、(b) 用 PFO–TP 和 p–DPPb5T 分离的半导体型碳纳米管所构建的 P 型 (a) 和 N 型 (b) 器件电性能; (c) 沟道中的碳纳米管薄膜 SEM 图[19]

CMOS 反相器依然有良好的反向特性, 并且电压损失仅为 2%, 延迟时间仅为 15 μs。图 7.30(d) 是印刷 CMOS 反相器的静态功耗图。从图可以看出, V_{dd} 为 1.5 V 时, 功耗仅为 0.1 μW。在 V_{dd} 为 0.25 V 时, 最高功耗只有 0.3 nW。

反相器的噪声容限如图 7.31 所示, 在 V_{dd}=0.5 V、0.75 V、1 V、1.25 V 和 1.5 V 时, 分别为 0.15 (1/2 V_{dd} 的 60%)、0.28 (1/2 V_{dd} 的 75%)、0.39 (1/2 V_{dd} 的 78%)、0.52 (1/2 V_{dd} 的 83%) 和 0.63 V (1/2 V_{dd} 的 84%)。在 V_{dd}=1.5 V 时, 噪声容限能达到 84%, 是目前报道的低电压印刷碳纳米管 CMOS 反相器中噪声容限最高的。

(2) 对半导体型碳纳米管有源层掺杂改性。

研究发现, 用乙醇胺和乙酰丙酮锆混合墨水能够使 P 型碳纳米管薄膜晶体管转变为 N 型晶体管, 同时构建出性能良好的 CMOS 反相器[20]。CMOS 反相器制作流程如图 7.32 所示, 先把半导体型碳纳米管墨水沉积在器件的沟道中, 清洗、退火后, 选择性沉积乙醇胺和乙酰丙酮锆混合墨水到器件沟道中, 然后 150° 退火 3 min, 就能选择性得到 P 型和 N 型器件 (如图 7.33 所

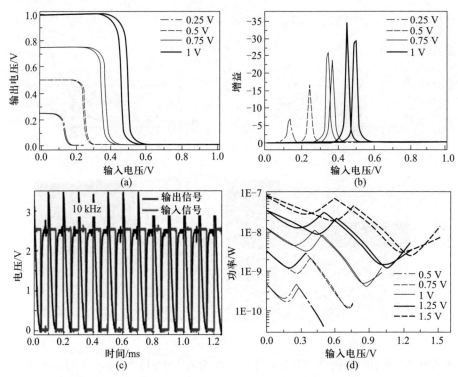

图 7.30   柔性印刷碳纳米管薄膜晶体管构建的 CMOS 反相器性能图。(a) 反相器的输入和输出电压特征曲线; (b) 反相器在不同 V_{dd} 下的电压增益 (0.5 V、0.75 V、1 V 和 1.25 V); (c)10 kHz 下的动态响应特征曲线; (d) 在不同 V_{dd} 下 (0.5 V、0.75 V、1 V 和 1.25 V) 的静态功耗图[19]

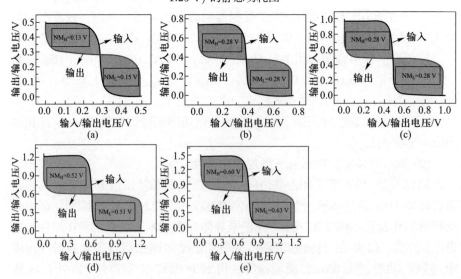

图 7.31 V_{dd}=0.5 V(a)、0.75 V(b)、1 V(c)、1.25 V(d) 和 1.5 V(e) 时, 印刷 CMOS 反相器的噪声容限图[19]

示), 再打印银电极把 P 型和 N 型晶体管连接起来得到 CMOS 反相器 [如图 7.33(a) 和 (b) 所示]。

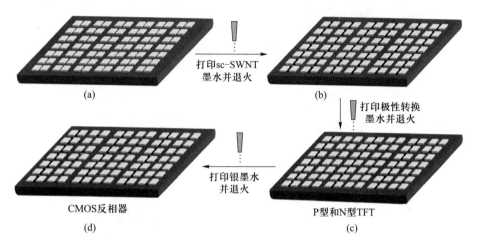

图 7.32　印刷碳纳米管极性转换和 CMOS 反相器制作流程示意图[20]

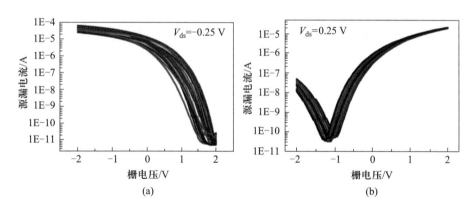

图 7.33　印刷底栅 P 型薄膜晶体管和 N 型薄膜晶体管的转移特性曲线
(50 nmSiO$_2$/Mo 玻璃衬底)[20]

图 7.34(a)、(b) 和 (c) 分别为 P 型碳纳米管、CMOS 反相器的光学显微镜图以及 CMOS 反相器电路示意图。从图 7.34(d) 可以看出, 反相器在 V_{dd} 为 0.5~1.25 V 范围内, 表现出较好的反相器性能: 当输入为高电势时, 输出为零电势; 当输入为零电势时, 输出为高电势, 且电压没有损失。在 $V_{dd} \leqslant 1$ V 时, 反相器几乎没有迟滞效应。只有当 $V_{dd}=1.25$ V 时, 才观察到明显的迟滞。如图 7.34(e) 所示, CMOS 反相器电压增益分别

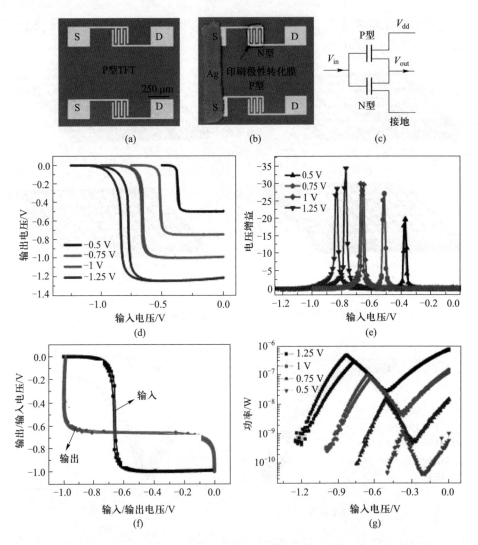

图 7.34   印刷碳纳米管 CMOS 反相器的光学照片图和电性能图。(a) 极性转换前的 P 型薄膜晶体管的光学显微镜图; (b) 选择性打印极性转换溶液和银电极后获得的 CMOS 反相器的光学显微镜图; (c) CMOS 反相器电路示意图; (d) 电压输入和输出曲线; (e) 电压增益图 (V_{dd}=0.5 V、0.75 V、1 V 和 1.25 V); (f) 噪声容限图 (V_{dd}= 1 V); (g) 功耗图 (V_{dd}=0.5 V、0.75 V、1 V 和 1.25 V)[20]

为 19 (V_{dd}=0.5 V)、26 (V_{dd}=0.75 V)、30 (V_{dd}=1 V)、36 (V_{dd}=1.25 V)。最大噪声容限分别为 0.26 V ($1/2V_{dd}$ 的 103%, V_{dd}=0.5 V)、0.35 V ($1/2\ V_{dd}$ 的 94%, V_{dd}=0.75 V)、0.52 V ($1/2\ V_{dd}$ 的 103%, V_{dd}=1 V)、0.6 V ($1/2V_{dd}$ 的

89%，$V_{dd}=1.25$ V)，最低噪声容限分别为 0.1 V($1/2V_{dd}$ 的 40%，$V_{dd}=0.5$ V)、0.18 V($1/2$ V_{dd} 的 47%，$V_{dd}=0.75$ V)、0.23 V ($1/2$ V_{dd} 的 50%，$V_{dd}=1$ V)、0.3 V($1/2V_{dd}$ 的 45%，$V_{dd}=1.25$ V)。CMOS 反相器的功耗相对较低，在 V_{dd} = 1 V 时，功耗仅为 0.1 μW。如图 7.34(g) 所示，当输入电压为 1.25 V (V_{dd} = −1.25 V) 时，反相器的静态功耗为 5×10^{-9} W，当输入电压为 0.86 V 时，功耗达到最大值 (为 5×10^{-6} W)，随着输入电压的进一步降低，功耗随之降低，随后功耗又升至 8×10^{-6} W (输入电压 =0 V，$V_{dd}=-1.25$ V)，这归根于栅电压为 0 V 时，印刷碳纳米管薄膜晶体管的沟道电流仍然较高。

在以上研究基础上，作者所在的科研团队把 6 个印刷的反相器用打印的银线连接，由此构成一个 5 阶的环形振荡器[19]。图 7.35(a) 和 (b) 分别为 PET 柔性衬底上印刷的环形振荡器的照片和电路图。图 7.35(c) 显示了环形振荡器的输出性能，器件的振荡频率在工作电压为 2 V 时为 1.7 kHz。环形振荡器的延时时间可以通过公式 $f = 1/(2t_pN)$ (f、t_p 和 N 分别为振荡频率、每一阶的延时时间和环形振荡器的阶数) 计算出来。通过计算可知每一阶的平均延时时间为 58.8 μs。环形振荡器的频率主要取决于碳纳米管薄膜晶体管和连接导线的电阻和电容时间常量，通过增加半导体型碳纳米管的密度，按比例缩小沟道长度，减小寄生电容和增加印刷的银线的导电性等措施就可以提高印刷环形振荡器的频率。

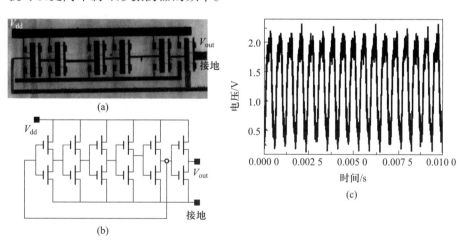

图 7.35 基于印刷碳纳米管晶体管组建的 5 阶印刷环形振荡器。(a) 实物图; (b) 电路示意图; (c) 电性能输出特性[19]

7.2.2   逻辑电路

作者所在的科研团队在 PET 衬底上构建了基于印刷碳纳米管薄膜晶体管的或非逻辑门和环形振荡器。或非逻辑门由 2 个并联的薄膜晶体管和 2 个串联的薄膜晶体管组成, 图 7.36(a) 和 (b) 所示。图 7.36(c) 是该逻辑电路的输入输出响应。当输入电压为高平时 (有 1 个或 2 个输入电压为 2 V), 输出电压为低平 (0 V)。当输入电压为低平时 (V_{inA} 和 V_{inB} 为 0 V 时), 输出电压为高平 (在 2 V 工作电压下, 输出电压是 1.5 V)。

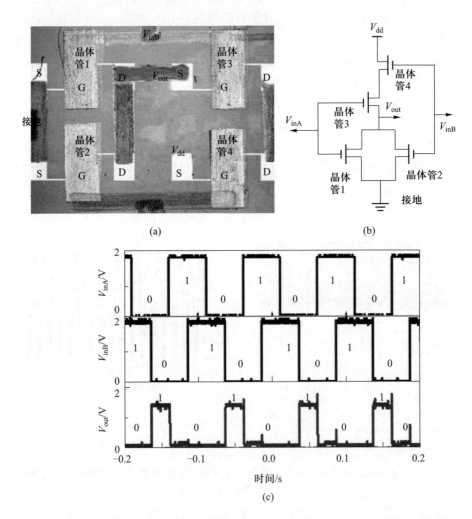

(a)   (b)

(c)

图 7.36   柔性印刷碳纳米管晶体管的或非逻辑门。(a) 实物图; (b) 逻辑电路图; (c) 输出特性

7.3 印刷碳纳米管类神经元器件

大脑是一个具有极低功耗的大规模并行和高效的信息处理系统。在神经元系统中, 每个神经元都由数以千计的突触和其他神经元连接, 并且信息能被选择的通过突触来进行传输[21,22]。在大脑的神经系统中, 由一个突触后神经元产生的兴奋性突触后电流或抑制性突触后电流可以通过突出前神经元的电压脉冲来激发。这些突触前输入信号被共同处理, 以建立空间和时间相关的函数。模拟和学习人脑已成为当今工业界和学术界的一大研究热点。通过电子/离子混合器件实现的人造突触对于启发大脑的神经形态系统是非常重要的[23,24]。一些重要的突触行为, 包括双脉冲易化指数和高通/低通滤波特性都在人造突触中被成功模拟。目前, 人造突触包括两端突触器件如: 忆阻器、原子开关[25-32] 和三端突触器件, 如: 电解质门控双电层晶体管[33-36]。

印刷碳纳米管薄膜晶体管作为印刷电子领域中重要的三端器件, 适合构建柔性、多功能类神经元电子器件。当用具有双电层特性的材料作为介电层时, 能构建出多栅 (即多端输入) 印刷碳纳米管薄膜晶体管电子器件, 得到可多端耦合的类神经元电子器件。在连续脉冲栅电压或脉冲光刺激下或光电共同刺激下, 印刷碳纳米管薄膜晶体管器件的输出电流能够呈现持续增加或减小的趋势, 同时能够保持或保存原有的电流信号等。即在外界刺激下, 印刷碳纳米管薄膜晶体管器件可表现出一些类似神经元的功能: 如双脉冲易化、学习、记忆功能、长程塑性和短程塑性、高通/低通滤波、逻辑功能和识别等, 因此把这类印刷碳纳米管器件统称为印刷碳纳米管神经形态器件。印刷碳纳米管神经态器件在神经网络领域有着广泛的应用前景, 同时对新型人工智能的发展、新型神经仿生电子器件的开发和应用都有重要的参考价值。人工智能是当今科学家的研究热点, 深入学习和研究人脑的工作方式才可能开发出已经类似人脑或超越人脑的电子器件和系统。利用神经形态器件模仿人脑的神经元和神经系统 (如突触前、突触后和突触以及神经元等) 是最简单有效的方法之一。

7.3.1 工作原理

在突触晶体管中, 介电层中存在大量可以移动的离子或存在大量可极化的偶极子, 在外电场或光等的作用下, 介电层与半导体沟道界面能够形成纳米厚的双电层[37-41]。在双电层的作用下, 器件的工作电压往往非常低, 因而可以实现低功耗。与此同时, 由于载流子容易被界面的缺陷等陷阱态等捕获,使器件表现出较大的迟滞,这种类型的器件在连续脉冲光和电刺激下往往能够表现出"记忆"功能。因此这类晶体管就表现出神经形态的电子器件。如用离子胶、壳聚糖、纤维素、聚酰亚胺前聚体、低温生长的氧化铝和二氧化硅等构建的薄膜晶体管器件都可以构建出具有特定神经形态功能的电子器件。图 7.37(a) 是突触的结构示意图,突触后神经元收到来自突触前神经元的脉冲后,能够对外输出信号,从而实现对外面刺激信号记忆、识别、兴奋、抑制和逻辑等功能。基于有机栅介质的印刷薄膜晶体管器件可以模仿突触的功能。如图 7.37(b) 所示,施加到栅电极上的电压可以认为是突触前的输入,而通过沟道的电流可以认为是突触后兴奋性电流。调整栅电压刺激信号来控制沟道中的电流特性,从而能够模拟出一些神经元的功能。

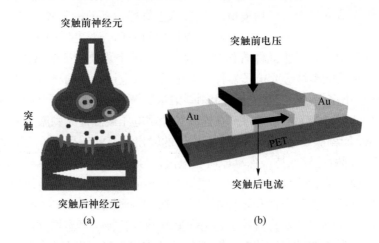

图 7.37　(a) 神经元突触结构示意图; (b) 人造突触结构示意图

7.3.2　应用

作者所在研究团队用聚 (均苯四甲酸酐-共-4,4′-二氨基二苯醚) 酰胺酸 (PMDA/ODA) 作为介电层,半导体型碳纳米管作为有源层,印刷银电极为顶栅电极,构建出工作电压低的印刷碳纳米管薄膜晶体管器件。这类器件印刷碳纳米管薄膜晶体管具有人造突触的一些特性。

双脉冲易化也称为神经易化,是短期的神经可塑性的一种形式[42,43]。在神经科学上它是一种现象,当一个增加的脉冲跟随前一个脉冲时,就会诱发兴奋性突触后电流。它对于生物系统中解码时间信息非常重要,同时突触前离子的浓度增加时,它就会出现,这将导致释放更多的含有神经递质的突触小泡。双脉冲易化能够参与各种神经任务, 包括简单的学习和信息处理等。在我们的突触器件中, 当在突触前输入端 (顶端的 Ag 栅电极) 上施加一对时间间隔可控的突触前电压尖峰时, 在器件碳纳米管沟道层能够测出两个兴奋性突触后电流, 通常第二个兴奋性突触后电流的幅值要比第一个大。图 7.38(a) 展示了尖峰间隔为 10 ms 时的情况。在测试期间, 尖峰宽度固定在 10 ms, 器件源、漏之间的电压固定在 0.07 V。双脉冲易化指数的定义为第二个和第一个兴奋性突触后电流的幅值比率, 当尖峰间隔为 10 ms 时, 双脉冲易化指数为 304%。还测量了不同尖峰间隔的双峰易化指数, 并且画出了双脉冲易化指数作为固定尖峰宽度 10 ms 时尖峰间隔 Δt 的函数曲线, 如图 7.38(b) 所示。随着尖峰间隔的增加, 双脉冲易化指数先是快速减小, 然后是逐渐减小。实验数据可以满足关系式 $R = 1 + R_1 \times e^{-t/\tau_1} + R_2 \times e^{-t/\tau_2}$, 常数 $R_1 = 1.08$, $R_2 = 2.30$, 时间常数 $\tau_1 = 60$ ms, $\tau_2 = 14$ ms。这种指数关系说明两个相邻尖峰之间的耦合遵循一个衰减的过程[44]。当尖峰间隔非常大时, 这种耦合可以忽略。

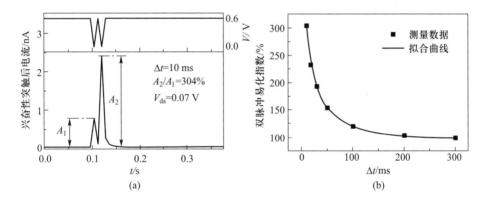

图 7.38 (a) 双脉冲易化曲线; (b) 不同尖峰间隔的双脉冲易化指数拟合曲线

依据介导质子双电层的耦合效应, 栅电压脉冲 (突触前尖峰) 能够调节碳纳米管沟道层空穴的浓度。这种现象预计与碳纳米管沟道层和介电层界面质子的松弛过程相关。突触前输入端施加突触前电压尖峰将会减小碳纳米管沟道和介电层界面质子的浓度。当不久后另一个尖峰施加到突触前输入端时, 质子将会从界面区域被推走。由于电解质中移动质子的缓慢弛豫, 双峰调制作用是一种动态耦合的作用。因此, 在碳纳米管沟道上只有很少的质子而有更多的空穴在沟道中被诱导, 导致看到了双脉冲易化特性。在更短的脉冲间隔时, 少量的质子将会被留在沟道层下方, 而沟道层中空穴的密度更高。因此, 通过沟道的电流将会增加, 在短的脉冲间隔时双脉冲易化指数会更高。因为对人造突触而言, 能量的消耗是重要的。我们也考虑了基于碳纳米管的印刷人造突触的功耗。作为量级估算, 人类大脑功耗约为 20 W 的量级, 突触的工作频率为 10~100 Hz, 而在大脑中约有 10^{15} 个突触, 因此每个突触能耗的平均值约为 10~100 fJ。对于一个具体的事件, 晶体管源、漏之间的电压为 0.1 V, 突触后电流为 1.0 nA, 突触前尖峰宽度为 10 ms 时, 印刷的突触器件可以达到一个非常低的功耗, 约为 1.0 pJ。这个值还可以通过减小器件尺寸和降低尖峰宽度到 1.0 ms 来进一步降低。

人造突触正常工作是基于电解质介电层薄膜中质子的移动、质子相对较慢的弛豫过程和短期可塑性能够在印刷突触晶体管中被模拟出来。在测试期间, 突触后电流的设定电压为 70 mV。为了设置碳纳米管沟道层为高阻态, 突出前输入端的突触前基态电压设为 0.6 V。在这种情况下, 当施加一个负的突触前电压 (–0.6 V) 时 (相比于突触前基态电压), 通过沟道层的突触前电流将会增加。图 7.39 显示的是当 100 个突触前尖峰电压施加到突出前输入端时记录的突触后电流。尖峰间隔和尖峰宽度都是 28 ms。首先, 突出后电流从 0.8~20 nA 线性增加, 然后线性收敛增加到约 47 nA。短期可塑性结

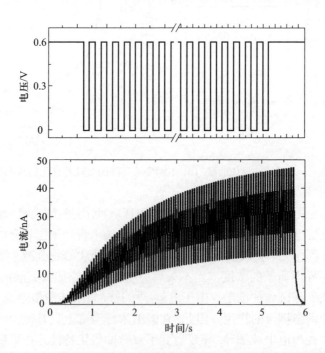

图 7.39   100 个突触前尖峰电压施加到突触前输入端时记录的突触后电流

果可以归因于电解质介电层中质子的松弛效应。当突触前输入端施加一个兴奋性电压尖峰时, 由于质子的弛豫过程, 质子在碳纳米管沟道和电解质介电层界面的质子分布将会逐步改变。当电压尖峰完成后, 质子将逐渐返回到平衡状态。如果到达平衡状态之前再施加一个后续的突触前电压尖峰, 质子分布可以通过这些电压尖峰被协同调制。换句话说, 施加到突触前输入端的后续的电压尖峰可以暂时地耦合。由于双电层的作用和突触后电流的反射, 这种耦合可以被传导到碳纳米管沟道层的空穴浓度上。

此外, 对于双侧栅的 SWNT 的薄膜晶体管可以模拟逻辑门, 如图 7.40 所示。通过应用显示设备的典型传输曲线在侧门上。在测量过程中, V_{ds} 固定在 -1.0 V, V_g 的电压范围为 $1.0 \sim -1.0$ V, 通过 SWNT 沟道的电流变化量在 10^6。因为通道层可以由横向栅极电压调控, 并且基于 SWNT 的薄膜晶体管的多侧门可实现逻辑和操作 [如图 7.40(b) 所示]。在试验中, 把 2.0 V 和 0 V 电压分别作为二进制 0 和 1。当在一个或两个侧门, 通过 SWNT 通道的电流为低水平。这意味着在 (0,0)、(0,1) 和 (1,0) 的情况下, 输出为 0。相反, 当两侧门均施加 0 V 时, 输出为 1。在我们的器件中可以成功地实现逻辑。不同于传统的硅基电子设备, 逻辑操作可以在单个器件中实现。结果可以理解为介电薄膜中质子分布的变化。当一个侧门上的电压为 2 V 时, 质子进入介电薄膜将被推开并聚集在 SWNT 沟道区域。在这种情况下, P 型 SWNT 沟道耗尽并处于高电阻状态, 因此输出电流低。

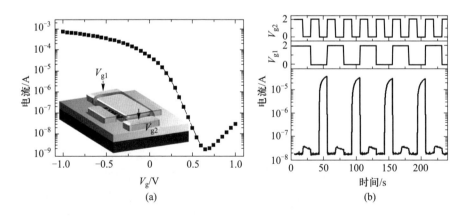

图 7.40　利用在 SWNT 的薄膜晶体管印刷侧栅实现的逻辑。(a) 转移曲线, 在 $V_{ds}=-1.0$ V 时, 使用侧栅、绝对电流, 插图显示器件结构; (b) 通过两个侧栅作为输入的逻辑操作, 电压为 2.0 V 和 0 V 分别被视为二进制 0 和 1

以上介绍的是碳纳米管薄膜晶体管器件的输入信号为电信号的类神经

元突触器件。下面介绍以轻掺杂硅 (Si) 为衬底的印刷碳纳米管光类神经元晶体管与应用[45]。到目前为止,光栅晶体管在光电突触器件中的应用较少。如图 7.41 所示以轻掺杂硅作为底栅构建的光类神经突触晶体管器件[46]。

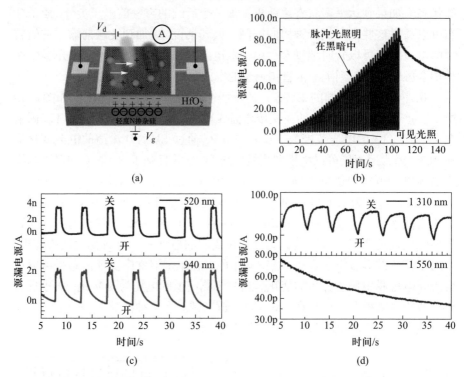

图 7.41 以轻掺杂硅为底栅的印刷碳纳米管薄膜晶体管的光响应特性。(a) 印刷碳纳米管光电晶体管器件在 520 nm、940 nm、1 310 nm 和 1 550 nm 波长光照下的三维示意图; (b) 印刷碳纳米管器件在光脉冲频率为 0.5 Hz 时, 520 nm 脉冲光照下的光响应特性 (光源功率为 0.34 mW); (c)、(d) 520 nm、940 nm(c) 和 1 310 nm 和 1 550 nm(d) 激光, 频率为 0.2 Hz (光源功率为 0.025 mW) 脉冲光照下的光响应特征曲线[46]

如图 7.41 所示, 在 $V_{ds}=-0.5$ V 和 $V_g=2$ V 下, 脉冲光照下, 表征了 N 型轻掺杂硅作为光栅的印刷碳纳米管薄膜晶体管的光响应特性。图 7.41(a) 表示在 520 nm、940 nm、1 310 nm 和 1 550 nm 脉冲光照明下, 印刷碳纳米管光栅晶体管的三维示意图。在连续可见光照下, 印刷碳纳米管薄膜晶体管器件的输出电流逐渐增大。这是一种普遍现象, 与所用底栅电极的材料没有关系 (重掺杂硅、钼电极和印刷银电极作为栅电极时也能观察到类似现象), 即光照下器件沟道中产生了一些载流子, 使电流逐渐增加 [(如图 7.41(b) 所示]。在 $V_g = -2$ V 和 $V_{ds} = -0.5$ V (光源功率为 0.34 mW) 条件下, 脉冲光照 100 s 后, 输出电流值是初始电流值的 1 000 倍以上。需要特别指出的是, 在 $V_{ds}=-0.5$ V 和 $V_g=2$ V 时, 器件处于关闭状态。这种现象仅在用轻掺杂硅作为底栅电极器件才能观察到。图 7.41(b) 为 N 型轻掺杂 Si 作为光栅的印刷碳纳米管薄膜晶体管器件在脉冲光 (功率为 0.34 mW, 波长为 520 nm 和频率为 0.5 Hz) 照射下具有典型光响应特征曲线。如图 7.41(b) 所示, 印刷碳纳米管薄膜晶体管对光刺激呈现负响应特性, 即器件的输出电流在光照下迅速下降, 然后保持恒定 (称为关态电流); 当光源关闭时, 电流迅速增加, 然后达到稳定值 (称为开态电流)。此外, 图 7.41(b) 所示, 每次脉冲光刺激后, 关态电流逐渐增加, 经过 53 个脉冲周期后输出电流达到 85 nA, 比最初的关态电流大了将近 250 倍。同时, 在关闭激光后, 开态电流可以保持一段时间。从图 7.41(c) 和 (d) 可以看出, 在波长为 520 nm、940 nm、1 310 nm 和 1 550 nm (0.025 mW 的功率) 脉冲光照下都能够检测到光电流。在 520 nm 和 940 nm 激光刺激下, 脉冲频率为 0.2 Hz, 经过 8 个脉冲周期, 光电流可达到 3 nA 和 1.5 nA。虽然在 1 310 nm 的脉冲光照下也可以观察到类似的光响应特性, 但光电流非常弱, 只有 5 pA 左右 [如图 7.41(d) 所示]。当波长变为 1 550 nm 时, 无法检测到明显的电信号变化 [图 7.41(d)]。由此可以推测光电流大小与照射光的波长有密切关系, 或者轻掺杂的硅衬底对不同波长的光吸收效果不同。

7.4 气体传感器

碳纳米管具有丰富的孔隙结构和较大的比表面积, 对一些气体分子有很强的吸附能力。吸附的气体分子与碳纳米管相互作用改变了它的费米能级, 进而导致其宏观电阻发生巨大变化, 通过对电阻变化的测定即可检测气体的成分, 因此, 半导体型碳纳米管是一种非常重要的气敏半导体传感器材料。早在 2000 年 Kong 等在 *Science* 上报道了单壁碳纳米管暴露在氨气下, 其电阻发生显著变化[47]。相比起传统的金属氧化物气敏传感器, 采用碳纳米管制作的气敏传感器具有体积小、常温下即可检测、灵敏度高、响应速度快等优点[47-49]。本节介绍作者所在科研团队研制的新型碳纳米管氨气和二氧化氮传感器。

7.4.1　氨气传感器

图 7.42(a) 与 (b) 是通入氨气前后的基于 PF8–DPP 分离的碳纳米管薄膜晶体管的转移曲线与电阻 – 时间曲线[50]。通入氨气后,晶体管的迟滞明显增大,开态电流降低。说明氨气分子被吸附在碳纳米管表面,成为载流子散射中心,导致了晶体管迟滞的增大和开态电流的降低。从图 7.42(a) 中的曲线 2 和 3 可以看出,在空气中 1 h 后,晶体管的开态电流、关态电流和迟滞基本没有发生变化,说明在室温条件下,氨气的解吸附速度十分缓慢。曲线 4 是晶体管在 150 ℃ 条件下加热 4 h 后的转移曲线,加热后晶体管性能能够完全恢复。

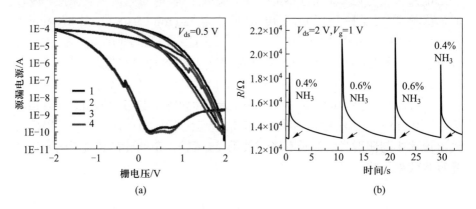

(a)   (b)

图 7.42　(a) 印刷碳纳米管薄膜晶体管暴露在氨气前后的性能变化图: 曲线 1 为暴露氨气前器件性能图, 曲线 2 为暴露在氨气下的电性能图, 曲线 3 为在空气中放置 1 h, 曲线 4 为在烘箱中 150 ℃ 加热 4 h; (b) $V_{ds} = 2$ V 和 $V_g = 1$ V 时, 印刷碳纳米管薄膜晶体管随氨气含量变化的电阻—时间关系图[50]。(参见书后彩图)

图 7.42(b) 为印刷碳纳米管薄膜晶体管器件在不同氨气气氛下的电阻–时间关系图。在测试过程中,V_{ds} 和 V_g 分别为 2 V 和 1 V。如图 7.42(b) 所示,印刷碳纳米管薄膜晶体管能够快速的响应氨气的变化,并且能够在 10 min 内恢复到最初的状态。当氨气的含量为 0.6% 时,印刷碳纳米管薄膜晶体管的灵敏度能够达到 51%。[灵敏度 (S) 按照关系式 $S = \Delta R/R = (R_g - R)/R$ 定义,其中 R 和 R_g 分别为通入氨气前后的晶体管的电阻值]。

为了更好地测试半导体型碳纳米管氨气传感器的性能,通过打印或滴涂方法把半导体型碳纳米管沉积到商业化的气体传感器芯片上。传感器由 1 mm×1.2 mm 的陶瓷衬底和底部加热电阻组成,陶瓷衬底上沉积了金叉指电极,半导体型碳纳米管就沉积在叉指电极的沟道之间 [图 7.43(a)]。氨气传

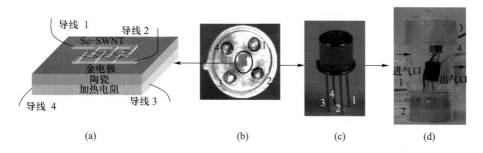

感器的测试主要通过焊接的 4 根 Pt 线完成 (其中线 1 和线 2 是电极两端的连接线, 线 3 和线 4 是加热电阻的连接线)。然后将传感器焊接到金属圆筒中, 如图 7.43(b) 和 (c) 所示, 针脚 1 和 2 对应 Pt 线 1 和 2, 为测试电极的两端, 针脚 3 和 4 对应 Pt 线 3 和 4 为加热电阻的两端。根据 7.43(d) 所示, 金属圆筒最后放入测试玻璃容器中, 混合气体从左端进口通入并从右端出口通出。通入容器中的气体流量和传感器的电阻值由自行开发的软件测试而得。

图 7.43   基于半导体型碳纳米管构建的新型氨气传感器构造示意图[50]

加热半导体型碳纳米管薄膜有助于使传感器快速恢复, 氨气传感器的恢复时间随着加热电压的增加而减少。在加热电压低于 1 V 时, 随着循环次数的增加, 传感器并不能很好地恢复到初始状态 [图 7.44(a)、(b) 和 (c)]。当加热电压提高到 1.5 V 时, 传感器的恢复时间只需 40 s[50]。如图 7.44(d) 所示, 在 1.5 V 的条件下, 循环 7 次之后 (每个循环包括 30 s 暴露在氨气混合气体中的时间, 40 s 解吸附的时间和 40 s 恢复的时间), 响应速率、响应时间和灵敏度等均没有明显变化, 说明这种新型氨气传感器具有很高的稳定性和可恢复性。

另外, 也考察了传感器的灵敏度和选择性。图 7.45(a) 是传感器对氨气浓度从 0.03% 到 0.6% 的混合气体的响应曲线图。从图可以看出, 氨气浓度为 0.6% 时, 其灵敏度只有 7.5%。当浓度提高到 0.6% 后, 其灵敏度高达 54.6%。图 7.45(a) 插图是灵敏度数值 S $(\Delta R/R)$ 与氨气浓度 (C) 的拟合曲线图。可以看出 S 与 C 的拟合度非常好, 在此区间, 电阻变化率与氨气浓度具有良好的线性关系。因此通过该曲线可以推导出混合气体中氨气的浓度。图 7.45(b) 为在室温下传感器对氨气、一氧化碳和氢气等气体的特征响应曲线。从曲线 2 (分离的碳纳米管制作的传感器) 和曲线 1 (未分离的碳纳米管制作的传感器) 对比可以看出, 由半导体型碳纳米管制作的氨气传感器灵敏度更高。为了考察氨气传感器的选择性, 测试了传感器对其他气体的响应状况。从曲线

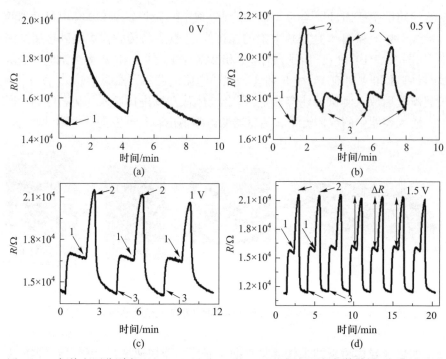

图 7.44　加热电压分别为 0 V、0.5 V、1 V 和 1.5 V 时, 新型氨气传感器 (氨气浓度为 0.6%) 的响应特征曲线[50]

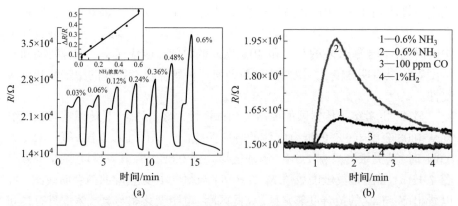

图 7.45　(a) 加热电压为 1.5 V 时, 印刷碳纳米管氨气传感器对不同浓度氨气的响应曲线 [插图是灵敏度 ($\Delta R/R$) 与氨气浓度 (C) 的拟合曲线图]; (b) 基于未分离纯化的碳纳米管 (1) 和分离纯化的半导体型碳纳米管 (2、3、4) 制作的氨气传感器对不同气体 (1、2 为 NH_3, 3 为 CO, 4 为 H_2) 的特征响应曲线[50]

3 (100 ppm[①] CO) 和曲线 4 (1% H$_2$) 可以看出, 该传感器对此类氧化或者还原性的气体并没有响应。此外该传感器对 100 ppm 甲醛气体也没有响应。综上所述, PF8–DPP 分离的半导体型碳纳米管制作的氨气传感器具有很好的选择性和较高的灵敏度以及较好的可恢复性。

7.4.2 二氧化氮传感器

二氧化氮传感器的制作过程与氨气传感器制作方法类似, 唯一区别是用 PFIID 分离的半导体型碳纳米管为沟道材料[51]。图 7.46 表示二氧化氮传感器的特征响应曲线。如图 7.46 所示, 浓度为 40 ppm 的二氧化氮经过传感器时, 器件的电阻由 4.5×10^5 Ω 开速降到 7×10^4 Ω。很明显, 在室温下, PFIID 分离的半导体型碳纳米管构建的传感器对二氧化氮的响应速度非常快。然而, 在室温下该传感器很难恢复。与氨气传感器一样, 当底部加热电阻通电时, 传感器能够快速恢复。如当加热电阻施加 2.5 V 电压时, 传感器在 30 s 内能够完全恢复。在此条件下, 该传感器检测了浓度为 50 ppm 二氧化氮的响应速率、恢复时间和灵敏度。连续多次循环测试 (氨气暴露时间、解吸附时间和恢复时间均为 30 s), 发现传感器的响应速率、恢复时间和灵敏度没有发生明显变化 [如图 7.46(b) 所示], 证明该传感器具有较好的稳定性。

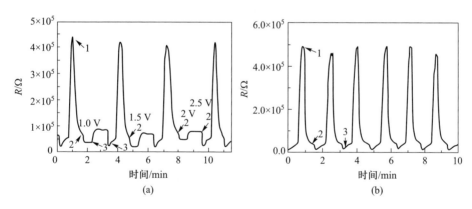

图 7.46 基于印刷碳纳米管薄膜晶体管的二氧化氮气体传感器响应特征曲线。(a) 加热电阻在外加电压为 1 V、1.5 V、2 V 和 2.5 V 时, 传感器对 40 ppm 二氧化氮响应特征曲线; (b) 室温下传感器对加热电阻在外加电压为 2.5 V 时传感器对 50 ppm 二氧化氮响应特征曲线。其中 1 代表传感器暴露在二氧化氮下, 2 和 3 分别表示加热电阻在导通和关闭状态下[51]

---

①ppm 是用溶质质量占全部溶液质量的百分比来表示的浓度, 也称百万分比浓度。对于气体, ppm 一般指摩尔分数或体积分数; 对于溶液, ppm 一般指质量浓度。换算关系为 1 ppm=0.0001%, 后同。

  同时也研究了二氧化氮传感器的灵敏度和选择性。图 7.47(a) 是传感器对二氧化氮浓度从 6~60 ppm 的特征响应曲线图。从图可以看出, 二氧化氮浓度为 6 ppm 时, 其灵敏度为 21%。当浓度为 60 ppm 时, 其灵敏度高达 96%(灵敏度为电阻变化值与原电阻值的比值)。图 7.47(a) 插图是灵敏度 ($\Delta R/R$) 与氨气浓度 (C) 的拟合曲线图。从图可以看出, 浓度在 10~40 ppm 范围内电阻的变化值与二氧化氮浓度有良好的线性关系。图 7.47(b) 为二氧化氮传感器对其他气体的特征响应曲线 (氢气、硫化氢和甲醛等)。很明显该传感器对氢气和甲醛没有响应, 而对硫化氢有较弱的负响应, 从而可以证明该传感器对二氧化氮具有很高的选择性。总之, 在室温条件下, 基于 PFIID 分离的半导体型碳纳米管二氧化氮传感器有较高的灵敏度和选择性以及较好的可恢复性。

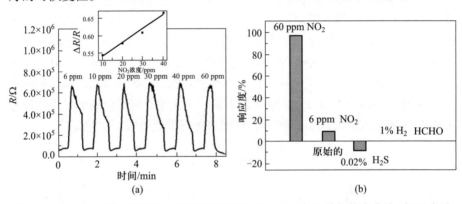

图 7.47   (a) 二氧化氮传感器在室温下对不同浓度二氧化氮的特征响应曲线 (解吸附时, 加热电阻施加电压为 2.5 V。插图为电阻变化值与二氧化氮浓度关系图); (b) 传感器对二氧化氮、氢气、甲醛和硫化氢的特征响应曲线[51]

7.5   碳纳米管射频器件

  碳纳米管晶体管不仅在高密度集成电路领域有广泛的应用前景, 而且作为一种射频电子器件也有其独特优势, 如表面一维输运特性可实现极佳的沟道控制和高线性度 (I_d–V_g) 以及工作频率高等特点, 因此碳纳米管晶体管的射频特性和相关应用一直是碳基电子研究领域的重点。特别是随着半导体型碳纳米管分离纯化技术和碳纳米管薄膜制备技术的不断发展, 碳纳米管薄膜 FET 器件的构建和性能研究受到了越来越多关注, 器件性能也有大幅提高。

射频碳纳米管晶体管的研究开始于 2004 年。在 2004 年, Peter J. Burke 预测在理想状态下单根碳纳米管 FET 器件的工作频率可达到 THz 级别[52]。从图 7.48 可以看出, 在相同栅极长度下碳纳米管晶体管的本征频率 f_T 要高于硅、磷化铟和砷化镓晶体管的本征频率。然而受器件寄生电容等方面的影响, 单根碳纳米管 FET 器件的 f_T 与理论值相差非常远。到目前为止, 报道的单根碳纳米管 FET 器件最高 f_T 值也只有 800 MHz (如图 7.49 所示)[53]。加上单根碳纳米管 FET 器件制作技术难度大, 大面积、规模化制备非常困难, 因此科研工作者开始把研究重点转移到碳纳米管薄膜 FET。

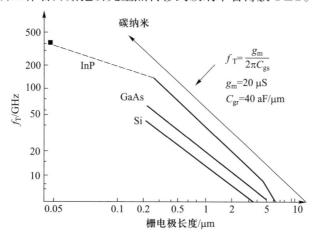

图 7.48　理论预测碳纳米管晶体管以及硅、磷化铟和砷化镓晶体管的 f_T 与栅极长度关系图[52]

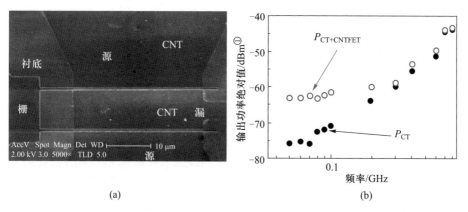

图 7.49　基于单根碳纳米管 FET 射频器件光学照片 (a) 和性能图 (b)[53]

---

① 毫瓦分贝, 表示一个输出功率的绝对值。1 dBm 表示相对于 1 mW 输入功率的系统增益 (对于 1 mW 的放大倍数), 后同。

2006 年首次报道了基于溶液法分离纯化的半导体型碳纳米管薄膜射频晶体管器件, 其 f_T 就达到 8 GHz[54]。在 2007 年, 通过提高半导体型碳纳米管纯度和进一步优化器件结构使碳纳米管薄膜晶体管的 f_T 提高到 30 GHz[55]。当采用纯度为 99% 的半导体型碳纳米管作为沟道材料时, 碳纳米管 FET 器件的 f_T 达到 80 GHz[56]。非常明显, 随着半导体型碳纳米管纯度不断提高, 器件的 f_T 值也在不断地提升, 即在很大程度上碳纳米管 FET 器件的 f_T 值由碳纳米管薄膜中的半导体型碳纳米管的纯度所决定。

CVD 方法生长的定向排列碳纳米管薄膜曾也是构建高性能射频碳纳米管 FET 器件的理想材料。2007 年伊利诺伊大学开始研究基于 CVD 定向生长的碳纳米管射频晶体管, 但器件的 f_T 只有 0.42 GHz, 与理论值相差非常遥远[57]。后来通过改善碳纳米管阵列的密度, 碳纳米管薄膜晶体管的 f_T 提升到了 15 GHz[58]。进一步缩小器件沟道到 700 nm 时, 碳纳米管薄膜晶体管的 f_T 进一步提升到 30 GHz[59]。很明显, CVD 生长的碳纳米管薄膜构建的器件的 f_T 值低于高纯半导体型碳纳米管薄膜构建的器件 f_T 值, 其根本原因是 CVD 生长的碳纳米管薄膜中含有较多金属型碳纳米管。由于至今还没有找到一种能制备出半导体型碳纳米管纯度达到 99% 以上的生长方法, 加上直接去除 CVD 生长的碳纳米管薄膜中的金属型碳纳米管难度非常大, 科研工作者们认为基于溶液法制备的高纯半导体型碳纳米管薄膜在射频电子器件上竞争力更强。在 2012 年, IBM 的 Steiner 等使用电泳法让高纯的半导体型碳纳米管定向排列在器件沟道中得到排列规整的半导体型碳纳米管阵列, 并制作出 100 nm 沟道长度的射频晶体管器件, 其 f_T 达到 153 GHz[60]。这个值是目前报道的碳纳米管射频器件的最高值, 另外最高振荡频率 (f_{max}) 也提升到 30 GHz。不难看出, 采用定向排列的高纯半导体型碳纳米管作为沟道材料有助于提升碳纳米管 FET 器件性能。

采用自对准技术优化器件结构, 减小器件寄生电容, 也能进一步提升器件性能。图 7.50 是采用自对准技术构建的 4 种不同栅结构的碳纳米管 FET 器件[61], 其中 U 型和 T 型栅结构是最常用的栅结构。南加利福尼亚大学周崇武研究组使用 T 型栅极结构构建出性能更加优越的碳纳米管射频器件。该研究组系统研究了 CVD 生长的定向排列碳纳米管薄膜和溶液法制备的无规则碳纳米管网络薄膜对器件性能的影响。他们的研究成果再一次证实定向排列的高纯半导体型碳纳米管薄膜构建的器件性能优于无规则网络薄膜器件, 且薄膜中半导体型碳纳米管含量越高, 本征 f_T 和本征 f_{max} 也就越高。2016 年, 该研究组采用聚芴衍生物分离的高纯半导体型碳纳米管作为沟道材料, 通过悬浮蒸发提拉自组装法制作高密度、定向排列的碳纳米管薄膜阵

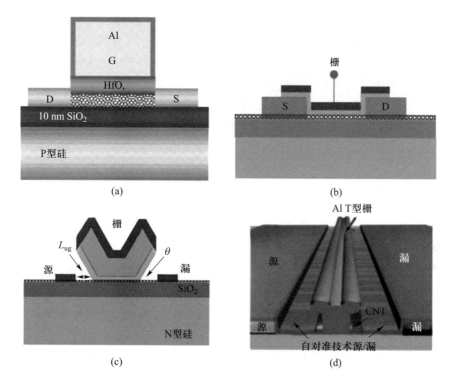

图 7.50　采用自对准技术构建的不同栅结构的碳纳米管 FET 器件[61]

列, 并采用自对准技术制作出沟道长度为 100 nm T 型栅碳纳米管 FET 器件 [62]。这种结构的射频晶体管输出电流密度高达 350μA/μm, 单位宽度跨导为 310 μS/μm, 本征 f_T 和本征 f_{max} 均超过了 70 GHz, 非本征 f_{max} 达到 40 GHz [如图 7.51 (a) 和 (b) 所示], 这是目前碳纳米管射频电子器件中最好的射频性能 [62]。总之, 采用高纯、定向排列的碳纳米管薄膜能明显改善器件的本征 f_T 和非本征 f_{max}。图 7.51(c) 和 (d) 列出了过去数 10 年来碳纳米管射频晶体管的本征 f_T 和非本征 f_{max}。可以看出, 碳纳米管薄膜晶体管的本征 f_T 和非本征 f_{max} 都有大幅提高。这主要归功于器件中半导体型碳纳米管纯度、碳纳米管排列方式、碳纳米管密度、碳纳米管与源漏电极之间的接触电阻大小、器件结构和制作工艺等各方面都有大幅改善。

　　图 7.52 列出了碳纳米管、石墨烯、二硫化钼晶体管、磷化铟和砷化镓晶体管在不同栅极长度下对应的本征 f_T 和 f_{max}。[61] 在相同的栅极长度下, 碳纳米管薄膜晶体管本征 f_T 和 f_{max} 是远远低于 III~V 元素器件的本征 f_T 和 f_{max}, 尤其是 f_{max} 的差距更大。实验数据和理论预测相差甚远, 极有可能

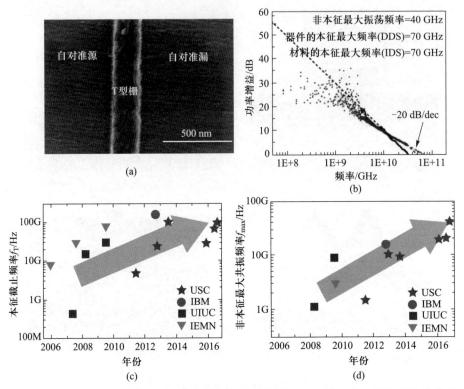

图 7.51　(a) 基于定向排列碳纳米管薄膜 T 型栅晶体管 SEM 图; (b) T 型栅晶体管的本征和非本征功率增益频率响应曲线; (c)、(d) 2006 年—2017 年碳纳米管射频器件频率变化图: (c) 本征截止频率; (d) 非本征最大共振频率[61]。(参见书后彩图)

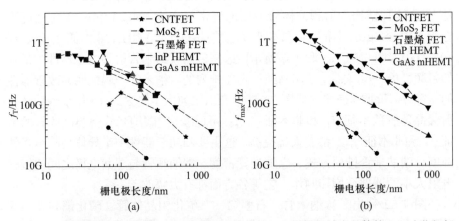

图 7.52　不同栅电极长度下碳纳米管场效应晶体管、石墨烯场效应晶体管、二硫化钼场效应晶体管、磷化铟和砷化镓晶体管的 f_T(a) 和 f_{max}(b) 对比图[61]

是由于材料、器件结构和制作工艺等所造成的。

材料方面的问题包括半导体型碳纳米管纯度、碳纳米管的密度和碳纳米管的载流子迁移率速度等。已有方法制备的碳纳米管密度还比较低, 不足以抑制各种寄生效应, 会严重影响碳纳米管射频晶体管的测量频率。碳纳米管薄膜中还有金属型碳纳米管, 会引起一个大的电导输出, 进而会使 f_{max} 小于 f_T。要提升器件的 f_{max} 值, 半导体型碳纳米管的纯度需要进一步提高, 与此同时要尽量去除包覆在碳纳米管表面的共轭化合物和其他杂质。器件结构和制作工艺方面还有很大提升空间。相对于 III~V 化合物晶体管的 T 型栅结构, 碳纳米管射频晶体管的栅结构仍然是不完美的, 当栅电极长度减小时会很大程度上限制 f_{max}。所以提高半导体型碳纳米管材料质量、优化器件结构和制作工艺是改善碳纳米管薄膜晶体管的射频性能最直接的途径。

对一个射频系统而言, AC 放大器是最重要的部分, 国际上对于碳纳米管功率放大器的相关研究较少。在 2006 年, 基于碳纳米管的第一个放大器由来自斯坦福大学的研究者发明出来。Amlanil 等用单根的半导体型碳纳米管晶体管制备了一个共源放大器, 但是由于驱动电流较低, 大约为 20 mA, 所以它只能在工作在 1 MHz 以下[63]。2008 年, Kocabas 等使用碳纳米管薄膜晶体管阵列制备的射频放大器取得了 14 dB 的增益, 并出现了完整的基于碳纳米管薄膜晶体管的调幅射频系统, 包括射频前置放大器、检测器 (混合器) 和音频放大器 (如图 7.53 所示)[58]。2011 年 MITEQ 公司的研究人员报道了世界上第一个基于多齿结构的碳纳米管功率放大器[64]。该功率放大器工作在 L 波段, 采用混合集成的形势实现。在 1.3 GHz 下获得了 11 dB 的增益, 并

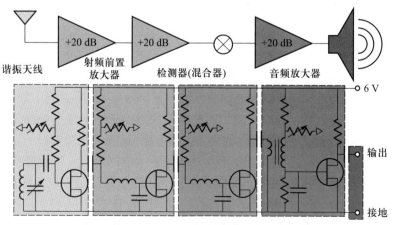

图 7.53   完整的调幅射频系统示意图, 包括射频前置放大器、检测器 (混合器) 和音频放大器[58]

且实现了非常低的回波损耗 (如图 7.54 所示)。

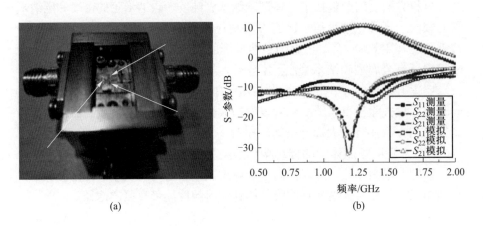

(a)   (b)

图 7.54   世界上第一个碳纳米管 L 波段功率放大器[64]

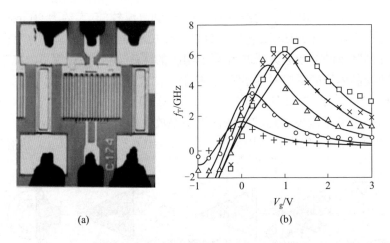

(a)   (b)

图 7.55   碳纳米管多指器件光学照片 (a) 和性能图 (b)[65]

2013 年德累斯顿大学开展了面向射频应用的碳纳米管多指器件的半经验非线性建模研究[65]。从具体的物理意义着手, 进行半经验模型的设计与拟合 (如图 7.55 所示)。2016 年, 南加利福尼亚大学的研究人员研究了碳纳米管 FET 的功率输出特性[62]。如图 7.56 所示, 栅宽为 $20\mu m$ 的碳纳米管薄膜 FET 在 1 GHz 和 4 GHz 下的 P_{1dB} 为 13 dBm, 在 8 GHz 和 12 GHz 下的 P_{1dB} 为 14 dBm, 在 16 GHz 下的 P_{1dB} 大于 14 dBm, 表现出了优异的线性特征。

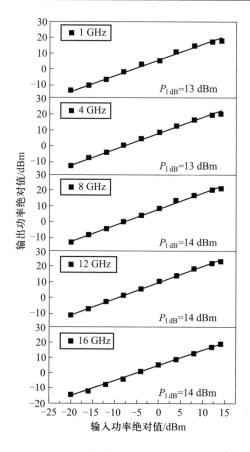

图 7.56　碳纳米管 FET 的功率特性曲线[62]

尽管碳纳米管是一种构建射频器件和 X 波段放大器理想半导体材料之一, 但目前碳纳米管 FET 的最大 f_T 只有 153 GHz, 与理论预测的 1 THz 还有很大的差距。另外基于碳纳米管的射频放大器相关研究也非常滞后。要提高碳纳米管晶体管器件射频性能, 亟待解决碳纳米管材料 (半导体型碳纳米管)、器件结构以和构建工艺等相关的问题。具体分析如下:

(1) 高纯半导体型碳纳米管材料, 即半导体 (或单手性半导体) 型碳纳米管分离和纯化问题。

虽然商业化单壁碳纳米管合成方法已日趋成熟, 但制备的单壁碳纳米管含有大量金属型碳纳米管、催化剂和无定形碳等, 合成的单壁碳纳米管不经过任何处理很难构建出理想的半导体器件。溶液法不仅能够从商业化碳纳米管中分离纯化出高纯、单手性的半导体型碳纳米管, 还可实现对半导体型碳纳米管墨水和薄膜批量化制备, 因此基于溶液法选择性分离半导体型碳纳米管技术一直是碳基电子器件和电路研究领域的重点和热点。到目前为止, 已有多种分离和提纯半导体型碳纳米管的方法, 如凝胶色谱法、密度梯度超高速离心法 (DGU)、化学分离方法、共轭有机化合物和 DNA 包覆法及电泳法等。大量实验证明共轭有机化合物包覆法是目前分离和纯化半导体型碳纳米管最有效的方法之一。通过设计和合成特定结构的共轭有机化合物, 有望进一步提高半导体型碳纳米管的分离效率和半导体型碳纳米管墨水的稳定性, 同时还有望实现单手性半导体型碳纳米管的选择性分离。包覆在半导体型碳纳米管的共轭有机化合物有助于提高碳纳米管在有机溶剂中的溶解性、稳定性, 同时能提高碳纳米管在衬底表面的固定效率, 但会严重阻碍载流子的传输, 降低碳纳米管薄膜晶体管器件性能。如何去除包覆在碳纳米管表面的共轭有机化合物是最近几年碳基电子研究领域研究的热点。斯坦福大学报道了一种可在氢离子的催化作用下 "自发" 降解的共轭聚芴化合物。该聚合物不仅能够选择性包覆半导体型碳纳米管, 而且在氢离子的作用下, 该聚合物可"自发" 发生降解, 从而可使墨水中的半导体型碳纳米管沉降下来。在氢离子作用下, 很有可能只是溶液中部分游离的共轭化合物被降解, 从而打破原有的平衡使碳纳米管从溶液中沉降下来。包覆在碳纳米管表面的共轭有机化合物是否能够完全去除以及窄沟道器件性能特性等还有待更深入细致的研究。

(2) 高密度、定向排列、"干净"的碳纳米管薄膜制备。

要实现超高频碳纳米管薄膜晶体管器件, 除了要求高纯半导体型碳纳米管外, 碳纳米管的密度和排列方式等同样也至关重要。如碳纳米管薄膜中存在其他杂质 (表面活性剂和共轭有机化合物等) 以及碳纳米管之间的结 (如无规则网络结构), 这些会严重影响载流子在沟道中的传输速度, 从而器件的迁移率和开态电流会明显降低。在理想状态下, 基于定向排列的半导体型碳纳米管薄膜构建的 FET 器件其沟道电阻与半导体型碳纳米管的数量呈反比, 而跨导与半导体型碳纳米管的数量呈正比。然而源、漏电极与栅电极之间的寄生电容为一常数 (C_{ps} 和 C_{pd}), 当薄膜中半导体型碳纳米管密度较高时 (高于 10 根/μm), 每根碳纳米管所产生的寄生电容会显著降低, 即寄生电容效应得到有效抑制。当半导体型碳纳米管密度进一步提高时, 沟道电阻会显著降低, 则寄生电容效应会进一步减小或消除, 器件 f_T 则会更高。半导体型碳纳米管表面包覆的共轭有机化合物能够充当载流子散射中心, 这些物质的存在会引起载流子散射, 从而降低器件的跨导和饱和电流。当去除碳纳米管表面的共轭有机化合物后也能提升器件性能。只有高密度、定向排列、"干净"的碳纳米管薄膜才能构建出性能优越的器件。因此高密度、定向排列、"干净"碳纳米管薄膜制备技术就显得尤为重要。通过倾斜模板法、电泳法、悬浮蒸发提拉自组装法、真空抽滤法、Langmuir-Blodgeet (LB) 法和溶液剪切法等能够在衬底表面构建出密度高、定向排列的碳纳米管薄膜阵列，且电泳法、LB 法、悬浮蒸发提拉自组装法和溶液剪切法构建的薄膜都能构建出性能良好的薄膜晶体管器件。但电泳法和 LB 法操作繁琐、重复性不理想，需要从薄膜的制备方法和制备工艺等方面着手，做更多探索，才能在不同衬底上得到密度更高、排列更整齐、"干净"的碳纳米管薄膜阵列。

(3) 器件结构和工艺。

有了高密度、定向排列的半导体型碳纳米管薄膜后，器件结构、源漏电极和介电层材料以及构建工艺就决定了器件的性能。提高碳纳米管薄膜晶体管的跨导、饱和电流，减小碳纳米管与源、漏电极之间的接触电阻、器件的寄生电容以及栅电极长度等都有助于提高器件的 f_T 和 f_{max} 值。在设计器件结构、选用电极材料和介电层材料以及构建工艺时都需要考虑以上因素。考虑到栅的调控能力以及空气中水、氧对器件的影响，采用顶栅顶接触器件结构有利于构建性能更好的器件。钯和金与碳纳米管的功函数匹配，浸润性好，因此钯和金是最合适的源、漏电极材料。原子层沉积法生长的氧化铝、氧化铪和氧化锆薄膜致密性好、介电常数高，这些材料适合用来构建碳纳米管射频器件。通过电子束曝光和蒸发在沟道中沉积栅电极，得到顶栅顶接触的碳纳米管器件。采用这种结构可有效减小器件的寄生电容，改善碳纳米管与源、漏电极之间的接触，因而能够构建出性能良好的碳纳米管薄膜晶体管器件。因此还需要进一步器件结构、材料选择和工艺上进一步优化。

7.6 小结

本章节重点介绍了碳纳米管薄膜晶体管在新型显示领域中的应用，包括 2T-1C 和杂化驱动电路等。在印刷逻辑功能电路等领域主要介绍了作者所在科研团队在印刷 (类) CMOS 反相器、或非门和环形振荡器等工作。此外介绍了印刷碳纳米管类神经元电子器件和氨气以及二氧化氮等气体传感器等。印刷碳纳米管薄膜晶体管除了在以上领域有重要应用前景外，在光探测器、生物传感器 (抗原抗体和 DNA 传感器)、射频电子器件等领域都有重要的应用潜力，值得深入挖掘。

参考文献

[1] Vaillancourt J, Zhang H, Vasinajindakaw P, et al. All ink-jet-printed carbon nanotube thin-film transistor on a polyimide substrate with an ultrahigh operating frequency of over 5 GHz[J]. Applied Physics Letters, 2008, 93, (24):444-349.

[2] Cai L,Wang C. Carbon nanotube flexible and stretchable electronics[J]. Nanoscale Research Letters, 2015, 10(1):320.

[3] Wang C, Zhang J, Ryu K, et al. Wafer-scale fabrication of separated carbon nanotube thin-film transistors for display applications[J]. Nano Letters, 2009, 9(12): 4285-4291.

[4] Ishikawa F N, Hsiao-Kang C, Koungmin R, et al. Transparent electronics based on transfer printed aligned carbon nanotubes on rigid and flexible substrates[J]. ACS Nano, 2014, 3(1):73-79.

[5] Chen P, Fu Y, Aminirad R, et al. Fully printed separated carbon nanotube thin film transistor circuits and its application in organic light emitting diode control[J]. Nano Letters, 2011, 11(12):5301.

[6] Zhang J, Fu Y, Wang C, et al. Separated carbon nanotube macroelectronics for active matrix organic light-emitting diode displays[J]. Nano Letters, 2011, 11:4852-4858.

[7] Zou J, Zhang K, Li J, et al. Carbon nanotube driver circuit for 6 × 6 organic light emitting diode display[J]. Scientific Reports, 2015, 5:11755-11764.

[8] Liang J, Li L, Chen D, et al. Intrinsically stretchable and transparent thin-film transistors based on printable silver nanowires, carbon nanotubes and an elastomeric dielectric[J]. Nature Communications, 2015, 6:7647-8647.

[9] Wenya X, Jianwen Z, Long Q, et al. Sorting of large-diameter semiconducting carbon nanotube and printed flexible driving circuit for organic light emitting diode (OLED)[J]. Nanoscale, 2014, 6(3):1589-1595.

[10] Xu W, Xu Q, Zhou C, et al. Printed carbon nanotube thin-film transistors and application in oled backplane circuits[C]. SiD Digest 2017, 66-2,

[11] Liu T, Zhao J, Xu W, et al. Flexible integrated diode-transistor logic (dtl) driving circuits based on printed carbon nanotube thin film transistors with low operation voltage[J]. Nanoscale, 2018, 10(2):614-622.

[12] Zhen X, Zhao J, Lin S, et al. Highly flexible printed carbon nanotube thin film transistors using cross-linked poly(4-vinylphenol) as the gate dielectric and application for photosenstive light-emitting diode circuit[J]. Carbon, 2018, 133:390-397.

[13] Xu W, Liu Z, Zhao J, et al. Flexible logic circuits based on top-gate thin film transistors with printed semiconductor carbon nanotubes and top electrodes[J]. Nanoscale, 2014, 6(24):14891-14897.

[14] Ha M, Seo J W T, Prabhumirashi P L, et al. Aerosol jet printed, low voltage, electrolyte gated carbon nanotube ring oscillators with sub-5 μs stage delays[J]. Nano letters, 2013, 13(3):954-960.

[15] Geier M L, Prabhumirashi P L, McMorrow J J, et al. Subnanowatt carbon nanotube complementary logic enabled by threshold voltage control[J]. Nano Letters, 2013, 13(10):4810-4814.

[16] Kim B, Jang S, Geier M L, et al. High-speed, inkjet-printed carbon nanotube/zinc tin oxide hybrid complementary ring oscillators[J]. Nano Letters, 2014, 14(6):3683-3687.

[17] Xiao H, Xie H, Robin M, et al. Polarity tuning of carbon nanotube transistors by chemical doping for printed flexible complementary metal-oxide semiconductor (cmos)-like inverters[J]. Carbon, 2019, 147:566-573.

[18] Xu W, Dou J, Zhao J, et al. Printed thin film transistors and CMOS inverters based on semiconducting carbon nanotube ink purified by a nonlinear conjugated copolymer[J]. Nanoscale, 2016, 8(8):4588-4598.

[19] Zhang X, Zhao J, Dou J, et al. Flexible CMOS-like circuits based on printed p-type and n-type carbon nanotube thin-film transistors[J]. Small, 2016, 12(36):5066-5073.

[20] Xu Q, Zhao J, Pecunia V, et al. Selective conversion from p-type to n-type of printed bottom-gate carbon nanotube thin-film transistors and application in cmos inverters[J]. ACS Applied Materials & Interfaces, 2017, 9(14):12750-12758.

[21] Fortune E S, Rose G J. Short-term synaptic plasticity as a temporal filter[J]. Trends in neurosciences, 2001, 24(7):381-385.

[22] Abbott L F, Regehr W G. Synaptic computation[J]. Nature, 2004, 431(7010):796.

[23] Kuzum D, Yu S, Wong H S P. Synaptic electronics: materials, devices and applications[J]. Nanotechnology, 2013, 24(38):382001.

[24] Spruston N, Kath W L. Dendritic arithmetic[J]. Nature Neuroscience, 2004, 7(6):567-569.

[25] Yang J J, Strukov D B, Stewart D R. Memristive devices for computing[J]. Nature Nanotechnology, 2013, 8(1):13.

[26] Yu S, Gao B, Fang Z, et al. A low energy oxide-based electronic synaptic device for neuromorphic visual systems with tolerance to device variation[J]. Advanced Materials, 2013, 25(12):1774-1779.

[27] Ohno T, Hasegawa T, Tsuruoka T, et al. Short-term plasticity and long-term potentiation mimicked in single inorganic synapses[J]. Nature Materials, 2011, 10(8): 591.

[28] Jo S H, Chang T, Ebong I, et al. Nanoscale memristor device as synapse in neuromorphic systems[J]. Nano Letters, 2010, 10(4):1297-1301.

[29] Yang Y, Gao P, Gaba S, et al. Observation of conducting filament growth in nanoscale resistive memories[J]. Nature Communications, 2012, 3:732.

[30] Jeong D S, Kim I, Ziegler M, et al. Towards artificial neurons and synapses: a materials point of view[J]. RSC Advances, 2013, 3(10):3169-3183.

[31] Zhang J J, Sun H J, Li Y, et al. AgInSbTe memristor with gradual resistance tuning[J]. Applied Physics Letters, 2013, 102(18):183513.

[32] Li Y, Zhong Y, Xu L, et al. Ultrafast synaptic events in a chalcogenide memristor[J]. Scientific Reports, 2013, 3:1619.

[33] Shi J, Ha S D, Zhou Y, et al. A correlated nickelate synaptic transistor [J]. Nature Communications, 2013, 4:2676.

[34] Lai Q, Zhang L, Li Z, et al. Ionic/electronic hybrid materials integrated in a synaptic transistor with signal processing and learning functions[J]. Advanced Materials, 2010, 22(22):2448-2453.

[35] Kim K, Chen C L, Truong Q, et al. A carbon nanotube synapse with dynamic logic and learning[J]. Advanced Materials, 2013, 25(12):1693-1698.

[36] Zhu L Q, Wan C J, Guo L Q, et al. Artificial synapse network on inorganic proton conductor for neuromorphic systems[J]. Nature Communications, 2014, 5:3158.

[37] Zhu L Q, Sun J, Wu G D, et al. Self-assembled dual in-plane gate thin-film transistors gated by nanogranular SiO_2 proton conductors for logic applications[J]. Nanoscale, 2013, 5(5):1980-1985.

[38] Liu Y H, Qiang Z L, Shi Y, et al. Proton conducting sodium alginate electrolyte laterally coupled low-voltage oxide-based transistors[J]. Applied Physics Letters, 2014, 104(13):133504.

[39] Wan C J, Liu Y H, Zhu L Q, et al. Short-term synaptic plasticity regulation in solution-gated indium–gallium–zinc-oxide electric-double-layer transistors[J]. ACS Applied Materials & Interfaces, 2016, 8(15):9762-9768.

[40] Zhou J, Liu Y, Shi Y, et al. Solution-processed chitosan-gated IZO-based transistors for mimicking synaptic plasticity[J]. IEEE Electron Device Letters, 2014, 35(2):280-282.

[41] Liu Y H, Zhu L Q, Feng P, et al. Freestanding artificial synapses based on laterally proton-coupled transistors on chitosan membranes[J]. Advanced Materials, 2015, 27(37):5599-5604.

[42] Zucker R S, Regehr W G. Short -term synaptic plasticity[J]. Annual Review of Physiology, 2002, 64(1):355-405.

[43] Buonomano D V, Maass W. State-dependent computations: spatiotemporal processing in cortical networks[J]. Nature Reviews Neuroscience, 2009,10(2):113-125.

[44] Ping F, Xu W, Yi Y, et al. Printed neuromorphic devices based on printed carbon nanotube thin-film transistors, Advanced Functional Materials, 2016, 27(5): 1604447.

[45] Fang H, Hu W. Photogating in low dimensional photodetectors[J]. Advanced Science, 2017, 4(12):2198-3844.

[46] Shao L, Wang H, Yang Y, et al. Optoelectronic properties of printed photogating carbon nanotube thin film transistors and their application for light-stimulated neuromorphic devices[J]. ACS Applied Materials & Interfaces, 2019, 11(12):12161-12169.

[47] Kong J, Franklin N R, Zhou C, et al. Nanotube molecular wires as chemical sensors[J]. science, 2000, 287(5453):622-625.

[48] Abdellah A, Abdelhalim A, Loghin F, et al. Flexible carbon nanotube based gas sensors fabricated by large-scale spray deposition[J]. IEEE Sensors Journal, 2013, 13(10):4014-4021.

[49] Guerin H, Le Poche H, Pohle R, et al. High-yield, in-situ fabrication and integration of horizontal carbon nanotube arrays at the wafer scale for robust ammonia sensors[J]. Carbon, 2014, 78:326-338.

[50] Xiang Z, Zhao J, Tange M, et al. Sorting semiconducting single walled carbon nanotubes by poly(9,9-dioctylfluorene) derivatives and application for ammonia gas sensing[J]. Carbon, 2015, 94:903-910.

[51] Zhou C, Zhao J, Ye J, et al. Printed thin-film transistors and NO_2 gas sensors based on sorted semiconducting carbon nanotubes by isoindigo-based copolymer[J]. Carbon, 2016, 108:372-380.

[52] Burke P J. AC performance of nanoelectronics: towards a ballistic THz nanotube transistor[J]. Solid-State Electronics, 2004, 48(10-11):1981-1986.

[53] Ding L, Wang Z, Pei T, et al. Self-aligned U-gate carbon nanotube field-effect transistor with extremely small parasitic capacitance and drain-induced barrier lowering[J]. ACS Nano, 2011, 5(4):2512-2519.

[54] Bethoux J M, Happy H, Dambrine G, et al. An 8-GHz f/sub t/carbon nanotube field-effect transistor for gigahertz range applications[J]. IEEE Electron Device Letters, 2006, 27(8):681-683.

[55] Le Louarn A, Kapche F, Bethoux J M, et al. Intrinsic current gain cutoff frequency of 30 GHz with carbon nanotube transistors[J]. Applied Physics Letters, 2007, 90(23):233108.

[56] Nougaret L, Happy H, Dambrine G, et al. 80 GHz field-effect transistors pro-
duced using high purity semiconducting single-walled carbon nanotubes[J]. Applied
Physics Letters, 2009, 94(24):243505.

[57] Kang S J, Kocabas C, Ozel T, et al. High-performance electronics using dense, per-
fectly aligned arrays of single-walled carbon nanotubes[J]. Nature Nanotechnology,
2007, 2(4):230.

[58] Kocabas C, Kim H, Banks T, et al. Radio frequency analog electronics based on
carbon nanotube transistors[J]. Proceedings of the National Academy of Sciences,
2008, 105(5):1405-1409.

[59] Kocabas C, Dunham S, Cao Q, et al. High-frequency performance of submicrome-
ter transistors that use aligned arrays of single-walled carbon nanotubes[J]. Nano
Letters, 2009, 9(5):1937-1943.

[60] Steiner M, Engel M, Lin Y M, et al. High-frequency performance of scaled carbon
nanotube array field-effect transistors[J]. Applied Physics Letters, 2012, 101(5):
053123.

[61] Zhong D, Zhang Z , Peng L M. Carbon nanotube radio-frequency electronics[J].
Nanotechnology, 2017, 28(21):212001.

[62] Cao Y, Brady G J, Gui H, et al. Radio frequency transistors using aligned semicon-
ducting carbon nanotubes with current-gain cutoff frequency and maximum oscil-
lation frequency simultaneously greater than 70 GHz [J]. ACS Nano, 2016, 10(7):
6782-6790.

[63] Amlani I, Lewis J, Lee K, et al. First demonstration of AC gain from a single-walled
carbon nanotube common-source amplifier[C]//2006 International Electron Devices
Meeting. IEEE, 2006:1-4.

[64] Eron M, Lin S, Wang D, et al. L-band carbon nanotube transistor amplifier[J].
Electronics letters, 2011, 47(4):265-266.

[65] Schroter M, Haferlach M, Sakalas P, et al. A semi-empirical large-signal com-
pact model for RF carbon nanotube field-effect transistors[C]//2013 IEEE MTT-S
International Microwave Symposium Digest (MTT). IEEE, 2013:1-4.

非溶液加工碳纳米管薄膜晶体管及其应用

- 8.1　单根碳纳米管场效应晶体管及其应用　　　　　　　　　　　(331)
  - ➤ 8.1.1　单根碳纳米管场效应晶体管器件特性　　　　　　　(331)
  - ➤ 8.1.2　单根碳纳米管场效应晶体管性能优化　　　　　　　(332)
  - ➤ 8.1.3　单根碳纳米管场效应晶体管的应用　　　　　　　　(341)
  - ➤ 8.1.4　单根碳纳米管场效应晶体管存在的挑战　　　　　　(349)
- 8.2　随机网络碳纳米管薄膜晶体管及其应用　　　　　　　　　　(350)
- 8.3　定向排列碳纳米管薄膜晶体管及其应用　　　　　　　　　　(355)
- 8.4　小结　　　　　　　　　　　　　　　　　　　　　　　　(365)
- 参考文献　　　　　　　　　　　　　　　　　　　　　　　　(366)

　　除了本书前面各章介绍的印刷碳纳米管薄膜晶体管, 还有大量碳纳米管薄膜晶体管是通过非溶液法加工, 即 CVD 法制备的。CVD 法制备的碳纳米管薄膜晶体管包括单根碳纳米管、无规则网络结构的碳纳米管薄膜以及高密度定向排列碳纳米管薄膜晶体管。

　　单根碳纳米管场效应晶体管的构建过程非常繁琐, 可控性不太理想, 但对于研究碳纳米管晶体管的本征特性却非常有用, 因此单根碳纳米管场效应晶体管的研究一直是碳基电子器件研究的热点。北京大学电子系彭练矛教授研究组和 IBM 等在单根碳纳米管场效应晶体管方面做了大量开创性工作, 取得了一系列重大突破, 并证明单根碳纳米管场效应晶体管器件性能可远远超过现有的硅基电子器件, 成为后摩尔时代最有潜力的电子器件之一。

　　通过 CVD 方法制备的高密度定向排列碳纳米管薄膜阵列和无规则网络结构的碳纳米管薄膜也可直接 (或转印到其他衬底表面后) 构建出性能良好的薄膜晶体管器件。这种方法有其优点, 也存在一些不足。如该方法不需要繁琐的分离纯化过程, 碳纳米管表面缺陷和杂质少, 容易在刚性和柔性衬底表面构建出大面积碳纳米管器件和电路。如浮动催化裂解法可在柔性衬底上大面积制备透明的碳纳米管薄膜, 但目前无法得到纯度非常高的半导体型碳纳米管薄膜, 这种方法得到的碳纳米管薄膜不太适合制作高性能碳基电子器件和电路, 尤其是构建沟道相对较小的器件时, 如沟道长度小于 $50\ \mu m$ 时, 由于薄膜中存在少量金属型碳纳米管, 导致器件的开关比非常低, 甚至完全导通。通过加电压烧断金属型碳纳米管等方法可提高器件的开关比, 这一方法已广泛应用于 CVD 法制备的碳纳米管薄膜器件领域中。但操作非常繁琐、可控性不理想, 该技术没有被广泛推广。

　　随着新型制备和技术的不断涌现, 碳纳米管薄膜的密度、面积和半导体型碳纳米管的含量在不断提高, 特别是在 2018 年清华大学姜开利教授研究组开发了一种基于电场调控法制备大面积定向排列、高纯半导体型碳纳米管的新技术 (半导体型碳纳米管纯度高达 99.9%), 且器件也表现出优越的性能, 为高性能碳纳米管薄膜晶体管器件在高密度集成芯片等领域中的应用打下良好基础。下面介绍基于 CVD 法制备的单根碳纳米管器件、无规则网络碳纳米管薄膜晶体管器件和高密度定向排列碳纳米管薄膜晶体管的构建和应用。

8.1 单根碳纳米管场效应晶体管及其应用

自从 1998 年 Tans 等首次报道碳纳米管场效应晶体管后, 碳纳米管场效应晶体管就受到许多学者的关注[1]。碳纳米管场效应晶体管的性能与传统的场效应晶体管非常相似, 即通过调控栅电压来控制器件沟道电流的大小, 可使碳纳米管场效应晶体管从导通状态转变为关断状态, 实现器件的开启与关断。碳纳米管场效应晶体管的成功制作标志着碳纳米管电子元件向前迈进了非常关键的一步。下面介绍单根碳纳米管器件的传输特性和研究进展。

8.1.1 单根碳纳米管场效应晶体管器件特性

8.1.1.1 单根碳纳米管场效应晶体管弹道运输特性

弹道运输是指载流子通过导体时不与杂质或声子发生任何散射, 即载流子在运输过程中无能量耗散。如果一个介观导体样品尺度小于载流子平均自由程, 在载流子运输过程中, 很可能就不会发生载流子散射现象, 形成弹道运输。碳纳米管具有对窄沟道天然免疫特性, 可通过缩窄沟道长度来调节其电性能。当碳纳米管器件沟道长度为数微米时, 载流子在碳纳米管内受到散射的作用较大, 导致器件的载流子迁移率较低。这种现象在无规则碳纳米管网络构建的碳纳米管薄膜晶体管器件里表现得更加明显。研究表明, 在室温下载流子在碳纳米管内部输运时的平均自由程可达 500 nm 左右, 将单壁碳纳米管场效应晶体管沟道长度缩短到数百纳米量级内, 可使载流子在碳纳米管内进行弹道输运[2]。图 8.1(a) 为不同沟道长度的单根碳纳米管场效应晶体管器件的 AFM 图, 其沟道长度分别为 600 nm, 120 nm, 80 nm, 40 nm 和 10 nm。图 8.1(b) 为相应的器件电性能图, 很明显, 器件的饱和电流随器件的沟道减小而增加 [如图 8.1(b) 所示]。当碳纳米管的长度比较长时 (300 nm 以上), 饱和电流在 20 μA 左右。随着器件的沟道不断减小, 饱和电流逐渐增大。当沟道长度为 55 nm 时, 器件的饱和电流能够达到 60 μA 左右, 表明声子散射自由程 L_{ap}=300 nm, 光子散射自由程 L_{op}=10~15 nm。当单根碳纳米管器件的沟道长度减小 10~15 nm 时, 饱和电流达到 110μA[3], 电流密度达到 $4×10^9$ A/cm^2。这一电流密度比 Cu 或 Al 等金属在击穿之前能承受的电流密度高出 3 个数量级。之所以碳纳米管能承受如此高的电流, 归功于碳纳米管中碳碳之间强的 sp^2 杂化碳碳共价化学键。

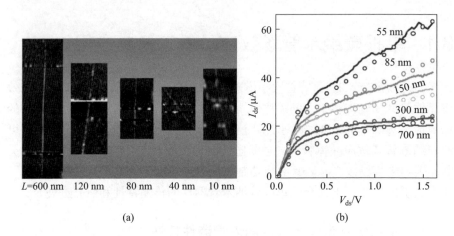

(a)　　　　　　　　　　　　(b)

图 8.1　单根碳纳米管器件沟道长度和载流子传输性能关系。(a) 用 Pd 金属电极为源、漏电极构建的 5 种不同沟道长度的单根碳纳米管场效应晶体管器件 AFM 图, 其沟道长度分别为 600 nm、120 nm、80 nm、40 nm 和 10 nm; (b) 不同沟道长度的单壁碳纳米管场效应晶体管器件电性能图, 其中实线是实验电流和偏压的关系曲线, 而圆圈符号表示的曲线为拟合结果 [3]

8.1.1.2　单根碳纳米管场效应晶体管高频特性

大管径碳纳米管具有超高的载流子迁移率, 理论预测当器件沟道为 100 nm 时, 其频率可达到 1 THz [$f_T = g_m/2\pi C_{gs} = 80$ GHz$/L_{gate}$。其中, C_{gs} 是器件栅电极与源电极之间的电容; L_{gate} 是栅电极长度, 单位为 μm]。图 7.49 为单根碳纳米管构建的射频晶体管器件结构和性能图[4]。由于单根碳纳米管器件的寄生电容对器件性能影响太大, 导致单根碳纳米管器件的射频性能不理想。到目前为止单根碳纳米管射频晶体管器件最高频率只有 800 MHz [如图 7.49(d) 所示]。而高密度、定向排列碳纳米管薄膜射频器件的频率目前可高达 100 GHz。

8.1.2　单根碳纳米管场效应晶体管性能优化

8.1.2.1　降低碳纳米管/金属电极的接触电阻

1. 采用与碳纳米管浸润性好的 Pd 作为源、漏电极

当碳纳米管放置在金属电极上时, 碳纳米管与金属电极之间只是通过弱范德瓦尔力接触, 形成接触点, 对于碳纳米管薄膜晶体管, 碳纳米管与碳纳米

管之间以及碳纳米管与金属电极会有许多接触点,在这些接触点就形成接触电阻,并影响载流子的迁移。在单根碳纳米管场效应晶体管内,不存在碳纳米管之间的接触电阻,加上碳纳米管与源、漏电极的金属之间接触点很少,在单根碳纳米管晶体管中接触电阻往往会小一些。此外,碳纳米管/金属电极的接触产生的势垒与碳纳米管管径大小和接触的金属功函数有密切关系[5]。不同金属电极的功函数不同,选用合适功函数的金属作为源、漏电极,可减小半导体性型碳纳米管与金属电极之间的接触电阻,从而能够改善碳纳米管场效应晶体管的电学性能。早期碳纳米管场效应晶体管器件均采用物理和化学性质都非常稳定的铂或金作为源、漏电极,导致碳纳米管与这些电极之间会形成较大的肖特基势垒,器件的输出电流较小,其电性能远不如传统的硅基电子器件。为了提高碳纳米管场效应晶体管的性能,如减小接触电阻和亚阈值摆幅,提高跨导、迁移率和开关比等,科研工作者们在这方面做了大量的研究工作,并取得了一系列重大突破。如 2003 年研究人员发现金属钯与碳纳米管之间有非常好的"浸润性",它们之间能够形成理想的欧姆接触,从而得到了P 型弹道场效应晶体管器件[6]。对于直径大于 1.6 nm 的大管径碳纳米管,与Rh 和 Pd 金属电极接触时肖特基势垒都为 0。要减小接触电阻,还要考虑金属与碳纳米管的浸润性能。例如金属 Pd (Φ_M=5.12 eV) 和 Au (Φ_M = 5.1 eV)功函数较高且都与碳纳米管的价带接近[7,8]。Pd 与碳纳米管的浸润性较好,使用 Pd 作为金属电极与半导体型碳纳米管接触,可得到欧姆性的接触。而Au 电极与碳纳米管的浸润性要差一些,因此与碳纳米管的接触界面处有很薄的隧穿层,其接触为近欧姆接触。但是直径小于 0.7 nm 的碳纳米管与金属电极很难形成理想的欧姆接触,导致管径较小的碳纳米管构建的场效应晶体管往往很难展示出优越的电性能。

2. 高温焊接

2015 年 IBM 华生研究中心研究人员在 *Science* 上报道一种高温焊接法来改善碳纳米管与金属电极之间的接触[9]。研究表明金属电极 Mo 在高温退火条件下与碳纳米管之间能够形成 MoC 化学键,即把 Mo 电极和碳纳米管"焊接"在一起,且焊接点的长度能够控制在 10 nm 以下,焊接后两端的电阻只有 25~36 kΩ。如图 8.2 所示,利用自对准技术,得到与碳纳米管垂直且宽度仅有 8~10 nm 图案,然后沉积金属 Mo,即金属与碳纳米管的接触点能够控制在 8~10 nm,然后在 850 ℃ 下熔融钼并转化成为碳化物,从而实现金属与碳纳米管之间的焊接。利用这种方法可制作出的接触点只有纳米级水平,但能够确保两端的通道触点稳定。利用这种方法得到的晶体管器件的开关比可达到 10^4 以上。IBM 工作人员指出,尽管尝试了许多其他连接方式,但其稳定性往往不太理想, 接触电阻和导电特性随时间推移发生明显变化, 使得这些技术只能停留在实验室阶段。IBM 研究人员发现利用这种焊接技术可以得到更小的接触点, 即使缩减到 3 nm 也不会影响器件性能 (如图 8.3 所示)。IBM 用这种革命性 "焊接" 技术只能生产 P 型晶体管器件, 但这些器件性能比鳍式场效应晶体管 (FinFET) 性能更好。目前公司正在重点研发 N 型器件, 使碳纳米管 CMOS 晶体管可满足 3 nm 节点制造的要求。总之, IBM 研发的这种焊接技术为延续摩尔定律带来了新希望, 解决了高性能碳纳米管产业化应用时所面临的接触问题。

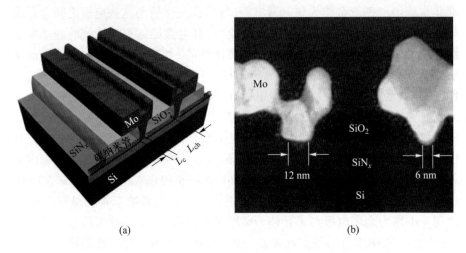

图 8.2   碳纳米管场效应晶体管器件结构示意图 (a) 和截面透射电镜图 (b)[9]

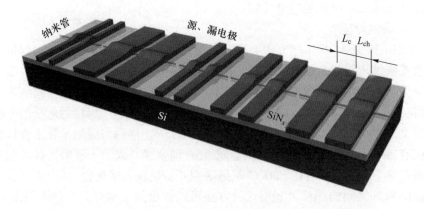

图 8.3   同一根碳纳米管上一组具有不同触点的器件结构示意图[9]

8.1.2.2 窄沟道器件

高性能碳纳米管晶体管器件 (即大直径的碳纳米管) 功耗高, 而功耗低的碳纳米管晶体管器件性能往往比较低。目前如何制作性能高、功耗低、尺寸小的电子器件和电路是碳基电子所面临的一大挑战。随着人们对器件的集成度要求越来越高, 减小器件的尺寸成为科学家关注的热点。碳纳米管的直径小, 对短沟道效应具有天然免疫能力, 因此碳纳米管就是一种构建窄沟道器件的理想半导体材料。随着硅晶体管沟道进一步减小, CPU 的计算速度也得到大幅度提高, 但对硅晶体管而言, 已经接近了它的极限尺寸 (5 nm)。要想进一步设计微型晶体管, 就要尝试减小其组件的尺寸。对于半导体电子设备线路的研究, 最大的挑战在于要减小晶体管线路使其所用部件尺寸缩减至 40 nm。因此研究者们尝试将碳纳米管应用于晶体管中, 而主要的困难则是要提高性能, 同时目前碳纳米管晶体管尺寸在 100 nm 左右, 较硅晶体管要大。

2017 年 IBM 碳纳米管研究组曹庆博士等研制出目前报道的尺寸最小的 P 型晶体管器件[10]。图 8.4 为当前世界上最小的碳纳米管薄膜晶体管的结构示意图以及 TEM 和 SEM 图。如图 8.4 所示, 其尺寸仅有 40 nm, 所占据的空间不到硅晶体管的一半, 却表现出比现在的硅基晶体管更优越的性能。图 8.5 为碳纳米管晶体管器件电学性能图。从图可以看出, 这种类型的碳纳米管具有高的归一化电流密度 [如图 8.5(a) 所示]。在低的供给电压小 (0.5 V), 亚阈值摆幅达到 85 mV/dec, 器件的电流密度高于 0.9 mA/μm [图 8.5(b)~(d)]。此外, 实验证明基于高密度纳米管阵列线路制备的晶体管在超

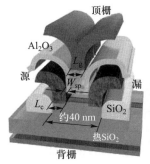

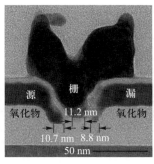

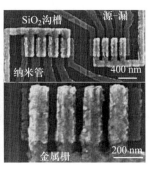

(a)   (b)   (c)

图 8.4 目前最小的碳纳米管晶体管的结构示意图 (a) 以及 TEM 图 (b) 和 SEM 图 (c)[10]

负荷运算工作下某些性能比硅电子器件性能更优越。图 8.6 为由半导体型碳
纳米管阵列构建的高性能碳纳米管薄膜晶体管的结构示意图、显微光学图和
电学性质。从图 8.6(d) 和 (f) 可以看出, 基于高密度纳米管阵列构建的晶体
管较最佳集成的硅电子器件输出电流更高。

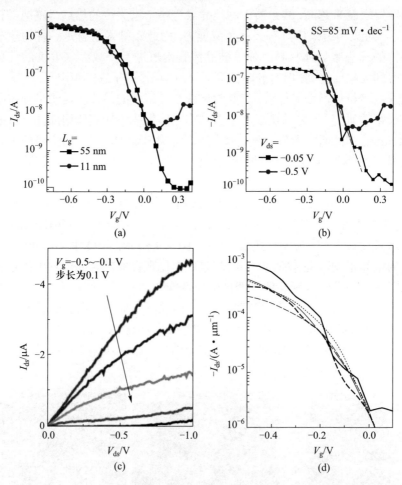

图 8.5   尺寸减小至 40 nm 单个碳纳米管薄膜晶体管的电学性能图[10]。(参见书后彩图)

　　北京大学彭练矛教授研究组在碳纳米管电子器件和电路等方面进行了
10 多年的研究, 发展了一种构建高性能碳纳米管 CMOS 器件的方法, 即通过
控制电极功函数来控制碳纳米管晶体管的极性, 从而在同一衬底上选择性得
到 P 型和 N 型碳纳米管薄膜晶体管器件[11]。该研究组通过调整和优化器件
结构以及构建工艺等, 制作出栅电极长度为 10 nm 的碳纳米管顶栅 CMOS

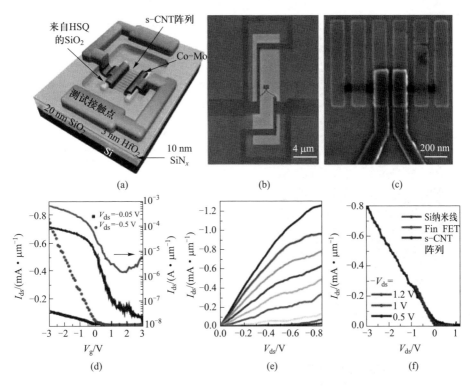

图 8.6　基于半导体型碳纳米管阵列的高性能碳纳米管薄膜晶体管的结构示意图 (a)、显微光学图 [(b)、(c)] 和电学性质 [(d)~(f)][10]。(参见书后彩图)

器件，其中 P 型和 N 型器件的亚阈值摆幅约为 70 mV/dec。在工作电压为 0.4 V 时，P 型和 N 型晶体管性能均超过了目前硅基 CMOS 器件在 0.7 V 电压下工作的性能。碳纳米管 CMOS 晶体管本征门延时只有 0.062 ps，其本征门延时只有 14 nm 硅基 CMOS 器件 (0.22 ps) 的 1/3 (如图 8.7 所示)。

在 2017 年北京大学彭练矛研究组通过电子束刻蚀 (EBL) 和电子束蒸发 (EBE) 的方法制作沟道长度仅为 5 nm 的碳纳米管场效应晶体管[12] (如图 8.8 所示)。采用常规结构制备的栅电极长度为 5 nm 的碳纳米管场效应晶体管容易遭受短沟道效应和源、漏直接隧穿电流影响，即使采用超薄、高介电常数栅介质，器件也很难关断，且亚阈值摆幅一般大于 100 mV/dec。彭练矛研究组采用石墨烯作为碳纳米管场效应晶体管的源漏接触，有效地抑制了短沟道效应和源漏直接隧穿等问题，并制备出了栅电极长度为 5 nm 的高性能碳纳米管器件场效应晶体管。该技术突破了传统硅器件栅电极长度不能小于 10 nm 的限制。在该实验中，采用管径为 1.5 nm 的单根半导体型碳纳

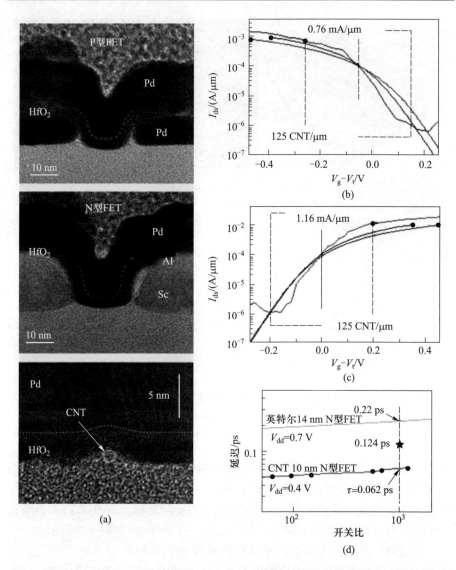

图 8.7 栅电极长度为 10 nm 的碳纳米管 CMOS 器件。(a) 碳纳米管 CMOS 器件截面
图; (b)、(c) 碳纳米管 CMOS 器件的转移曲线以及与硅基 CMOS 器件
(Intel, 14 nm, 22 nm) 的对比; (d) 碳纳米管 CMOS 器件的本征门延时与 14 nm 硅基
CMOS 器件对比图[11]

米管作为沟道材料。大管径的碳纳米管能有效减小电子在运输过程中对管壁
的碰撞, 从而降低能量损耗, 加上窄沟道更有利于电子的弹道运输, 这使得器
件在功耗较小的情况下也能够表现出优越的性能。当器件的栅介电层的厚度

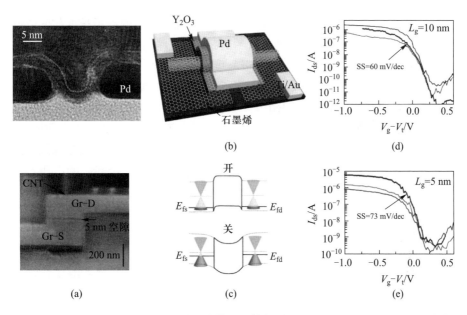

图 8.8　(a) 上图是 Pd 接触一根碳纳米管的晶体管, 栅电极长度为 5 nm 的 TEM 图像, 下图是在顶部栅电极沉积前, 与石墨烯接触的沟道长度为 5 nm 的碳纳米管场效应晶体管的 SEM 图像; (b) 石墨烯–碳纳米管场效应晶体管的结构的示意图; (c) 石墨烯–碳纳米管场效应晶体管在开态 (上图) 和关态 (下图) 的能带原理图, E_{fs} 和 E_{fd} 分别是源、漏电极和石墨烯电极的费米能级; (d) 3 种代表性石墨烯–碳纳米管场效应晶体管的转移特性曲线, 石墨烯–碳纳米管场效应晶体管的栅电极长度 $L_g = 10$ nm, 在 $V_{ds} = -0.1$ V 的情况下亚阈值摆幅为 60 mV/dec; (e) 3 种代表性石墨烯–碳纳米管场效应晶体管的转移特性曲线。石墨烯–碳纳米管场效应晶体管的栅电极长度 $L_g = 5$ nm, 在 $V_{ds} = -0.1$ V 的情况下亚阈值摆幅为 SS 为 73 mV/dec[12]

和沟道长度分别为 1.05 nm 和 5 nm 时, 器件的亚阈值摆幅在 105~130 mV/dec, 明显大于沟道长度为 10~20 nm 的碳纳米管薄膜晶体管器件。说明在这种情况下, 栅控能力还远远不够。目前避免短沟道效应有两种方法, 即增加栅介电层厚度和减小源、漏电极的厚度。实验表明极厚的介电层不足以实现栅电压对源、漏电极的调控。

当选用超薄、导电性好的石墨烯作源、漏电极时, 石墨烯的弱静电屏蔽有助于增强栅电极对碳纳米管通道的电流控制能力。如图 8.8(a) 和 (b) 为 5 nm 碳纳米管场效应晶体管的 TEM 图和器件结构示意图。把石墨烯放置在顶栅 Pd 电极和碳纳米管之间时, 5 nm 碳纳米管场效应晶体管的工作电压仅为 0.4 V 时, 亚阈值摆幅能达到 73 mV/dec, 约为 5 nm 的硅晶体管器件的

亚阈值摆幅 (208 mV/dec) 的 1/3。该团队研究表明, 与栅电极长度相同的硅基 CMOS 器件相比, 单根碳纳米管 CMOS 器件性能更加优越 (具有 10 倍左右的速度和动态功耗优势)。栅电极长度为 5 nm 的碳纳米管晶体管器件开关转换仅需约 1 个电子参与, 门延时约为 42 fs, 已非常接近二进制电子开关器件的极限 (40 fs)。充分说明栅电极长度为 5 nm 的碳纳米管晶体管性能已经接近电子开关的物理极限。另外, 该研究组也表征了 10 nm 的石墨烯–碳纳米管场效应晶体管器件性能。实验结果表明: 在室温下亚阈值摆幅能够达到 60 mV/dec。当 $V_{dd}=0.4$ V 时, 碳纳米管 CMOS 有一个陡峭的电压过渡区, 电压增益约为 6。

现代集成电路不仅需要性能和集成度高, 同时需要进一步降低功耗。降低功耗最有效方法之一是降低电路的工作电压。当今, CMOS 集成电路 (14/10 nm 技术节点) 的工作电压已降到 0.7 V, 但 MOS 晶体管中亚阈值摆幅的热激发限制 (SS 约为 60 mV/dec) 使得集成电路的工作电压很难降低到 0.64 V 以下。目前隧穿场效应晶体管和负电容场效应晶体管这两类晶体管可以实现 SS 小于 60 mV/dec。但这些类型晶体管存在速度偏低或稳定性差或集成困难等缺点。2018 年 6 月, 彭练矛教授研究组在 *Science* 上发表了一篇以 "Dirac–source field–effect transistors as energy–efficient, high–performance electronic switches" 为题的工作[13]。该工作报道了一种超低功耗的场效应晶体管, 即用掺杂石墨烯作为一个 "冷" 电子源, 用半导体型碳纳米管作为有源层, 采用调控能力超强的顶栅结构, 制作出高性能狄拉克源场效应晶体管。室温下这种晶体管的 SS 可降低到 40 mV/dec 左右。通过变温测量验证了这种晶体管的载流子传输是通过传统的热发射方式进行的 (如图 8.9 所示, 晶体管的 SS 与温度呈明显线性关系)。当器件沟道长度为 15 nm 时, SS 也能达到 60 mV/dec, 充分说明这种类型晶体管具有很好的可缩减性。狄拉克源晶体管是一种新原理结构的新型低功耗器件, 它突破了传统晶体管室温 SS 的热发射理论极限 (约 60 mV/dec), 还能保持传统 MOS 晶体管的高性能特性。这种类型的晶体管有望将碳基集成电路的工作电压降低到 0.5 V, 为 3 nm 以下技术节点的碳基集成电路的开发提供了一种新方案。

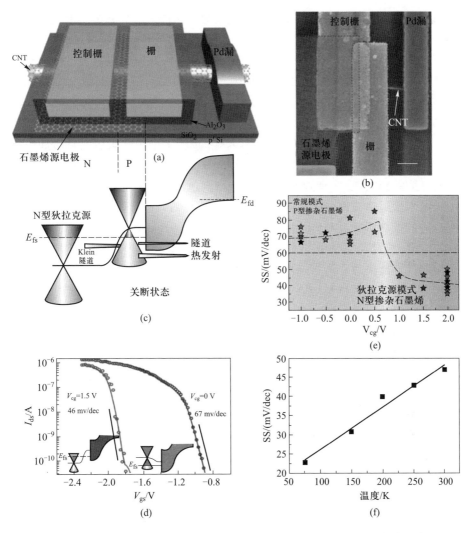

图 8.9 狄拉克晶体管器件。(a) 结构示意图; (b) SEM 图; (c) 器件关断状态示意图; (d) 不同的 V_g 下器件的转移特性曲线; (e) 亚阈值摆幅随控制栅电压的变化曲线, 显示出低于 60 mV/dec 的条件; (f) 器件的 SS 随温度温度的变化曲线[13]

8.1.3 单根碳纳米管场效应晶体管的应用

8.1.3.1 单根碳纳米管 N 型晶体管器件 (欧姆接触和弹道传输)

前面讲到源、漏电极与半导体沟道形成欧姆接触时, 晶体管器件的开态特性 (开态电导和跨导) 会更好、开关速率会更快 (主要是亚阈值摆幅更好),

同时欧姆接触也是器件避免短沟道效应的必要条件。源、漏金属电极的费米能级与碳纳米管的导带 (N 型器件) 或价带 (P 型器件) 匹配时, 碳纳米管场效应晶体管器件就能表现出 N 型或 P 型特性。因此通过调节器件的电极功函能够制备出性能良好的 CMOS 器件。要得到性能优越的碳纳米管 CMOS 晶体管器件不仅要考虑电极的功函数, 还需要考虑碳纳米管与金属电极是否具有良好的 "浸润" 和能否形成良好的欧姆接触。例如, 钪 (3.3 eV) 或钙 (2.9 eV), 与碳纳米管的导带能级非常匹配, 理论上电子比较容易从金属电极注入碳纳米管的导带形成 N 型沟道[11]。研究结果表明, 只有钪能够与碳纳米管形成欧姆接触, 实现弹性传输的 N 型沟道器件。钪之所以能够与半导体型碳纳米管组建成性能优越的 N 型碳纳米管场效应晶体管, 主要是由于其具有合适的低功函数并与碳纳米管有优异的润湿特性。众所周知, 钪的化学活性非常强, 极易与空气中的水和氧气发生反应, 这样会严重影响器件性能, 甚至使器件性能失效。通常需要在钪表面覆盖一层氧化铝薄膜, 以提高器件的稳定性[14], 或者器件性能在真空环境下表征, 否则, 钪的氧化会对电子的传输造成一定的影响。图 8.10(a) 为碳纳米管器件在空气和真空中的典型转移和输出特性曲线。从图 8.10 可以看出, 器件在空气和真空环境下电性能存在明显差异, 且在空气中碳纳米管场效应晶体管的电性能不稳定。如晶体管暴露在空气中, 其阈值电压变到 8 V, 开态电流有明显下降。表明沟道中的半导体型碳纳米管和源、漏电极 (钪) 吸附空气中的氧气和水分子, 使金属和碳纳米管接触处的金属功函数发生改变, 导致界面的电子注入势垒增加, 从而开态电流明显下降。为了提高器件性能和稳定性, 通常用氧化铝来钝化金属钪, 碳纳米管场效应晶体管的信噪比和开态电流显著增加, 稳定性也得到明显改善。器件在空气中长时间工作也没有明显退化。此外, 钝化的 N 型碳纳米管场效应晶体管能够承受超过 10 μA 大电流连续工作超过 10 h 器件性能也不会有明显退化, 这方面的性能明显高于互补金属氧化物半导体器件性能。总之, 通过钝化处理后, 这种 N 型晶体管器件无论在稳定性还是器件电性能方面都能够满足实际应用的要求。

尽管用钪金属作为源、漏电极能够构建出性能非常优越的 N 型碳纳米管薄膜晶体管器件, 但其价格是黄金价格的 5 倍左右 (约 152 美元/g), 因此很难被推广应用。与金属钪同族的金属钇的价格只有金属钪的千分之一, 且具有与金属钪相似的晶体结构和功函数 (钪为 3.3 eV 和钇为 3.1 eV), 因此用金属钇有望构建出价格便宜、性能优越的 N 型碳纳米管场效应晶体管器件和电路。北京大学彭练矛教授研究组研究发现, 金属钇比金属钪更适合构建 N 型碳纳米管场效应晶体管。变温测试表明, 在温度低至 4.3 K

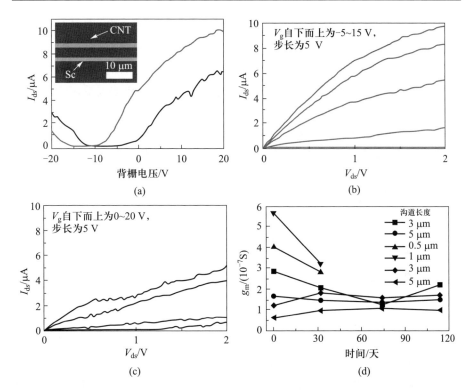

图 8.10 钪接触的 N 型底栅碳纳米管场效应晶体管的稳定性测试。(a) 在 $V_{ds} = 1$ V, 沟道长度为 5 μm 的碳纳米管 FET 在真空中 (灰色) 和在空气中 (黑色) 测量的转移特性曲线; (b)、(c) 在真空 (b) 和空气 (c) 中测量的输出特性曲线; (d)6 种不同沟道长度的器件随时间变化的峰值跨导曲线 (在 $V_{ds} = 0.1$ V 和 $V_g - V_{th} = 10$ V 下, 这些 FET 被暴露在空气中没有任何保护, 在制作后到达 0 天、30 天、75 天、114 天的时间点, 分别在真空中测量其跨导数据)[14]

时, 仍然表现出线性输出特性; 窄沟道器件具有弹道运输的特性, 电导率达到 0.55 G_0 ($G_0 = 4\,e^2/h$), 其中 e 为电子基本电荷量, h 为普朗克常数, 器件的平均自由程约为 638 nm, 电子迁移率可达 5 100 cm² · V⁻¹ · s⁻¹, 亚阈值摆幅可达 73 mV/dec[15]。相对于硅基器件, 钇接触的碳纳米管场效应晶体管随栅电极长度的缩小, 栅电极延迟量降低更快。相对于金属钪而言, 钇元素的低成本更适合应用于工业级大规模集成电子电路的制作。

8.1.3.2 单根碳纳米管 CMOS 反相器

反相器是由一个 P 型的晶体管和一个 N 型的晶体管连接而成, 是构成逻辑门和环形振荡器的基本单元。对于碳纳米管 CMOS 器件而言, 碳纳米管的导带和价带之间有近乎完美的对称能带结构, 原则上这种对称能带结构能构建出性能匹配的 N 型和 P 型晶体管器件, 这是碳纳米管晶体管能够构建完美对称的 CMOS 器件的重要条件。相比于硅基 CMOS 器件, 碳纳米管 CMOS 器件具有速度更快、功耗更低等优点, 且更易于小尺寸电路的集成。要实现高性能的碳纳米管 COMS 器件需要采用顶栅结构, 其原因包括: ① 顶栅结构晶体管器件可以隔绝空气中的水和氧气, 很大程度消除水氧对器件的影响, 尤其是 N 型 FET, 从而能够显著提高器件的稳定性[16]。② 在顶栅结构中, 碳纳米管被 "埋" 在介电层中, 可大幅度提高栅对碳纳米管的调控能力, 有助于提升器件性能, 如顶栅器件表现出更高的迁移率和开态电流以及更小的亚阈值摆幅和迟滞等, 此外还可以调节器件的极性等。③ 对于印刷薄膜晶体管而言其优势更为明显, 如印刷顶栅器件是一种独立栅晶体管, 这种类型晶体管可以直接构建出反相器、或与非门、环形振荡器和驱动电路等简单逻辑电路[13]。

前面已经提到通过接触电极的金属功函数来控制载流子的注入, 从而达到控制碳纳米管场效应晶体管器件的极性。采用钪或钇做源、漏电极时, 金属与碳纳米管之间可形成欧姆接触, 从而得到高性能的 N 型晶体管器件。而用钯做源、漏电极时, 碳纳米管与金属钯之间的肖特基势垒为零, 从而可以形成性能优越的 P 型晶体管器件。使用同一根碳纳米管作为有源层, 采用电子束蒸发 (EBE) 的工艺镀上不同功函数的金属源、漏电极, 在无需掺杂的情况下, 就能得到 CMOS 器件和电路。2009 年, 北京大学研究组开发自对准顶栅结构的碳纳米管 CMOS 工艺[17]。如图 8.11(a) 和 (b) 所示, 得到完美对称的 CMOS 器件。从图 8.11(c) 可以看出, 在碳纳米管的半径为 2 nm, 栅电极长度为 1 μm 的 CMOS 器件的转移特性曲线几乎是对称的。P 型晶体管的开关比超过 10^5, 亚阈值摆幅约为 90 mV/dec; N 型晶体管的开关比也能达到 10^5, 亚阈值摆幅为 100 mV/dec。图 8.11(d) 是 CMOS 器件的输出特性曲线。从图 8.11(d) 中可以看出, P 型和 N 型的器件在室温下都为欧姆接触。$|V_g - V_{th}|$ 在 0~1.0 V 的范围内, P 型和 N 型的输出特性曲线很相似。电子和空穴的迁移率分别达到 3 000 cm$^2 \cdot$ V$^{-1} \cdot$ s^{-1} 和 3 300 cm$^2 \cdot$ V$^{-1} \cdot$ s^{-1}。构建的 CMOS 反相器电压增益高达 160。并且这种反相器构成的逻辑电路有非常完美的 "0" 态和 "1" 态, 即反相器在工作时总有一个器件必须是彻底关断的, 因此这种结构的逻辑电路功耗大大降低。加上 CMOS 反相器的噪声容限非常高, 适合构建性能更加优越的逻辑电路。

8.1.3.3 单根碳纳米管传感器

Kong 和 Collins 等在 2000 年首次报道了关于碳纳米管场效应晶体管对吸附性气体具有灵敏性[18]。研究发现, 当碳纳米管场效应晶体管表面吸附二

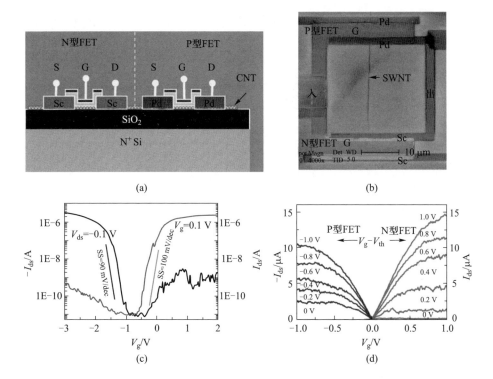

图 8.11　自对准技术构建的顶栅结构碳纳米管 CMOS 器件。(a) 一对 P 型和 N 型晶体管组成的碳纳米管 CMOS 器件的侧视示意图; (b) 栅电极长度为 4 μm 的 2 个晶体管 (顶栅 P 型晶体管和底栅 N 型晶体管) 组成的碳纳米管 CMOS 器件扫描电镜图, 其中栅极长度为 L_g=1.0 μm; (c)、(d) CMOS 器件的转移特性曲线 (c) 和输出特性曲线 (d)[17]

氧化氮和氨气后, 其阈值电压和迁移率都会发生改变, 尤其是晶体管的阈值电压有一个很大的漂移。如图 8.12 所示, 碳纳米管表面吸附氨气后, 阈值电压向负方向偏移了 4 V, 阈值电压变为 −2 V; 而吸附二氧化氮后, 阈值电压变为 +6 V, 即向正方向偏移了 4 V。吸附在碳纳米管表面二氧化氮和氨气可以自发解吸附, 但需要 24 h 左右, 在加热情况下, 可加快解吸附的速度。另外碳纳米管晶体管对二氧化氮的灵敏度受环境温度的影响。已有实验和数据表明, 碳纳米管对大气中的二氧化硫、氨气、氧和水极其敏感。然而对大气中的氮气、氢气、一氧化碳和二氧化碳等对碳纳米管场效应晶体管的电荷传输的影响可忽略不计, 这是因为单根碳纳米管上的所有的碳原子都有一个未成对的孤对电子, 在原理上每个碳原子都有可能与被分析气体相互作用, 因此, 当吸附粒子、静电电荷和偶极子靠近纳米管时, 极大地影响电荷在碳纳米管内的传输。利用碳纳米管沟道中周围气体分子对其电运输有影响的这一性质可以检测一些特异性气体的存在。

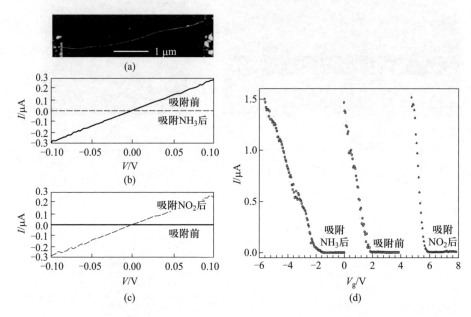

图 8.12 (a) 由单根碳纳米管构建的场效应晶体管 SEM 照片图; (b)~(d) 单根碳纳米管场效应晶体管吸附氨气和二氧化氮前后电性能变化图[18]

众所周知, 单壁碳纳米管的手性和直径有一定的分布, 使用网络状的 CNTFET 使得衬底与金属之间的接触电阻不均一; 并且气体分子在碳纳米薄膜上有很多可用的吸附位点; 纳米管、光致抗蚀剂和其他加工残留物之间存在很多结合点。这些因素使载体在运输中的作用及其对分析物的响应结果是多样的, 难以重现。因此单根 CNT 传感器是很好的选择, 可以提高传感器的灵敏度、选择性和稳定性。典型的单壁碳纳米管气敏传感器是一个三端装置, 其中碳纳米管两端分别和源极和漏极接触, 电流从 CNT 中流过时被测量。根据金属和单壁 CNT 之间的功函数差异形成肖特基势垒, 这种晶体管沟道的导电性由栅电极控制, 通过改变栅电压的作用是改变的肖特基势垒的宽度, 以控制通过器件的电流。对于单根 CNTFET 气体传感器的影响因素很多。例如气体吸附的种类、吸附的位置 (吸附在金属电极上或纳米管上)、晶体管的结构、环境的温度和湿度等这些条件都有可能导致器件的灵敏度和电性能有很大的差别, 也可能给器件带来滞后和噪声问题。例如图 8.13(a) 和 (b) 所示, Kim 等发现由于 SiO$_2$ 表面的亲水性, 在 CNT 附近存在一层水分

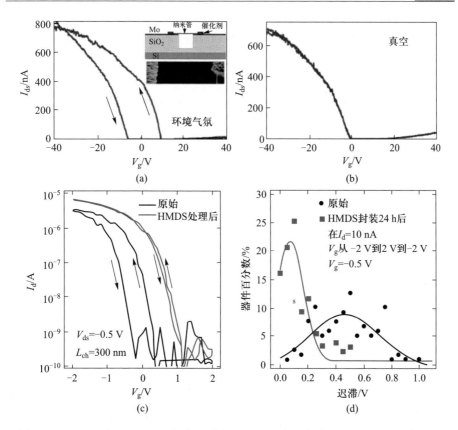

图 8.13　(a) 一个 CNTFET 部分悬浮在 SiO_2 上, 在空气中测试呈现明显的滞后现象; (b) 真空退火后, 消除基板上的水分子, 进行测试没有明显的滞后[19]; Franklin 等用 HMDS (六甲基二硅胺烷) 层对进行表面处理抑制滞后; (c) 没有用 HMDS 处理衬底之前, 器件的转移特性曲线; (d) 用 HMDS 处理 24 h 后, 滞后几乎消失[19]

子[20]。这些水分子充当电荷陷阱, 屏蔽栅电压, 并在传输特性曲线上产生场相关滞后。他们进一步表明, 真空退火处理后可以大大减少滞后量, 这是因为除去了 CNT 附近的水分子。Franklin 等研究发现, 衬底表面用 HMDS(六甲基二硅胺烷) 钝化处理过后, 可以有效地减少滞后效应[19]。在他们的工作中, 随着钝化时间的延长, 滞后逐渐减小, 在处理过 24 h 后实现完全钝化, 并使滞后降低 83% [如图 8.13(c) 和 (d) 所示]。从这些研究中可以看出由于衬底的亲水效应导致滞后的发生, 虽然滞后减小, 它并没有完全消失。这表明其他机制在发挥作用, 目前仍在探究过程中。

表 8.1　单壁碳纳米管气体传感器从 2000 年到 2014 年的报道和数据总结

作者	功能化材料	最低浓度	响应时间/min	恢复时间	恢复方法
Kong et al. [18]	-	2 ppm	5	60 min	200 ℃ 高温
Qi et al[21]	PEI	0.1 ppb①	1~2	1~2 min	254 nm 紫外光照
Zhang et al[22]	-	没有提供	41	10 min	100 ℃ 高温
Suehiro et al[23]	-	0.5 ppb	1	没有提供	紫外光照
Chang et al[24]	-	300 ppb	没有提供	几秒	脉冲电压
Mattmann[25]	-	50 ppb	30	60 min	110 ℃ 高温
Chikkadi et al.[26]	-	200 ppb	90	10 min	自加热

从表 8.1 中我们可以看到对于单根 CNTFET 传感器的性能, 如今还面临了一个挑战就是传感器的功能有一个恢复周期, 如果让其自行恢复, 不靠外界作用, 其恢复时间将会长达几个小时, 这种传感器则不能应用到现实生活中, 为了缩短恢复时间, 通常使用紫外线照射或者高温加热的方法。但单壁碳纳米管器件暴露于紫外线中, 容易使单根碳纳米管晶体管损坏, 与此同时, 碳纳米管的导电性也急剧降低[27]。因此, UV 照射方法可能不是一个非常理想的方案。还有一些文献已经表明传感器可以在真空中加热一段时间, 传感器便可恢复, 这种方法看似可行, 但是它需要一个集成加热的器件, 这种方法抵消了单根碳纳米晶体管低功耗的工作优势。Chikkadi 等报道了一种自加热悬浮碳纳米管气体传感器, 消耗功率在 3 μW 以下, 只需 10 min, 传感器就可以恢复其功能[26]。该器件的悬挂结构起着重要的作用, 可以最大限度地减少所消耗的功率。因为该结构隔离的碳纳米管与衬底的接触, 减少了热量损失。这种超低功耗为传感器提供了一个很好的传感器恢复的方法。保持传感器的功率优势。

目前单根碳纳米管传感器面临很多挑战, 特别是在制造大规模的器件中。单壁碳纳米管的放置位置、长度和手性控制仍然是存在的问题。另外如何在潮湿的环境中仍然能够保持这些器件的特征, 不会引起器件出现滞后和噪声也是需要考虑的问题。有数据表明单根碳纳米管场效应晶体管的产量远低于

---

① ppb 是用溶质质量占全部溶液质量的十亿分比来表示的浓度, 也称十亿分比浓度。1 ppb=10^{-9}。

无规则网络碳纳米管薄膜晶体管的产量。此外，碳纳米管上的碳原子被吸附的物质功能化后，将影响器件的响应性能。为了提高器件的响应性能，有些研究者把碳纳米管与 PEI (聚乙烯亚胺) 材料复合，使器件的响应性能大大提高，测量 NO_2 最低浓度为 0.1 ppb[21]。

8.1.4　单根碳纳米管场效应晶体管存在的挑战

(1) 要小尺寸、高的传输速率、高的集成度的单根碳纳米管晶体管，必须打破传统的硅基电子器件摩尔定律极限，远优于硅基晶体管，因此探索单根碳管器件性能极限是非常重要的课题，这关系到这种技术在未来电子学中的定位。单根碳纳米管晶体管的结构、材料以及掺杂制作工艺要同时进行优化，有效减弱器件的短沟道效应，提高器件的性能。通过选取合适类型的金属 (如 Pd、Sc、Y)。和合适的金属与纳米管接触的长度，并且需要寻找合适的制作工艺，减小单壁碳纳米管的缺陷和直径的分布。

(2) 单根碳纳米管晶体管阈值电压易变化，并且幅度较大，原因是来源于栅氧化层和空气接触表面的随机变化的固定电荷，这些固定电荷的变化是因为器件在关闭状态下存在非线性的源漏电流和碳纳米管之间的间距这两者之间的协同作用[16]。因此，要改善单根碳纳米管晶体管的易变化的特性，需要设计更好的钝化方案，以减少界面固定电荷。调整晶体管的介电层厚度，加强碳纳米管的合成技术，使碳纳米管的直径、类型、手性可控。多沟道的碳纳米管场效应晶体管可以解决单根碳纳米管在构建晶体管时制造工艺难且个体差异明显的问题，并且能够抵御外界环境变化的影响，其性能更稳定。这种晶体管是目前最具有实用化优越性的一种晶体管。

(3) 改进碳纳米管的精确定位和连接技术，减少接触电阻。提高器件密度的自组装制作工艺的发展，使管与管之间的间距均匀且有效分布。目前随着晶体管尺寸要求越来越小，使晶体管与金属电极的接触长度越来越小，导致接触寄生电阻越来越大。目前减少接触电阻的办法有焊接技术[28]，这种技术使碳纳米管与金属电极键和，即实现金属与管的紧密结合，则可以降低接触电阻。还有一种方法是末端接触，即纳米管放在金属电极的下方，采用末端接触的电阻并不依赖于接触长度，但是采用末端接触的制备条件比较严格，减小接触电阻的方法仍需进一步优化。在器件制作时，如何把碳纳米管进行精确定位并对其有效控制是个难点。目前技术工艺上的限制是提高器件性能的主要障碍。因此需要提高工艺制备出接近理想状态的器件，充分发挥其电学优势。

8.2 随机网络碳纳米管薄膜晶体管及其应用

非溶液法制备随机网络碳纳米管薄膜的有效方法是浮动催化剂化学气相沉积 (FC–CVD) 法。其过程是将催化剂和碳前体通过载气连续输入到 CVD 反应器中, 在反应器的另一端输出碳纳米管网络。该方法已被用于制造高性能碳纳米管透明导电膜[29,30] 和薄膜晶体管[31,32]。通过浮动催化剂 CVD 法合成的 CNT 薄膜, 收集后可直接转移到柔性衬底上制备晶体管及集成电路, 在柔性电子学上具有很大的应用前景。本节主要介绍以浮动催化剂化学气相沉积法合成的碳纳米管作为沟道材料的薄膜晶体管。

2009 年, M. Zavodchikova 等通过浮动催化剂 CVD 法生长的 CNT 通过静电除尘器 (ESP) 沉积在衬底上, 所制备的 CNTFET 表现出高性能, 在硅和聚合物衬底上获得高达 10^5 的开关比, 如图 8.14 和图 8.15 所示[33]。为了解决 CNTFET 传输特性曲线中的滞后问题, 他们采用 ALD 系统沉积 Al_2O_3 钝化层来进行抑制。结果表明通过 ALD 系统沉积的厚度为 32 nm 的 Al_2O_3 层均匀涂覆在 SWNT 束上, 足以消除滞后现象。这项工作代表了基于 SWNT 网络的柔性电子产品的研究新进展。

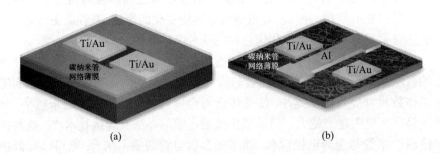

(a)   (b)

图 8.14 典型底栅 (a) 和顶栅 (b) 顶接触 CNTFET 结构示意图[33]

中国科学院金属研究所孙东明等采用浮动催化剂 CVD 法, 然后经简单的气相过滤和转移过程在柔性和透明衬底上制造出高性能薄膜晶体管和电路[31]。如图 8.16 所示, 所得到的晶体管器件迁移率和开关比分别为 $35\ cm^2 \cdot V^{-1} \cdot s^{-1}$ 和 6×10^6。他们同时制备了柔性集成电路, 包括 21 级环形振荡器和能够进行顺序逻辑的主从延迟触发器。这项研究工作展现出碳纳米

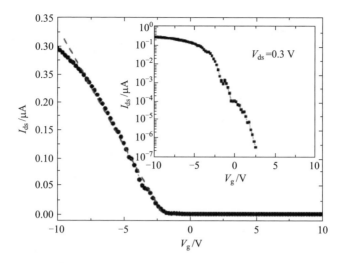

图 8.15   典型硅衬底底栅 CNTFET 转移特性曲线 $(I_{ds}–V_g)$。沟道长度 $L = 50\ \mu m$, 宽度 $W = 50\ \mu m$, 碳纳米管束平均密度为 2~3 CNT· μm^{-2}。源漏电压 V_{ds} 保持在 0.3 V, 栅电压 V_g 从 -10 V 到 10 V。所得到的场效应迁移率和开关比分别约为 $4\ cm^2 \cdot V^{-1} \cdot s^{-1}$ 和 $3 \times 10^{5[33]}$

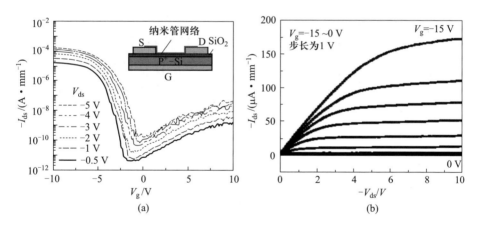

图 8.16   (a) 源漏电压 V_{ds} 在 $-0.5 \sim -5$ V 时的转移特性曲线 $(I_{ds} - V_g)$, $L_{ch} = W_{ch} = 100\ \mu m$, 插图为以 Si/SiO_2 为衬底的底栅碳纳米管晶体管结构示意图; (b) 同一器件的输出特性曲线 $(I_{ds} - V_{ds})$ 表现出饱和特性[31]

管薄膜晶体管在大规模柔性电子器件的潜在适用性。

如图 8.17 所示, 他们发现 PEN 衬底上的 TFT 的性能与硅衬底上的 TFT 的性能相似 [图 8.17(c)]。所制备的反相器在 25 V 的电源电压 (V_{dd}) 下具有优异的传输特性, 最大电压增益为 16。叠加的转移特性曲线中的大面积

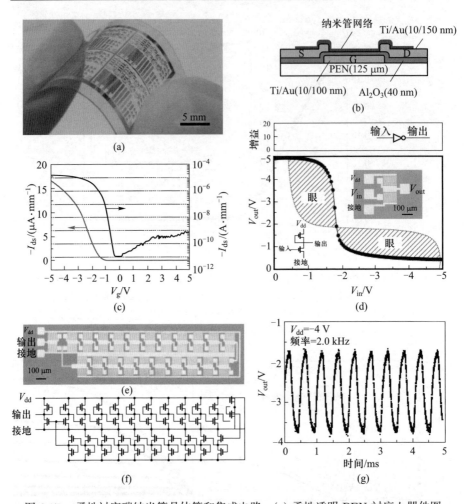

图 8.17   柔性衬底碳纳米管晶体管和集成电路。(a) 柔性透明 PEN 衬底上器件图;
(b) 以 Al_2O_3 为栅介电层的底栅晶体管截面示意图; (c) 一个典型晶体管的转移特性曲线,
沟道长度 $L_{ch} = 100\ \mu m$, 源漏电压 $V_{ds} = -0.5\ V$, 沟道宽度 $W_{ch} = 100\ \mu m$; (d) 反相器
的输入–输出曲线和增益特征, 插入图为光学显微图像、电路图和反相器符号; (e)、
(f) 21 阶环形振荡器电路图的光学显微图像; (g) 环形振荡器的输出特征曲线, 振荡频率
在 $V_{dd} = 24\ V$ 下为 2.0 kHz[31]

眼图表明电路具有较大的逻辑运算噪声容限, 这允许构建集成电路。21 阶环
形振荡器在输出电压 V_{dd} 约为 22 V 时自发振荡, 在 V_{dd} 为 24 V 时振荡频率
达到 2.0 kHz, 延迟时间为 12 μs [如图 8.17(g) 所示]。此外, 他们还获得了主
从延迟触发器的第一个基于 CNT 的顺序逻辑, 如图 8.18 所示。

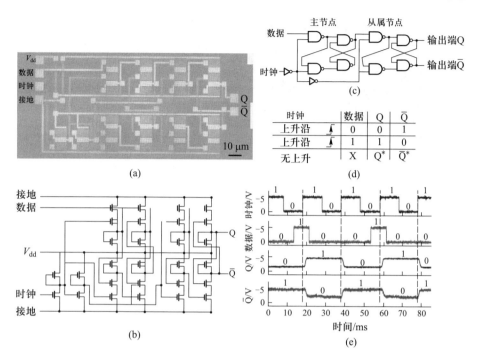

图 8.18 柔性衬底上的逻辑门和延迟触发器, 每个面板包括器件的光学显微照片 (a)、电路符号 [(b)、(c)]、真值表 (d) 和设备的输入输出特性 (e)。其中, 图 (d) 中, "X" 表示 "不关心" 条件, "*" 表示输出中的 "无变化" [31]

    2013 年, 孙东明研究组利用场聚焦效应, 以厚聚合物作为栅极介电层, 成功制备了可在低电压下工作的 TFT 和集成电路 (IC), 并首次报道了可塑性集成电路, 器件和电路, 均完全透明且具有超高延展性[32], 如图 8.19(a) 和 (b) 所示。研究还表明这些器件可以通过空气辅助的热压成型技术塑造成型。

    另外, 上述器件完全由碳基材料组成, 它们的有源沟道和无源元件均由可拉伸和热稳定的碳纳米管组件构成, 器件的介电层和衬底均用塑料聚合物作制成。全碳薄膜晶体管的迁移率为 1 027 cm$^2\cdot$V$^{-1}\cdot$s^{-1}, 开关比为 10^5, 如图 8.19(c) 所示。当经受热压成型时, 该器件的双轴伸缩率可达 18%。此外, 所获得的 21 阶环形振荡器的振荡频率在 V_{dd} 为 5 V 时达到 3.0 kHz, 每个反相器的延迟时间为 7.9 μs, 这比他们之前报道的用 Au 连接的环形振荡器的延迟时间短。如下图 8.20(a) 和 (b) 所示。这种可塑的电子设备通过允许在塑料/电子产品中添加电子/塑料类功能组件, 提高其可设计性, 从而开辟新的可能性。

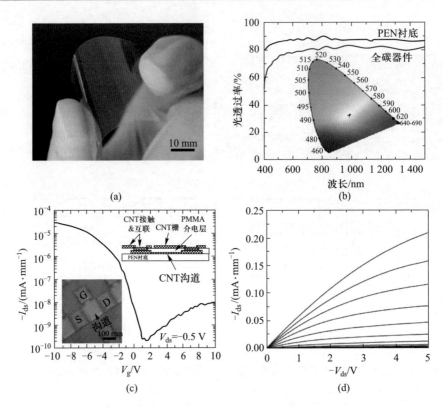

图 8.19   (a) 柔性和透明全碳 TFT 和 IC 在柔性 PEN 衬底上的全碳器件图; (b) PEN 衬底 (黑线) 和器件 (红线) 的光透过率, 插图表示色彩空间 (CIE 1931), 交叉部分代表白色区域, 黑点和红点分别代表裸露的 PEN 衬底和全碳 IC 的颜色; (c) 全碳顶栅 TFT 在 $V_{ds} = -0.5\,V$ 时的转移 (I_{ds}–V_g) 特性曲线, $L_{ch} = W_{ch} = 100\,\mu m$, 插图为一个全碳顶栅 TFT 阵列的光学图片 (左下) 和全碳器件横截面示意图 (右上角); (d) 全碳 TFT 的输出 (I_{ds}–V_{ds}) 特性曲线, V_g 从 $-10\,V$ 到 $0\,V$ 以 $1\,V$ 的幅度变化[32]。(参见书后彩图)

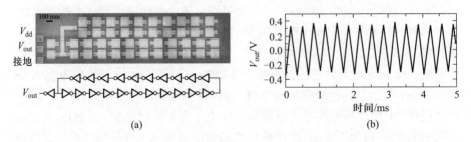

图 8.20   21 阶环全碳形振荡器。(a) 光学显微照片和电路示意图; (b) 振荡波形[32]

　　浮动催化剂化学气相沉积法可以实现从 CNT 气相合成、CNT 收集和转印到最终器件封装的连续工艺。为实现 CNT 薄膜稳定且可重复的制备，需要优化浮动催化剂 CVD 法中的合成条件。特别地，在 CNT 原位合成中对长度、CNT 束、直径、半导体优先生长和手性选择性生长的控制将是一个重大的挑战，也是一个关键的研究课题。

8.3　定向排列碳纳米管薄膜晶体管及其应用

　　碳纳米管一直被认为未来计算机芯片最理想的半导体材料，引起了许多芯片公司和科研院所 (如 IBM、Intel、北京大学、清华大学等) 的研究人员去探索研究。但真正用这些薄膜构建高性能薄膜晶体管器件或计算机芯片还面临许多挑战。CVD 法生长高密度定向排列的碳纳米管薄膜技术已渐趋成熟，但 CVD 生长的碳纳米管薄膜中不可避免掺杂有少量金属型碳纳米管、无定形碳、催化剂等，用直接生长的高密度碳纳米管薄膜很难构建出性能较好的晶体管器件，如开关比很低或根本不表现出晶体管器件特性。后来开发出气体和高电压选择性刻蚀金属型碳纳米管技术，可使器件的开关比提高到 10^4 以上。下面简单列举几个用 CVD 法制备的定向排列碳纳米管构建薄膜晶体管器件和电路方面的一些工作。

　　通常情况下，铁纳米粒子作为催化剂，通过光刻技术得到图形化的铁纳米粒子图案，能够在石英和蓝宝石等衬底上生长出高密度定向排列的碳纳米管薄膜，再转印到二氧化硅或其他介电层衬底上，构建出薄膜晶体管器件和电路。2011 年周崇武教授研究组用 Gd 和 Pd 作为源、漏电极构建 N 型和 P 型器件[34]。图 8.21 为 N 型器件构建过程图以及器件性能图，从图 8.21(a) 可以看出，在石英衬底上碳纳米管密度非常高，且具有很好地定向性。通过转印技术把定向排列的碳纳米管转移到 50 nm 的二氧化硅衬底上，然后沉积 Gd 源、漏电极得到 N 型薄膜晶体管器件。由于碳纳米管薄膜中还存在一定量的金属型碳纳米管，直接构建的器件开关比只有 5 左右 [如图 8.21(d) 所示]。当通高电压在器件的源、漏电极两端时，金属型碳纳米管能够被大电流烧断，器件的开关比能够达到 100 左右。如图 8.21(e) 和 (f) 所示，薄膜晶体管器件的输出电流随 V_{ds} 和 V_g 增加而增加。在此基础上构建了 PN 异质结、CMOS 反相器等器件和电路。但 N 型器件的开关比、反相器的增益等都不太理想，还需要进一步提高器件性能。

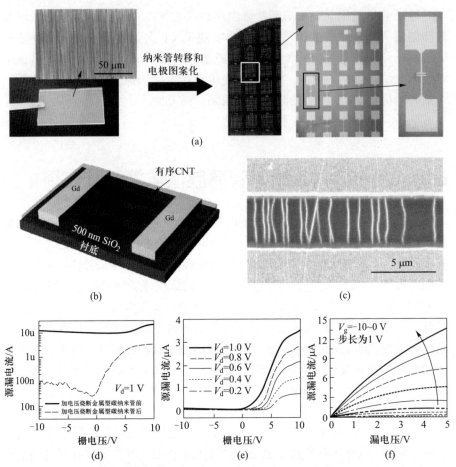

图 8.21   基于定向排列碳纳米管薄膜构建的 N 型薄膜晶体管器件。(a) CVD 生长在石英衬底上的碳纳米管薄膜, 插图为 SEM 照片图, 然后通过转印到二氧化硅衬底表面并构建出 N 型碳纳米管薄膜晶体管器件; (b) 器件结构示意图; (c) 沟道中碳纳米管薄膜 SEM 图; (d) 器件在高电压下烧断沟道中的金属型碳纳米管前后的电性能图; (e)、(f) N 型器件在不同 V_{ds} 下的转移曲线 (e) 和相应的输出曲线 (f)[34]

2013 年美国斯坦福大学的科研工作者们首次采用定向排列的碳纳米管建造出计算机原型, 这台原型计算机比现在基于硅芯片模式的计算机更小、更快且更节能。该研究结果发表在国际著名杂志 *Nature* 封面上[35]。美国斯坦福大学研究人员在文章中报道说, 尽管碳纳米管是未来计算机芯片最理想的半导体材料之一, 但目前用碳纳米管代替硅制造晶体管和电路无法取得突破, 主要因为作为半导体型碳纳米管材料存在一些难以克服的挑战, 包括: ① 碳纳米管很难被整齐排列形成晶体管电路; ② 由碳纳米管排列方式所致以及碳纳米管薄膜中还存在少量金属型碳纳米管以及其他杂质等, 使构建的器件很难表现出性能良好的晶体管特性。斯坦福大学研究人员在用碳纳米管研制晶体管过程中, 找到一个 "不受缺陷影响的设计" 的方法规避上述缺陷。即设计出一种新型计算方法, 可以自动忽略排列混乱的那部分碳纳米管。另一方面, 他们将晶体管电路中导通的器件通高电压烧断薄膜中的金属型碳纳米管, 得到正常工作的电路。

研究人员利用该设计方法在 4 in 硅片上建出的碳纳米管计算机芯片, 该计算机芯片由 178 个晶体管组成, 其中每个晶体管的沟道中含有 10~200 根碳纳米管。该计算机可以运行一个简单的操作系统, 并具有多进程执行能力: 可以同时执行 4 个任务 (包括: 取指令、取数据、算术运算和回写), 并且可以同时运行两种不同程序。图 8.22 为 4 in 硅片上构建的碳纳米管薄膜晶体管和运算单元电路结构和性能图。从图 8.22(a) 可以看出, 经过优化设计和高电压刻蚀后在 0 V 到 −3 V 工作区间内碳纳米管薄膜晶体管的开关比高达 10^5, 且表现为增强型特性。图 8.22(b) 和 (c) 可以看出 4 in 硅片上的 40 个不同算术运算单元和 200 多个 D−锁存器都能够正常工作, 实现特定逻辑功能。

图 8.23 是用碳纳米管薄膜晶体管构建的计算机芯片。图 8.23(a) 为芯片 SEM 照片, 它包含有 4 个主要部分: 取指令、取数据、算术运算和回写。图 8.23(b) 为碳纳米管计算机芯片运行程序或指令后的测试结果和预测结果。碳纳米管计算机可以运行 20 个 MIPS 指令 [图 8.23(c)], 且测试数据与预测数据非常接近, 说明研发的碳纳米管计算机真正具有取指令、取数据、算术运算和回写等功能, 为碳纳米管计算机芯片的发展奠定了坚实的基础。

2018 年北京大学彭练矛教授研究组开发了一种拉伸−收缩技术得到高密度更高且定向性更高的碳纳米管薄膜制备技术, 并得到了性能优越的碳纳米管薄膜晶体管器件[36]。图 8.24(a) 为通过拉伸−收缩技术制备高密度碳纳米管薄膜过程示意图, 即先把定向排列的碳纳米管薄膜转移到处在拉伸状态的 PDMS 上, 然后让 PDMS 复原, 这样反复拉伸和恢复, 使定向排列的碳纳米管的密度越来越高。如图 8.24(b) 所示, 刚开始时, 碳纳米管的密度约为 6~8 根/μm, 反复拉伸−恢复 10 次后, 碳纳米管的密度可以提高 10 倍, 即 60~80 根/μm。采用这种新型技术获得了高质量、高密度、定向排列的半导体型碳纳米管薄膜, 并构建出性能优越的场效应晶体管器件 [如图 8.25(a) 和 (b) 所示]。图 8.25(c)~(g) 为高密度定向排列半导体型碳纳米管薄膜构建的器件性能图。从图 8.25(c)~(g) 能看出, 相比于之前 CVD 定向排列的碳纳米管薄膜而言, 这种技术制备的碳纳米管薄膜晶体管展现出更加优越性能, 如场

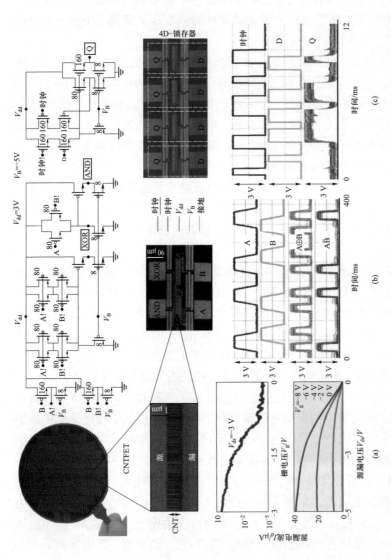

图 8.22 碳纳米管晶体管和电路特性。(a) 顶部: 4 in 硅片上各个区域有不同的元器件和电路图; 中间: 单个晶体管的 SEM 电镜图, 包括源、漏电极和沟道中平行排列的碳纳米管薄膜; 底部: 碳纳米管晶体管的典型转移和输出曲线, 输出曲线图中黄色标记区域为碳纳米管晶体管在碳纳米管计算机中的工作区域。(b) 顶部: 电路结构示意图; 中部: 单个运算单元电镜图; 底部: 40 个不同逻辑单元的输出特性曲线[35]。(c) 顶部: D-锁存器电路图; 中部: D-锁存器电路 SEM 图; 底部: 200 个不同 D-锁存器的输出特征曲线[35]。(参见书后彩图)

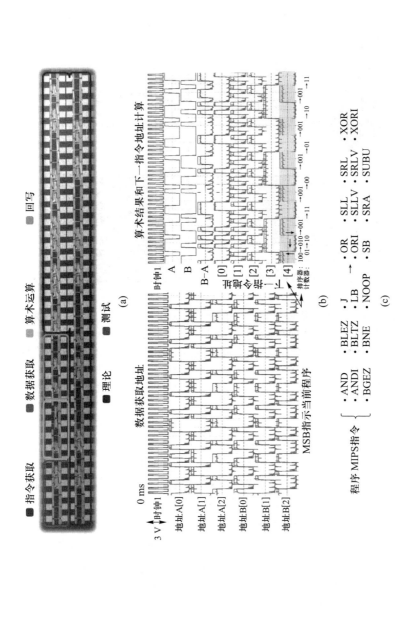

图 8.23　碳纳米管晶体管构建的计算机芯片。(a) 完整碳纳米管构建的计算机芯片 SEM 图片；(b) 碳纳米管计算机的实验输出波形和理论预测波形数据；(c) 用碳纳米管计算机运行的 20 个 MIPS 指令[35]。(参见书后彩图)

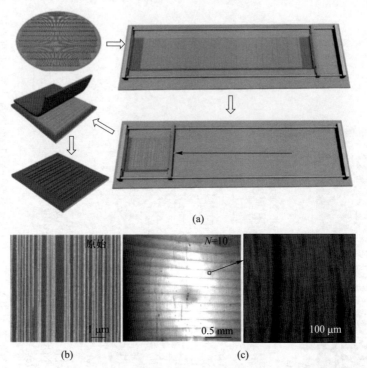

(a)

(b)　　　　　　　　　　　(c)

图 8.24　(a) 碳纳米管密度提高技术包括主要步骤示意图: 首先, 制备碳纳米管薄膜, 并用 PMMA 为载体从衬底表面剥离碳纳米管薄膜; 碳纳米管/PMMA 固定到拉伸的 PDMS 薄膜上; PDMS 薄膜慢慢恢复到原来状态; 最后碳纳米管/PMMA/PDMS 薄膜转移到其他衬底表面; (b) CVD 生长的碳纳米管薄膜 SEM 照片图, 其密度约为 6~8 根/μm; (c) 碳纳米管薄膜拉伸–恢复 10 次后的 SEM 照片图, 碳纳米管的平均密度达到 60~80 根/μm[36]

效应晶体管器件的迁移率高达 1 600 cm^2·V^{-1}·s^{-1}, 开态电流密度、单位宽度跨导和开关分别高达 150 μA/μm、80 μS/μm 和 10^4。

　　碳纳米管的种类繁多, 不同手性的碳纳米管的物理性质差异十分巨大。目前直接制备的单壁碳纳米管通常都是金属型和半导体型碳纳米管的混合物, 不经过后期纯化处理很难构建出性能优越的碳纳米管薄膜晶体管器件。据 Franklin 等报道, 要想使碳纳米管进入到大规模集成电路中的应用, 一方面要求半导体型碳纳米管的纯度高达 99.999% 或单手性半导体型碳纳米管, 同时要求碳纳米管薄膜中的碳纳米管高密度定向排列[37]。最近几年北京大学张锦教授研究组和清华大学姜开利教授研究组在高密度定向排列碳纳米管的手性和大面积半导体型碳纳米管薄膜制备等方面取得了重大突破。2017 年北京大学张锦教授研究组在 *Nature* 上发表了一篇关于设计新型的催化剂

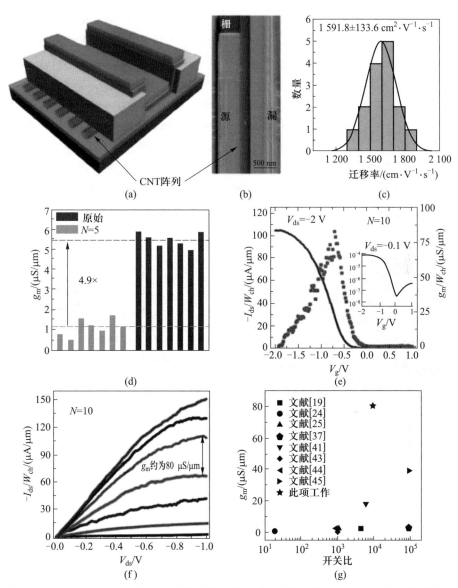

图 8.25　(a) 自对准技术构建的顶栅碳纳米管薄膜晶体管结构示意图; (b) 相应的碳纳米管薄膜晶体管 SEM 照片; (c) 从 15 个由超高密度碳纳米管薄膜构建的薄膜晶体管器件迁移率统计发布图; (d) 7 个定向排列碳纳米管薄膜构建的薄膜晶体管器件的跨导和反复拉伸 5 次得到更高密度的碳纳米管薄膜所构建的薄膜晶体管器件的跨导分布图 ($V_{ds} = -0.1$ V); (e) 经过密度提高技术制备的碳纳米管薄膜晶体管器件的转移特征曲线和跨导曲线 (密度约为 10 根/μm, 沟道长尾 200 nm, 开关比为 10^4); (f) 相对于器件的输出曲线 (V_g 从 0 V 到 -3 V, 步长为 0.5 V) 经过密度提高技术后, 器件的跨导增加将近 10 倍; (g) 基于 CVD 定向排列碳纳米管薄膜构建的薄膜晶体管器件的跨导和开关比对比图[36]

实现对定向排列碳纳米管的手性控制的工作[38]。该研究团队通过控制活性碳化钨和碳化钼等催化剂表面对称性来控制定向排列碳纳米管阵列的手性，并在固态碳化钨和碳化钼催化剂表面可控生长出定向排列的单手性金属型 (12, 6) 和半导体型 (8, 4) 碳纳米管阵列。定向排列的金属型碳纳米管阵列平均密度大于 20 根/μm，其中 90% 的碳纳米管为 (12, 6) 的手性碳纳米管。另外在蓝宝石上得到了半导体型碳纳米管阵列，半导体型碳纳米管的平均密度大于 10 根/μm，其中 80% 的碳纳米管为 (8, 4) 手性的半导体型碳纳米管。图 8.26 为定向排列半导体型碳纳米管 (8, 4) 阵列 SEM 照片和 (8, 4) 管径分布图，从图可以看出，通过这种技术能够在蓝宝石表面得到大面积定向排列的半导体型碳纳米管。另外从 AFM 统计数据可以得出 (8, 4) 手性碳纳米管的管径在 0.87 nm 左右。

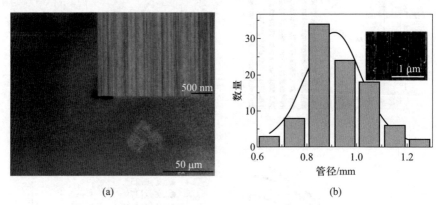

(a)   (b)

图 8.26   (a) 生长在蓝宝石衬底上的高密度定向排列的半导体型 (8, 4) 碳纳米管 SEM 照片图；(b) 半导体型碳纳米管阵列中 (8, 4) 碳纳米管的管径分布图，平均管径为 0.87 nm，标准偏差约为 0.17 nm[38]

同时用定向排列的单手性碳纳米管薄膜构建了薄膜晶体管器件。如图 8.27 所示，CVD 生长的单手性碳纳米管薄膜晶体管器件的开关比不是太理想，(12, 6) 和 (8, 4) 碳纳米管薄膜制作的薄膜晶体管器件的开关比分别只有 1.88 和 3.03。统计图中，金属型碳纳米管的开关比低于 2，而 (8, 4) 碳纳米管薄膜制作的薄膜晶体管器件的开关比普遍高于 3，个别器件开关比超过 10，没有发现有导通的器件，充分说明 (8, 4) 碳纳米管薄膜中半导体型碳纳米管的含量非常高。但要真正应用到逻辑电路中，还需要进一步提高半导体型碳纳米管薄膜的质量。

在化学气相沉积合成碳纳米管的过程中，催化剂的大小、种类和晶格等就决定了碳纳米管的手性。2018 年，清华大学姜开利教授研究组开发了一种

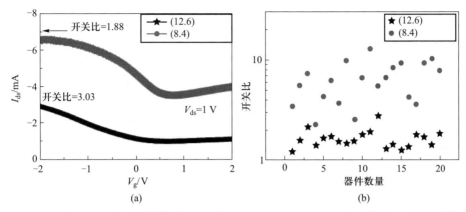

图 8.27　定向排列碳纳米管薄膜的电性能。(a) (12, 6) 和 (8, 4) 定向排列的碳纳米管薄膜典型转移曲线; (b) 两种器件开关比统计图[38]

可大面积制备纯度高达 99.9%、定向排列半导体型碳纳米管薄膜技术, 该工作发表在国际著名杂志 *Nature Catalyst* 上[39]。姜开利教授研究组研究发现, 在碳纳米管生长过程中对其施加一个扰动的电场, 会使碳纳米管的螺旋度在重新成核过程发生扭转, 并形成一个需要额外能量消耗的手性结, 实现金属型碳纳米管转变为半导体型碳纳米管。如图 8.28 所示, 与金属型碳纳米管相比, 半导体型碳纳米管电子态密度上的范霍夫奇点能量更低, 在相同的外电

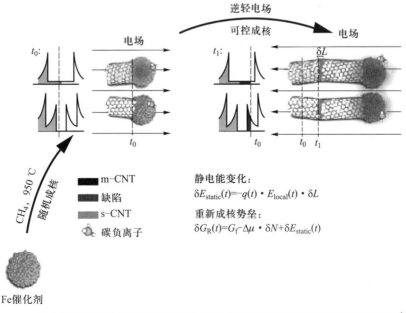

图 8.28　外电场作用下金属型碳纳米管自发转变为半导体型碳纳米管机理示意图[39]。
(参见书后彩图)

场下, 半导体型碳纳米管储存的静电能会比金属型碳纳米管更高。在生长相同长度情况下, 半导体型碳纳米管的静电能降低得更多, 这导致半导体型碳纳米管生长所需要的自由能和重新成核势垒比金属型碳纳米管更低。因此, 在外加电场引起的重新成核势垒差异和能量扰动下, 金属型碳纳米管会自发转变为半导体型碳纳米管。

图 8.29(a)~(d) 的 SEM 照片中亮度高的碳纳米管为金属型碳纳米管,

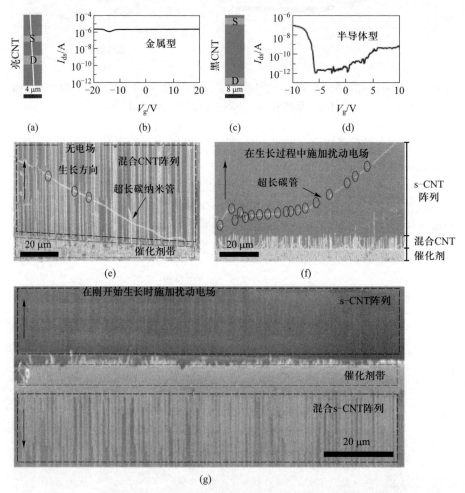

(e)　　　　　　　　　　(f)

(g)

图 8.29　通过电场调控重新成核生长法制备定向排列、高纯半导体型碳纳米管。(a)、(b) 在 SEM 图中亮度高的碳纳米管为金属碳纳米管 (a) 和相应的器件转移曲线 (b); (c)、(d) 亮度较暗的半导体型碳纳米管 (c) 和相应器件的转移曲线 (d), 偏压为 1 V; (e) 没有外加电场下, 在石英衬底上得到的定向排列碳纳米管薄膜 SEM 照片图; (f) 碳纳米管生长过程中外加电场下, 在石英衬底上得到的定向排列碳纳米管薄膜 SEM 照片图; (g) 在碳纳米管刚开始生长时施加外加电场使碳纳米管的手性发生扭转, 最终在石英衬底上得到的定向排列碳纳米管薄膜 SEM 照片图[39]

而较暗的碳纳米管则为半导体型碳纳米管。如果在生长过程中不施加外电场, 碳纳米管薄膜中的碳纳米管大多为亮度很高的金属型碳纳米管 [如图 8.29(e)], 而在生长过程中一直施加外加电场, 得到的碳纳米管为较暗的半导体型碳纳米管 [如图 8.29(f)]。但如果在刚开始生长时外加电场, 则催化剂一边为金属型碳纳米管 [图 8.29(g) 催化剂下面区域], 另外一边则为半导体型碳纳米管 [图 8.29(g) 催化剂上面区域]。利用这种电致手性扭转的技术, 最终实现了半导体型碳纳米管纯度高达 99.9% 的定向排列碳纳米管薄膜的大面积制备 (SEM 技术表征得到的统计数据)。如图 8.30 所示, 用这种薄膜构建的器件开关比可高达 10^6。即使碳纳米管薄膜中的密度高于 100 根/μm 的情况下, 碳纳米管薄膜晶体管的器件的开关比仍高于 10^2。这项研究为碳纳米管电子的实际应用铺平了道路, 将会推动碳基芯片快速向前发展。

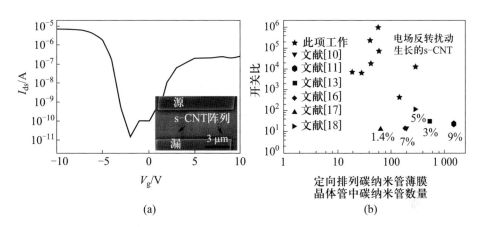

图 8.30   用电场反转扰动重新成核技术制备的高密度定向排列半导体型碳纳米管薄膜构建的薄膜晶体管器件。(a) 在 V_{ds} 为 1 V 时器件的典型转移曲线, 插图为碳纳米管薄膜晶体管的 SEM 图; (b) 比较目前已报道的由 CVD 法生长的定向排列碳纳米管薄膜构建的薄膜晶体管器件的开关比与沟道中碳纳米管密度关系图[39]

8.4 小结

本章主要介绍了单根碳纳米管薄膜晶体管器件、CMOS 电路和在化学传感器等方面的工作, 悬浮催化剂碳纳米管薄膜晶体管器件和定向排列碳纳米管薄膜制备新方法以及在晶体管器件和电路等方面的应用。对于单根晶体管器件可以研究碳纳米管的本征物理特性以及验证在未来芯片中的应用可能性。北京大学和 IBM 目前引领这个领域的发展。悬浮催化剂方法制备的碳纳米管薄膜尽管也能够制作薄膜晶体管器件和电路，但实验证明这种薄膜不太适合制作高性能薄膜晶体管器件，在大面积透明薄膜电极的应用。半导体型碳纳米管和单手性定向排列碳纳米管薄膜等都取得了重大突破，在此基础上进一步优化制备工艺有望大面积制备高密度的手性半导体型碳纳米管薄膜，并构建出超过性能的碳纳米管薄膜晶体管器件和电路。

参考文献

[1] Tans S J, Verschueren A R M, Dekker C. Room-temperature transistor based on a single carbon nanotube[J]. Nature, 1998, 393(6680):49-52.

[2] Wind S J, Appenzeller J, Avouris P. Lateral scaling in carbon-nanotube field-effect transistors[J]. Physical Review Letters, 2003, 91(5):058301.

[3] Javey A, Qi P, Wang Q, et al. Ten-to 50-nm-long quasi-ballistic carbon nanotube devices obtained without complex lithography[J]. Proceedings of the National Academy of Sciences of the United States of America, 2004, 101(37):13408.

[4] Ding L, Wang Z, Pei T, et al. Self-aligned U-gate carbon nanotube field-effect transistor with extremely small parasitic capacitance and drain-induced barrier lowering[J]. ACS Nano, 2011, 5(4):2512-2519.

[5] Dai H, Javey A, Pop E, et al. Electrical transport properties and field effect transistors of carbon nanotubes[J]. Nano, 2006, 1(01):1-13.

[6] Javey A, Guo J, Wang Q, Ballistic carbon nanotube field-effect transistors, Nature, 2003, 424:754-657.

[7] Javey A, Guo J, Farmer D B, et al. Carbon nanotube field-effect transistors with integrated ohmic contacts and high-κ gate dielectrics[J]. Nano Letters, 2004, 4(3): 447-450.

[8] Javey A, Tu R, Farmer D B, et al. High performance n-type carbon nanotube field-effect transistors with chemically doped contacts[J]. Nano Letters, 2005, 5(2): 345-348.

[9] Cao Q, Han S J, Tersoff J, et al. End-bonded contacts for carbon nanotube transistors with low, size-independent resistance[J]. Science, 2015, 350(6256):68-72.

[10] Cao Q, Tersoff J, Farmer D B, et al. Carbon nanotube transistors scaled to a 40-nanometer footprint[J]. Science, 2017, 356(6345):1369.

[11] Zhang Z, Liang X, Wang S, et al. Doping-free fabrication of carbon nanotube based ballistic CMOS devices and circuits[J]. Nano Letters, 2007, 7(12):3603-3607.

[12] Qiu C, Zhang Z, Xiao M, et al. Scaling carbon nanotube complementary transistors to 5-nm gate lengths[J]. Science, 2017, 355(6322):271-276.

[13] Qiu C, Liu F, Xu L, et al. Dirac-source field-effect transistors as energy-efficient, high-performance electronic switches[J]. Science, 2018, 361(6400):387-392.

[14] Liang S, Zhang Z, Pei T, et al. Reliability tests and improvements for Sc-contacted n-type carbon nanotube transistors[J]. Nano Research, 2013, 6(7):535-545.

[15] Ding L, Wang S, Zhang Z, et al. Y-contacted high-performance n-type single-walled carbon nanotube field-effect transistors: Scaling and comparison with Sc-contacted devices[J]. Nano letters, 2009, 9(12):4209-4214.

[16] Cao Q, Han S, Penumatcha A V, et al. Origins and characteristics of the threshold voltage variability of quasiballistic single-walled carbon nanotube field-effect transistors[J]. ACS Nano, 2015, 9(2):1936-1944.

[17] Zhang Z, Wang S, Wang Z, et al. Almost perfectly symmetric SWCNT-based CMOS devices and scaling[J]. ACS Nano, 2009, 3(11):3781-3787.

[18] Kong J, Franklin N R, Zhou C, et al. Nanotube molecular wires as chemical sensors[J]. Science, 2000, 287(5453):622-625.

[19] Franklin A D, Tulevski G S, Han S J, et al. Variability in carbon nanotube transistors: Improving device-to-device consistency[J]. ACS nano, 2012, 6(2):1109-1115.

[20] Kim W, Javey A, Vermesh O, et al. Hysteresis caused by water molecules in carbon nanotube field-effect transistors[J]. Nano Letters, 2003, 3(2):193-198.

[21] Qi P, Vermesh O, Grecu M, et al. Toward large arrays of multiplex functionalized carbon nanotube sensors for highly sensitive and selective molecular detection[J]. Nano Letters, 2003, 3(3):347-351.

[22] Zhang J, Boyd A, Tselev A, et al. Mechanism of NO_2 detection in carbon nanotube field effect transistor chemical sensors[J]. Applied Physics Letters, 2006, 88(12): 123112.

[23] Suehiro J, Imakiire H, Hidaka S-I, et al. Schottky-type response of carbon nanotube NO_2 gas sensor fabricated onto aluminum electrodes by dielectrophoresis[J]. Sensors and Actuators B: Chemical, 2006, 114(2):943-949.

[24] Chang Y W, Oh J S, Yoo S H, et al. Electrically refreshable carbon-nanotube-based gas sensors[J]. Nanotechnology, 2007, 18(43):435504.

[25] Mattmann M, Roman C, Helbling T, et al. Pulsed gate sweep strategies for hysteresis reduction in carbon nanotube transistors for low concentration NO_2 gas detection[J]. Nanotechnology, 2010, 21(18):185501.

[26] Chikkadi K, Muoth M, Hierold C. Hysteresis-free, suspended pristine carbon nanotube gas sensors[C]. 2013 Transducers & Eurosensors XXVII: The 17th International Conference on Solid-State Sensors, Actuators and Microsystems (TRANSDUCERS & EUROSENSORS XXVII), 2013:1637-1640.

[27] Li C, Zhang D, Liu X, et al, In_2O_3 nanowires as chemical sensors [J], Applied Physics Letters. 2003, 82:1613.

[28] Cao Q, Han S-J, Tersoff J, et al. End-bonded contacts for carbon nanotube transistors with low, size-independent resistance[J]. Science, 2015, 350(6256):68.

[29] Kaskela A, Nasibulin A G, Timmermans M Y, et al. Aerosol-synthesized SWCNT networks with tunable conductivity and transparency by a dry transfer technique[J]. Nano Letters, 2010, 10(11):4349-4355.

[30] Nasibulin A G, Kaskela A, Mustonen K, et al. Multifunctional free-standing single-walled carbon nanotube films[J]. ACS Nano, 2011, 5(4):3214-3221.

[31] Sun D-M, Timmermans M Y, Tian Y, et al. Flexible high-performance carbon nanotube integrated circuits[J]. Nature Nanotechnology, 2011, 6:156.

[32] Sun D-M, Timmermans M Y, Kaskela A, et al. Mouldable all-carbon integrated circuits[J]. Nature Communications, 2013, 4:2302.

[33] Zavodchikova M Y, Kulmala T, Nasibulin A G, et al. Carbon nanotube thin film transistors based on aerosol methods[J]. Nanotechnology, 2009, 20(8):085201.

[34] Wang C, Ryu K, Badmaev A, et al. Metal contact engineering and registration-free fabrication of complementary metal-oxide semiconductor integrated circuits using aligned carbon nanotubes[J]. ACS Nano, 2011, 5(2):1147-1153.

[35] Shulaker M M, Hills G, Patil N, et al. Carbon nanotube computer[J]. Nature, 2013, 501:526.

[36] Si J, Zhong D, Xu H, et al. Scalable preparation of high-density semiconducting carbon nanotube arrays for high-performance field-effect transistors[J]. ACS Nano, 2018, 12(1):627-634.

[37] Franklin A D, Electronics: The road to carbon nanotube transistors[J]. Nature, 2013, 498:443-444.

[38] Zhang S, Kang L, Wang X, et al. Arrays of horizontal carbon nanotubes of controlled chirality grown using designed catalysts[J]. Nature, 2017, 543:234.

[39] Wang J, Jin X, Liu Z, et al. Growing highly pure semiconducting carbon nanotubes by electrotwisting the helicity[J]. Nature Catalysis, 2018, 1(5):326-331.

展望

随着对可印刷半导体型碳纳米管墨水、介电墨水和导电墨水研究的深入, 以及印刷碳纳米管薄膜晶体管器件工艺的优化, 新型印刷设备的出现和新型印刷技术的发展, 印刷碳纳米管薄膜晶体管器件和电路性能, 尤其是柔性器件和电路性能, 已有显著提高, 并已证明印刷碳纳米管薄膜晶体管在化学、生物和其他类型的传感、印刷显示、可穿戴电子、类脑芯片等技术领域具有广阔的应用前景。

在半导体型碳纳米管墨水制备方面, 目前分离纯化的半导体型碳纳米管的纯度达到 99.9% 以上, 开发的水相和有机相可印刷的半导体型碳纳米管墨水已满足印刷碳纳米管薄膜晶体管器件的要求。通过气溶胶喷墨打印、压电喷墨打印、滴涂、狭缝涂布 (slot die) 等方式沉积出均匀致密的半导体型碳纳米管薄膜, 且器件性能表现出良好性能。用原子层沉积的氧化铪为介电层, 热蒸发的金电极为源、漏电极, 通过喷墨打印技术构建的 64×64 阵列碳纳米管薄膜晶体管器件的开关比和迁移率分别可以达到 10^7 和 $10\ \mathrm{cm^2 \cdot V^{-1} \cdot s^{-1}}$ 以上。

在可印刷电极墨水方面, 商业化开发的可印刷金和银墨水稳定性好, 退火温度低于 150 ℃, 可在各种衬底上印刷出沟道长度小于 20 μm 甚至更小的源、漏电极阵列 (如紫外曝光技术并结合刮涂技术, 可在 PET 衬底上构建出沟道长度为 1 μm 的金源、漏电极阵列), 且印刷电极的表面粗糙度、电极厚度、导电性和功函数等都能够满足印刷碳纳米管薄膜晶体管的要求。如用印刷银电极或金电极作为源漏电极, 制作的印刷碳纳米管薄膜晶体管器件的开关比能够达到 10^6 以上, 迁移率超过 $10\ \mathrm{cm^2 \cdot V^{-1} \cdot s^{-1}}$。

在介电层印刷方面, 目前已开发出多种适合构建印刷碳纳米管薄膜晶体管的可印刷介电材料。主要包括: 有机聚合物、有机–无机杂化墨水、电解质介电墨水和离子胶高介电常数介电墨水和氧化物高介电常数介电墨水。用有机 (PVP、PI 和环氧树脂)、二氧化硅和离子胶介电材料都能构建工作电压低 (小于 2 V)、开关比高 ($10^6 \sim 10^7$) 的印刷碳纳米管薄膜晶体管器件。但这些介电层中存在大量偶极子或离子, 在栅电压作用下在介电层中形成双电层效应, 器件的工作频率往往不高, 不适合构建高频器件 (MHz) 和电路。要构建高频电子器件和电路, 传统工艺制作的高介电常数氧化物介电层如氧化铝、氧化铪和氧化锆等才是最理想材料。

受印刷精度的限制和印刷介电层的影响, 全印刷碳纳米管薄膜晶体管器件很难构建出高频和高集成度的印刷碳纳米管集成电路, 但印刷碳纳米管薄膜晶体管在集成度和工作频率要求不是太高的领域, 如可穿戴电子、新型印刷显示领域和传感器等, 有其独特的优势。印刷碳纳米管薄膜晶体管和电路

将来很有可能在如下几个方面率先取得突破:

(1) 可穿戴电子领域。可拉伸碳纳米管薄膜晶体管器件和电路。(全印刷) 柔性可拉伸碳纳米管薄膜晶体管器件, 是可穿戴电子领域中的核心电子器件。可拉伸碳纳米管薄膜晶体管方面的研究已取得了重大进展。如加州大学洛杉矶分校裴启兵教授研究组用可拉伸的聚氨酯作为介电材料, 银纳米线作为源、漏电极, 构建出的可拉伸的碳纳米管薄膜晶体管表现出高的开关比。斯坦福大学鲍哲南教授研究组用弹性性能非常好的 SERS 作为介电层构建出全碳的可拉伸薄膜晶体管器件。该器件具有如下特性: ① 零迟滞。由于采用非极性的聚苯乙烯和热塑料性共聚物, 在外电场作用下, 不会在介电层中产生偶极子因而器件表现出零迟滞特性。② 耐负偏压稳定性好。在负偏压作用下, 晶体管器件的阈值电压、开关比和迟滞等没有发生任何改变, 器件稳定性好。③ 在高 V_{ds} 下, 器件仍然表现出好的开关比。且 V_{ds} 在 -30 V 时器件的开关比仍然可以达到 10^4, 器件的开启电压在 0 V 左右。这种类型的晶体管在逻辑电路、驱动电路等领域已经具有真正的应用价值。

(2) 新型显示领域。美国加州大学周崇武教授研究组、新加坡南洋理工大学张青研究组, 以及作者所在科研团队已经用大量工作证明碳纳米管薄膜晶体管能够驱动 OLED 显示。通常情况下, 当采用迁移率高、管径较大的半导体型碳纳米管作为沟道材料时, 碳纳米管薄膜晶体管器件开态电流较高 (10^{-10} A), 同时开关比和关态电流会随着 V_{ds} 的增加而大幅度增加。当 V_{ds} 大于 -10 V 时, 栅的调控能力会大幅度下降, 甚至会完全消失。目前碳纳米管薄膜晶体管驱动电路方面面临的主要挑战包括器件的关态电流偏高、双极性特性以及器件的栅控能力随着 V_{ds} 增加而减小等, 一旦攻克了这些难题, 碳纳米管薄膜晶体管在显示领域应用的优势将能真正得以体现, 真正向产业化方面推进。

(3) 传感器领域。碳纳米管的物理和化学性质稳定、比表面积大、生物兼容性好、机械性能优越, 加上晶体管器件具有信号放大等功能以及印刷技术具有大面积、低成本、灵活性高等特点, 印刷碳纳米管薄膜晶体管被认为是构建生物和化学传感器的理想平台, 有望开发出一次性、廉价、高性能 (灵敏度高、选择性好、重复性好) 的传感器, 在环境、安全、健康等领域有巨大潜力。但全印刷柔性薄膜晶体管的器件性能和稳定性以及传感器的选择性、灵敏度等还有待进一步提高。将来需要研究开发批量化、低成本制备高性能柔性全印刷碳纳米管薄膜晶体管器件技术, 同时还要开发具有灵敏度高、特异性好、与印刷碳纳米管薄膜晶体管兼容的敏感单元。

电极、有源层与介电层全部通过印刷制备的全印刷碳纳米管薄膜晶体管和电路的构建是一个系统工程, 它涉及材料、墨水、印刷工艺、器件物理、系统集成技术等, 目前还面临许多挑战。尽管全印刷柔性体碳纳米管薄膜晶体管已有报道, 但器件的耐压稳定性不好、工作频率不高等, 限制了全印刷柔性碳纳米管薄膜晶体管的应用。现阶段与其他传统技术共用, 例如电极制备采用传统微加工方法、介电层采用传统 ALD 或 PECVD 方法, 也许是印刷碳纳米管薄膜晶体管走向实用化的捷径。

此外, 碳纳米管薄膜晶体管与硅基电子具有很好的兼容性。麻省理工学院助理教授 Max Shulaker 等提出在不同的金属层之间通过金属层间通孔 (inter-layer-via, ILV) 来实现层间互联技术构建出性能优越的 3D 碳纳米管–晶圆集成电路。研究表明即使使用 90 nm 半导体特征尺寸的 3D 碳纳米管–晶圆集成电路性能就能与当今最先进的 7 nm 工艺芯片相媲美。通过进一步优化结构和构建工艺等有可能具有 50 倍的性能优势。因此 3D 碳纳米管–晶圆三维集成技术有望成为碳基电子、甚至是硅基电子的主流技术。

索　引

A

氨气传感器, 310, 311
凹版印刷, 6, 143, 145, 146

B

半导体型碳纳米管墨水, 12, 47
薄膜晶体管器件, 87, 89
饱和迁移率, 7, 82, 84
饱和区, 82, 85
本征截止频率, 318

C

CMOS 反相器, 10, 24
场效应晶体管器件, 35, 86, 330, 331
迟滞, 79, 80, 83, 88
触发器, 350, 352, 353
传感器, 4, 32, 73
磁场辅助法, 202

D

D 峰, 55
单根碳纳米管场效应晶体管, 330, 331
单位面积电容, 84, 85, 90
弹道传输, 9, 78, 341
导电墨水, 8, 104, 131
低功函, 167, 252, 253
滴涂法, 190
狄拉克源场效应晶体管, 340
底栅底接触, 100, 101

底栅顶接触, 100, 101, 171
电弧放电法, 22, 29, 30
电流体动力学喷印, 166, 178, 179
电泳法, 105, 109, 110
顶栅底接触, 100, 101
顶栅顶接触, 100, 264, 323
定向可控生长, 42
定向排列碳纳米管薄膜, 204, 206
动态响应, 290, 296, 298
短沟道效应, 335, 337, 339

E

二氧化氮传感器, 309, 313, 314

F

反相器, 323, 343, 344
反型层, 76, 90
范霍夫奇点, 53, 55, 56, 363
非本征最大共振频率, 318
非线性区, 81, 82
封装, 94, 210, 241
浮动催化裂解法, 31–33, 66

G

共轭有机化合物包覆法, 105, 118, 130
沟道, 74
光电突触器件, 308
光致发光激发光谱, 44, 66

轨对轨, 296

H

耗尽型薄膜晶体管, 74
后处理, 228, 241, 252
化学气相沉积法, 29, 31, 355
环绕栅, 249, 251
环形振荡器, 323, 343, 350, 353
混合印刷技术, 158, 181, 182
霍尔迁移率, 87

J

激光蒸发法, 22, 29
极性调控, 228, 257
极性转换, 252, 254, 255
接触电阻, 11, 78, 96
介电力显微术, 47, 66
介电墨水, 8, 270, 370
浸泡法, 11, 191
浸润性, 323
径向呼吸模式, 55
聚合物辅助金属沉积法, 177, 181
卷对卷, 100, 146

K

Kataura 研究组, 55
开尔文探针力显微镜, 44, 46
开启电压, 75, 80, 89
可降解聚合物, 242
可拉伸碳纳米管薄膜晶体管, 280, 371
克隆生长, 29, 33, 34
跨导, 96

L

Langmuir-Blodgeet(LB) 技术, 186
拉曼光谱, 37, 40
类神经元器件, 303
离子胶, 147, 149
两相萃取法, 105, 116
逻辑电路, 3, 8, 10

M

密度梯度超高速离心法, 11, 105, 322

O

OLED 驱动单元, 270
欧姆接触, 333, 341

P

喷涂, 185, 186
平均自由程, 331, 343
平移矢量, 21, 66

Q

鳍式结构, 249
气溶胶喷墨打印, 93, 100, 133, 276, 293, 370
气体传感器, 310
迁移率, 6
前聚体, 304
驱动电路, 230

R

溶液法, 316

溶液剪切法, 204, 205
柔性电子, 4, 350, 351

S
扫描隧道显微镜, 45
扫描电子显微镜, 25, 33, 37
色谱柱分离法, 105
射频器件, 314
手性矢量, 19
双极性, 257

T
碳纳米管薄膜, 10
碳纳米管固定, 231, 234–236
碳纳米管计算机, 357
碳纳米管晶体管, 314
退火, 239, 241, 242

W
无规则网络薄膜, 316
无机介电材料, 142, 144

X
线性迁移率, 84
线性区, 84, 85, 90
像素电路, 277
像素阵列, 277, 279
悬浮蒸发提拉自组装法, 192, 197, 198, 316, 323

旋涂, 100
选择性打印极性转换溶液, 300

Y
亚阈值摆幅, 79
延时时间, 301
氧化物半导体, 250, 290, 342
液态金属电极, 139
印刷薄膜晶体管, 3, 5, 7, 30, 72, 73, 344
印刷电子, 104
有机/无机复合介电材料, 142, 144
有机半导体, 5, 8, 73
有机介电材料, 142–144
有序定向排列法, 192
与非门, 8, 99, 257, 344
原子力显微镜, 23, 33

Z
载流子迁移率, 78–80, 84
噪声容限, 252, 263, 292
增强型场效应晶体管, 74
增益, 291–293
窄沟道器件, 127
真空抽滤法, 192, 198, 323
转移印刷, 215
自对准技术, 316, 317, 333
自由基反应法, 105, 125
自组装, 88, 93

郑重声明

高等教育出版社依法对本书享有专有出版权。任何未经许可的复制、销售行为均违反《中华人民共和国著作权法》，其行为人将承担相应的民事责任和行政责任；构成犯罪的，将被依法追究刑事责任。为了维护市场秩序，保护读者的合法权益，避免读者误用盗版书造成不良后果，我社将配合行政执法部门和司法机关对违法犯罪的单位和个人进行严厉打击。社会各界人士如发现上述侵权行为，希望及时举报，本社将奖励举报有功人员。

反盗版举报电话	(010) 58581999 58582371 58582488
反盗版举报传真	(010) 82086060
反盗版举报邮箱	dd@hep.com.cn
通信地址	北京市西城区德外大街 4 号
	高等教育出版社法律事务与版权管理部
邮政编码	100120

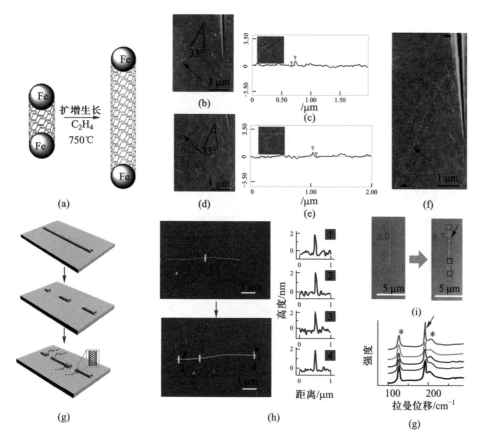

图 2.15　用较短的碳纳米管作为生长模板通过传统的气液固生长机制克隆特定手性的碳纳米管。(a) 气液固生长机制制备单壁碳纳米管的生长过程示意图; (b)~(f) 单壁碳纳米管扩增之前 [(b)、(c)] 和扩增之后 [(d)~(f)] 的原子力显微镜图; (g) 单壁碳纳米管的克隆过程示意图, 其中采用电子束方法得到多节碳纳米管, 并作为生长模板; (h) 单壁碳纳米管在克隆过程前后的原子力显微镜图像和高度分布; (i) 单根碳纳米管克隆前后的扫描电子显微镜对比图; (j) 克隆后的碳纳米管在不同区域的径向呼吸模式光谱。从图可以看出单壁碳纳米管在 192.8 cm^{-1} 的峰没有发生任何变化, 说明重新生长出来的碳纳米管与模板碳纳米管的手性一样, 标记为 * 的峰来自石英衬底[14,15]。

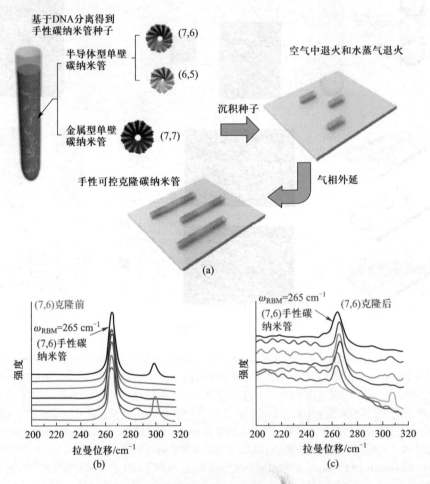

图 2.16 使用 VPE 方法合成手性可控的单壁碳纳米管。(a) 采用 VPE 技术实现对单手性单壁碳纳米管克隆过程示意图; (b)、(c) (7,6) 手性碳纳米管 VPE 生长前 (b) 和生长后 (c) 径向呼吸模式拉曼光谱图[16]

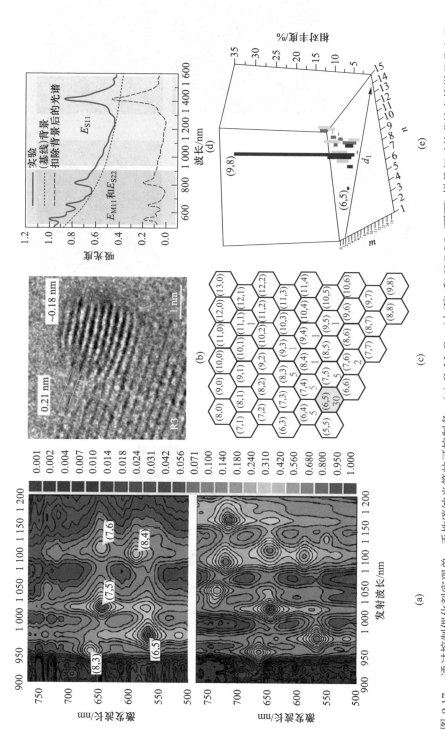

图 2.17 通过控制催化剂实现单一手性碳纳米管的可控制备。(a) CoMoCat (上面) 和 HiPCO (下面) 样品相对的碳纳米管样品荧光强度对比图; (b) 从高分辨透射显微镜可以看出钴纳米粒子与氧化镁衬底的晶格不匹配; (c) 用 $Co_xMg_{1-x}O$ 作为催化剂得到的碳纳米管手性分布图, 从 57 根碳纳米管样品中统计电子衍射分析得到的统计数据; (d) 用硫酸钴作为催化剂通过 CVD 方法得到的碳纳米管吸收光谱; (e) 在同一催化剂下, 用 PL(蓝色)、拉曼 (红色) 和吸收光谱 (黄色)3 种方法标定碳纳米管的相对丰度对比图。[17,18]

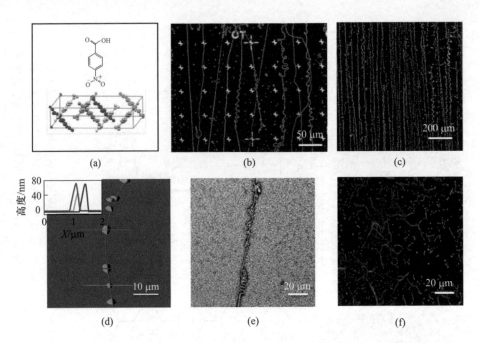

图 2.31　(a) 顶部表示对硝基苯甲酸的化学结构示意图, 底部为从 XRD 数据分析得到的对硝基苯甲酸单斜晶胞晶体结构示意图; (b)、(c) 暗场光学显微镜下观察到吸附有对硝基苯甲酸的碳纳米管轮廓图; (d) 表示吸附有少量对硝基苯甲酸单晶的碳纳米管 AFM 图, 插图为表示 3 个不同区域的高度图; (e) 在碳纳米管表面沉积大量对硝基苯甲酸后的暗场光学显微镜照片图; (f) 溶液法得到的碳纳米管薄膜沉积对硝基苯甲酸的暗场光学显微镜照片图[31]

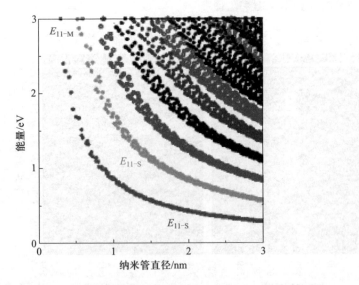

图 2.35　不同手性单壁碳纳米管的范霍夫奇点能量与碳纳米管直径关系图 (Kataura 关系图)

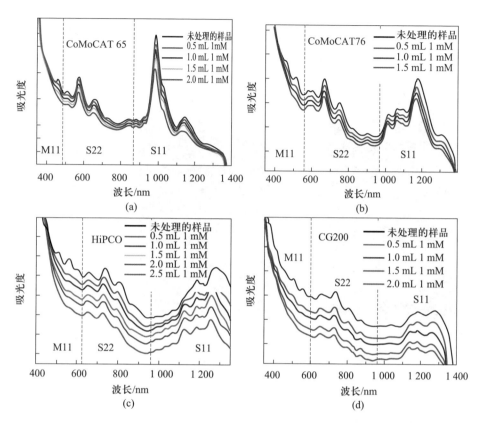

图 2.44 CoMoCAT 65(a)、CoMoCAT 76(b)、HiPCO(c) 和 CG200(d) 碳纳米管与不同量的重氮盐作用后的吸收光谱变化情况[33]。所用的溶液为 2% 的十二烷基硫酸钠 (SDS): 胆酸钠 (SC)=1:4 水溶液。吸收光谱中分别标出了相对应的 S11、S22 和 M11 峰位置。1 mM=1 mmol/L。

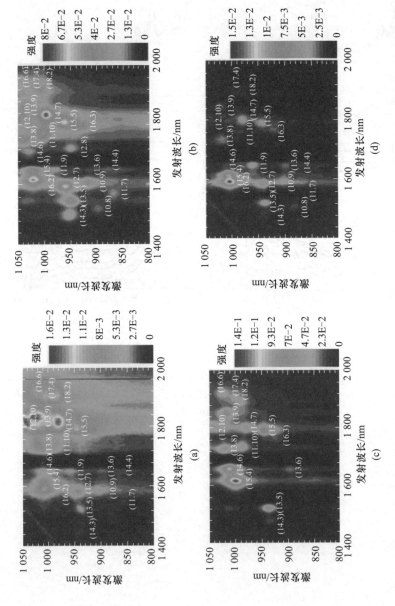

图 2.46 PFO 分散的电弧放电碳纳米管 (a) 以及由 PFO-BT(b)、DPP(c) 和 PFIID(d) 分离纯化的半导体型碳纳米管溶液 PLE 光谱

图[37,38]

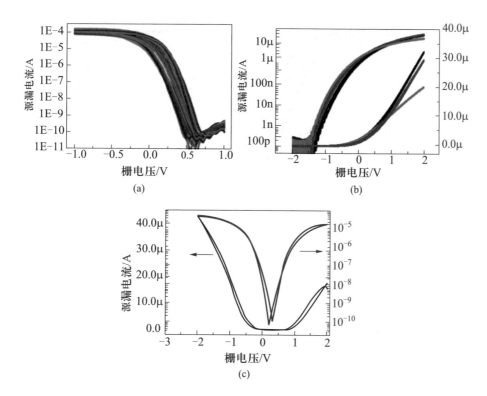

图 3.2　P 型[1](a)、N 型 (b) 和双极[2] (c) 印刷碳纳米管薄膜晶体管的转移曲线

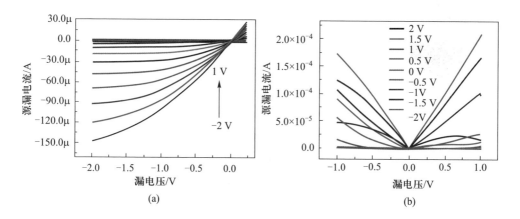

图 3.8　典型印刷碳纳米管薄膜晶体管的输出特性曲线。(a) P 型晶体管; (b) 双极晶体管

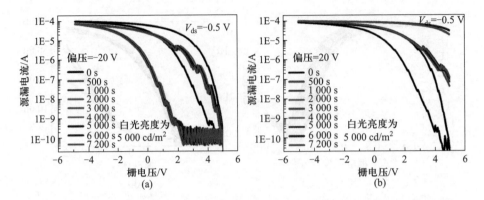

图 3.16 底栅结构的印刷碳纳米管薄膜晶体管在光照和 ±20V 偏压下稳定性测试实验。
(a) 偏压为 −20 V 时, 白光强度为 5 000 cd·m⁻²; (b) 偏压为 20 V 时, 白光强度为
5 000 cd·m⁻²

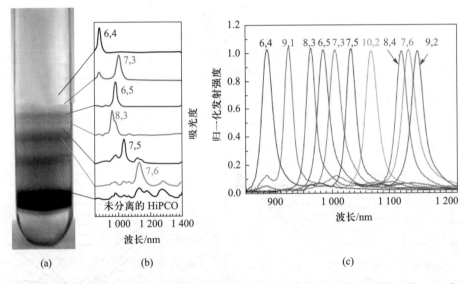

图 4.3　利用非线性密度梯度超高速离心法选择性分离单手性半导体型碳纳米管。(a) 高速离心后离心管中的碳纳米管溶液光学照片图; (b) 左侧为对应的不同层中的碳纳米管的光吸收谱图; (c) 在多组最佳实验参数下得到的高纯半导体型碳纳米管墨水的吸收光谱图[2]

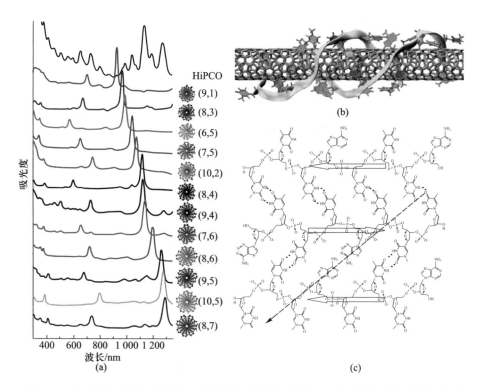

图 4.8　离子交换色谱法并结合空间排阻色谱技术可得到 12 种不同手性的半导体型碳纳米管。(a) 以特定碱基对序列的单链 DNA 作为碳纳米管的分散剂, 经过色谱柱分离出的 12 种单一手性的半导体型碳纳米管的紫外吸收光谱和对应的螺旋手性示意图; (b) 特定碱基对序列的单链 DNA 包覆单壁碳纳米管示意图; (c) 实验中所用的特定碱基对序列的单链 DNA 二维结构示意图[6]

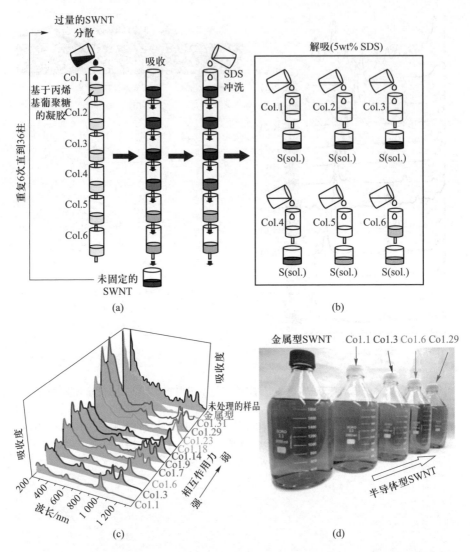

图 4.11 利用葡聚糖凝胶色谱法, 并同时结合过载和多凝胶柱串联技术, 在单一表面活性剂十二烷基磺酸钠的作用下, 对不同结构的碳纳米管进行分离。(a) 分离过程示意图; (b) 得到的 13 种单手性碳纳米管的光吸收谱; (c) 得到的单手性半导体型碳纳米管墨水光学照片图[11]

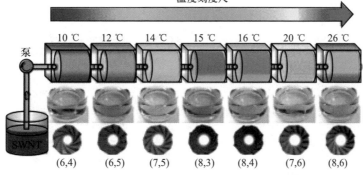

图 4.12   凝胶色谱柱控制调节温度实现单手性半导体型碳纳米管的高效分离[12]

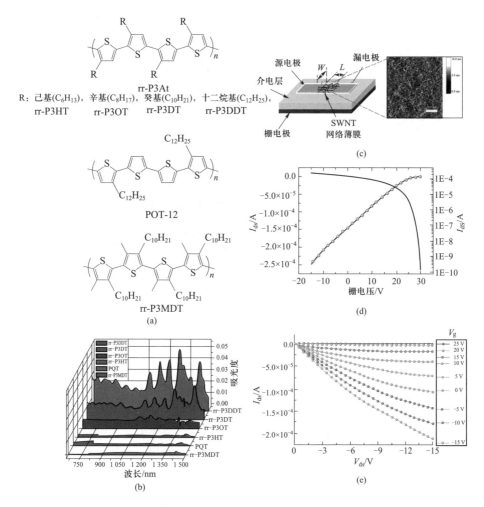

图 4.16   (a) 用于分离半导体型碳纳米管的聚合物结构示意图; (b) 不同聚合物分离的碳纳米管吸收光谱图; (c) 碳纳米管薄膜晶体管结构示意图和沟道中碳纳米管薄膜 AFM 照片; (d) 薄膜晶体管的转移曲线; (e) 薄膜晶体管输出曲线[21]

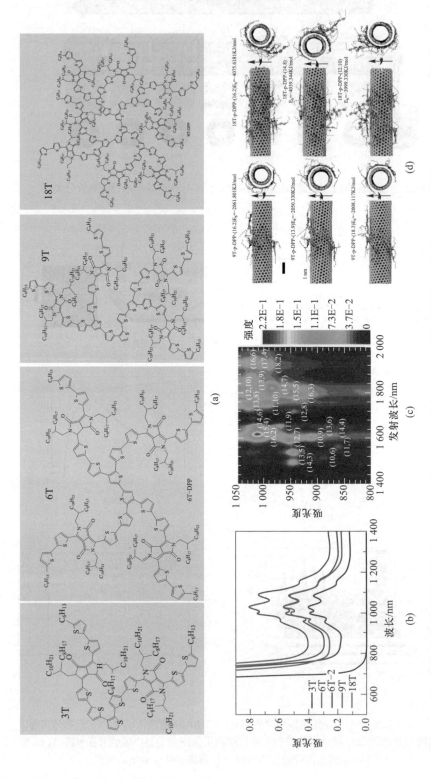

图 4.22　(a) 树枝状化合物化学结构式; (b)、(c) 用树枝状化合物分离纯化的碳纳米管吸收光谱图、PLE 光谱图; (d) 9T 和 18T 化合物与特定手性碳纳米管之间采用模拟计算得到的相互作用效果图[27]

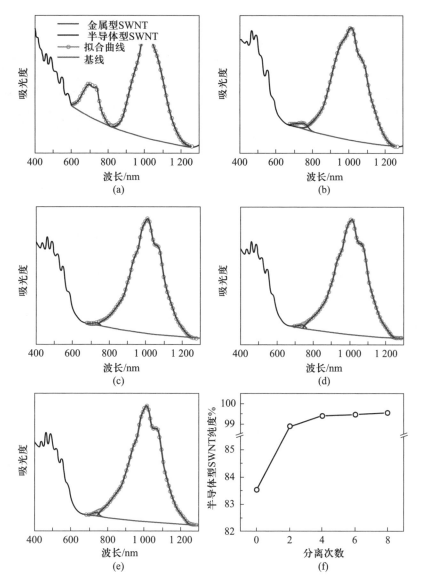

图 4.26　(a~e) 碳纳米管分别经过两相萃取法多次分离后的吸收光谱图: (a) 0 次; (b) 2
次; (c) 4 次; (d) 6 次; (e) 8 次。(f) 半导体型碳纳米管纯度与分离次数之间的关系[32]

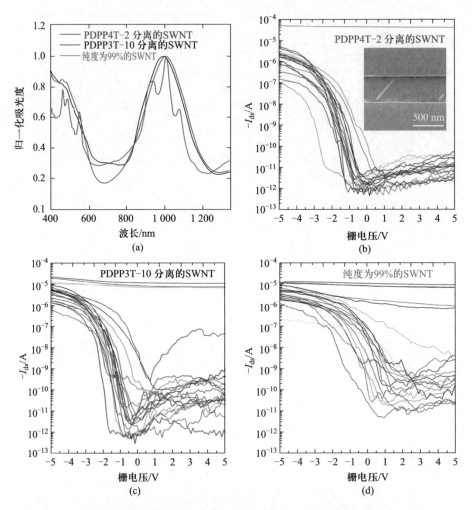

图 4.27 表征分离纯化的碳纳米管中的半导体型碳纳米管纯度。(a) PDPP4T–2 和 PDPP3T–10 分离的半导体型碳纳米管墨水以及 Nanointergris 公司生产的纯度为 99% 的半导体型碳纳米管墨水吸收光谱; (b) 由 PDPP4T–2 分离的半导体型碳纳米管墨水构建的窄沟道器件性能图; 碳纳米管的平均密度为 15 根, 18 个器件中有 1 个器件的短路; 插图为窄沟道器件 SEM 图; (c) 由 PDPP3T–10 分离的半导体型碳纳米管墨水构建的窄沟道器件性能图; 碳纳米管的平均密度为 8.75 根, 21 个器件中有 4 个器件的短路; (d) 由 Nanointergris 公司生产的纯度为 99% 的半导体型碳纳米管墨水构建的窄沟道器件性能图; 碳纳米管的平均密度为 7.5 根, 20 个器件中有 5 个器件的短路; 器件结构: 用 Pd 作为源、漏电极, 器件长和宽分别为 400 nm 和 50 μm; 介电层为 42 nm 的二氧化硅薄膜; $V_{ds} = -1$ V[28]

图 4.34　印刷铜复合薄膜在氮气等离子体处理下的光学照片图 (氮气等离子功率为 200 W)[36]

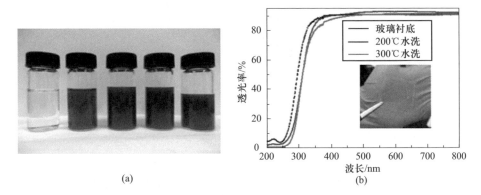

(a)　　　　　　　　　　　　(b)

图 4.37　(a) 三氯化铟和四氯化锡混合溶液 (第 1 瓶) 以及不同粒径大小的 ITO 纳米墨水; (b) 用 ITO 墨水在玻璃上旋涂得到的 ITO 薄膜 (透光率可以达到 90% 以上)

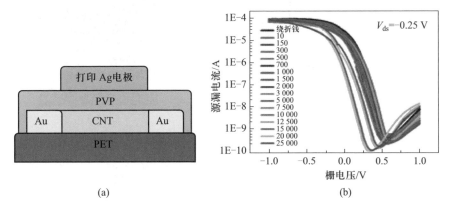

(a)　　　　　　　　　　　　(b)

图 4.42　以 PVP 为介电层构建的柔性印刷碳纳米管薄膜晶体管。(a) 器件结构示意图; (b) 印刷碳纳米管薄膜晶体管器件转移曲线 (在曲率半径为 5 mm 时, 器件反复绕折后的电性能图)[48]

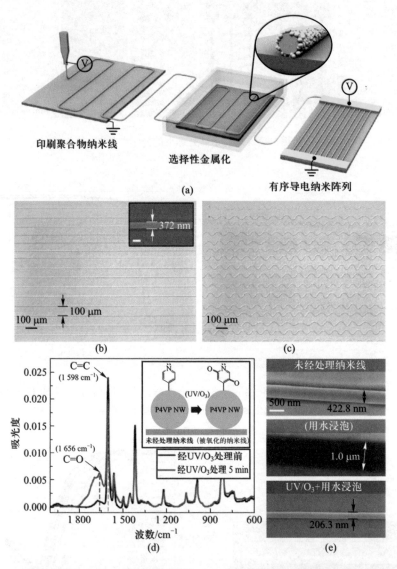

图 5.24　高度有序的 P4VP 模板阵列制备。(a) 高度有序的导电纳米线阵列构建过程示意图; (b)、(c) 通过电流体动力学喷印技术得到的平行线 (b) 和波浪形 (c) P4VP 纳米线阵列图, 其中线宽在 372 nm, 纳米线之间的距离约为 100 μm, 插图为 P4VP 纳米线 SEM 照片图; (d) P4VP 纳米线经过紫外臭氧处理 5 min 前后的傅里叶红外光谱图, 插图为紫外臭氧处理 P4VP 纳米线前后的分子结构变化示意图; (e) P4VP 纳米线 (上) 以及纳米线未经过紫外臭氧处理直接浸泡在水中 30 min (中) 和经过臭氧处理后再用水浸泡 30 min 的 SEM 图 (下)[12]

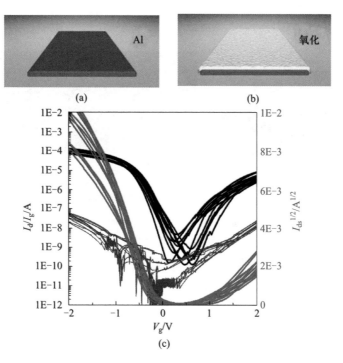

(a)　(b)

(c)

图 5.60　铝表面用氧等离子体处理后得到的氧化铝充当介电层构建出工作电压低、开关比高的印刷碳纳米管薄膜晶体管器件

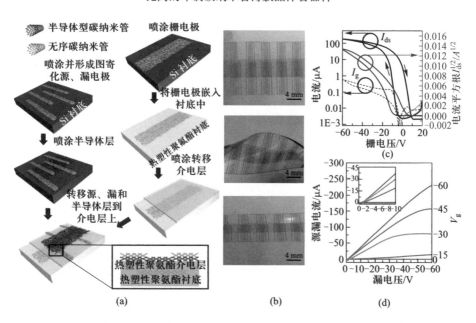

(a)　(b)　(c)　(d)

图 5.70　(a) 可拉伸薄膜晶体管器件构建流程图; (b) 同一器件在无压力、扭曲和拉伸 100% 时光学照片图; (c)、(d) 在 V_{ds} 为 $-60\,\mathrm{V}$ 时碳纳米管薄膜晶体管器件的典型转移曲线 (c) 和输出特征曲线 (d), 器件的沟道长度和宽度分别为 $50\,\mu\mathrm{m}$ 和 $4\,\mathrm{mm}$[42]

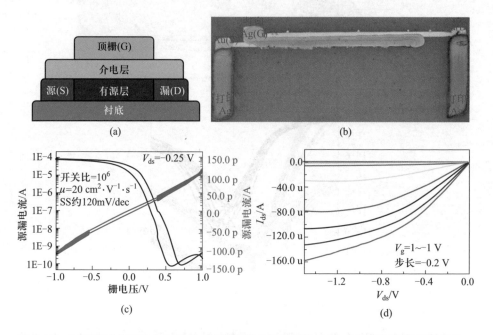

图 5.71　通过喷墨打印的全印刷碳纳米管薄膜晶体管器件。(a) 全印刷碳纳米管薄膜晶体管结构示意图; (b) 印刷碳纳米管薄膜晶体管光学照片图; (c)、(d) 全印刷碳纳米管薄膜晶体管转移曲线 (c) 和输出曲线 (d)

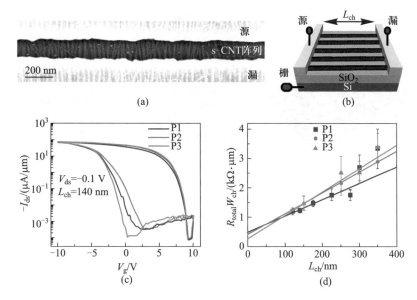

图 6.19 定向排列的碳纳米管薄膜构建的窄沟道器件。(a)、(b) SEM 图 (a) 和相应的器件结构示意图 (b), 其中沟道长度为 140 nm; (c) 窄沟道器件在 V_{ds} 为 -0.1 V 时典型的转移曲线; (d) 在 V_{ds} 为 -0.1 V 和 $V_g - V_t$ 为 -5 V 时提取出来的沟道电阻。其中, 图 (c) 和图 (d) 中的 P1~P3 分别为: P1, 蓝色, 定向排列碳纳米管 + 退火处理; P2, 橙色, 定向排列碳纳米管 + 退火处理 + 配位反应 + 清洗; P3, 绿色, 定向排列碳纳米管 + 退火处理 + 配位反应 + 清洗 + 退火[11]

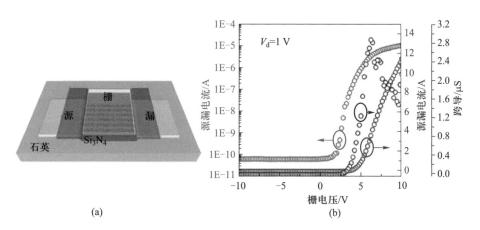

图 6.28 (a) 顶栅碳纳米管薄膜晶体管的结构示意图; (b) 晶体管的线性 (蓝色) 和半对数形式 (红色) 转移特性曲线 ($I_{ds} - V_g$)、跨导特性曲线 ($g_m - V_g$)[28]

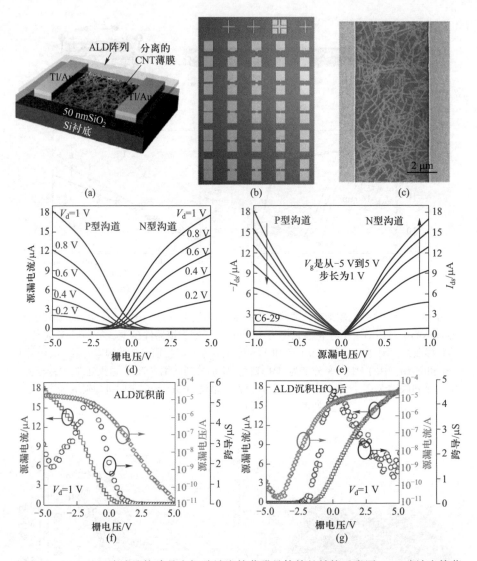

图 6.29 (a) 基于溶液法构建的底栅碳纳米管薄膜晶体管的结构示意图; (b) 碳纳米管薄膜晶体管阵列光学照片图; (c) 器件沟道中碳纳米管薄膜 SEM 照片图; (d)~(g) P 型和 N 型碳纳米管薄膜晶体管输出和转移曲线[19]

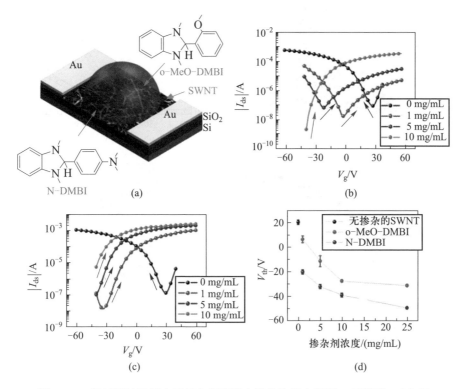

图 6.32　通过溶液法把电子掺杂剂沉积在器件沟道中得到 N 型器件。(a) 把
o−MeODMBI 或 N−DMBI 溶液沉积到器件沟道示意图 (器件沟道长度和宽度分别为
20 μm 和 400 μm); (b)、(c) 碳纳米管薄膜晶体管用不同浓度的电子掺杂剂
o−MeODMBI(b) 和 N−DMBI(c) 处理后器件的转移曲线, 其中 N 型器件和 P 型器件的
V_{ds} 分别为 80 V 和 −80 V; (d) 阈值电压变化值与掺杂剂浓度之间的关系图[21]

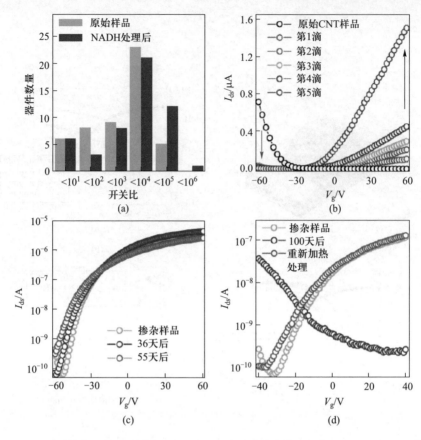

图 6.33 通过掺杂可控得到稳定性好的 N 型碳纳米管薄膜晶体管器件。(a) 51 个器件
极性转换前后开关比分布统计柱状图; (b) 器件转移曲线随滴加在沟道中的 NADH 量的
变化, 其中每一滴的体积约为 100 μL, 浓度为 1.35 mM; (c) N 型器件暴露在空气中 36 d
和 55 d 后的转移曲线; (d) N 型器件的可恢复性, 放置在空气中 100 d 以及在 150 ℃ 处
理 3 min 后的转移曲线[31]

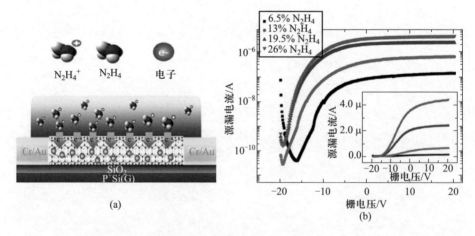

图 6.34 (a) 肼 (N_2H_4) 对薄膜晶体管的碳纳米管网络的掺杂示意图; (b) 不同浓度肼处
理后的碳纳米管薄膜晶体管的转移特性曲线[32]

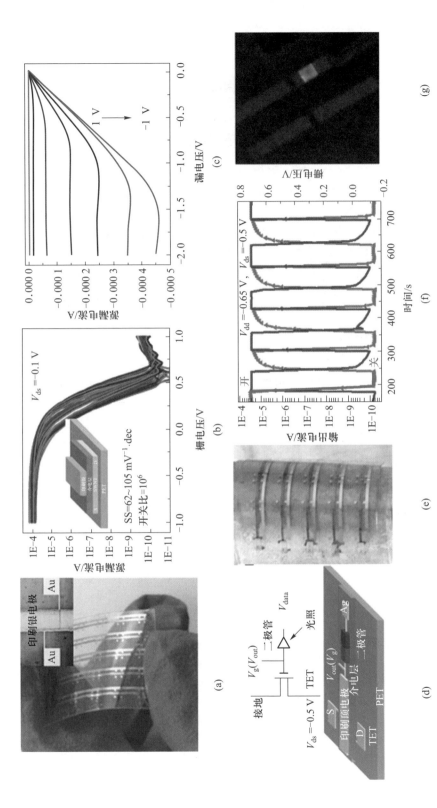

图 7.18　在柔性衬底上构建的印刷碳纳米管薄晶体管器件以及驱动电路。（a）印刷碳纳米管薄膜晶体管阵列光学照片图；（b）器件转移曲线；（c）器件输出曲线；（d）杂化电路结构示意图；（e）柔性衬底上的杂化驱动电路光学照片图；（f）脉冲光照下杂化驱动电路的输出电流随时间变化关系图；（g）杂化驱动电路驱动外接量子点，发光二极管（QLED）发光[11]

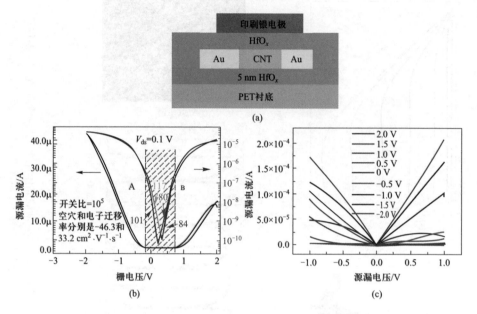

图 7.20　(a) 顶栅碳纳米管薄膜晶体管器件结构示意图; (b) 薄膜晶体管的转移特征曲线; (c) 薄膜晶体管的输出特征曲线[13]

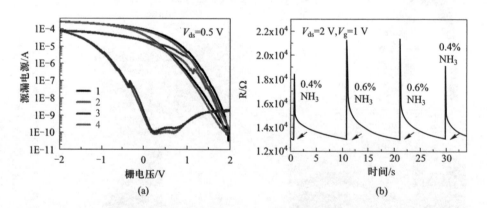

图 7.42　(a) 印刷碳纳米管薄膜晶体管暴露在氨气前后的性能变化图: 曲线 1 为暴露氨气前器件性能图, 曲线 2 为暴露在氨气下的电性能图, 曲线 3 为在空气中放置 1 h, 曲线 4 为在烘箱中 150 ℃ 加热 4 h; (b) $V_{ds}=2$ V 和 $V_g=1$ V 时, 印刷碳纳米管薄膜晶体管随氨气含量变化的电阻−时间关系图[50]

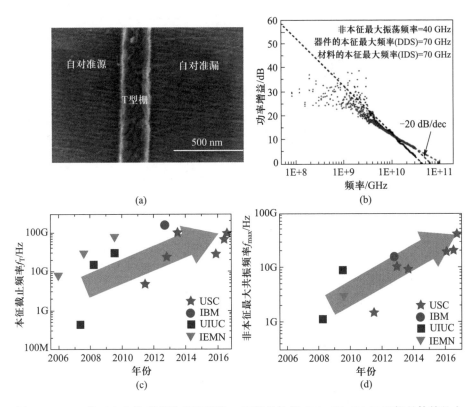

图 7.51　(a) 基于定向排列碳纳米管薄膜 T 型栅晶体管 SEM 图; (b) T 型栅晶体管的本征和非本征功率增益频率响应曲线; (c)、(d) 2006 年—2017 年碳纳米管射频器件频率变化图: (c) 本征截止频率; (d) 非本征最大共振频率[61]

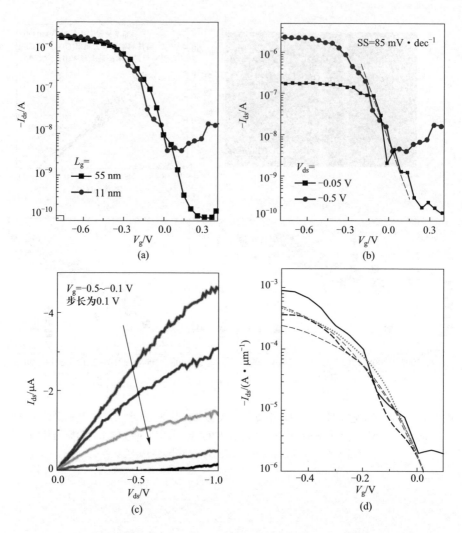

图 8.5　尺寸减小至 40 nm 单个碳纳米管薄膜晶体管的电学性能图[10]

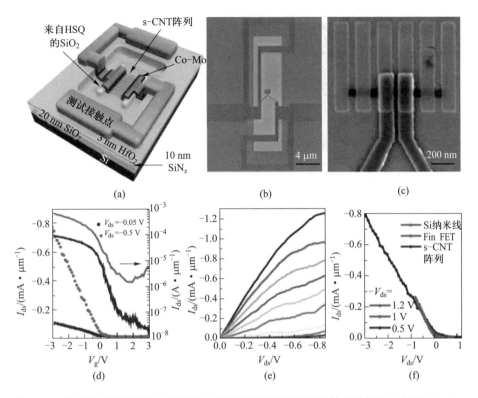

图 8.6　基于半导体型碳纳米管阵列的高性能碳纳米管薄膜晶体管的结构示意图 (a)、显微光学图 [(b)、(c)] 和电学性质 [(d)~(f)][10]

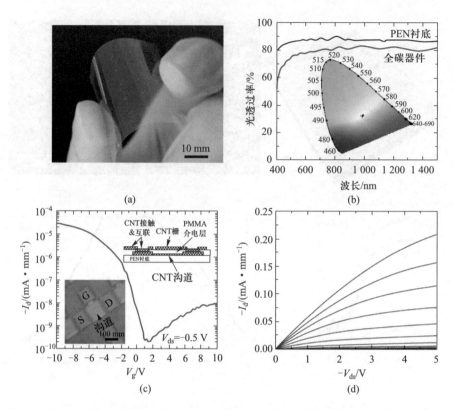

图 8.19　(a) 柔性和透明全碳 TFT 和 IC 在柔性 PEN 衬底上的全碳器件图; (b) PEN 衬底 (黑线) 和器件 (红线) 的光透过率, 插图表示色彩空间 (CIE 1931), 交叉部分代表白色区域, 黑点和红点分别代表裸露的 PEN 衬底和全碳 IC 的颜色; (c) 全碳顶栅 TFT 在 $V_{ds} = -0.5$ V 时的转移 ($I_{ds} - V_g$) 特性曲线, $L_{ch} = W_{ch} = 100$ μm, 插图为一个全碳顶栅 TFT 阵列的光学图片 (左下) 和全碳器件横截面示意图 (右上角); (d) 全碳 TFT 的输出 ($I_{ds} - V_{ds}$) 特性曲线, V_g 从 -10 V 到 0 V 以 1 V 的幅度变化[32]

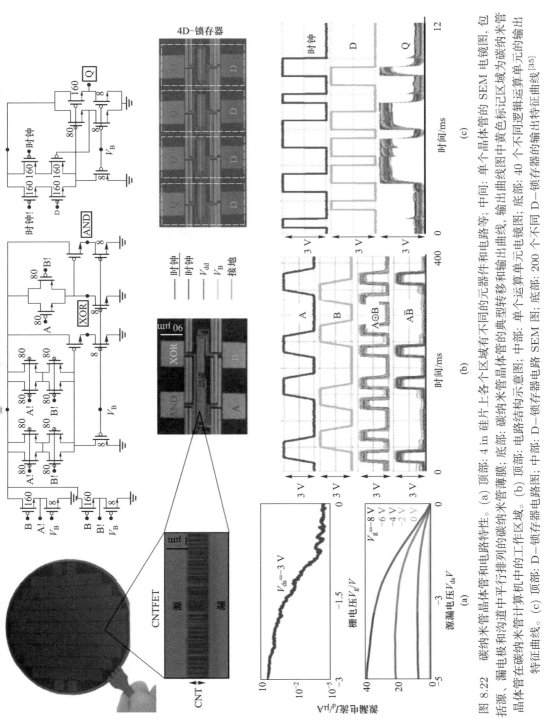

图 8.22　碳纳米管晶体管和电路特性。(a) 顶部: 4 in 硅片上各个区域有不同的元器件和电路等; 中间: 单个晶体管的 SEM 电镜图, 包括源、漏电极和沟道中平行排列的碳纳米管薄膜; 底部: 碳纳米管晶体管的典型转移和输出曲线, 输出曲线图中黄色标记区域为碳纳米管晶体管在碳纳米管计算机中的工作区域。(b) 顶部: 电路结构示意图; 中部: 单个运算单元电镜图; 底部: 40 个不同逻辑运算单元的输出特征曲线。(c) 顶部: D−锁存器电路图; 中部: D−锁存器电路 SEM 图; 底部: 200 个不同 D−锁存器的输出特征曲线[35]

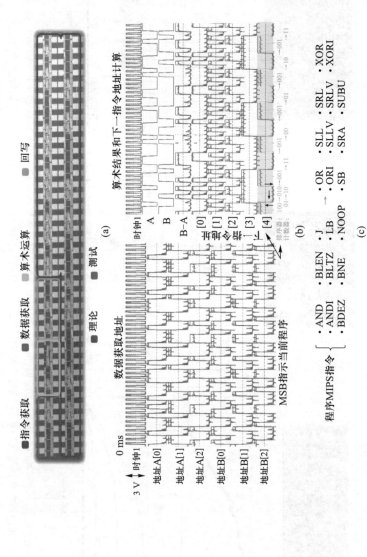

图 8.23 碳纳米管晶体管集成构建的计算机芯片。(a) 完整碳纳米管计算机芯片 SEM 图片;(b) 碳纳米管计算机的实验输出波形和理论预测波形数据;(c) 用碳纳米管计算机运行的 20 个 MIPS 指令[35]

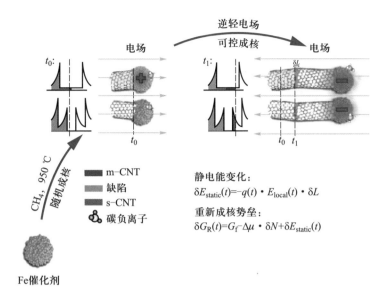

图 8.28   外电场作用下金属型碳纳米管自发转变为半导体型碳纳米管机理示意图[39]

纳米科学与技术著作系列
HEP Series in Nanoscience & Nanotechnology

> 已出书目

□ 印刷电子学：材料、技术及其应用
　　崔铮 等 编著

ISBN 978-7-04-034129-4

□ 时间分辨光谱基础
　　郭础

ISBN 978-7-04-036009-7

□ 有序介孔分子筛材料
　　赵东元、万颖、周午纵 著

ISBN 978-7-04-036543-6

□ 微纳米加工技术及其应用（第三版）
　　崔铮 著

ISBN 978-7-04-036974-8

□ 纳米科技基础（第二版）
　　陈乾旺 编著

ISBN 978-7-04-038650-9

□ Nanomaterials for Tumor Targeting Theranostics:
　　A Proactive Clinical Perspective
　　肿瘤靶向诊治纳米材料：前瞻性临床展望
　　（英文版，与 World Scientific 合作出版）
　　谭明乾、吴爱国 主编

ISBN 978-7-04-042924-4

□ Printed Electronics: Materials, Technologies and Applications
　　印刷电子学：材料、技术及其应用（英文版，与 Wiley 合作出版）
　　Zheng Cui, et al.

ISBN 978-7-04-045645-5

□ Multifunctional Nanocomposites for Energy and
　　Environmental Applications
　　多功能纳米复合材料及其在能源和环境中的应用
　　（英文版，与 Wiley 合作出版）
　　Zhanhu Guo, Yuan Chen, Na Luna Lu 主编

ISBN 978-7-04-050588-7

□ Polymer-Based Multifunctional Nanocomposites and
　　Their Applications
　　基于聚合物的多功能纳米复合材料（英文版，与 Elsevier 合作出版）
　　Kenan Song, Chuntai Liu, John Zhanhu Guo 主编

ISBN 978-7-04-052588-5